W0254682

Personenkraftwagen Kraftomnibus und Lastkraftwagen in den Vereinigten Staaten von Amerika

Mit besonderer Berücksichtigung ihrer Beziehungen zu Eisenbahn und Landstraße

Von

Dr. rer. pol. Emil Merkert

Diplom-Kaufmann, Feuerbach-Stuttgart

Mit 51 Abbildungen im Text und auf 8 Tafeln

Springer-Verlag
Berlin Heidelberg GmbH 1930

ISBN 978-3-662-26872-8 ISBN 978-3-662-28338-7 (eBook)
DOI 10.1007/978-3-662-28338-7

Ursprünglich erschienen bei Julius Springer in Berlin 1930
Softcover reprint of the hardcover 1st edition 1930

Vorwort.

Wird über Amerika gesprochen oder geschrieben, so ist es wohl kaum möglich, nicht das Kraftfahrzeug zu erwähnen. Automobil und Amerika haben in gewissem Sinne synonyme Bedeutung erhalten. Das wirtschaftliche, soziale und kulturelle Leben der Union wurde auch von der großen Zahl der Kraftfahrzeuge tiefgreifend beeinflußt. Zu Beginn des 20. Jahrhunderts waren Kraftfahrzeuge nahezu noch unbekannt und im Jahre 1929 gab es dort schon mehr als 25 Millionen. Sie haben zum wirtschaftlichen Aufschwung der Union in den letzten 20 Jahren sehr wesentlich, wenn nicht am meisten beigetragen. Die amerikanische Automobilindustrie ist zur ersten Industrie der Union geworden. Eine Darstellung des Kraftfahrwesens der Union dürfte nicht nur den Fachmann, sondern allgemein interessieren.

Das vorliegende Buch versucht, die mit dem Kraftfahrzeug und seiner Entwicklung in der Union bedingten wichtigsten verkehrswirtschaftlichen Probleme zu behandeln. Dabei wurde weniger eine lückenlose als eine der Bedeutung der Probleme gerecht werdende Darstellung angestrebt. Da die Staaten der Union wirtschaftlich, politisch, sozial und kulturell oft sehr verschiedenartig gestaltet sind, eine Besprechung der Verhältnisse jedes einzelnen Staates einen Überblick über die Union beeinträchtigen und die Abhandlung zu umfangreich machen würde, wurde versucht, mittels eines Querschnittes durch die Staaten der Union das für Amerika allgemein Charakteristische hervorzuheben und anderes nur zu erwähnen, wo es sachlich geboten erschien. Mögen auch verwertete statistische Mitteilungen manchmal nicht völlig hieb- und stichfest sein, so dürfte doch das von ihnen geformte Bild die Verhältnisse der Union kennzeichnen.

Der Kraftwagenverkehr innerhalb der Städte wird immer nur kurz an verschiedenen Stellen behandelt. Eine eingehende Besprechung des örtlichen Verkehrs würde eine Erörterung städtebautechnischer Probleme notwendig gemacht haben, worüber eine besondere Arbeit angezeigt erscheint. Dagegen wurde der Kraftwagenverkehr eingehend mit dem Eisenbahnverkehr verglichen, um das jüngere Verkehrsmittel in seiner Bedeutung gegenüber dem älteren, bisher ausschließlich herrschenden, hervortreten lassen zu können. Dies wäre ohnehin auch zur Erklärung der großen, durch die Kraftfahrzeuge eingetretenen Verminderung und Steigerung gewisser Verkehre der Schienenbahnen notwendig gewesen. Eine Erörterung der wichtigeren wirtschaftlichen Landstraßenprobleme erschien geboten, weil die Landstraßen als Fahrbahnen der Kraftfahrzeuge untrennbar mit diesen verbunden sind. Für die Ökonomik eines Kraftfahrzeuges ist es, wie die Arbeit nachzuweisen versucht, beispielsweise sehr wesentlich, ob es über eine Erd-, Kies- oder Betonstraße gefahren wird.

Ein Bedürfnis für die Arbeit dürfte gegeben sein, da, soweit der Verfasser feststellen konnte, bis heute noch in keiner Sprache die Ökonomik des amerikanischen Kraftwagenverkehrs geschlossen dargestellt worden ist.

Das Buch will sich an den Theoretiker und Praktiker des Verkehrswesens wenden. Der zweite Abschnitt ist vorwiegend theoretisch; die anderen Abschnitte werden sowohl dem Praktiker, als auch dem Theoretiker Dienste leisten.

Ich habe noch die angenehme Aufgabe, meinen herzlichsten Dank allen denen auszusprechen, welche die Arbeit durch Überlassung von Material oder durch gemeinsame Besprechung amerikanischer Kraftverkehrsprobleme gefördert haben. Ihre Zahl ist während meines mehr als zweijährigen Studienaufenthaltes in der Union so groß geworden, daß ich zu meinem Bedauern davon absehen muß, jeden Einzelnen mit Namen zu nennen. Es ist mir aber ein Bedürfnis, doch besonders zu erwähnen:

Prof. H. R. Trumbower, University of Wisconsin, Prof. R. L. Morrison und Prof. G. S. Peterson, University of Michigan, Dean Hughes, Prof. Bullock und Prof. Cunningham, Harvard University, Prof. Schumpeter, der als Gastprofessor an dieser Universität weilte, Prof. Hadley, Yale University, Prof. E. R. A. Seligman und Prof. T.W. Van Metre, Columbia University, G. F. Bauer, J. C. Long, E. F. Loomis und O. P. Pearson bei der National Automobile Chamber of Commerce, D. W. Perkins, International Motor Company, Mr. Taylor, New York Central-Eisenbahngesellschaft, Commissioner Meyer, Dr. Lorenz und Examiner Flynn bei der Interstate Commerce Commission, Prof. Mac. Kay und H. S. Fairbank, Bureau of Public Roads, C. C. Duncan, Economist Association of Railway Executives, J. M. Meighan, American, Automobile Association, Mr. Waterman, U. S. Chamber of Commerce, Elizabeth Orlan Cullen, Bureau of Railway Economics, Messrs. Schreiber und Trainer bei der Railroad Commission und Mr. Bütow bei der Highway Commission Wisconsin, C. J. S. Williamson, Los Angeles Chamber of Commerce, F. D. Howell, Motor Transit Company Los Angeles, Mr. Handford, Railroad Commission California, C. E. Peterson, Southern Pacific Company, J. M. Hutson, Oregon Stage Association, J. L. Bracklin, Seattle Auto Freight Depot, E. F. Zelle Jefferson, Highway Transportation Company Minneapolis.

Vielen Dank schulde ich Herrn Fritz Schumm in Stuttgart für wertvolle Dienste beim Ausarbeiten des Buches und für seine große Hingabe zur Verbesserung der Sprachform; ferner Fräulein Trudl Sommer in Stuttgart für die schwierige Abschrift des Manuskriptes.

Am meisten bin ich zu Dank verpflichtet der Stelle, die mir selbstlos eine mehr als zweijährige Studienreise durch die Staaten der Union ermöglichte, der Rockefeller Foundation (ehemals Laura Spelman Rockefeller Memorial) in New York City.

Berlin-Charlottenburg, im Mai 1930.

Emil Merkert.

Inhaltsverzeichnis.

VI. Die Finanzierung der Landstraßen.

VII. Kraftwagenverkehr und Wandlungen des wirtschaftlichen, kulturellen und sozialen Lebens unter besonderer Berücksichtigung des Einflusses auf die Landwirtschaft.

Anhang.

Umrechnungstafel für Maße und Gewichte.

1. Längenmaße.

1 Zoll (inch) = 2,54 cm,
1 Fuß = 12 Zoll = 30,48 cm,
1 Yard = 3 Fuß = 91,44 cm,
1 Meile = 1760 Yard = 1,609 km.

2. Flächenmaße.

1 Quadratfuß = 144 Quadratzoll = 929,01 qcm,
1 Quadratyard = 9 Quadratfuß = 8361,12 qcm,
1 Quadratmeile = 640 Morgen = 2,59 qkm.

3. Hohlmaße.

1 amerikanische Gallone = 3,786 Ltr.

4. Gewichte.

1 Pfund (Lb) = 453,6 g,
1 amerikanische Tonne (short ton) = 2000 engl. Lbs = 907,2 kg.

I. Grundlagen der Kraftwagenentwicklung.

Denkt man an die Vereinigten Staaten von Amerika[1], so tauchen unwillkürlich vor dem geistigen Auge viele, viele Kraftfahrzeuge[2] und zugleich Fragen auf: „Warum hat Amerika[1] so viele Kraftfahrzeuge oder warum können so viele Amerikaner ein Automobil erwerben?“

Eine Beantwortung solcher Fragen soll in den folgenden Kapiteln versucht werden.

1. Der amerikanische Lebenskomfort.

Der amerikanische Lebenskomfort[3] wurde schon vor dem Weltkriege außerhalb der Grenzen der Union bewundert. Während des Krieges und der ersten Nachkriegsjahre hörte man über die innere wirtschaftliche Entwicklung der Union nicht viel. Um so mehr setzte der dann bekannt werdende amerikanische Lebenskomfort in Staunen. Hatte sich doch das reale Einkommen des Amerikaners sprunghaft gesteigert.

Die Tabelle 1 der Gesamteinkommen aller Bewohner der Union und des durchschnittlichen Einkommens eines einzelnen Amerikaners in den Jahren 1909 bis 1926 läßt erkennen, daß das Gesamtjahreseinkommen sich seit dem Jahre 1909 in Werten des laufenden Dollars mehr als verdreifacht und in Werten des Dollars von 1913 nahezu verdoppelt hat. Das Einkommen auf einen Amerikaner erhöhte sich in dieser Zeitspanne nominal um 157,5%, in Werten des Dollars von 1913 um 45,8%. Nach den Werten des Dollars von 1913 erhöhte sich seit 1913 das Gesamtjahreseinkommen um 65,3% und das Einkommen eines Amerikaners um 38,3%. Im Durchschnitt konnte sich der Amerikaner also im Jahre 1926 im Vergleich zu 1913 einen um mehr als ein Drittel größeren Verbrauch und einen ebenso höheren Lebenskomfort leisten. Beachtenswert

[1] Der Begriff „Vereinigte Staaten von Amerika“ wird in der Arbeit durch die kurzen üblichen Bezeichnungen „Amerika“ oder „Union“ ersetzt. Die Bewohner der Union werden kurz mit „Amerikaner“ bezeichnet.

[2] Der Begriff „Kraftfahrzeug“ ist in Deutschland ein Sammelbegriff und umfaßt hauptsächlich Personenkraftwagen (Automobile und Kraftomnibusse) und Lastkraftwagen. Kraftomnibusse sind in Deutschland Personenkraftwagen mit mehr als acht, in Amerika mit mehr als sieben Sitzplätzen (einschließlich Führersitz). Für Kraftomnibus wird die kürzere Bezeichnung Omnibus verwendet.

[3] Unter „Lebenskomfort“ will das rein materielle Lebensniveau die Verfügbarkeit über Güter verstanden werden, die wie fließendes warmes und kaltes Wasser, Zentralheizung oder Automobile die Lebensführung im allgemeinen behaglicher und angenehmer zu gestalten vermögen.

ist, daß an der Erhöhung des Lebenskomforts die breiten Massen der Bevölkerung mehr denn je teilhatten. Ja, gerade der Lebenskomfort der werktätigen amerikanischen Bevölkerung war es, was die Welt aufhorchen ließ. Die Bewegung der Löhne und Kosten der Lebenshaltung in dem Zeitabschnitt 1913—1926 zeigen Tabelle 2 und Abb. 1. Von 1913—1926

Tabelle 1. Gesamteinkommen und Einkommen auf einen Amerikaner in den Jahren 1909—1926[1].

Jahr	Gesamteinkommen		Einkommen auf einen Amerikaner	
	in Werten des laufendenDollars	in Werten des Dollars von 1913	in Werten des laufendenDollars	in Werten des Dollars von 1913
1909	27100000	28200000	299	312
1910	28400000	29100000	307	315
1911	29000000	29300000	309	312
1912	30600000	30800000	321	323
1913	32000000	32000000	329	329
1914	31600000	31300000	320	316
1915	32700000	32000000	326	319
1916	39200000	35500000	385	349
1917	48500000	37300000	470	361
1918	56000000	35500000	537	340
1919	67254000	37600000	640	358
1920	74158000	36300000	697	341
1921	62736000	36200000	579	334
1922	65567000	40400000	597	369
1923	76769000	46900000	689	421
1924	79365000	48400000	700	426
1925	86461000	51100000	752	445
1926	89682000	52900000	770	455

erhöhten sich die Kosten der Lebenshaltung um 75,6%, die Nominallöhne um 150,3%. Bis 1919 blieben die Nominallöhne mehr und mehr hinter den Kosten der Lebenshaltung zurück. Eine beträchtliche Erhöhung der Nominallöhne um 44,5% im Jahre 1920 und eine nur unwesentliche Steigerung der Kosten der Lebenshaltung um 1,1% ergab für dieses Jahr eine dem Jahre 1913 ähnliche Verbrauchsmöglichkeit. Die größere Zunahme der Nominallöhne als der Kosten der Lebenshaltung und damit die Verbesserung der Lage der Lohnempfänger begann aber erst im Jahre 1921. Die Reallöhne, die hiefür Ausdruck und Maßstab für den Lebenskomfort sind, verringerten sich nämlich bis zum Jahre 1915 ein wenig, von 1916—1919 senkten sie sich beträchtlich, mit einem Tiefstand im Jahre 1918, wo sie nur 74,8% des Jahres 1913 betrugen. Erst 1920 waren sie bis auf 0,7% wieder auf der Höhe

[1] News Bulletin of the National Bureau of Economic Research Nr 23 vom 21. Februar 1927. — Die Einkommenziffer für einen Bewohner sind Schätzungen. Die Ziffern für die Gesamteinkommen und die Einkommen eines Bewohners seit dem Jahre 1922 vorläufige Schätzungen.

des Jahres 1913. Eine nur 1922 unterbrochene Aufwärtsbewegung setzte im Jahre 1921 ein, die 1926 einen um 42,5% höheren Stand erreichte. Von 1918—1926 erhöhten sich die Reallöhne nach den Werten des Dollars von 1913 von minus 25,2 auf plus 42,5% oder um nahezu

Tabelle 2. Kosten der Lebenshaltung, sowie Nominal- und Reallöhne von 1913—1926.

Werte in Indexzahlen 1913 = 100.

Jahr	Kosten der Lebenshaltung[1]	Nominallöhne[1]	Reallöhne
1913	100	100	100
1914	103	101,9	98,9
1915	105,1	102,8	97,8
1916	118,3	107,2	90,6
1917	142,4	114,2	80,2
1918	177,3	132, 7	74,8
1919	199,3	154,5	77,5
1920	200,4	199,0	99,3
1921	174,3	205,3	117,7
1922	169,5	193,1	113,9
1923	173,2	210,6	121,5
1924	172,5	228,1	132,2
1925	177,9	237,9	133,6
1926	175,6	250,3	142,5

das Doppelte. Dies gewährte eine entsprechende Verbesserung des Lebenskomforts.

Die Bezahlung höherer Reallöhne war durch wirtschaftlichere Produktion, insbesondere durch kapitalintensivere Betriebsführung, erweiterten Produktionsumfang und bessere Organisation der Unternehmungen möglich. Diese Umstellung wirkte trotz höherer Reallöhne produktionsverbilligend, weil der Anteil der menschlichen Arbeitskraft an den Kosten des Endproduktes immer kleiner wurde. Auch floß ein großer Teil der höheren Löhne durch gesteigerten Verbrauch an die Unternehmungen zurück und erhöhte so den Produktionsumfang. Dies läßt hohe Löhne als eine der Ursachen für Erfolge amerikanischer Unternehmungen erkennen, weil bei den dem Gesetz der abnehmenden Kosten unterliegenden Betrieben, wie Automobilfabriken, eine Steige-

[1] Die Indizes für die Kosten der Lebenshaltung und die Nominallöhne wurden von dem Bureau of Labor Statistics in Washington D. C. erstellt. Siehe Handbook of Labor Statistics 1924—1926, S. 111ff. u. 703ff. — Der Index der Kosten der Lebenshaltung umfaßt: Nahrung, Kleidung, Wohnung, Heizung, Licht, Haushaltungsgegenstände und verschiedene andere Güter. Die Zahlen dieses Indexes gelten je für den Monat Dezember. — Der Index der Nominallöhne bezieht sich auf die von den organisierten Arbeitern je im Mai eines Jahres bezogenen Zeitlöhne, Union Wage Rates.

rung der Produktion die konstanten Kosten und damit die Gesamtkosten für die Produktionseinheit vermindert[1].

Diese Wirkung der höheren Löhne vermag aber nur einzutreten, wenn, wie erwähnt, ein wesentlicher Teil der Löhne auch wieder ausgegeben wird, was u. a. durch zielsichereReklame angestrebt wird, die die Bevölkerung planmäßig zum Verzehr ihrer Mittel erzieht. Ohne bereitwillige Ausgabe der Einkommen hätte das amerikanische Wirtschaftsleben sich nicht in dem großen Ausmaß entfalten können und der Lebenskomfort nicht die überragende Höhe erreicht. In Amerika kann Konsumtion nahezu gleichbedeutend mit Reichtum gesetzt werden, als Konsumtion, die aufbaut und nicht zerstörend wirkt, den Lebenskomfort erhöht und den arbeitstätigen Menschen zu größerer Aktivität und vermehrter Arbeitsleistung und damit zu höherem Einkommen zu führen vermag.

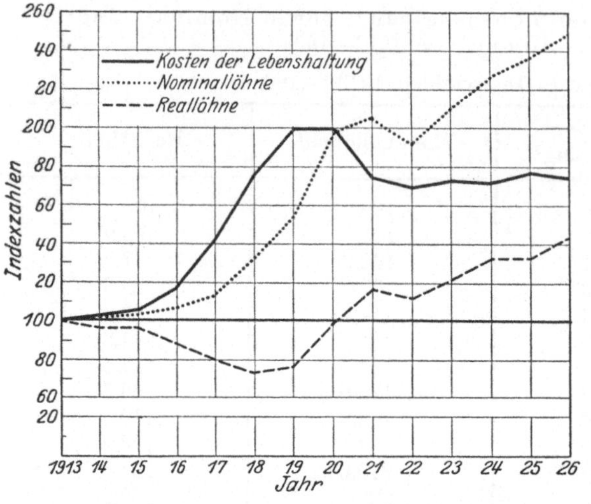

Abb. 1. Kosten der Lebenshaltung, Nominal- und Reallöhne in der Union 1913—1926 in Indexzahlen 1913 = 100.

Über die Einstellung des Amerikaners zur Sparsamkeit schreibt der französische Volkswirt André Siegfried[2]:

„Es ist kein Anlaß — für den Amerikaner —, auf Sparsamkeit besonders stolz zu sein. Die klassische Mäßigkeit der italienischen Einwanderer wird als unamerikanisch und als Hindernis ihrer Assimilation betrachtet. Durch fortschreitende Produktion neuer Güter, durch unbegrenzte Reklame für Neuerscheinungen, durch das Abzahlungssystem und vieles andere wird das Einkommen der Werktätigen von außen her in Anspruch genommen. Doch kümmert dies den Amerikaner wenig, weil er weiß, er wird bald mehr Geld verdienen, und weil er von dem Glauben an die unbegrenzten Erwerbsmöglichkeiten seines Landes durchdrungen ist. Das erklärt auch die unverhohlen zur Schau getragene Verächtlichkeit für das armutbeladene, übervölkerte Asien und für das altmodische Europa, wo Menschen in alten Häusern leben und zu Fuß zur Arbeit gehen.“

Ein Vergleich zwischen Europa und Amerika läßt viel Wahres in diesen Feststellungen erkennen. Für eine Beurteilung ist es jedoch notwendig, insbesondere auch die Bevölkerungszahlen und Naturschätze der

[1] Siehe Abschnitt II, Kapitel 2.

[2] Siegfried, A.: Les Etats Unis d'aujourd'hui. S. 163.

beiden Kontinente einander gegenüber zu stellen. Der Union mit einem inneren Markt von nahezu 120 Millionen Konsumenten stehen in Europa mit Ausnahme von Rußland kleinere von Zollmauern umgebene Staaten mit weit geringerer Einwohnerzahl und weniger Naturschätzen gegenüber. Selbst wenn Deutschland nur 10 oder 20% weniger Konsumenten wie die Union hätte, so könnten es eben gerade diese 10 oder 20% Konsumenten sein, die bei sonst gleichen Bedingungen, wie Naturschätze, Betriebsgröße, Unternehmungsgeist und ähnliches, den Umfang der Massenproduktion verringern und nicht in dem Maße wie in der Union kostenniedrig produzieren lassen würden. Denn immer wieder ist es die praktische Auswirkung des Gesetzes der abnehmenden Kosten, das in Großbetrieben zur Produktionsverbilligung führt. Die Massenproduktion kann als eine der wesentlichsten Ursachen der Prosperität, der hohen Reallöhne und des breiten Lebenskomforts in der Union bezeichnet werden.

Der hohe Lebenskomfort der amerikanischen Bevölkerung tritt äußerlich durch den Erwerb von Gebrauchs- und Verbrauchsgütern in einem sonst nicht bekannten Ausmaße hervor. Es ist selbstverständlich in amerikanischen Wohnungen Telephon, elektrische Kühlschränke, Staubsauger, fließendes warmes und kaltes Wasser, Bad, Zentralheizung und ähnliches anzutreffen. Radio und Grammophon sind so verbreitet wie anderswo Wandschmuck. Die Verwendung von Maschinen und anderen neuzeitlichen Haushaltungsgegenständen erleichtern die häuslichen Arbeiten und lassen den Frauen Zeit, sich kulturellen und sozialen Erscheinungen des Lebens zu widmen.

Der Erwerb von marktgängigen Gebrauchs- und Verbrauchsgütern hat sich in der Union nicht nur erhöht, sondern auch verfeinert. Wie bei einigen Gütern des täglichen Bedarfs der Wert in den Jahren 1914 bis 1923 sich gehoben hat, zeigt die Tabelle 3. Wird die Bevölkerungs-

Tabelle 3.

Geldwert von verkauften Gebrauchsgegenständen von 1914—1923[1].

Jahr	Möbel Dollar	Männerkleidung Dollar	Hemden Dollar
1914	270939000	458211000	95815000
1919	579650000	1162986000	205327000
1921	550164000	934776000	203944000
1923	776495000	1178715000	241331000

zunahme und Geldentwertung in dieser Zeitspanne berücksichtigt, so bleibt eine um 30—40% umfangreichere und qualitativ bessere Konsumtion dieser Güter im Jahre 1923 gegenüber 1914.

[1] Facts and Figures of the Automobile Industry 1926 Edition, S. 59 (U. S. Census Bureau Figures).

Das Einkommen der breiten Massen der Union ist inzwischen so groß geworden, daß auch der einfache Mann zu leben und aufzutreten vermag, wie es früher nur Wohlhabenden möglich war. Es trägt heute die Verkäuferin Seidenstrümpfe und Pelzmäntel wie die Sekretärin; der Arbeitnehmer kleidet sich wie der kleine Geschäftsmann, der Angestellte wie der Leiter der Firma. Konnte Thorstein Veblen[1] Ende des 19. Jahrhunderts unschwer an der äußeren Erscheinung und dem Verbrauch die Gesellschaftsklasse eines Individuums feststellen, so ist es im 20. Jahrhundert und insbesondere seit dem letzten Jahrzehnt selbst für ein gutes Auge nicht mehr ohne weiteres möglich, an der äußeren Aufmachung und dem Kauf von Gütern die Klassenzugehörigkeit wahrzunehmen. Eine Ausnahme besteht jedoch heute noch bei dem wichtigsten amerikanischen Gebrauchsgut, dem Automobil. Vor einer Betrachtung der Ursachen soll das Automobil kurz als Gebrauchsgegenstand des Amerikaners besprochen werden.

Ist eine Nation berechtigt, Superlative anzuwenden, so ist es unbestreitbar die amerikanische, wenn von Automobilen und vom Autoverkehr die Rede ist. Einige Zahlen mögen dies beweisen. Im Jahre 1928 gab es in der Union rund 21500000 Automobile. Auf jeden 5. bis 6. Amerikaner kam ein Fahrzeug (siehe auch nächstes Kap. S. 30/1). Der große Vorsprung der Union tritt bei einem Vergleich mit anderen Ländern besonders hervor. Im Jahre 1928 besaß nämlich England 818000, Frankreich 740000 und Deutschland 390000 Automobile[2].

Kann die amerikanische Familie schließlich auf Telephon, Staubsauger, Kühlschrank und ähnliches verzichten, beim Automobil ist dies nicht ohne weiteres möglich. In der Bedürfnisskala des Amerikaners erscheint auch das Automobil unmittelbar hinter Nahrung, Kleidung und Wohnung und selbst in den Ausgaben für diese täglichen Bedarfsgüter ist durch die hohe Wertung des Besitzes eines eigenen Automobils noch eine relative Verminderung gegen früher eingetreten. In Los Angeles wurde im Jahre 1927 in sechs Distrikten die Verteilung der Lebenshaltungskosten festgestellt. Das Ergebnis wird in der Tabelle 4 wiedergegeben. Die Tabelle zeigt die Stellung des Automobils innerhalb der herrschenden Bedürfnisse. Etwa ein Achtel des Einkommens entfällt auf Transport, unter dem das Automobil den Vorzug hat; mehr als die Hälfte der Ausgaben für Nahrung und mehr als zwei Drittel für Kleidung oder für Wohnung werden für Transport aufgewendet.

Auch ein Vergleich des Gesamteinkommens der Union mit den Betriebskosten aller amerikanischen Automobile ergibt einen ähnlichen Aufwandsanteil. Das Gesamteinkommen betrug im Jahre 1926 89682 Millionen Dollar, die Zahl der Automobile rund 19150000. Werden die

[1] Thorstein Veblen: The Theory of the Leisure Class.

[2] Facts and Figures a. a. O. 1929 Edition, S. 20.

durchschnittlichen Betriebskosten eines Wagens mit 10 Cents die Meile und die jährlichen Betriebsleistungen mit durchschnittlich 6000 Meilen angenommen, so errechnet sich hieraus ein Gesamtaufwand von 11490 Millionen Dollar. Es wird also rund ein Achtel des Einkommens für die Anschaffung und Unterhaltung von Automobilen aufgewendet.

Tabelle 4. Verteilung der Lebenshaltungskosten in 6 Distrikten von Los Angeles im Jahre 1927[1].

Gegenstand	Dollar
Nahrung	201618900
Kleidung	157454760
Wohnung	153614400
Transport, Automobile und Straßenbahnfahrgeld	115210800
Haus, Arzt, Reinigung	80649560
Möbel und Haushaltungsgegenstände	46084320
Versicherung, Leben und Feuer	40323780
Vergnügungen	33603150
Heizung und Licht	28802700
Wäsche	21121980
Reinigungsgegenstände	9600900
Telephon	7680720
Bücher, Zeitschriften und Zeitungen	6720630
Tabak	4800450
Verschiedenes, Erziehung, Kirche, Arzneimittel u. ä.	52804950
Zusammen:	960090000

Bei vielen Automobilisten ist der anteilmäßige Aufwand für einen Wagen noch erheblich höher als dieser Durchschnittssatz. Millionen Kraftfahrzeugbesitzer haben ein Jahreseinkommen von weniger als 2500 Dollar. Obwohl sie zum Teil kleinere Fahrzeuge besitzen, deren Betriebskosten nur 6—8 Cents die Meile und bei einer jährlichen Betriebszahl von 6000 Meilen 360—480 Dollar im Jahr betragen, errechnet sich für sie häufig ein Automobilaufwand von einem Sechstel bis einem Viertel ihres Einkommens.

Der Automobilist ist sich meist der verhältnismäßig hohen Betriebskosten seines Wagens nicht bewußt. Bei einem Vergleich mit den Fahrpreisen anderer Verkehrsmittel zieht er vielfach nur die Anschaffungskosten seines Wagens und den Aufwand für den Betriebsstoff heran. Wäre bei geringer Ausnützung des Wagens der wirkliche Aufwand im Verhältnis zu den Fahrpreisen anderer Verkehrsmittel bekannt,

[1] Eberle Economic Service vom 29. August 1927, Vol. IV, Weekly Letter Nr 35. — Trotzdem der Ausgabeposten Transport zu dem weitaus überwiegenden Teil auf Automobile entfällt, erscheint dennoch der Gesamtbetrag der Zahl der Automobile entsprechend viel zu niedrig. Dies wird auch bei Aufstellung der Tabelle von Eberle unter gleichzeitigem Hinweis, daß der Betrag für Nahrung zu hoch sein dürfte, bestätigt.

so würde die Anschaffung eines Wagens wohl mehr, als es geschieht, überprüft werden und manchmal unterbleiben. Andererseits liegt im Automobil eine individuelle und qualitativ hohe Verkehrsmöglichkeit und außerdem ist es nicht nur Verkehrsmittel im engeren Sinn, sondern wie Kleider, Schuhe, Radio ein Gebrauchsgegenstand, so daß selbst bei genauer Kenntnis seiner Betriebskosten die entsprechende Wertung, die zur Anschaffung eines Fahrzeuges führt, meist nicht anders ausfallen dürfte. Auch ist das Automobil vielen Amerikanern das, was dem Europäer ein kleiner Gemüsegarten ist, der ihm außer frischem Gemüse und Blumen nach der Berufsarbeit einen Aufenthalt zur Erholung und körperlichen Arbeit bietet. Obwohl die Kosten der Erzeugnisse des Gartens sich vielfach höher als die Preise im Handel stellen, wird doch das Selbstgebaute vorgezogen und der Wert des Gartens recht hoch eingeschätzt. Ähnlich geht es dem Amerikaner beim Automobil. Auch hier sind die Kosten der eigenen Erzeugnisse, der Verkehrsleistungen, vielfach höher als die Fahrpreise anderer Transportmittel. Die ständige Verfügung über ein angenehmes Verkehrsmittel, seine weiträumige Nutzungsmöglichkeit, wie beliebige Ortsveränderungen, ruft aber auch hier eine Wertschätzung hervor, die nicht rein ökonomisch bestimmt wird.

Wirtschaftlich kann im allgemeinen gegen den Erwerb und die Unterhaltung eines Automobils selbst dann kein Einwand erhoben werden, wenn hiedurch der Aufwand für Nahrung, Kleidung, Wohnung und andere Bedürfnisse wesentlich gekürzt werden müßte. Die Wertschätzung der Güter ist ureigenste Sache jedes Menschen. Besteht für Gasolin, dem Nährstoff des Automobils, ein dringenderes Bedürfnis wie für ein üppiges Abendessen, so wird das Bedürfnis auch entsprechend gewertet und der Verbrauch des Einkommens demgemäß verteilt. Schilderungen wie folgende von Professor Chatburn werden von den meisten Amerikanern nur lächelnd überlesen:

„Es wird behauptet, daß durch die große Neigung zu Vergügungsfahrten im Automobil Abendessen und Tees mit Gästen sich stark vermindert haben. Die höheren Lebenshaltungskosten mögen dabei wohl auch mitgewirkt haben. Kleider- und Kurzwarenhändler bemängeln, daß Automobilbesitzer sich nun geringere Stoffe kaufen, weil die Beschmutzung ihrer Kleider mit Öl und Fett sich nicht vermeiden läßt, und daß sie die Kunst des guten Kleidens verlieren. Bauunternehmer behaupten, die Aufwendungen für den Erwerb und die Unterhaltung eines Automobils würden viele hindern, notwendige Reparaturen an ihren Häusern vorzunehmen oder neue Gebäude zu bauen. Da die meisten Musestunden im eigenen Wagen zugebracht werden, würden sich viele in der übrigbleibenden Zeit mit einer kleineren Wohnung begnügen. Ferner wird behauptet, es würden weniger Bücher und Zeitungen gelesen und der kulturellen Seite des Lebens nur wenig Aufmerksamkeit entgegengebracht werden. Abends werde ausgefahren und selbst Sonntags, so daß auch der Gottesdienst unbesucht bleibe[1]."

[1] George R. Chatburn: Highways and Highways Transportation. S. 203.

Wurden nun auch durch die beträchtlichen Aufwendungen für den Erwerb und die Unterhaltung von Automobilen anderen Bedürfnissen zum Teil ein geringerer Einkommensteil zugewiesen[1], so dürfte doch keine auffallende Änderung in der Lebenshaltung der Automobilisten eingetreten sein, denn sonst hätte nicht gerade in den Jahren rascher Automobilentwicklung eine wesentliche Zunahme der Sparkassenguthaben, Lebensversicherungen und der Tätigkeit der Bauunternehmer eintreten können. Der Aufwand für Automobile konnte, wenigstens teilweise, durch höhere Einkommen ausgeglichen werden. Die Tabelle 5

Tabelle 5. Sparkassenguthaben, Lebensversicherungen, Baukapital und Großhandelspreis der Kraftfahrzeuge[2].

Jahr	Sparkassen-guthaben Dollar	Lebens-versicherungen Dollar	Aktiva von Bau-unternehmungen u. Finanzierungsgesell-schaften[3]. Dollar	Großhandelspreis der Kraftfahrzeuge Dollar
1913	8548345000	20520598372	1248479139	443902000
1917	10875602000	27116690770	1769142175	1274488449
1921	16500663000	45983400333	2890764621	1201371847
1926	24696192000	79644487109	6334103807	3041127139
1927	26090902000	87400000000	7000000000	2583136611

zeigt, daß der Großhandelspreis der jährlich produzierten Kraftfahrzeuge von 443,9 Millionen Dollar im Jahre 1913 auf 3041,1 bzw. 2583,1 Millionen Dollar in den Jahren 1926 und 1927 gestiegen ist, der Großhandelspreis der jährlichen Produktion sich also in diesen Jahren um das Sechs- bis Siebenfache erhöht hat. Gleichzeitig steigerten sich die Sparkassenguthaben um das Dreifache, die Lebensversicherungen um das Vierfache und die Tätigkeit der Baugesellschaften um das Sechsfache.

War das Automobil vor 20 Jahren noch ein Luxus, so ist es durch die inzwischen eingetretene Preissenkung und Erhöhung der technischen Leistungsfähigkeit der Fahrzeuge sowie der Verbesserung der Landstraßen zu einem nützlichen Gebrauchsgegenstand geworden. Zu Beginn der Automobilentwicklung, im Jahre 1899, war in einer Zeitschrift folgende Anschauung zu finden:

„Das jetzt übliche Fahrzeug ohne Pferde (horseless carriage) ist gegenwärtig

[1] Im Gegensatz zu einem gegenüber früher allgemein höheren Verbrauch (siehe Tabelle 3) ist der Umsatz in Schuhen und Stiefeln, in Geldeinheiten gemessen, in den Jahren 1914—1923 gleich geblieben. Der Grund dürfte aber nicht in einem zurückhaltenden Verbrauch von Fußbekleidung zu suchen sein, sondern mehr in dem durch das Automobil geschaffenen geringeren Bedarf, da eben weniger zu Fuß gegangen wird.

[2] Facts and Figures a. a. O. 1928 Edition. S. 11.

[3] Building and Loan Associations.

noch ein Luxus für die Reichen, und wenn auch sein Preis in der Zukunft fallen wird, so wird es natürlich doch nie so allgemein wie das Fahrrad verwendet werden[1]."
Schon nach 20 Jahren war aber das Fahrrad in der Union nahezu vollständig aus den Straßen verschwunden, aber eine Unzahl von Automobilen erschienen.

Ist auch die Anschaffung eines Automobils in Amerika noch nicht jedem einzelnen möglich, als Luxus kann es heute dennoch nicht mehr bezeichnet werden. Für die Beurteilung eines Gutes als Luxus oder Gebrauchsgegenstand ist nicht sein Preis, sondern die Art der wirtschaftlichen Verwertbarkeit ausschlaggebend. Je nach dem die Verwertbarkeit für eine größere Zahl Menschen größer oder kleiner ist, kann auf die Gebrauchsklasse des Gutes geschlossen werden. Das Automobil in seiner massenhaften Erscheinung, seiner vielseitigen und wirtschaftlichen Verwertbarkeit ist in der Union unbestritten ein nützlicher Gebrauchsgegenstand[2].

Das Automobil fand in Amerika eine so hohe Wertschätzung und große Verbreitung, weil es gerade dem Amerikaner eigene Bedürfnisse zu befriedigen vermag, die außerdem noch durch geschickte Reklame gesteigert wurden. Im Amerikaner lebt heute noch ein hoch entwickeltes Gefühl der Freiheit, ein unaufhörliches Bedürfnis zu Aktivität, ein Wunsch, sich möglichst unabhängig, frei und rasch zu bewegen. Industrialisierung und Arbeitsteilung machten die tägliche Arbeit eintönig. Der Freiheitsdrang, von Vorfahren vererbt, konnte aber nicht erstickt werden. Er wird nach angespannter Tagesarbeit wieder wach, durch das Maschinelle des Tages manchmal noch verstärkt. Im Automobil, das wunschgemäß zu lenken ist, fühlt sich der Amerikaner wie einst seine Vorfahren wieder frei und vom mechanisierten Berufsleben losgelöst. Mr. Roy D. Chapin (Vice President, National Automobile Chamber of Commerce) schilderte diese Instinkte mit den Worten:

„Ihre Vorfahren kamen in dieses Land der Freiheit und des Abenteuers Willen. Das Automobil befriedigt diesen Drang. Der Besitzer eines Wagens kann wie er will in jeder von ihm gewünschten Richtung und zu jeder Zeit reisen. Die Zivilisation spannt den Bürger für die meiste Zeit seines Lebens durch eine bestimmte Arbeitszeit, Arbeitsbedingungen, Wohnplätze und anderen mit einer gesicherten Existenz verbundenen Hemmungen ein. Das Automobil unterstützt das Verlangen des Menschen, dieser Unterdrückung zu entrinnen[3]."

Die gewaltige Zunahme der Kraftfahrzeuge und des Kraftwagenverkehrs der letzten Jahre verringerte zwar, insbesondere im Bereich

---

[1] The Literary Digest vom 14. Oktober 1899. S. 365.

[2] Prof. R. A. Seligmann machte eine eingehende Untersuchung über den Begriff Luxusgegenstand und die Anwendung dieses Begriffs auf das Automobil. Siehe The Economics of Instalment Selling, Abschnitt X u. XI, S. 197—248.

[3] The Motor's Part in Transportation. The Annals of the American Academy of Political and Social Science, November 1924.

der großen Städte, die Freizügigkeit des Automobils, weil häufig meilenweit ein Fahrzeug dem andern im Fahrtabstand folgt, wodurch die Bewegung eines Automobils wie die eines innerhalb einer geschlossenen Kompagnie marschierenden Soldaten beeinträchtigt wird.

Der Kauf eines Automobils ist für die Familie des Amerikaners ein Ereignis. Schon lange vorher wird der Automobilmarkt ständig verfolgt, der Kauf des Wagens lebhaft besprochen. Eifrig wird erwogen, welcher Typ der geeignete ist. Gewichtig sind die Stimmen der Frauen, die sich gern mit der Farbe und der Innenausstattung des Wagens beschäftigen. Die bestimmenden Gründe für den Wagentyp liegen vielfach außerhalb des Familienkreises. Von Einfluß ist, welchen Wagen der Nachbar oder Berufsgenosse fährt. Der Amerikaner will nicht übertrumpft werden. Sein Fahrzeug soll daher mindestens in der Preisschicht des Wagens des Nachbarn oder gleicher Berufsangehöriger liegen. Ein höherer Angestellter würde sich im gleichen Wagen, wie ihn ein niederer Angestellter fährt, unwohl fühlen. Diese neuartige Schichtung der Menschen nach Preisklassen der Automobile ist auf die relativ hohen Anschaffungs- und Betriebskosten eines Wagens und die Einstellung der Masse der Amerikaner, beim Erwerb eines Wagens bis zur Grenze der Kaufkraft zu gehen, zurückzuführen. Natürlich gibt es auch hier Ausnahmen. So haben Universitätsprofessoren von Ruf den Mut, sich in einem kleinen Ford zu zeigen.

Der Gleichklang der äußeren Erscheinungsform der Amerikaner wurde durch das Automobil unterbrochen. Es haben sich neue Klassen nach den Typen der Automobile gebildet. Der Kauf eines Wagens ist zugleich ein Merkmal dafür, zu welcher Klasse der Käufer gezählt werden will. Das Automobil ist dem Amerikaner mehr als Liebhaberei, mehr als Gebrauchsgegenstand. Es ist ihm Lebensinhalt. Das Automobil führt ihn weg von den Stätten der täglichen Arbeit. Durch das Automobil lernt er sein großes, schönes Land kennen und lieben. Es ist dem Amerikaner Junggesellenbude, der Dame Boudoir, dem Studenten ein Weg zu ungebundener Freiheit, dem Geschäftsmann eine Möglichkeit seinen Reichtum zu entfalten, dem Sportsmann Selbstzweck und schließlich für alle Verkehrsmittel von und zur Arbeitsstätte, zu Geschäftsreisen, zu Besuchen, zur Erholung und zum Vergnügen. Das Automobil ist ein wesentlicher Bestandteil des amerikanischen Volkstums geworden.

2. Die Massenproduktion von Automobilen.

Die Massenproduktion von Automobilen ist wie jede Produktion von Gütern eng mit der Nachfrage nach diesen Gütern verknüpft. Die Nachfrage nach dem Produkt „Automobil“ ist in Amerika wie bei anderen Gütern weitgehend einheitlich. Trotzdem 120 Millionen Menschen, die in ihrer Mehrzahl innerhalb eines verhältnismäßig kurzen Zeitabschnitts aus aller Welt zusammenströmten, in einem Gebiet von rund 3 Millionen Quadratmeilen Ausdehnung wohnen, sind ihre Bedürfnisse im allgemeinen gleichgerichtet. Diese für Amerika charakteristische Gleichartigkeit der Bedürfnisse war eine Vorbedingung und zugleich der Erfolg der amerikanischen Massenproduktion[1]. In Amerika genügten von Anfang an wenige Automobiltypen, um den Unterschieden in Geschmacksrichtung, in der Kaufkraft und sozialen Stellung gerecht zu werden. Die Automobilindustrie konnte deshalb dem modernen Industrialismus den Weg der mechanischen Revolution weisen. In ihren Betrieben sind Normalisierung und Arbeitsteilung weitgehendst durchgeführt und Menschen durch Maschinen ersetzt.

Das „Bureau of Labor Statistics" berechnete für 11 Industrien und die Jahre 1899—1925 Indizes der Produktivität der Arbeit, die ein Maßstab für den Grad der Mechanisierung der einzelnen Industrien sind. In der Tabelle 6 sind für 6 Industrien und Jahre des Zeitabschnitts 1904—1925 Vergleichszahlen zusammengestellt.

Ein Vergleich der Indexzahlen der Jahre 1904 und 1925 zeigt, daß in der Automobilindustrie die Produktivität der Arbeit nahezu um das Siebenfache und seit 1914 nahezu um das Dreifache gewachsen ist, während sie sich in den meisten anderen Industrien nicht einmal verdoppelte[2]. Nur in der Petroleumdestillation steigerte sie sich seit 1904 um etwas mehr als das Dreifache. Benötigte die Herstellung eines Automobils im Jahre 1904 2100 Arbeitsstunden, so 1925 nur noch 300 Stunden.

Zu dem Produktionsverfahren in der Automobilindustrie ist noch zu bemerken, daß mit den Jahren 1909/10 mächtige Fabriken erstellt wurden, die nur Automobilteile produzierten. Die eigentlichen Automobilfabriken wurden dadurch größtenteils Montagewerkstätten[3] großen Maßstabes. Mit dem Jahre 1914 wandelte sich die Produktion. Die größeren Unternehmungen bauten Motoren, Transmissionen und

---

[1] Zu einem Vergleich amerikanischer und europäischer Geschmacksrichtungen bemerkt André Siegfried: „Um die alte Welt dem Wesen der Massenproduktion anzupassen, wäre es nötig, nicht nur die wirtschaftlichen Grenzen, die sehr oft das Rohmaterial von der Fabrik und die Fabrik von dem Verbraucher trennen, sondern auch die politischen Grenzen, die Kultur zu beseitigen." Siehe Siegfried a. a. O. S. 169/70. Selbst dann dürfte aber wenigstens noch zwei Generationen lang der individuelle Geschmack der Europäer fortleben, denn Geschmacksunterschiede lassen sich in Europa nicht von heute auf morgen aufheben.

[2] Hier ist zu beachten, daß die amerikanische Automobilindustrie im Jahre 1904 noch sehr jung war und bei jungen Industrien die Produktivität der Arbeit rascher zunimmt als bei älteren, mit einem schon früher erreichten hohen Grad der Produktivität.

[3] Die Zusammensetzungstätigkeit mit weitgehender Verwendung des Laufbandes ist das eigentliche Neue und Charakteristische in der Automobilproduktion.

andere Zubehörteile wieder selbst. Die eigene Herstellung von Motoren wurde zum Unterscheidungsmerkmal von Automobilfabrik und Montagewerkstätte.

Das kapitalintensive und mechanisierte Produktionssystem war es, das gemeinsam mit der Vergrößerung der Betriebe es ermöglichte, eine

Tabelle 6.

Indizes der Produktivität der Arbeit in 6 Industrien 1914 = 100[1].

Jahr	Eisen- u. Stahlindustrie	Ledergerbereien	Petroleum-Destillation	Papier- u. Papierwarenfabriken	Automobilfabriken	Mehlmühlen
1904	69	92	57	82	40	94
1909	100	92	117	95	36	93
1914	100	100	100	100	100	100
1916	124	—	—	—	120	—
1917	109	—	—	101	133	—
1918	103	98	—	101	90[2]	—
1919	100	101	92	104	136	96
1920	115	99	—	102	150	—
1921	94	126	111	94	193	118
1922	136	130	126	118	249	—
1923	139	134	135	116	270	128
1924	137	131	163	128	262	—
1925	159	126	183	134	272	136

immer größere Zahl von Fahrzeugen und mit steigender Produktion die Fahrzeuge immer billiger herzustellen. Es entstanden Betriebe mit einer Leistungsfähigkeit von 500000 und mehr Fahrzeugen im Jahr. Ford produzierte 1926 1353243, General Motors 620364 Fahrzeuge. Während 1903 der Medianwert der Automobilproduktion 178 Fahrzeuge war, also die eine Hälfte der Automobilfabriken weniger als 178 und die andere Hälfte mehr als 178 Fahrzeuge erzeugten, betrug er 1926 schon 7615 Fahrzeuge. Werden die Durchschnittswerte als arithmetisches Mittel berechnet und damit mehr der Einfluß der größeren Betriebe hervorgehoben, so sind die jährlichen Produktionsziffern 439 Fahrzeuge für 1903 und 81720 Fahrzeuge für 1926[3].

Die Produktionsziffern aller amerikanischen Automobilfabriken und die entsprechenden Großhandelspreise der Fahrzeuge für die Jahre 1895—1928 zeigt die Tabelle 7. Die jährliche Produktion erhöhte sich in dem verhältnismäßig kurzen Zeitraum von 34 Jahren von 4 auf rund

[1] Handbook of Labor Statistics 1924—1926. S. 545/46. Die Werte sind unter verschiedenen Voraussetzungen aufgestellt worden und nur als relative Vergleichsgrundlage verwendbar. Sie sind auf die in einer Stunde geleistete Arbeit abgestellt.

[2] Die Regierung hatte für Kriegszwecke die Produktion von Automobilen eingeschränkt.

[3] Siehe Epstein a. a. O., S. 213ff.

4 Millionen Fahrzeuge. Eine millionenfache Zunahme. In den letzten zehn Jahren (1919—1928) steigerte sie sich rund um das Zweieinhalbfache, in den letzten 20 Jahren (1909 bis 1928) rund um das Dreißigfache, in den letzten 25 Jahren (1904—1928) rund um das Zweihundertfache, in den letzten 30 Jahren (1899—1928) rund um das Sechzehnhundertfache.

Tabelle 7. Produktion von Personenkraftwagen und deren Großhandelspreis in der Union 1895—1928[1].

Jahr	Zahl der Personenkraftwagen	Großhandelspreis der Personenkraftwagen Dollar
1895	4	—
1896	25	—
1897	100	—
1898	1000	—
1899	2500	—
1900	4192	4899443
1901	7000	8183000
1902	9000	10395000
1903	11235	13000000
1904	22419	23682492
1905	24550	39030000
1906	33500	61850000
1907	43300	92040000
1908	63500	135250000
1909	127731	159918506
1910	181000	215340000
1911	199319	225000000
1912	356000	335000000
1913	461500	399902000
1914	543679	413859379
1915	895930	575978000
1916	1525578	921378000
1917	1745792	1053505781
1918	943436	801937925
1919	1657652	1461785925
1920	1905560	1809170963
1921[2]	1529165	1095883000
1922[2]	2397827	1571569041
1923[2]	3780358	2282953822
1924[2]	3327770	2049101671
1925[2]	3904566	2555419483
1926[2]	3984018	2758446322
1927[2]	3093428	2269056222
1928[2]	4024590	2708954674

Der Wert der Automobilproduktion, gemessen in Großhandelspreisen, erhöhte sich von rund 4,9 Millionen Dollar im Jahre 1899 auf rund 2709 Millionen Dollar im Jahre 1928, also um etwa das Fünfhundertfache; in den letzten 10 Jahren (1919 bis 1928) um rund das 1,8-fache, in den letzten 20 Jahren (1909—1928) um rund das Sechzehnfache und in den letzten 25 Jahren (1904 bis 1928) um rund das Hundertfache.

Die Kurve der zahlenmäßigen Produktion verläuft bis 1917 nahezu gleichmäßig aufwärts (s. Abb. 2). Nur in den Jahren 1905, 1911 und 1917 ist sie flacher. Dies waren Jahre allgemeiner wirtschaftlicher Depression, die sich auch in der Automobilproduktion, wenn auch schwächer, auswirkte. Sonst

[1] Facts and Figures a. a. O. 1928 und 1929 Editions. In diesen Ziffern ist auch die Produktion und der Wert der Omnibusse enthalten, von denen im Jahre 1928 insgesamt 85636 in Betrieb waren. Sie sind im Verhältnis zu der breitwuchtigen Zahl von 3975640 Automobilen von geringer Bedeutung.

[2] Die Zahlen enthalten auch die amerikanische Produktion in Kanada und die in anderen Ländern aus in der Union produzierten Teilen zusammengesetzten Fahrzeuge.

entsprechen aber die Schwankungen der Automobilproduktion im allgemeinen denen anderer Industrien. Vom Jahre 1917 an wird die

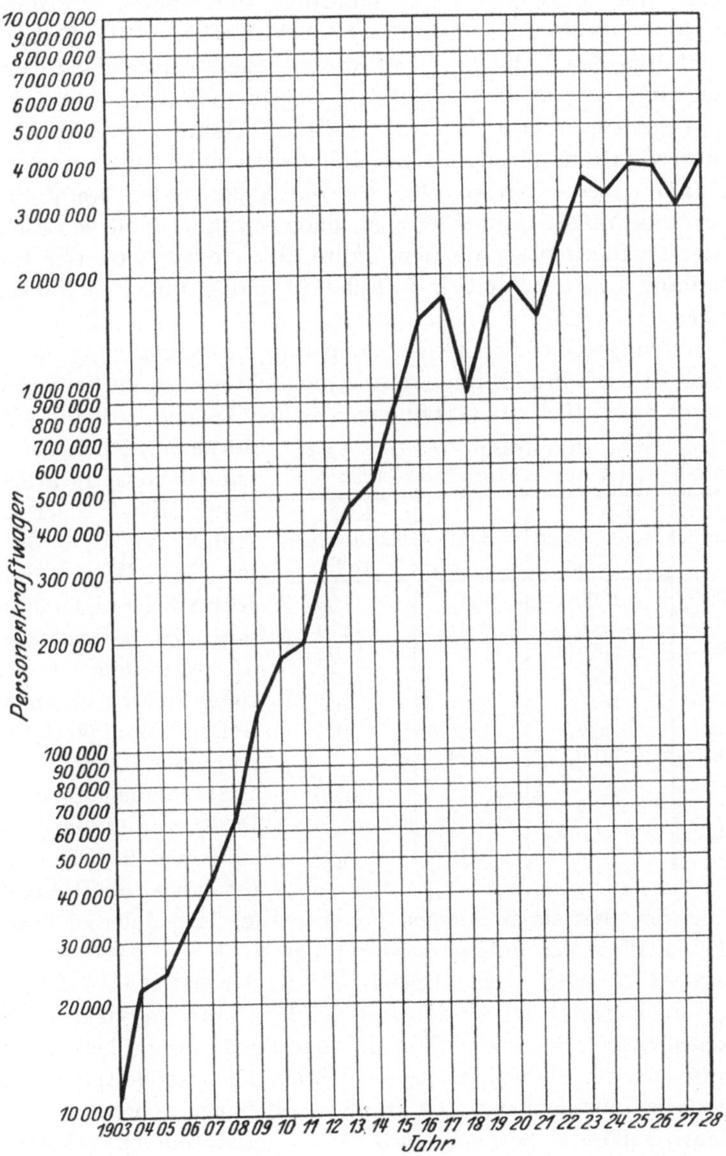

Abb. 2. Produktion von Personenkraftwagen in der Union, 1903—1928.

Kurve unregelmäßig. Die großen Störungen der Kriegs- und Nachkriegszeit in Industrie, Handel und Landwirtschaft werden wirksam. Die Produktion erhöht sich noch mächtig, aber erstmals kommen auch Jahre mit kleineren Produktionsziffern, gegenüber den Vorjahren. So ist die Produktion der Jahre 1921 und 1924 um je 400000 und die von 1927 um 900000 Personenkraftwagen geringer als die der Vorjahre. Die wesentlichste Ursache der Produktionsverminderung im Jahre 1927 ist die Umstellung Fords auf einen neuen Wagentyp, wodurch Ford in diesem Jahre nur etwa 15% der Gesamtproduktion gegenüber 50 und noch mehr Prozenten in früheren Jahren bestreiten konnte. Die durch den Krieg beeinflußte geringe Produktion des Jahres 1918 ist schon erwähnt. Eine gewisse Festigung der Produktion ist mit dem Jahre 1923 eingetreten. Der Produktionsumfang schwankt seither zwischen 3 und 4 Millionen Fahrzeugen im Jahr.

Die umfangreiche Produktionssteigerung in Verbindung mit einer wirtschaftlicheren Produktionsweise ermöglichten, den Verkaufspreis der Fahrzeuge wesentlich zu verbilligen. In der Tabelle 8 finden sich die durchschnittlichen Kleinhandelspreise (arithmetische Mittel) der Automobile für die Jahre 1899 bis 1928. Wird der durchschnittliche Kleinhandelspreis des Jahres 1909, dem Jahre, in dem schon Fahrzeuge mit beachtenswerter Leistungsfähigkeit gebaut wurden, mit dem des Jahres 1928 verglichen, so ist eine Preisverminderung von 1670 auf 900 Dollar oder um nahezu die Hälfte (46%) zu bemerken. Bei einem solchen Preisvergleich ist jedoch zu beachten, daß die Qualität der Fahrzeuge der jüngsten Jahre wesentlich besser und ihre Ausrüstung reichhaltiger ist als die der ersten zwei Jahrzehnte des Automobilbaues, ferner daß sich die Kaufkraft des Geldes seit dem Weltkriege vermindert hat. Wird die Geldwertänderung berücksichtigt, so ergibt sich für die Jahre 1926—1928 ein Kleinhandelspreis von 530 anstatt von 900 Dollar. Die durchschnittlichen Kleinhandelspreise der Jahre 1926—28 betragen also nicht einmal ein Drittel der vom Jahre 1909 oder 1910.

Tabelle 8. Kleinhandelspreise der Automobile in der Union 1899—1928[1].

Jahr	Kleinhandelspreis Dollar	Jahr	Kleinhandelspreis Dollar
1899	1300	1918	1130
1904	1460	1919	1170
1909	1670	1920	1260
1910	1600	1921	950
1911	1500	1922	860
1912	1280	1923	800
1913	1150	1924	820
1914	1010	1925	870
1915	860	1926	900
1916	800	1927	980
1917	800	1928	900

Folgt man der Preisbewegung der Personenkraftwagen in der Kurve

[1] Die Kleinhandelspreise wurden durch Zuschlag von $33\,^1/_3$ % auf die Großhandelspreise errechnet. (S. Tabelle 7.)

der Abb. 3, so ist ein schroffer Preisabfall bis zum Jahre 1916 zu sehen. Die niederen Preise der Jahre 1915—17 dürften mit der relativ großen Produktion und einer relativ kleinen Nachfrage zu begründen sein. Die vom Jahre 1918 an steigenden — nominell — Preise beruhen hauptsächlich in einer Veränderung des Geldwertes. Die beträchtlichen Preissteigerungen der Jahre 1918—20 dürften außerdem mit einer relativ großen Nachfrage, der eine verhältnismäßig geringe Produktion gegenüberstand, zu erklären sein. Es sei aber nochmals bemerkt, daß die Preise für Automobile in den letzten Jahren in Werten des Dollars von 1913 nicht einmal ein Drittel der des Jahres 1909 betrugen. Die Preise zu Beginn des Jahres 1929 für Fahrzeuge der Produzenten, die Mitglieder der National-Automobile Chamber of Commerce sind, enthält die Anlage 1.

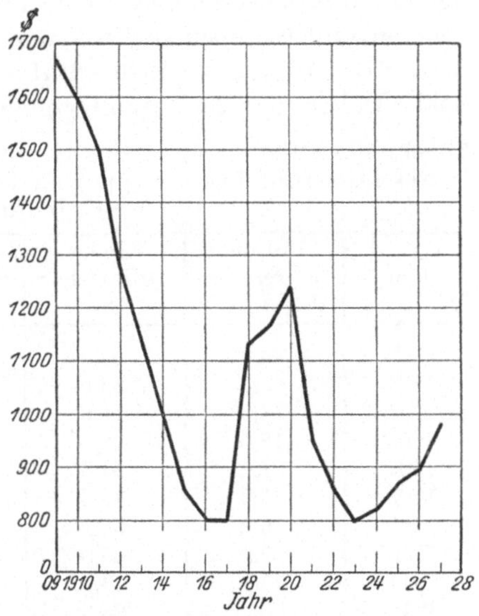

Abb. 3. Kleinhandelspreise der Personenkraftwagen in der Union 1909—1929.

Die Senkung der Automobilpreise tritt auch bei einem Vergleich mit den Preisen anderer Güter oder bei einem Vergleich mit den in Austausch zu gebenden Gütermengen hervor. Welche Menge landwirtschaftlicher Erzeugnisse in den Jahren 1913 und 1928 für ein Automobil aufzuwenden war, ist in der Tabelle 9 dargestellt. Trotzdem die amerikanische Landwirtschaft in einer nahezu beständigen Krise steht, mußten also im

Tabelle 9. Mengen der Farmprodukte für den Erwerb eines Automobils in der Union in den Jahren 1913 und 1928[1].

Art des Produkts	Gütermengen für ein Automobil 1913	Gütermengen für ein Automobil 1928	Verminderung der aufzuwendenden Gütermengen in %
Schweine	18000 lbs	12650 lbs	30
Weizen	1562 bu	857 bu	45
Mais	2442 bu	1314 bu	46
Vieh	22550 lbs	11650 lbs	48
Baumwolle	20,3 bales	10,6 bales	48
Wolle	6550 lbs	2980 lbs	55

[1] Fact and Figures a. a. O. 1928 Edition. S. 10. Die angegebenen Preise der Farmprodukte sind Durchschnittspreise auf der Farm jeweils am 15. Januar der Jahre 1913 und 1928. Der Preis für ein Automobil ist ebenfalls ein Durchschnittswert.

Jahre 1928 30 bis 55% weniger Farmprodukte als früher für den Erwerb eines Automobils hingegeben werden.

Die Preisbewegung am Automobilmarkt wird bei einer Betrachtung des Produktionsumfanges nach Preisgruppen noch bildhafter. Dazu werden fünf Gruppen gebildet, und zwar 1. zu 675 Dollar und weniger, 2. zu 676—1375, 3. zu 1376—2275, 4. zu 2276—3775 und 5. zu 3776 und mehr Dollar und die Gesamterzeugung (Fabrikverkauf) eines Jahres in

Tabelle 10. Gliederung der Automobilproduktion der Jahre 1903 bis 1926 nach fünf Preisgruppen in Prozenten der Gesamtproduktion eines jeden Jahres[1].

Jahr	675 Dollar u. weniger %	676 bis 1375 Dollar %	1376 bis 2275 Dollar %	2276 bis 3775 Dollar %	3776 Dollar und mehr %
1903	4,2	64,5	7,8	19,6	3,9
1904	7,5	63,5	8,7	15,5	4,8
1905	4,7	43,6	21,1	27,1	3,5
1906	12,0	28,9	14,1	33,2	11,8
1907	1,9	34,3	20,1	25,5	18,2
1908	5,0	38,3	21,0	20,1	15,6
1909	6,9	38,1	24,8	17,1	13,1
1910	7,0	45,3	32,0	10,4	5,3
1911	15,9	43,0	28,9	8,0	4,2
1912	36,0	26,9	28,3	4,2	4,6
1913	46,6	20,4	23,9	6,5	2,6
1914	49,3	32,0	13,8	3,8	1,1
1915	43,9	30,8	21,2	3,4	0,7
1916	51,1	39,9	7,4	1,4	0,2
1917	55,3	34,7	8,6	1,2	0,2
1918	41,6	45,1	9,9	2,8	0,6
1919	43,5	31,7	20,6	3,5	0,7
1920	39,6	28,6	22,4	7,0	2,4
1921	48,1	24,2	18,7	7,0	2,0
1922	56,2	20,5	15,4	6,3	1,6
1923	62,2	20,7	14,0	2,6	0,5
1924	59,4	25,7	12,3	1,9	0,7
1925	51,2	28,3	17,3	2,3	0,9
1926	51,6	33,2	10,7	3,7	0,8

Prozenten auf die einzelnen Gruppen verteilt. Die Tabelle 10 und die Abb. 4 stellen den Automobilmarkt der Union in dieser Preisgliederung für die Jahre 1903—1926 dar. Die Gruppe der billigsten Fahrzeuge (675 Dollar und weniger) hat bis zum Jahre 1910 an der Gesamtproduktion den kleinsten Anteil. Von 1912 und 1913 an steigt er und erreicht im Jahre 1914 schon die Hälfte der Gesamtproduktion, die dann bis 1926 schwankend bis zu 10% über- oder unterschritten wird. Die Fahr-

[1] Die von Epstein für 9 Preisgruppen berechneten Prozentsätze sind in den hier dargestellten 5 Preisgruppen zusammengezogen. Siehe Epstein a. a. O., S. 336/37 und 345.

zeuge der zweiten Gruppe von 676—1375 Dollar weisen anfänglich 64,5%, den größten Anteil an der Gesamtproduktion auf. Ihr Anteil fällt dann bis zum Jahre 1906 um mehr als die Hälfte und bleibt dann

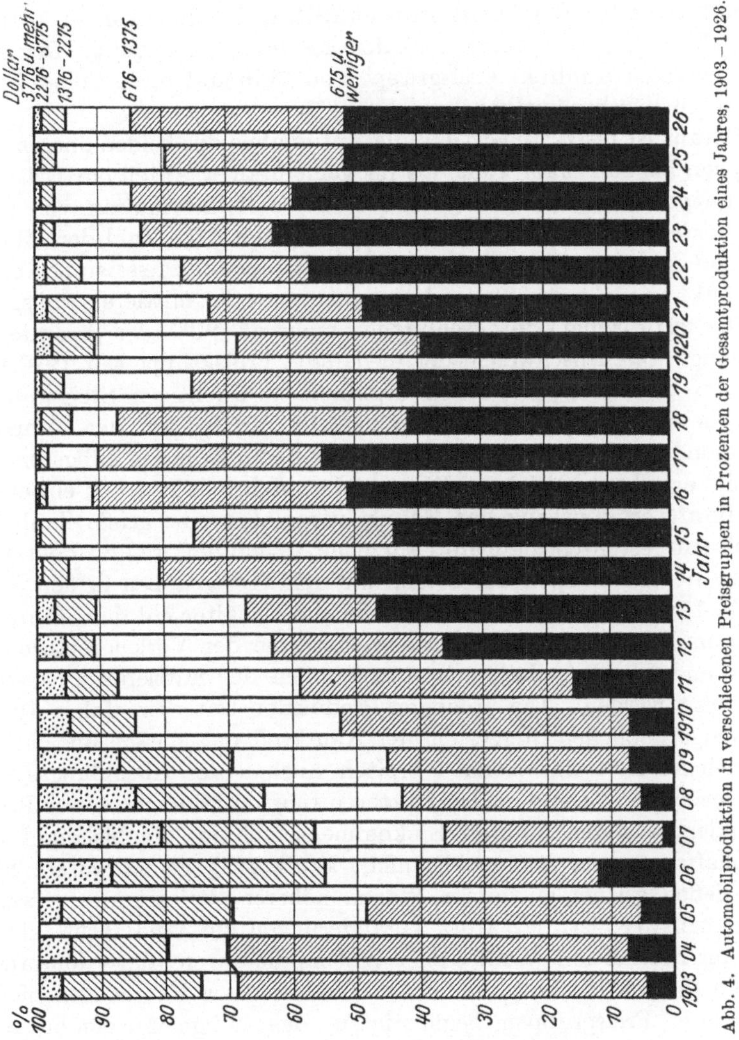

Abb. 4. Automobilproduktion in verschiedenen Preisgruppen in Prozenten der Gesamtproduktion eines Jahres, 1903–1926.

bis zum Jahre 1926 im Durchschnitt etwa auf einem Drittel der Gesamtproduktion. Die Fahrzeuge der ersten und zweiten Gruppe beanspruchen vom Jahre 1914 an im Durchschnitt zusammen mehr als 80% der Produktion der Union und haben das Übergewicht in der Automobilerzeugung. Die Produktionsanteile der Preisgruppe von 1376—2275 Dollar schwanken im erwähnten Zeitabschnitt zwischen 7,4 und 32%. Die Preisgruppen der teuren Wagen von 2276—3775 Dollar und 3776 und mehr Dollar sind bis zum Jahre 1909 gut besetzt. Sie nehmen durchschnittlich an der Gesamtproduktion mit einem Drittel teil; von 1910 an mit weniger. Ihr Anteil erreicht 1912 nicht einmal mehr 10% und vom Jahre 1923 an keine 5 % der gesamten Erzeugung. Der Anteil der teuersten (fünften) Preisgruppe von 3776 und mehr Dollar beträgt seit 1914 durchschnittlich nur etwa 1%.

Daraus ist festzustellen, daß die Automobile der beiden oberen Preisgruppen bis zum Jahr 1909, als ihr gemeinsamer Anteil ein Drittel der Gesamtproduktion bestritt, für die Automobilfabrikation von großer Bedeutung waren. Mit dem Jahre 1910 wächst die Zahl der billigsten Fahrzeuge, und die Produktion der beiden untersten Preisgruppen beträgt von 1914 an mehr als 80% und zusammen mit der mittleren Preisgruppe (1376—2275 Dollar) durchschnittlich mehr als 90% der gesamten Erzeugung. Das Anschwellen der niedersten Preisgruppe seit 1910 hängt mit der damals in der Union beginnenden wuchtigen Steigerung der Automobilproduktion zusammen, welche die Kosten der Fahrzeuge, insbesondere die der billigen Wagen, verminderte, ja die billigsten Automobile erst hervorbrachte. Die mit dem Jahre 1916 stark einsetzende Kaufkraftverminderung der Massen veranlaßte eine große Zahl Automobil-Interessenten, billigere Fahrzeuge zu kaufen, was zu dem Höhepunkt der Produktion der beiden unteren Preisgruppen in den Jahren 1916—18 führte. Als die realen Löhne und Gehälter mit dem Jahre 1920 mehr und mehr stiegen, konnte wieder eine der Vorkriegsjahren entsprechende größere Zahl von Automobilen der mittleren Preisschicht abgesetzt werden. Die Millionen-Produktion seit dem Jahre 1922 ist mit der erheblichen Steigerung der Kaufkraft der Massen und mit dem zu gleicher Zeit einsetzenden breiten Ausbau des Abzahlungssystems eng verbunden. Diese beiden Faktoren führten Millionen neuer Käufer, besonders aus den unteren Einkommenschichten, die bislang für die Anschaffung eines Automobils nicht kaufkräftig genug waren, herbei und ließen seitherige Käufer Wagen höherer Preisgruppen erwerben. Bemerkenswert ist, daß trotz Veränderungen am Geldmarkt und vermehrter Produktion geschlossener Wagen, die durch relativ und absolut höhere Produktionskosten eine Abwanderung von Fahrzeugen niederer in höhere Preisgruppen begünstigten, das billige Automobil seinen wuchtigen Anteil an der Gesamterzeugung beibehalten konnte. Diese Erscheinung ist eben mit der gewaltigen Produktion billigster Fahrzeuge verknüpft und zugleich durch sie bedingt. Nur so konnten Millionen Käufer mit relativ geringem Einkommen kauffähig und die niederste Preisgruppe zum wesentlichsten Bestandteil des Automobilmarktes werden. Die Veränderung am Automobilmarkt ermöglichste es, daß nahezu jeder fünfte Amerikaner ein Automobil erwerben konnte. Es beleuchtet zugleich die Lage Europas, dessen Länder zusammen im Jahre 1928 so viel Fahrzeuge wie Amerika in den Jahren 1900—10 produzierten und im Durchschnitt auf 80 Bewohner einen Automobilisten aufwiesen.

Einige weitere Faktoren, die den Erwerb von Automobilen wesentlich gesteigert haben, sollen noch kurz betrachtet werden. Es sind Faktoren, die den Kauf von Fahrzeugen erleichterten, ihre Betriebskosten verminderten und ihre Gebrauchsfähigkeit erhöhten. Von größter Wirkung waren der Ausbau des Abzahlungssystems im Automobilhandel und die Verbesserung der Landstraßen. Die grundlegende Bedeutung dieser beiden Einflüsse nötigt, sie eingehend zu betrachten, was in Kapitel 3 und Abschnitt V geschieht.

Tabelle 11. **Produktion geschlossener Automobile, in Prozenten der Gesamtproduktion 1925—1928**[1].

Jahr	Prozente	Jahr	Prozente
1915	1,5	1922	30,0
1916	1,5	1923	34,0
1917	4,0	1924	43,0
1918	7,0	1925	56,0
1919	10,0	1926	72,0
1920	17,0	1927	82,0
1921	22,0	1928	88,0

Es sei hier vorweggenommen, daß zwischen der technischen Verbesserung der Landstraßen und der Erhöhung der Kraftfahrzeugproduktion dasselbe Kausalverhältnis wie zwischen gesteigerter Automobilproduktion und Senkung der Preise der Fahrzeuge besteht. Die Preissenkung am Automobilmarkt wäre ohne Massenherstellung und die Massenherstellung ohne Verbilligung des Preises der Fahrzeuge nicht möglich gewesen. Ebenso wäre ohne erhöhten Kraftwagenabsatz die technische Verbesserung der Landstraßen ausgeblieben, weil die Verkehrsdichte die Beschaffenheit einer Landstraße bestimmt. Und umgekehrt hätte ohne gute Landstraßen die Automobilproduktion nicht so gesteigert werden können, weil minderwertige Fahrbahnen die Betriebskosten der Kraftfahrzeuge erhöhen und die Annehmlichkeit des Fahrens beeinträchtigen[2].

Die Verminderung der Betriebskosten und die Erhöhung der Gebrauchsfähigkeit der Fahrzeuge wurde durch die Herstellung geschlossener Fahrzeuge wirksam unterstützt, die unabhängig von Witterungs-

[1] Fact and Figures a. a. O. 1926—1929 Editions. In den Produktionsziffern der Jahre 1921—1928 sind auch die von amerikanischen Firmen in Kanada produzierten Fahrzeuge inbegriffen.

[2] Es besteht ein Meinungsstreit darüber, ob der Einfluß der Zunahme der Kraftfahrzeuge auf die Verbesserung der Landstraßen oder der von den verbesserten Landstraßen ausgehende auf die Vermehrung der Kraftfahrzeuge wirkende Einfluß stärker gewesen ist. Dem Verfasser erscheint der von der Steigerung der Kraftfahrzeugproduktion ausgehende Einfluß bedeutsamer zu sein als der von der Verbesserung der Landstraßen hervorgerufene.

einflüssen das ganze Jahr hindurch nahezu unbeschränkt benutzbar sind und so die Verwendungsfähigkeit erhöhen und die Betriebskosten für die Leistungseinheit vermindern. Je größer nämlich die Zahl der Betriebsleistungen, um so niedriger werden die konstanten und damit auch die gesamten Betriebskosten für die Fahrzeugmeile. Auffallend ist der aus der Tabelle 11 und der Abb. 5 zu ersehende große Umschwung in dem Gebrauch offener und geschlossener Fahrzeuge. Noch in den Jahren 1915 und 1916 waren von der Gesamterzeugung nur 1,5% geschlossen, 1928 waren es dagegen schon 80%. Auf die Zunahme der geschlossenen Fahrzeuge folgte im Jahre 1924 ein Rückgang der offenen. Die Produktionsziffern offener Wagen in den Jahren 1919, 1923 und 1928 waren 1496652, 2495058 und 460128[1] (siehe Abb. 6). Von 1919—1923 verdoppelte sich die Zahl der offenen Fahrzeuge, von 1924 an fiel sie so tief, daß im Jahre 1928 die Produktion offener Wagen weniger als ein Fünftel der des Jahres 1923 betrug.

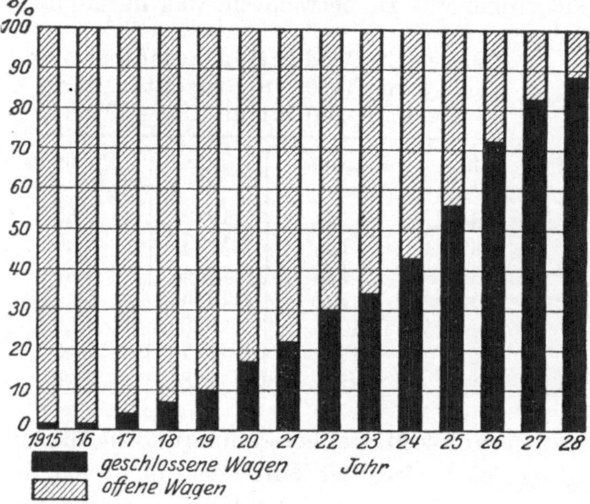

Abb. 5. Produktion geschlossener und offener Automobile in Prozenten der Gesamtproduktion 1915—1928.

Die große Zunahme der geschlossenen Automobile war vorwiegend die Auswirkung dreier Erscheinungen, nämlich der Verbesserung der Landstraßen, der Produktion stärkerer Fahrzeuge und der Verbilligung des Kaufpreises. Schlechte, unebene Landstraßen machten das Fahren im geschlossenen Wagen beschwerlich. Die schwach gebauten Fahrzeuge wurden beim Fahren auf solchen Straßen ordentlich durchgerüttelt. Alles klirrte und drehte sich. Es war ein Höllenlärm. Mit der Verbesserung der Landstraßen und dem stärkeren Bau der Fahrzeuge gewann die Gebrauchsfähigkeit und infolgedessen die Nachfrage nach Wagen. Durch Massenproduktion konnten die Preise geschlossener Wagen, die im Jahre 1922 noch 40—50% höher als die offener Wagen waren, so ermäßigt werden, daß sie 1928 nur noch um 5—20% höher waren.

Eines der wesentlichsten Merkmale der stärkeren Fahrzeuge und ihrer höheren Gebrauchsfähigkeit ist der Bau von Motoren mit einer

---

[1] Fact and Figures a. a. O. 1929 Edition. S. 9.

größeren Zahl Zylinder. Im Jahre 1904 war der Anteil der Vierzylinder-Fahrzeuge etwa 20% der Gesamtproduktion, die fehlenden 80% waren Wagen mit Motoren mit weniger Zylinder, meistens mit nur einem. Automobile mit sechs Zylinder wurden überhaupt nicht hergestellt. Im Jahre 1928 waren Vierzylinderwagen mit 48,6% und sechszylindrige mit 47% an der Gesamtproduktion beteiligt[1]. Die übrigbleibenden 4,4% waren Fahrzeuge mit 8 und 12 Zylinder.

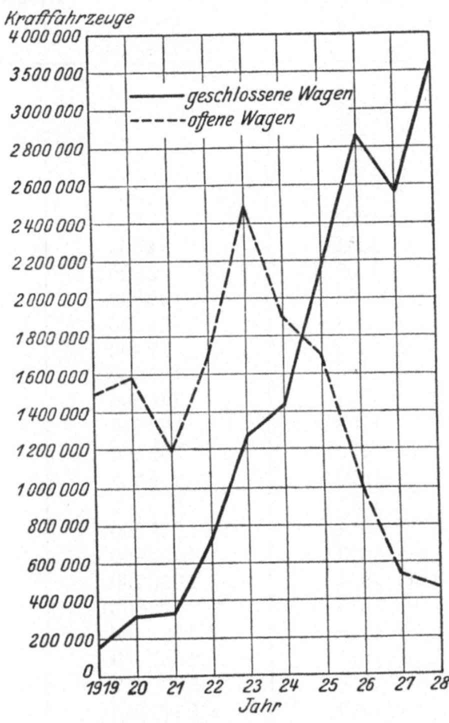

Abb. 6. Produktion geschlossener und offener Automobile 1919—1928.

Die Gebrauchsfähigkeit der Fahrzeuge wurde außer ihrem schon erwähnten stärkeren und besseren Bau durch Ausrüstung mit Vierradbremsen, Luftreifen und Erfindungen wie des Selbstantriebes immer mehr erweitert. Noch im Jahre 1910 mußte eine Fahrt von 100 Meilen ein Glücksstern begleiten, wollte das Fahrzeug unbehindert an den Ausgangsort zurückkehren. Heute können Entfernungen von 1000, 2000, 3000 und mehr Meilen ohne Störung und selbst von Fahrern ohne technische Kenntnisse zurückgelegt werden[2]. Hohe Leistungen der Fahrzeuge beeinflußten wiederum günstig ihre Betriebskosten, da stetige Betriebsfähigkeit und wenig Reparaturen Kosten ersparen. Fördernd waren auch besonders die überall im Lande errichteten Reparaturwerkstätten, Verkaufsläden für Automobil-Ersatzteile und Tankstellen, die jederzeit Hilfe leisten, Teile auswechseln und Betriebsstoffe abgeben[3].

---

[1] Automotive Industries. Vol. 60, Nr 8, S. 274.

[2] Im Jahre 1902 war in einer amerikanischen Zeitschrift zu lesen: „Es ist Tatsache, daß der Betrieb einer Brennstoffmaschine die Verwendung eines Sachverständigen von hoher Intelligenz und gründlicher Ausbildung bedarf . . . Die Dampfmaschine verkörpert eine Kraft, mit der jedermann vertraut ist, ihre Zuverlässigkeit ist bekannt.“ Siehe Mark Sullivan: Our Times The United States 1900 bis 1925, The Turn of the Century. S. 365. Heute aber fahren Stenotypistinnen oder schwarze Liftboys ohne Kenntnisse über Gaszündung oder Kurbelwelle Automobile so zuverlässig, als ob sie Sachverständige des Automobilbaues wären.

[3] Im Jahre 1928 gab es 95334 Reparaturwerkstätten und 77343 Verkaufs-

Dies und vieles hier nicht genannte andere haben das Fahren eines Automobils immer angenehmer gestaltet, die Unfallgefahr verringert, die Betriebskosten der Fahrzeuge vermindert und endlich zu der gewal-

Tabelle 12.
Bestand an Personen- und Lastkraftwagen der Union 1895—1928[1].

Jahr	Zahl der registrierten Personen-kraftwagen	Zahl der registrierten Last-kraftwagen	Gesamtzahl der registrierten Kraftwagen
1895	4	—	4
1896	16	—	16
1897	90	—	90
1898	800	—	800
1899	3200	—	3200
1900	8000	—	8000
1901	14800	—	14800
1902	23000	—	23000
1903	32920	—	32920
1904	54590	410	55000
1905	77400	600	78000
1906	105900	1100	107000
1907	140300	1700	142000
1908	194400	3100	197500
1909	305950	6050	312000
1910	458500	10000	468500
1911	619500	20000	639500
1912	902600	41400	944000
1913	1194262	63800	1258062
1914	1625739	85600	1711339
1915	2309666	136000	2445666
1916	3297996	215000	3512996
1917	4657340	326000	4983340
1918	5621617	525000	6146617
1919	6771074	794372	7565446
1920	8225859	1006082	9231941
1921	9346195	1118520	10464715
1922	10864128	1375725	12239853
1923	13479608	1612569	15092177
1924	15460649	2134724	17595373
1925	17512638	2441709	19954347
1926	19237171	2764222	22001393
1927	20219224	2914019	23133243
1928	21379125	3113999	24493124

läden für Automobil-Ersatzteile. Da mit Reparaturwerkstätten zum Teil auch Verkaufsläden für Automobil-Ersatzteile verbunden sind, erscheinen die Ziffern zum Teil doppelt. Siehe Fact and Figures a. a. O. 1929 Edition. S. 34.

[1] Fact and Figures a. a. O. 1929 Edition. S. 5. Der Bestand an Omnibussen ist in den Ziffern der Personenkraftwagen enthalten. Seit dem Jahre 1924 sind die Bestandsziffern der Omnibusse bekannt; sie betragen 1924: 52925, 1925: 69425, 1926: 79806, 1927: 85636 und 1928: 92325.

tigen Vermehrung der Kraftfahrzeuge — siehe Tabelle 12 — und zu der großen Zunahme des Kraftwagenverkehrs beigetragen.

Nachdem die Massenproduktion, ihre Ursachen und Wirkungen betrachtet sind, erscheint es noch wichtig, nach dem Umfange der Kraftwagenproduktion in der Zukunft zu fragen. Kann die Produktion wie bisher fortgesetzt, kann sie gesteigert werden oder wird sie zurückgehen; kurz, es ist die Frage nach der Stabilisierung der Produktion oder der Sättigung des Automobilmarktes. Es dürfte ohne weiteres vorausgesetzt werden können, daß die Automobilproduktion nicht im gleichen Verhältnis wie bisher steigen wird. Die Automobilindustrie gehört zu jenen jungen, rasch aufblühenden Industrien, deren zukünftige Produktion nicht auf der zurückliegenden Entwicklung aufgebaut werden darf. Eine Trendberechnung würde also nicht viel besagen. Um aber dennoch über die zukünftige Gestaltung Anhaltspunkte zu gewinnen, die für Produzenten und Händler der Automobilindustrie, für Städte- und Straßenbauer, für Verkehrs- und Wirtschaftspolitiker von großem Wert sind, ist der Markt der Fahrzeuge zu analysieren.

Amerika besitzt für den Absatz seiner Fahrzeuge einen Inland- und außerdem einen beachtenswerten Auslandmarkt. Am Inlandmarkt gliedert sich der Absatz in neue und alte Käufer. „Neue Käufer" sind die zu einer vorhandenen Käuferschicht neu hinzutretenden, ferner Automobilisten, die zu ihrem Fahrzeugbestand einen neuen weiteren Wagen hinzufügen. „Alte Käufer" sind die, welche ihr gebrauchtes Fahrzeug durch ein neues ersetzen, ohne daß das gebrauchte weiter benutzt wird. Wird das gebrauchte Fahrzeug nicht außer Betrieb gestellt, sondern weiter verkauft und von dem Verkäufer ein neues Fahrzeug gekauft, dann ist nicht der Erwerber des gebrauchten Fahrzeuges neuer Käufer im Sinne dieser Darstellung, sondern der Verkäufer des gebrauchten und Käufer eines neuen Wagens, weil sein Kaufbedürfnis und seine Neuanschaffung die Produktion beeinflußt. Zu den neuen und alten Käufern tritt noch der ausländische.

Die Zuführung neuer Käufer ist hauptsächlich von der zukünftigen Gestaltung der Kaufkraft und der Preise der Kraftfahrzeuge abhängig. Sobald sich die Kaufkraft erhöht oder die Fahrzeugpreise vermindern, werden neue Käufer aus den Schichten, die bisher nicht teilhaben konnten, kommen. Automobilbesitzer mit hohem Einkommen werden geneigt sein, weitere Wagen zu erwerben. Umgekehrt werden bei verminderter Kaufkraft oder erhöhten Fahrzeugpreisen alte Käufer verloren gehen. Es wäre noch zu bemerken, daß der Bevölkerungszunahme entsprechend in der Zukunft immer wieder neue Käufer auftreten werden, vorausgesetzt, daß ein Teil der so zugehenden, über eine zum Kauf von Automobilen ausreichende Kaufkraft verfügt.

Werden Kaufkraft der Bevölkerung und Preise neuer Fahrzeuge verglichen, so sind die Preise für gebrauchte Fahrzeuge besonders zu beachten. Jedes Jahr werden viele gebrauchte und noch nicht gebrauchsunfähige Fahrzeuge verkauft. Dadurch bildet sich für Kauflustige mit geringer Kaufkraft ein großer Markt billiger Fahrzeuge — 1928 waren es 3760000 gebrauchte Wagen. Dieser Markt wirbt neue Käufer, weil, wie oben erwähnt, Automobilisten gebrauchte Wagen verkaufen und neue anschaffen. Gäbe es keinen Markt gebrauchter Fahrzeuge, so würden zweifelsohne die meisten Automobilisten ihre Wagen länger gebrauchen, viele bis zur Gebrauchsunfähigkeit der Fahrzeuge und so den Absatz neuer Wagen wesentlich vermindern. Gebrauchte Fahrzeuge arbeiten damit für eine Produktionssteigerung.

In den Städten hängt die Zunahme der Kraftfahrzeuge von der Kongestion[1] der Straßen und der damit verbundenen Parkungs-

Tabelle 13.
Zahl der neugekauften Automobile auf je tausend Bewohner der Grafschaften des Metropolitan-Distriktes New York im Jahre 1926[2].

Grafschaften im Staate New York	Zahl der Automobile	Graftschaften im Staate New Jersey	Zahl der Automobile
Nassau	44,97	Monmouth	59,16
Suffolk	42,38	Morris	40,55
Westchester	35,83	Bergen	34,42
Rockland	27,02	Union	31,78
Queens	25,31	Sommerset	31,51
Richmond	18,76	Essex	29,38
Bronx	14,41	Middlesex	26,94
Kings	13,57	Passaic	25,34
Manhattan	12,03	Hudson	14,75

schwierigkeit ab. Sobald der Gebrauch der Fahrzeuge durch die Kongestion wesentlich eingeschränkt wird, werden viele als neue Käufer in Betracht kommende Interessenten von dem Erwerb eines Fahrzeuges absehen und selbst alte Käufer ausscheiden. So gibt es in New York City und in anderen großen Städten der Union Tausende, die sich auch ein Automobil anschaffen würden, wenn eine dem Verkehrsmittel entsprechende Verwendung möglich wäre. Der Einfluß der Kongestion auf den Erwerb von Automobilen ist aus der Tabelle 13 zu ersehen. In den Grafschaften (counties[3]) Manhattan, Kings, Bronx und Hudson des

[1] Unter Kongestion ist jener Grad der Verkehrsdichte auf den Fahrbahnen und Gehwegen zu verstehen, der den Verkehrsstrom in seinem natürlichen Lauf hemmt. Siehe meinen Artikel „Verkehrsmittel und Turmhäuser in ihrem Verhältnis zur Fassungskraft der Straße". Bauing. Jg. 9, H. 6 (1928).

[2] Report of the North Jersey Transit Commission 1927. S. 114.

[3] Siehe Fußnote S. 190.

Metropolitan-Distriktes von New York, wo der Verkehrsstrom mächtig gehemmt ist, wurden im Jahre 1926 auf tausend Bewohner zum Teil nur $^1/_4$, ja sogar nur $^1/_5$ der Zahl der Fahrzeuge der weniger unter der Kongestion leidenden Grafschaften gekauft.

Die Ausführungen über den Einfluß von Kaufkraft und Fahrzeugpreis auf die Menge der neuen Käufer ist auf die alten Käufer so weit anwendbar, als auf eine verminderte Kaufkraft oder einen erhöhten Fahrzeugpreis eine Abnahme der Zahl der Automobilisten folgt. Eine erhöhte Kaufkraft und ein verminderter Preis wirkt sich, wie schon erwähnt, dahin aus, daß die sogenannten alten Käufer weitere, und zwar neue Fahrzeuge anschaffen und so auch zu neuen Käufern werden.

Sind die Schwankungen des Wirtschaftslebens nicht zu groß, so wird sich der Markt der alten Käufer für die kommenden Jahre annähernd überschlagen lassen. Das durchschnittliche Lebensalter eines Kraftfahrzeuges wurde aus der Gesamtzahl der in der Union verkauften und verschrotteten Fahrzeuge auf sieben Jahre berechnet[1]. Demnach würde der sieben Jahre zurückliegende Inlandmarkt jeweils für das laufende Jahr die Zahl der gebrauchsunfähig werdenden Wagen oder die Zahl der alten Käufer anzeigen. Wesentliche Änderungen in diesen Zahlen sind nur bei einer Verbesserung oder Verschlechterung der wirtschaftlichen oder verkehrstechnischen Verhältnisse zu erwarten. Der Markt für alte Käufer dürfte sich deshalb unter diesen Voraussetzungen vom Jahre 1931 an auf Grund des großen Inlandmarktes der letzten sechs Jahre wesentlich erweitern (siehe Tabelle 14).

Die dritte Aufnahmequelle für amerikanische Kraftfahrzeuge, der Auslandmarkt, ist von den ökonomischen und verkehrstechnischen Verhältnissen der Einfuhrländer abhängig, insbesondere von dem Leistungsvermögen ihrer Automobilindustrie, der Kaufkraft ihrer Bewohner und der Höhe der Tarifzölle. Von bestimmendem Einfluß sind auch die Beschaffenheit der Straßen, die Höhe der Kraftfahrzeugsteuern, die Preise für Betriebsstoffe und Gummireifen und sonstige in den Einfuhrländern auf die Betriebskosten der Fahrzeuge einwirkende Faktoren.

Zusammenfassend kann gesagt werden, daß bei einer Bevölkerungszunahme, einer Steigerung der Kaufkraft, einer Verbilligung der Fahrzeugpreise, einer Verbesserung der Landstraßen und einer Verminderung der Kongestion im Stadtverkehr neue Käufer erwartet werden können. Sind diese Voraussetzungen nicht vorhanden, dann werden nicht nur keine neuen Käufer erwartet werden dürfen, sondern die Zahl der alten Käufer wird sich vermindern. Die Lage des Exportmarktes hängt von den wirtschaftlichen und verkehrstechnischen Verhältnissen der Ein-

[1] Siehe Fact and Figures a. a. O. 1929 Edition. S. 31.

Tabelle 14. Verteilung der Produktion der Kraftfahrzeuge 1913—1928[1].

Jahr	Zahl der produzierten Fahrzeuge	Zahl der um die Einfuhr verminderten ausgeführten Fahrzeuge	Zahl der in der Union abgesetzten Fahrzeuge	Zahl der registrierten Fahrzeuge	Zahl der alten Käufer (außer Gebrauch gesetzte Fahrzeuge)	Zahl der neuen Käufer
1913	485000	26397	458603	1258062	117424	340687
1914	569054	25469	543585	1711339	131087	412202
1915	969930	63737	906193	2445666	321415	584557
1916	1617708	79414	1538294	3512996	397206	1139659
1917	1873949	80157	1793792	4983340	141843	1651871
1918	1170686	47171	1123515	6146617	196195	927247
1919	1933595	82613	1840982	7565446	408410	1442455
1920	2227349	176185	2051164	9231941	353939	1696299
1921	1616119	60135	1555984	10464715	482829	1072633
1922	2544176	126589	2417587	12239853	794956	1622148
1923	4034012	234224	3799788	15092177	877143	2921792
1924	3602540	292522	3310018	17595373	1142834	2166580
1925	4265830	428009	3837821	19954347	1670327	2166816
1926	4300934	392080	3908854	22001393	1832767	2075274
1927	3401326	465749	2935577	23133243	2110223	824719
1928	4358748	582147	3776601	24493124	2450000	1326017

fuhrländer ab. Die Tabelle 14 und die Abb. 7 zeigen den Verlauf der drei Aufnahmemärkte von 1913—28. Es ist bemerkenswert, wie der Markt der neuen Käufer bis 1924 gleichlaufend mit der Produktion der Fahrzeuge sich bewegt, dann aber 1925 plötzlich abfällt, im Jahre 1927 kleiner wird als der Markt der letzten elf Jahre und zum erstenmal von dem Markt der alten Käufer überflügelt wird. Der Markt der neuen Käufer der letzten Jahre läßt erkennen, daß nach einer dreißigjäh-

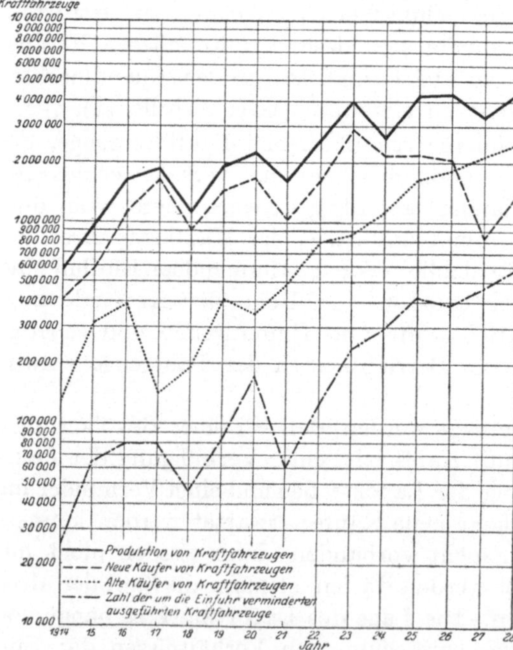

Abb. 7. Verteilung der Produktion der Kraftfahrzeuge 1914—1928.

[1] Fact and Figures a. a. O. 1929 Edition. S. 30. Die Zahl der außer Gebrauch gesetzten Fahrzeuge wurde von Mr. Pearson bei der National Automobile Chamber of Commerce berechnet.

rigen steten Aufwärtsbewegung nunmehr ein Rückgang eingetreten ist, der nur aufgehalten werden kann, wenn die wirtschaftlichen Verhältnisse in der Union sich weiter verbessern. Der Markt alter Käufer bewegt sich entsprechend dem etwa sieben Jahre zurückliegenden Inlandmarkt. Seit dem Jahre 1920 nimmt er stetig zu. In den nächsten Jahren wird er (entsprechend dem zuruckliegenden Inlandmarkt) einen Bedarf von 3—4 Millionen Fahrzeugen hervorbringen. Der Exportmarkt weitete sich in den letzten Jahren mächtig, im Verhältnis weit mehr als der Inlandmarkt, so daß bei einer weiteren günstigen Entwicklung die Gesamtproduktion der Kraftfahrzeuge in größeren Ziffern fortschreiten könnte.

Die breitwuchtige Zunahme der Zahl der Kraftfahrzeuge in den letzten 25 Jahren ist ein unvergleichlicher Triumph der amerikanischen Automobilindustrie. Noch zu Beginn dieses Jahrhunderts war dieser Industriezweig ohne Bedeutung; und schon im Jahre 1925 stand die Automobilproduktion an der Spitze der amerikanischen Industrie. Dies beweist folgende Tabelle 15 des Großhandelswertes der Erzeugnisse der zehn größten Industrien der Union im Jahre 1925, in dem die Kraftfahrzeugindustrie mit einem Großhandelswert der Fahrzeuge von rund 3370 Millionen Dollar an erster Stelle steht.

Tabelle 15. Großhandelswert der Erzeugnisse der zehn größten Industrien der Union im Jahre 1925[1].

Name der Industrie	Großhandelswert Dollar
1. Kraftfahrzeugindustrie	3371855805
2. Fleischverarbeitungsindustrie	3050286291
3. Stahl- und Walzwerke	2946068231
4. Petroleum-Destillation	2373178014
5. Druckereien und Verlagsanstalten	2269638230
6. Gießereien und Werkzeugmaschinenfabriken	2232985974
7. Baumwollwaren	1714367787
8. Elektrische Maschinen	1540002041
9. Kraftfahrzeugkarosserien und Zubehör[2]	1511976000
10. Holzindustrie	1421161836

Die Werte der von den Verkaufsläden für Automobilteile, von den Reparaturwerkstätten und Tankstellen abgesetzten und verbrauchten Güter und geleisteten Dienste sind, wie folgende Aufstellung für die Jahre 1925 bis 1928 zeigt, noch um ein bedeutendes höher[3].

[1] Fact and Figures a. a. O. 1928 Edition. S. 19. (Census of Manufactures 1925.)

[2] Die Werte der Karosserien und des Zubehörs in Höhe von 1511 Mill. Dollar dürften in dem Wert der Kraftfahrzeuge enthalten sein.

[3] Fact and Figures a. a. O. 1928 und 1929 Edition. S. 20 bzw. 75.

	1925 Dollar	1926 Dollar	1927 Dollar	1928 Dollar
Automobilteile	655000000	775000000	950000000	1867000000
Ersatzreifen	675000000	810000000	925000000	839000000
Brenn- u. Schmierstoffe	2100000000	2175000000	2350000000	2484000000
Dienstleistungen . . .	910000000	1055000000	1092000000	2040000000
	4340000000	4815000000	5317000000	7230000000

Im Jahre 1926 wurde in 17 Städten der Union die Verteilung der Keinhandelsartikel untersucht und dabei festgestellt, daß der Automobil-, Gasolin- und Öl-Kleinverkauf 11,6% des gesamten Kleinverkaufsgeschäftes bestreitet[1]. Von den im Jahre 1927 in der Union verarbeiteten und verbrauchten Stoffe entfällt auf die Kraftfahrzeugindustrie vom Gesamtverbrauch in Gummi 82%, in Gasolin 80%, in Plattenglas 63%, in Leder 60%, in Nickel 29%, in Aluminium 26%, in Stahl 14% und in Kupfer 11,6%[2].

Es scheint jetzt noch angebracht, die im Kraftwagenverkehr angelegten Werte denen im Eisenbahnverkehr kurz gegenüber zu stellen. Ein eingehender Vergleich der beiden Verkehrsmittel wird im Abschnitt III angestellt. Der Tabelle 16 ist die Bedeutung des Kraftwagen- und Eisenbahnverkehrs zahlenmäßig zu entnehmen.

Die in jedem der beiden Verkehrsmittel investierten Werte betrugen im Jahre 1927 etwa 24500 Millionen Dollar. Der Kraftwagenverkehr erreichte also nach einer Entwicklungszeit von nur einem Vierteljahrhundert dieselbe zahlenmäßige Wertgröße wie die Eisenbahnen in 100 Jahren. Die Zahl der Betriebsmittel und die Länge der Fahrbahnen war im Jahre 1927 beim Kraftwagenverkehr rund zehnmal so groß wie beim Eisenbahnverkehr, und die Ausdehung der verbesserten Fahrbahnen mehr als zweimal so umfangreich wie das Schienennetz. Während 1927 die Betriebsausgaben der Eisenbahnen 4743 Millionen Dollar ausmachten[3], betrugen die Betriebskosten der Kraftfahrzeuge etwa 13800 Millionen Dollar[4], also rund dreimal mehr. In den Jahren 1928 und 1929 konnte der Kraftwagenverkehr einen weiteren beträchtlichen Aufschwung und schon höhere Anlagewerte wie der Eisenbahnverkehr verzeichnen.

Zum Schluß sei noch der Besitz und die Produktion von Kraftfahrzeugen der Union mit einigen anderen Nationen verglichen. Im Jahre 1928 gab es insgesamt 31778203 Kraftfahrzeuge auf der Welt, von denen

[1] Fact and Figures a. a. O. 1928 Edition. S. 19.
[2] Ebenda S. 83.
[3] Statistics of Railways in the United States a. a. O. Statement 36 A.
[4] 23 Millionen Kraftfahrzeuge mit durchschnittlich 6000 Meilen Betriebsleistungen zu je 10 Cents die Fahrzeugmeile.

auf die Union allein 24493124 oder 77% entfielen[1]. Die Zahl der Kraftfahrzeuge in den zehn Staaten mit größtem Kraftfahrzeugbestand ist in der Tabelle 17 genannt, in der zugleich auch das Verhältnis der Größe der Bevölkerung zur Zahl der Kraftfahrzeuge angegeben ist. Auch hier tritt der außerordentliche Vorsprung der Union vor anderen Nationen sowie der von England, Frankreich und Kanada gegenüber Deutschland in Erscheinung. Wird der Kraftfahrzeugbestand mit der Bevölkerungszahl verglichen, so ist der Vorsprung Amerikas nicht mehr so wuchtig. Amerika besitzt bei solcher Gegenüberstellung aber immer noch nahezu doppelt soviel Fahrzeuge wie Kanada und Neuseeland, die hier an zweiter und dritter Stelle stehen. Die durchschnittliche Verhältniszahl von 4,9 Personen auf ein Kraftfahrzeug

Tabelle 16. Größenwerte des Kraftwagen- und Eisenbahnverkehrs in der Union im Jahre 1927[2].

Kraftwagenverkehr.		Eisenbahnverkehr.	
Bestand an Kraftfahrzeugen:		Bestand an Eisenbahnbetriebsmittel:	
Automobile	20144793	Lokomotiven	65348
Omnibusse	85636	Personenwagen	55729
Lastkraftwagen	2896886	Güterwagen	2409864
		Dienstwagen	112042
Gesamtbestand an Kraftfahrzeugen	23127315	Gesamtbestand an Eisenbahnbetriebsmittel	2643883
	Meilen		Meilen
Bestand an Landstraßen . rund	3000000	Größe des Eisenbahnnetzes	249131
Bestand an verbesserten Landstraßen . . rund	600000		
	Dollar		Dollar
Wert der Kraftfahrzeuge .	12000000000	Wert d. Betriebsmittel .	7000000000
Wert der Kraftwagenbahnhöfe, Reparaturwerkstätten, Garagen, Tankstellen	2500000000		
Wert der verbesserten Landstraßen	10000000000	Wert der Gebäude und Anlagen	17000000000
Gesamtwert (investierter Betrag in Fahrzeugen, Gebäuden u. Fahrbahnen des Kraftwagenverkehrs)	24500000000	Gesamtwert der Eisenbahnen (investierter Betrag)	24453870938

[1] Die Zahlen sind Fact and Figures a. a. O. 1929 Edition entnommen.

[2] Die Werte des Kraftwagenverkehrs sind nach Unterlagen der Arbeit geschätzt; die Werte des Eisenbahnverkehrs sind dem 41. Jahresbericht „Statistics of Railways in the United States 1927" entnommen. Die Werte der Betriebsmittel, Gebäude und Anlagen der Eisenbahnen sind eine willkürliche Teilung des festgestellten Gesamtwertes.

schwankt auch in den einzelnen Staaten der Union ganz erheblich. Im Staate Kalifornien, der im Verhältnis zur Bevölkerung am meisten Kraftfahrzeuge besitzt, kommen 2,87 Personen auf ein Fahrzeug und in Georgia, mit dem verhältnismäßig kleinsten Bestand an Kraftfahrzeugen, 11,52 Personen auf ein Fahrzeug. In der Kraftfahrzeugproduktion ist die Überlegenheit der Union im Rahmen der Weltproduktion betrachtet, noch größer. Im Jahre 1928 entfielen von der Weltproduktion auf Amerika 83,5%, auf Kanada 4,7%, auf Frankreich 4,2%, auf England 4,0%, auf Deutschland 1,7%, auf Italien 1,2% und der Rest von 0,7% auf die übrigen Kraftfahrzeuge produzierenden Staaten.

Nach dem in diesem Kapitel auf die Ursachen und Wirkungen der Massenproduktion der Kraftfahrzeuge hingewiesen worden ist, soll im nächsten Kapitel eine weitere Ursache der Massenproduktion und der Kraftverkehrsentwicklung, das Abzahlungssystem, behandelt werden.

Tabelle 17. Bestand an Kraftfahrzeugen in den 10 Staaten mit größtem Kraftfahrzeugbesitz am 1. Januar 1929.

Name des Staates	Zahl der Kraftfahrzeuge			Zusammen	Personen auf ein Kraftfahrzeug
	Automobile	Omnibusse	Lastkraftwagen		
Vereinigte Staaten von Amerika	21291719	92325	3109080	24493124	4,9
England	818000	38200	272000	1128200	32
Frankreich	740000	13000	345000	1098000	37
Kanada	930405	1618	129807	1061830	9
Deutschland	390000	9000	132000	531000	118
Australien u. Tasmanien	418173	2152	96370	516695	12
Argentinien	259120	2200	49485	310805	34
Italien	135900	6300	35130	177330	230
Brasilien	109000	1200	55000	165200	223
Neuseeland	125690	1200	24564	151454	9

3. Das Abzahlungssystem im Automobilhandel.

Die Massenproduktion von Automobilen hat natürlich nur einen Sinn, wenn die Fahrzeuge verkauft werden. Ein dichtbreiter Absatz ist deshalb Voraussetzung. Die wohlhabende Schicht der Bevölkerung, der Kreis der Reichen, die schon lange Automobile kaufte, war dafür zu klein, so daß auch eine Werbung unter dieser nicht viel weiter geführt hätte. Es mußte ein weiterer Kreis, die mittleren und unteren Schichten, für den Kauf von Automobilen gewonnen werden. Das Bedürfnis nach einem Automobil brauchte auch unter diesen Bevölkerungsschichten nicht erst geweckt zu werden, denn der Wunsch nach einem eigenen Wagen lebt nahezu in jedem Amerikaner. Der Erwerb eines Automobils war aber hier eine Frage der Kaufkraft. Obwohl sich die realen Löhne und Gehälter seit dem Jahre 1920 weit aufwärts und die Preise der

Fahrzeuge weit abwärts bewegten, war der Anschaffungspreis eines Automobils für viele in diesen Schichten doch noch außerhalb ihrer Kaufkraft. Ihr Einkommen reichte wohl aus, einen Wagen zu unterhalten, nicht aber, einen Wagen bar zu bezahlen. Der Gedanke, den Kaufpreis eines Automobils in Teilbeträgen abzuzahlen und für den Automobilhandel ein Abzahlungssystem zu übernehmen, wie es sich schon lange für eine Anzahl Gebrauchsgegenstände, wie Möbel, Nähmaschinen, Pianos zur Steigerung des Absatzes in Kreisen mit niederen Einkommen als vorteilhaft erwiesen hatte, lag deshalb nahe. Von Kauflustigen war der Wunsch schon lange geäußert und den Automobilhändlern immer wieder erklärt worden: Wir nehmen einen Wagen, sobald wir angenehmere Zahlungsbedingungen erhalten werden. Das Abzahlungssystem schien ein Weg, Automobilkonsumenten auch mit geringem Einkommen und kleinen Ersparnissen zu gewinnen. Nachdem das Abzahlungsgeschäft einmal eingeführt war, wurde es auch von Käufern aus wohlhabenden Kreisen in Anspruch genommen.

Die Produzenten und Händler der Automobilindustrie versprachen sich durch das Abzahlungssystem nicht nur neue Käufer, sondern hofften auch den saisonmäßigen Einschlag des Automobilhandels, der eine stetige gleichmäßige Produktion und einen wirtschaftlichen Vertrieb der Fahrzeuge hemmt, zu vermindern[1]. Und es gelang auch durch das Abzahlungsgeschäft, die Käufe von Automobilen mehr wie vorher auf das ganze Jahr zu verteilen, weil die Käufer nun eher geneigt waren, während des ganzen Jahres zu kaufen.

Bei dem Abzahlungsgeschäft wird ein Teil des Kaufpreises in bar geleistet, das Fahrzeug übergeben und der Rest in regelmäßigen Teilbeträgen getilgt. Das Abzahlungsgeschäft ist also ein Kreditsystem besonderer Art, das sich von den allgemein üblichen in der Rückzahlung der Kreditsumme unterscheidet. Professor Seligman gab in einer breiten Untersuchung über das Abzahlungsgeschäft dafür folgende Definition:

„Das System kann als eine Übertragung von Gütern bezeichnet werden, deren Bezahlung ganz oder zum Teil in die Zukunft hinausgeschoben und dann nach einem bei der Übertragung festgelegten Plan stückweise oder in aufeinanderfolgenden Teilen ausgeführt wird[2].“

Das Abzahlungsgeschäft ist keineswegs ein jüngst erst aufgekommenes Kreditsystem. Schon im Altertum und im Mittelalter waren Abzahlungs-

---

[1] Die Nachfrage nach Automobilen ist im Frühjahr am größten, sie fällt während des Sommers und noch mehr im Herbst ab und kommt zu einem Tiefstand im Winter.

[2] Seligman, E. R. A.: The Economics of Instalment Selling. First Volumne, S. 2: „The system may be defined as a transfer of wealth, the payment for which is deferred in whole or in part to the future and is liquidated piecemeal or in successive fractions, under a plan agreed upon at the time of transfer.“

geschäfte für öffentliche wie private Zwecke bekannt. Die Entrichtung von Steuern und anderen Abgaben ist die bestbekannte Anwendung dieses Systems. In privaten Handelsgeschäften fand man es erstmals beim Verkauf von Grundstücken und Häusern und später auch bei der Bezahlung teurer Gebrauchsgüter, wie Möbel und Haushaltungsgegenständen. In der Union wurde das Abzahlungsgeschäft zu Beginn des 19. Jahrhunderts und zwar für kostspielige Gebrauchsgüter eingeführt und gegen Ende des 19. Jahrhunderts auf Gegenstände geringeren Wertes, wie Kleider, Uhren, Bücher ausgedehnt.

Besondere Bedeutung erhielt das Abzahlungsgeschäft, als es im Automobilhandel verwendet wurde. Als Zeitpunkt wird dafür das Jahr 1910 genannt, als die Morris Banks begannen, Automobilverkäufe zu finanzieren[1]. Zuvor waren wohl schon bei Verkäufen von Automobilen erleichterte Zahlungsbedingungen gewährt worden, eine Erscheinung, die immer wahrzunehmen war, sobald sie dem Verkäufer geeignet erschien, um den Umsatz zu steigern. Gleich am Ende des Jahres 1910

Tabelle 18. Prozentualer Anteil der auf Abzahlung abgesetzten neuen und gebrauchten Personen- und Lastkraftwagen an dem Gesamtverkauf in der Union 1925—1928[2].

	Personenkraftwagen				Lastkraftwagen	
	1925 %	1926 %	1927 %	1928 %	1927 %	1928 %
Neue Fahrzeuge	68,2	64,5	58,0	58,1	54,9	51,6
Gebrauchte Fahrzeuge	62,8	65,2	63,1	60,8	52,4	48,3
Neue und gebrauchte Fahrzeuge	65,5	64,8	60,8	59,5	53,4	50,4

trat aber ein Rückschlag ein, weil die Morris Banks — ihr Leiter ausgenommen — im Automobil noch einen Luxus sahen, für den keine Kredite gewährt werden könnten. Im Jahre 1913 gelang es dann L. F. Wearer in San Franzisko, der bei der Finanzierung von Pferdefahrzeugen sich Kenntnisse in Abzahlungsgeschäften erworben hatte, auch den Automobilvertrieb auf gleicher Grundlage erfolgreich aufzubauen. Bald folgten weitere Unternehmungen, und in wenigen Jahren waren es hunderte, die sich dem Abzahlungsgeschäft im Automobilhandel widmeten. Im Jahre 1922 gab es etwa 1000, 1925 1600—1700 Finanzierungsgesellschaften im Automobilhandel.

Die ständige Vermehrung der Finanzierungsgesellschaften dehnte das Abzahlungsgeschäft immer mehr aus. Während es sich im Jahre 1922 auf 17% aller verkauften Fahrzeuge erstreckte, war 1925 der Anteil der nach diesem Zahlungssystem abgesetzten Personenkraftwagen auf 65,5%

[1] Die geschichtlichen Angaben sind den Untersuchungen von Prof. Seligman entnommen. Siehe Seligman a. a. O. S. 14ff.

[2] Mitteilung der National Association of Finance Companies vom 20. Nov. 1928.

gestiegen. In den folgenden Jahren ging der prozentuale Anteil etwas zurück und zwar 1926 auf 64,8%, 1927 auf 60,8% und 1928 auf 59,5%[1]. Die Tabelle 18 gibt die Prozentsätze der auf Abzahlung verkauften neuen und gebrauchten Fahrzeuge an dem Gesamtumsatz. Bemerkenswert ist, daß der Anteil der auf Abzahlung verkauften gebrauchten Personenkraftwagen vom Jahre 1926 an größer ist als der der neuen Wagen und daß der Prozentsatz der neu und gebraucht verkauften Lastkraftwagen etwa 10% kleiner als der der Personenwagen ist.

Tabelle 19. Art und Wert der im allgemeinen auf Abzahlung verkauften Güter im Jahre 1925 und der am Ende dieses Jahres noch nicht rückbezahlten Kreditbeträge[2].

Name des Gutes	Verkaufswert der Güter in Millionen Dollar	Ausstehender Restbetrag in Millionen Dollar
Automobile	2734	1086
Möbel und Haushaltungsgegenstände	850	492
Kleider	275	36
Pianos	189	207
Radios	169	41
Reparaturen an Gebrauchsgütern[3]	100	45
Waschmaschinen	95	51
Nähmaschinen	90	77
Motorzugmaschinen	71	28
Staubsauger	51	20
Juwelen	50,75	20,3
Phonographen	33,4	13,7
Landwirtschaftliche Maschinen, ausgen. Motorzugmaschinen	28	13
Gasöfen	25	12
Eisschränke	14	11
Übrige Güter	100	48
	4875	2201

Der Wert der neu und gebraucht auf Abzahlung verkauften Automobile wurde für das Jahr 1925 auf 2734 Millionen Dollar geschätzt (siehe Tabelle 19). Für 1928 wird der Verkaufswert aller neu abgesetzten Automobile auf 2821 Millionen Dollar und der durch das Abzahlungssystem finanzierte Anteil auf 1133 Millionen Dollar angegeben; gegenüber 1647 Millionen und 666 Millionen Dollar für die gebraucht verkauften Fahrzeuge[4].

[1] Der Rückgang des Abzahlungsgeschäfts ist zum Teil auf die in den letzten Jahren eingeführten strengeren Zahlungsbedingungen zurückzuführen, die später noch erörtert werden.

[2] Die Zahlenwerte wurden von Prof. Seligman auf Grund früherer Untersuchungen festgestellt. Siehe Seligman a. a. O. S. 92ff.

[3] Reparaturen sollten bei einer solchen Tabellenbezeichnung, die der Verfasser aus dem Englischen übernommen hat, nicht aufgeführt werden.

[4] Automotive Industries. Vol. 60, Nr 8 vom 28. Februar 1929.

Der Umfang des Abzahlungsgeschäftes im Automobilhandel der Union tritt bei einem Vergleich mit anderen auf Abzahlung verkauften Gütern besonders deutlich hervor. Zum Vergleich sind in der Tabelle 19 für das Jahr 1925 die Werte der Güter, die im allgemeinen auf Abzahlung verkauft werden und die am Ende des Jahres noch ausstehenden Restbeträge dieser Verkäufe angeben. Danach bestreiten Automobile mehr als die Hälfte des Wertes aller anderen auf Abzahlung verkauften Güter. Neben den Automobilen treten noch hervor Möbel und Haushaltungsgegenstände, Kleider, Pianos und Radios. Im Durchschnitt war etwa die Hälfte der Verkaufswerte der auf Abzahlung abgesetzten Güter am Ende des Jahres 1925 noch nicht getilgt. Die Restbeträge beziehen sich zu einem kleinen Teil auch auf Güter, die schon 1924 verkauft wurden. Bei Gütern mit geringem Einzelwert und raschem Verbrauch, wie Kleider, werden naturgemäß nur kurze Rückzahlfristen bewilligt. Infolgedessen ist die ausstehende Kreditsumme geringer als bei Gütern mit hohem Einzelwert und langer Nutzung, wie Pianos oder Nähmaschinen. Der Gesamtwert der bar und auf Abzahlung im Jahre 1925 verkauften Güter der Tabelle 19 wird mit 38000 Millionen Dollar angegeben. Auf Abzahlung wäre also rund $^1/_8$ des Verkaufswertes der Güter umgesetzt worden. Im Automobilhandel sind dagegen im Jahre 1928 etwa 40% des Verkaufswertes aller Automobile in Raten bezahlt worden. Die große Bedeutung des Abzahlungsgeschäftes im Automobilhandel wird hiedurch bekundet.

Den Händlern wäre es keinesfalls möglich gewesen, Kredite für solch ein umfangreiches Abzahlungsgeschäft bereitzustellen, insbesondere deshalb nicht, weil die Fabrikanten von Anfang an Barzahlung von ihnen verlangten. Nur Händler, die ausschließlich die Produkte einer Fabrik vertrieben, erhielten etwas leichtere Zahlungsbedingungen. Konnten auch die Händler bei ihren Banken Kredite erhalten, so waren diese nicht unbeschränkt und keinesfalls ausreichend, um zusammen mit eigenen Mitteln den Kauf auf Abzahlung zu finanzieren. Um die ungleichen Zahltermine von Kunde zu Händler und von Händler zu Fabrikant zu überbrücken, sind die Finanzierungsgesellschaften errichtet worden, die für die nicht bar bezahlten Beträge der Kunden Kredite gewähren.

Die meisten Finanzierungsgesellschaften sind von den Produzenten vollständig unabhängig. Sie finanzieren den Verkauf aller Fabrikate. Es gibt aber auch Finanzierungsgesellschaften, die mit einer Automobilfabrik verbunden oder von einer Automobilfabrik errichtet worden sind, wie die von dem großen Automobilkonzern General Motors gegründete „General Motors Acceptance Corporation". Solche Gesellschaften gewähren nur Kredite für den Kauf von Fahrzeugen der Firmen, denen sie verpflichtet sind. Schließlich vereinbarten Produktions- und

Finanzierungsgesellschaften, Fahrzeuge der Herstellerin bevorzugt zu behandeln. Den Händlern und selbst solchen, die nur Fahrzeuge einer mit einer Finanzierungsgesellschaft eng verbundenen Produktionsgesellschaft verkaufen, steht es jedoch immer frei, jedwede Kreditgesellschaft in Anspruch zu nehmen.

Tritt zwischen Händler und Fabrikanten noch ein Großhändler, so kreditiert die Finanzierungsgesellschaft auch das Geschäft des Großhandels. Ein Übereinkommen mit dem Großhändler, Fahrzeuge nur mit Einwilligung der Finanzierungsgesellschaft aus den Lager- oder Ausstellungsräumen abzugeben, verleiht diesem Finanzierungsgeschäft große Sicherheit und ermöglicht es den Finanzierungsgesellschaften, bis zu 90% der Rechnungen zu kreditieren. Die kreditierte Summe hat der Händler innerhalb sechs Monaten zurückzuzahlen, wobei er jedoch meistens auf Kredit-Erneuerung rechnen kann[1].

Nun wäre das Verhältnis zwischen Kunde und Automobilhändler zu betrachten. In der Definition des Abzahlungsgeschäftes ist als wesentlich hervorgehoben, daß ein Teil des Kaufpreises der Fahrzeuge bar und der Rest in Raten zu bezahlen ist. In den ersten Jahren nach Einführung des Teilzahlungssystems forderten die Automobilhändler im allgemeinen 30—50% des Kaufbetrages bar und den Rest in zwölf gleichen monatlichen Teilen. Es ging jedoch nicht lange, bis der Wettbewerb unter den Händlern die Anzahlung auf $33^1/_3$—20%, in einigen Fällen sogar auf 10% des Kaufpreises der Fahrzeuge ermäßigte und die Tilgung des Restes auf 18 und noch mehr Monate ausdehnte. Als Folge der leichteren Bedingungen, insbesondere der längeren Tilgungsfrist, traten bedenkliche Verluste der Händler ein.

In einer Versammlung im Jahre 1924 einigten sich Automobilhändler und Finanzierungsgesellschaften auf Normalsätze, die zur allgemeinen Anwendung empfohlen wurden, aber nicht bindend waren. Der in den Zahlungsbedingungen ruhende gefahrdrohende Wettbewerb wurde so teilweise gemildert. Die Vereinbarung sah vor, daß auf neue Fahrzeuge mindestens $33^1/_3$%, auf gebrauchte mindestens 40% des Verkaufspreises anzuzahlen und der Rest in Raten längstens innerhalb zwölf Monaten zu tilgen sei. Nur wenn der Kunde Staatsbesoldeter mit sicherem Einkommen wäre oder klimatische Verhältnisse den Gebrauch des Fahrzeuges das ganze Jahr hindurch zulassen würden, könnten günstigere Zahlungsbedingungen zugebilligt werden. Sonstige Abweichungen von den vereinbarten Normen wurden aber im Interesse des Abzahlungsgeschäftes nicht für zweckdienlich gehalten. Für einzelne Berufe mit unregelmäßigem Einkommen, wie Farmer, wurde ein besonderer Zahlungsplan erstellt — der one-, two- und three-payment-Plan —, um den verschiedenartigen Bedürfnissen solcher Berufe entgegenkommen zu können.

[1] Für die Kredit-Inanspruchnahme sind 6% Zinsen zu bezahlen.

Bei dem one-payment-Plan ist die Hälfte des Kaufpreises bar und die andere Hälfte in einer Summe innerhalb sieben Monaten zu bezahlen. Nach der Definition des Abzahlungsgeschäftes wäre dieser Zahlungsplan nicht zu dem Abzahlungssystem zu rechnen, weil keine ratenweise Tilgung des Kreditbetrages stattfindet. Dagegen gehören der two- und three-payment-Plan zu dem Abzahlungssystem. Bei dem two-payment-Plan sind 40% bar und der Rest in zwei gleichen Raten nach je vier Monaten zu bezahlen, bei dem three-payment-Plan ebenfalls 40% bar und der Rest in drei gleichen Raten nach je drei Monaten.

Die Automobilhändler machten sich die vereinbarten Normen in großem Umfange zu eigen. Der Anteil der Kaufabschlüsse mit niederen Anzahlungen als vereinbart war 1925 nur noch 19,4%, 1926 9%, 1927 5,2% und 1928 6,1% und die Zahl der Kaufverträge mit einem Lauf der Restzahlungen von mehr als zwölf Monaten 1925 nur noch 18,3%, 1926 13,2%, 1927 12,4% und 1928 14,5%[1].

Die höheren Verluste der Händler bei günstigeren Zahlungsbedingungen treten deutlich in den Tabellen 20 und 21 hervor. Sie äußern sich in der Zahl der wegen Nichtbezahlung der Restraten zurückgenommenen Fahrzeuge und in dem Mindererlös, der bei einem Wiederverkauf gegenüber dem noch ausstehenden Restbetrag erzielt wird. Die Zahl der zurückgenommenen Fahrzeuge ist für neue Wagen bei einer Anzahlung von nur 25% bis zu 122% größer als bei der Normalzahlung von 33,3%, bei einer Anzahlung von weniger als 25% im Jahre 1925 sogar um 537 und 1926 um 451% größer. Wurden in den folgenden Jahren keine Prozente für zurückgenommene Fahrzeuge mehr bekannt, so kann dies nur auf eine wesentliche Einschränkung günstigerer Zahlungsbedingungen zurückzuführen sein. Die Zahl der zurückgenommenen Fahrzeuge ist für gebrauchte Wagen bei einer Anzahlung von 35% oder weniger etwa doppelt so groß wie die zu dem Normalsatz von 40% absetzte. Eine Ausnahme macht das Jahr 1927, wo nur ein Verlust von 31% besteht. Die Verluste im Handel gebrauchter Fahrzeuge sind selbst bei hohen Anzahlungen wesentlich größer als beim Verkauf neuer Fahrzeuge. Dies dürfte auf die im allgemeinen geringeren Mittel der Käufer gebrauchter Fahrzeuge zurückzuführen sein, sowie auf die Gefahr einer oft plötzlich eintretenden großen Verringerung der Leistungsfähigkeit und damit auch des Wertes gebrauchter Fahrzeuge.

Wird die Tilgungsfrist für den Restbetrag über zwölf Monate hinaus ausgedehnt, so zeigen die Geldverluste für zurückgenommene Personenkraftwagen in den Jahren 1925—28 eine durchschnittliche Erhöhung von 42%. Die Höhe der Anzahlung und die Zeitdauer der Restzahlungen ist also von wesentlichem Einfluß auf die Verluste des Abzahlungs-

[1] Mitteilung der National Association of Finance Companies vom 20. Nov. 1928.

geschäftes. Werden hohe Anzahlungen geleistet und Restzahlungen kurz befristet, so gehen die ausstehenden Zahlungen in größerem Umfange ein, als wenn die Abtragung eines großen Teiles der Kaufsumme weit hinausgerückt wird. Diese Beobachtung kann insbesondere damit

Tabelle 20. Prozentualer Anteil der zurückgenommenen Personenkraftwagen am Gesamtverkauf 1925—1928[1].

	Zurückgenommene Personenkraftwagen 1925 %	1926 %	1927 %	1928 %
Neue Wagen mit einer Anzahlung von 33%	1,7	2,1	2,7	2,8
„ „ „ „ „ „ 25%	3,8	4,0	5,9	4,1
„ „ „ „ „ „ weniger als 25%	11,0	11,5	[2]	[2]
Gebrauchte Wagen mit einer Anzahlung von 40%	3,0	4,3	5,2	5,3
„ „ „ „ „ „ 35% oder weniger	6,2	8,6	6,9	10,9

Prozentuale Zunahme der Wagen, die zu günstigeren als den Normbedingungen verkauft wurden.

	1925 %	1926 %	1927 %	1928 %
Neue Wagen mit einer Anzahlung von 25%	122	92	115	46
„ „ „ „ „ „ weniger als 25%	537	451	[2]	[2]
Gebrauchte Wagen mit einer Anzahlung von 35% oder weniger	105	101	31	93

Tabelle 21. Durchschnittlicher Verlust für einen zurückgenommenen Personenkraftwagen 1925—1928[1].

	Verluste in Dollar 1925	1926	1927	1928
Bei 12 und weniger monatlichen Ratenzahlungen	50	65	43	56
Bei 13—18 monatlichen Ratenzahlungen	78	94	58	75
	Verluste in %			
Prozentualer höherer Verlust bei 13—18 monatlichen Ratenzahlungen	57	44	35	34

erklärt werden, daß bei hoher Anzahlung und geringer Restzahlung durch die Rückgabe des Fahrzeuges und durch den Verfall der geleisteten Zahlungen die Einbuße des Käufers ungleich höher wäre als bei geringer Anzahlung und großer Restzahlung. Die Kraftfahrzeugbesitzer, die hohe Anzahlungen leisteten, bemühen sich aus diesem Grunde mehr wie andere, die Restzahlungen aufzubringen. Der Direktor

[1] Mitteilung der National Association of Finance Companies vom 20. Nov. 1928.

[2] Keine Fälle berichtet oder zu wenige, um sie einzuschließen.

der Vereinigung der Finanzierungsgesellschaften C. C. Hauch betonte folgende für die Sicherheit des Abzahlungsgeschäftes notwendige zwei Grundsätze: 1. Die Anzahlung muß groß genug sein, damit der Käufer fühlt, daß er einen wirklichen Anspruch hat und nicht nur Mieter des Fahrzeuges ist. 2. Die Tilgungsfrist muß kurz genug sein, damit die Abnützung des Fahrzeuges nicht die Forderung des Verkäufers oder die Sicherheit des Pfandhalters vor der letzten Zahlung übersteigt[1].

Da mit einem Nichteingang der Restsummen zu rechnen ist, werden die Kaufverträge zur Sicherung des Händlers und der Finanzierungsgesellschaft in den meisten Staaten der Union so abgeschlossen, daß der Händler das Eigentumsrecht am Fahrzeug bis zur vollständigen Zahlung behält oder der Händler sich ein Pfandrecht in Höhe des nicht bezahlten Teils der Kaufsumme geben läßt[2]. Die Gültigkeit solcher Verträge verlangt eine öffentliche Beurkundung.

Leistet ein Käufer die noch ausstehenden Raten nicht, so hat der Händler oder die Finanzierungsgesellschaft das Recht, das Fahrzeug zurückzuverlangen, wobei gleichzeitig die geleisteten Zahlungen verfallen. Dagegen wird nicht selten eingewendet, es verstoße gegen die guten Sitten, wenn ein Fahrzeug, für das z. B. 50% des Kaufpreises bezahlt sind, unter Verwirkung der gesamten Zahlung zurückgegeben werden muß, weil der Rest nicht bezahlt wird. Dabei ist zu beachten, daß ein Fahrzeug, sobald es gebraucht ist, 30—40% seines Verkaufswertes verliert, auch wenn es noch unvermindert leistungsfähig ist, weil ein Käufer für ein auch nur wenig gebrauchtes Fahrzeug eine erheblich geringere Wertschätzung wie für ein neues hat. Die Wertschätzung des Käufers wird zum Teil von der Erwägung beeinflußt, ein nicht sachkundiger Fahrer könnte dem Fahrzeug Schäden zugefügt haben, die nicht ohne weiteres sichtbar sind und sich erst später bemerkbar machen. Auch entstehen mit der Rücknahme und dem Wiederverkauf eines Fahrzeuges Kosten, die durch den Erlös des nun als gebraucht zu verkaufenden Wagens gedeckt werden müssen. Ferner ist einem Mißbrauch des Abzahlungsgeschäftes durch Käufer vorzubeugen, die u. a. von vornherein ein Fahrzeug nur mit der Absicht erwerben, es nur wenige Monate zu benutzen und dann dem Händler zurückzugeben. Die Verwirkung der geleisteten Beträge im Falle der Nichtzahlung der Restsumme ist aus den angeführten Gründen wirtschaftlich bedingt.

Die Finanzierungsgesellschaften, die, wie schon erwähnt, den Wagenkauf kreditieren, bedürfen für ihre Kredite weiterer Sicherheiten, da das Fahrzeug beim Kauf sofort übergeben wird und dadurch der Verfügungsgewalt des Händlers entrückt. Sie sahen sich genötigt, Rechte gegen

---

[1] Rede von C. C. Hauch, siehe Automobile Time Payements, S. 16.

[2] Im Staate Pennsylvania ist der Käufer solange nur Mieter des Fahrzeugs, bis die letzte Rate bezahlt ist.

Händler und Käufer im Falle der Nichtzahlung der kreditierten Summen sicherzustellen. Die Sicherheitsmaßnahmen unterscheiden sich je nach der Geschäftspolitik der Finanzierungsgesellschaft. Im wesentlichen sind die Gesellschaften dabei drei verschiedene Wege gegangen, die mit den Begriffen Regreß- (recourse), Non-Regreß- (non-recourse) und Wiederkauf- (repurchasing) System umschrieben werden.

Bei dem Regreß-System muß der Kaufvertrag von dem Händler indossiert werden, wodurch die Finanzierungsgesellschaft, falls der Käufer nicht zahlt, ein Rückgriffsrecht gegen den Händler erhält. Dieses System überträgt das Hauptrisiko auf den Händler, der die Finanzierungsgesellschaft schadlos zu halten und außerdem sich um den Wiederbesitz des Fahrzeuges zu bemühen hat. Es ist naheliegend, daß der Händler deshalb bestrebt ist, sich eingehend über die Kreditfähigkeit des Kunden zu unterrichten. Aber auch die Finanzierungsgesellschaft tut dies vielfach und macht außerdem jeden Kauf von ihrer Genehmigung abhängig.

Das Non-Regreß-System überträgt das Risiko auf die Finanzierungsgesellschaft. Bei diesem System hat sie die Kreditfähigkeit des Käufers zu prüfen, die Kreditsummen einzuziehen und, wenn nicht bezahlt wird, das Fahrzeug zurückzuholen und es wieder zu verkaufen. Den Händler berühren hier nicht eingehende Zahlungen wenig; er ist sozusagen nur der Verkaufsagent der Finanzierungsgesellschaft. Viele der kleineren Finanzierungsgesellschaften haben sich für dieses System entschieden und konnten es tun, weil es ihnen eher wie großen Gesellschaften möglich ist, mit den Automobilkäufern selbst Fühlung zu nehmen.

Das dritte System, der Wiederkauf, unterscheidet sich von dem Non-Regreß-System in der Verpflichtung des Händlers, die von der Finanzierungsgesellschaft zurückgenommenen Fahrzeuge zu übernehmen und wieder zu verkaufen. Die Finanzierungsgesellschaft übernimmt hier das Risiko für die Zahlung der Kreditbeträge und für die Wiederbeschaffung des Fahrzeuges, ohne ein Rückgriffsrecht gegen den Händler zu haben.

Als vor 15 Jahren das Abzahlungssystem im Automobilhandel eingeführt wurde, war nur das Regreß-System bekannt. Es überwiegt heute noch, insbesondere bei den großen Finanzierungsgesellschaften. Das System des Wiederkaufes und noch mehr das Non-Regreß-System führt die Kreditgesellschaft zu weit aus ihrem eigentlichen Geschäftskreis der Finanzierung von Kraftfahrzeugkäufen hinaus, und es scheint, als ob das Regreß-System die beiden anderen Systeme verdrängt und mehr und mehr zur Grundlage des Abzahlungsgeschäftes wird. So erklärt Prof. Seligman in noch bestimmterer Form:

„Der Zusammenbruch von Have & Chase — die ehemals größte Non-Regreß-Gesellschaft — läßt nicht nur vermuten, sondern macht es überaus wahrscheinlich, daß binnen kurzem all die großen und verantwortlichen Finanzierungsgesellschaften dem Regreß-Plan folgen werden[1]."

Die Verluste des Abzahlungsgeschäftes sprechen keineswegs für ein diesem Zahlungssystem innewohnenden allzu großen Risiko. Es ist zu berücksichtigen, daß die Zurücknahme eines Fahrzeuges noch nicht unbedingt einen Verlust bedeuten muß und die Zahl der zurückgenommenen Fahrzeuge an und für sich sehr gering ist. Werden z. B. von einem Händler 100 Fahrzeuge zu einem Werte von 100000 Dollar verkauft, so würde sich aus den Tabellen 20 und 21 ein Verlust von etwa 200 Dollar oder 0,2% des umgesetzten Wertes errechnen. Ein solcher Satz entspricht dem üblichen Maximalverlust der Banken und ist für das Abzahlungsgeschäft im Automobilhandel keinesfalls zu hoch.

Es ist naheliegend, daß die Kosten der Finanzierungsgesellschaften Dritte zu tragen haben, und zwar die, welche den Kredit in Anspruch nehmen. Als kostenverursachend wirken hauptsächlich der Zinsaufwand für den kreditierten Teil des Kaufpreises, die Prüfung der Kreditfähigkeit der Kunden, der verspätete Eingang oder der Ausfall der Restzahlungen, die Prämien für Versicherungen und die allgemeinen Geschäftsunkosten der Finanzierungsgesellschaften, außerdem sind Aufwendungen mit der Rücknahme und dem Wiederverkauf der Fahrzeuge verbunden.

Die Kosten des Kreditgeschäftes und so auch die Größe der Finanzierungsgebühren werden von den Bedingungen des einzelnen Verkaufes beeinflußt. Die Gebühren schwanken im allgemeinen zwischen 6 und 10% des Verkaufspreises der Fahrzeuge. In Prozenten der wirklichen Kreditsummen, d. h. der jeweils ausstehenden, vom Käufer zu leistenden Zahlungen ausgedrückt, ergeben sich Gebührensätze bis zu 40%. Es ist verständlich, daß die Händler solch relativ hohe Gebührensätze zu umschreiben versuchen und die Gebühren deshalb nicht in Prozenten der jeweils ausstehenden, von Monat zu Monat kleiner werdenden Kreditrestbeträgen, sondern in Prozenten des Verkaufspreises nennen. Solche Verschleierungen können wirtschaftlich nicht gutgeheißen werden. Es ist offensichtlich, daß das Abzahlungsgeschäft beträchtliche Kosten verursacht, die naturgemäß von den Kunden dieses Verkaufssystems getragen werden müssen. Dies ist aber kein Grund, die geldwirtschaftliche Unkenntnis vieler Automobilisten auszunutzen. Die Finanzierungsgesellschaften sollten die Höhe ihrer Gebühren ungeschminkt nennen, so daß dem Käufer eher ein Abwägen der Vorteile des Abzahlungsgeschäfts mit den von ihm zu bringenden Opfern möglich wäre. Mancher verfügt über ein Bankguthaben oder könnte die für den Erwerb des Fahrzeuges notwendige Summe zu Bankzinsen beziehen und somit ein Fahrzeug billiger als auf Abzahlung erwerben. Es ist wohl anzunehmen und

[1] Seligman a. a. O. S. 312.

wäre zu begrüßen, daß solche Mängel des Systems im Laufe der weiteren Entwicklung, insbesondere durch den Wettbewerb der Finanzierungsgesellschaften, mehr und mehr ausgemerzt werden.

Nun wären noch die Vorteile den Nachteilen des Abzahlungsgeschäftes gegenüberzustellen. Sein hauptsächlichster Vorteil liegt, wie schon früher erwähnt, in der Zweckbestimmung des Abzahlungsgeschäfts, Fahrzeuge solchen, die nicht genügend Barmittel oder Ersparnisse besitzen, verfügbar zu machen, oder solchen, denen Barzahlung unbequem wäre, eine mehr angenehme Zahlungsmöglichkeit zu geben. Die Verteilung des Kaufpreises in mehrere kleine Teile macht selbst Automobil-Interessenten mit bescheidenem Einkommen kauffähig. Ferner bringt die durch das Abzahlungssystem mögliche unmittelbare Besitzübernahme der Fahrzeuge nach dem Kaufabschluß eine frühere Verfügbarkeit der Wagen. Noch bevor der Kaufpreis bezahlt ist, kann also schon Nutzen aus dem Fahrzeug gezogen werden. Ohne dieses Verkaufssystem wären viele gezwungen, mit dem Erwerb eines Fahrzeuges so lange zu warten, bis die Kaufsumme erspart ist oder sonstwie verfügbar wird. Dabei wäre es aber bei vielen Käufern höchst fraglich, ob sie je so weit kämen, die ganze Kaufsumme zusammenzubringen, denn die gelegentliche Verwendung von Spargeldern für andere Zwecke liegt tief in der menschlichen Natur. Sobald aber, wie beim Abzahlungsgeschäft, eine Zahlungspflicht besteht, werden die meisten Konsumenten alles daran setzen, den fälligen Betrag aufzubringen, zumal eine Nichtleistung der Teilzahlungen die Rückgabe des Fahrzeuges und Verwirkung der gezahlten Beträge nach sich zieht, was meist ein größeres Opfer als die Weiterbenutzung des Wagens und die Zahlung des Restbetrages sein würde. Das Abzahlungsgeschäft birgt also einen gewissen Sparzwang in sich und verkörpert, soweit es sich um den Erwerb nützlicher Güter handelt, eine wertvolle Erziehungsmethode. Wurde auch der erste Weg gewissermaßen unter dem Zwang der Notwendigkeit begangen, so wird der Nutzwert, der aus dem Erwerb hochwertiger Güter, wie Automobile, Pianos, Möbel, geerntet werden konnte, eine Veranlassung zum freiwilligen Sparen werden. Hat auch das Abzahlungssystem nicht wesentlich zu der großen Zunahme der Sparkassenguthaben (siehe Tabelle 5) beigetragen, so ist doch aus ihr zu ersehen, daß dieses Verkaufssystem, dem die Konsumtion in den letzten zwei Jahrzehnten zweifelsfrei eine große Steigerung verdankt, keine Verminderung des Sparens herbeigeführt hat.

Dem Abzahlungsgeschäft können, soweit es zum Kauf von Fahrzeugen veranlaßt, dann noch all die Vorteile zugewiesen werden, die mit dem Besitz eines Kraftfahrzeuges verknüpft sind. Es sei nur an die Erhöhung der produktiven Tätigkeit erinnert, die ein Automobil als bequemes und bewegliches Verkehrsmittel zur Überwindung von Raum und Zeit ermöglicht. Und erhöhte Produktivität vermag wieder das Einkommen zu steigern und den Lebenskomfort zu erhöhen. Führt also das Abzahlungssystem zum Erwerb eines Kraftfahrzeuges, so dürfen ihm als Vorteile auch Erhöhung der Produktivität, Steigerung des Einkommens- und Lebenskomforts zugeschrieben werden.

Noch wichtiger ist das Abzahlungsgeschäft, soweit es durch größeren Absatz von Fahrzeugen den Produktionsumfang erhöht und die Fahrzeugpreise verbilligt, denn wie schon ausgeführt, zählt die Automobilindustrie zu jenen Industrien, für die das Gesetz der abnehmenden Kosten gilt (siehe auch Abschnitt II, Kapitel 2 und 3). So falsch es nun wäre, wenn angenommen würde, daß der Absatz aller nach dem Abzahlungssystem verkauften Fahrzeuge (58—68% der neu und 61 bis 65% der gebraucht verkauften) ausschließlich diesem Verkaufssystem zuzuschreiben ist, ebenso unrichtig wäre es, wenn verkannt würde, daß ein beträchtlicher Teil eben nur durch dieses Verkaufssystem abgesetzt und so die Produktion gesteigert werden konnte. Bei kapitalintensiver Produktion wie in der Automobilindustrie, die mit hohen, konstanten Kosten arbeitet, ist eine Steigerung der Produktion ungemein bedeutsam, vermag doch jedes mehr hergestellte und abgesetzte Automobil innerhalb der gleichen Intensitätsstufe die Produktion des einzelnen Fahrzeuges zu verbilligen. Das Abzahlungssystem greift dadurch über den Kreis der unmittelbar Interessierten weit hinaus, indem es zur Verbilligung aller Kraftfahrzeuge zum Nutzen der Volkswirtschaft führt.

Mit dem Abzahlungsgeschäft sind naturgemäß auch Nachteile verbunden, so wenn überflüssige Gegenstände eingekauft werden oder wenn Käufer über ihre Mittel hinaus sich verausgaben. Es wird immer Konsumenten geben, die durch dieses Zahlungssystem Anschaffungen machen, deren Nutzen nicht in dem Verhältnis des Aufwandes steht. Bei zweckmäßig beschafften Kraftfahrzeugen kann im allgemeinen jedoch nicht von einem Fehlkauf gesprochen werden. Dies schließt aber nicht aus, daß es auch hier Käufer geben kann, die das Abzahlungssystem zur Anschaffung eines Automobiles verleitet und dadurch in Schuldenknechtschaft bringt. Während wirtschaftlicher Depressionen erhöht sich die Gefahr, daß Omnibus- und Lastkraftwagenbetriebe ihren Zahlungsverpflichtungen nicht mehr nachkommen können und Produzenten — bei gewerblichen Fahrzeugen geschieht die Finanzierung des Verkaufes vielfach durch den Fabrikanten —, Händler und Finanzierungsgesellschaften oft Fahrzeuge zurücknehmen müssen, deren Wert geringer ist als der noch ausstehende Betrag. So war z. B. in der Zeitschrift Bus Transportation zu lesen:

„In manchen Teilen des Landes haben Depressionen im Geschäftsleben früher blühende Gesellschaften dem Bankrott nahe gebracht, so daß die Empfänger ausstehender Beträge die Fahrzeuge zurücknehmen und so gut als möglich darüber verfügen mußten ... Zweifelsohne wurde der Vorteil günstiger Zahlungsbedingungen ausgenützt, die Omnibusse während guter Geschäftsperioden zusammengefahren und, was dann von ihnen übrigblieb, zur Rücknahme überlassen[1]."

Auch gibt es natürlich Fälle, wo Automobile erworben werden und dann nach der Auffassung des „vernünftigen Bürgers" absolut zu wenig für Nahrung, Kleidung und Wohnung ausgegeben werden kann. Äußerungen wie den folgenden kann jedoch nur dann zugestimmt werden, wenn der Aufwand für ein Automobil das Wohlbefinden des Konsumenten oder sein Verhältnis zur Gemeinschaft gefährdet:

„Um Nichtnotwendiges zu besitzen, schränken viele Familien Ausgaben für Notwendiges, wie kräftiges Mittagessen, gute Kleidung und Wohnung, ein. In jeder Stadt ist die Familie zu finden, die ein Automobil fährt, sich aber noch nicht die Einrichtung eines Badezimmers leistet[2]."

Diese Schattenseiten des Kaufes eines Automobiles auf Abzahlung dürften aber nicht so sehr auf das Verkaufssystem als auf ungenügende Kenntnis der Betriebskosten der Fahrzeuge zurückzuführen sein. Die meisten Automobilisten wissen z. B. nicht, daß schon für ein Fahrzeug mittlerer Preislage täglich etwa 2 Dollar an Betriebskosten (konstante Kosten) erwachsen, unbeschadet, ob das Fahrzeug benutzt wird oder nicht (siehe Abschnitt II, Kapitel 2). Auch andere mit dem Abzahlungsgeschäft auftretende Nachteile sind nicht immer nur diesem Zahlungssystem eigen, sondern finden sich ebensowohl bei einem Barkauf.

Werden die Verluste der Finanzierungsgesellschaften, die hohen Finanzierungsgebühren und die Gefahr einer zu weitgehenden Verausgabung einzelner Käufer als wesentlichste Nachteile des Abzahlungsgeschäftes seinen hauptsächlichen Vorteilen, der früheren Verfügung über ein Verkehrsmittel, der Preissenkung der Fahrzeuge, des Triebes zur Sparsamkeit und Erhöhung der Produktivität gegenübergestellt, so dürften die Vorteile unumstritten stark überwiegen. So unsachlich es ist, in dem Abzahlungsgeschäft den Ruin von Familie und Volk zu sehen, ebenso unsachlich ist es, ihm die wesentlichste Ursache des amerikanischen Reichtums zuzuschreiben. Nutzen oder Schaden hängt davon ab, wie der Einzelne sich des Abzahlungsgeschäftes bedient. In seiner Gesamtwirkung ist es ohne Zweifel nützlich. Wird außerdem berücksichtigt, daß das Abzahlungsgeschäft im Automobilhandel noch jung ist und ausgebaut und verbessert werden kann und der Wettbewerb der Händler und Finanzierungsgesellschaften selbsttätig Nachteile ausmerzen wird, so kann das Abzahlungsgeschäft im Automobilhandel als wertvolle Ergänzung des Kreditsystems im Wirtschaftsorganismus nur hoch bewertet werden.

---

[1] Bus Transportation Vol. 6, Nr 2, S. 98.

[2] Pound, A.: The Land of Dignified Credit. The Atlantic Monthly, Februar 1926, S. 258.

Literatur.

Bonn, M. J.: Geld und Geist. Berlin (1927).
Chatburn, G. R.: Highways and Highways Transportation. (New York.)
Epstein, R. C.: The Automobile Industry. Chicago-New York 1928.
Plumner, W. C.: Local and Economic Consequences of Buying on the Instalment Plan. Philadelphia 1927.
Pound, A.: The Land of Dignified Credit. Atlantic Monthly, February 1926.
Seligman, E. R. A.: The Economics of Instalment Selling. First and second Volumne. New York-London (1927). — Proc. Acad. polit. Sci. New York Vol. XII, Nr 2 (1927).
Siegfried André: Les Etats Unis d'aujourd'hui. Paris 1927.
Veblen Thorstein: The Theory of the Leisure Class. New York 1897.
Automobile Time Payments by National Automobile Dealers Association. St. Louis Mo. (1926).
Automotive Industries, Statistical Issue Vol. 56, Nr 7 u. Vol. 60, Nr 8.
Automotive Transportation and Railroads, Commission on Commerce and Marine, American Bankers Association, New York 1927.
Bus Facts for 1928, Washington D. C.
Bus Transportation Vol. 6, Nr 2.
Eberle Economic Service Vol. IV, Weekly Letter Nr 35.
Fact and Figures of the Automobile Industry, 1926—1929 Editions.
Finanzierung von Automobilverkäufen. Aufsatz der National Automobile Chamber oder Commerce New York.
Handbook of Labor Statistics 1924—1926. Washington 1927.
National Association of Finance Companies. Mitteilung vom 20. Nov. 1928.
News Bulletin of the National Bureau of Economic Research Nr 29 vom 10. September 1928.
New Herald Tribune vom 13. Januar 1929.
Official Handbook of Automobiles 1929.
Report of the North Jersey Transit Commission to the Senate and General Assembly of the State of New Jersey 1927.
Statistics of Railways in the United States for the Year ended December 31, 1927. Washington 1928.
The Annals of the American Academy of Political and Social Science Philadelphia November 1924.
The Literay Digest 14. Oktober 1899.
Truck Facts for 1927, Washington D. C.

II. Die Ökonomik des Kraftwagenverkehrs.

A. Die Betriebskosten der Kraftfahrzeuge.

1. Die einzelnen Kostenarten.

Kosten sind grundlegend für jede wirtschaftliche Tätigkeit. Ihr Verständnis und ihre Kenntnis sind für einen gesunden Betrieb dringend notwendig und für die Tätigkeit des Unternehmers so wichtig wie Kurszettel für den Spekulanten oder Instrumente für den Arzt.

Kraftwagenbesitzer bedürfen ihrer Kenntnis, um die Wirtschaftlichkeit ihrer Fahrzeuge und ihres Betriebes messen und beurteilen zu können. Sie sind für den Automobilisten wesentlich, für Kraftverkehrsunternehmer unentbehrlich.

Wenige Automobilisten wissen im allgemeinen, was das Automobilfahren kostet. Wären die Kosten immer bekannt, würde manche Ausfahrt nicht die täglich zu beobachtende Freude bereiten. Will aber ein Automobilist ökonomische Grundsätze beachten, so muß er den Aufwand für Fahrten seines Wagens kennen und mit den Fahrpreisen anderer Verkehrsmittel vergleichen.

Transportunternehmer, insbesondere Omnibus- und Lastkraftwagengesellschaften, müssen die Betriebskosten ihrer Fahrzeuge eingehend kennen und erfassen, wenn sie die Preise ihrer Verkehrsleistungen zweckdienlich festsetzen und das wirtschaftliche Arbeiten ihres Betriebes beobachten wollen. Der Erfolg der Unternehmung hängt von der Leistung jedes einzelnen Fahrzeuges ab. Es ist daher jedes Fahrzeug auf Gasolin-[1], Öl- und Fettverbrauch, Reifenverschleiß und Reparaturkosten zu prüfen. Eine genaue Kostenermittlung ermöglicht auch, das für den einzelnen Betrieb wirtschaftlichste Fahrzeug zu finden, Leistungen von Fahrzeugen gleicher Größe und Beschaffenheit, aber verschiedenen Fabrikursprungs zu vergleichen und die Fahrer auf ihre Geschicklichkeit zu prüfen. Die bei Kraftfahrzeugen besonders notwendige Erfassung unwirtschaftlicher Leistungen ist nur bei genauen Aufwandsberechnungen möglich.

Nicht minder wichtig sind Kostenberechnungen für Betriebe, die Kraftfahrzeuge für den eigenen Gebrauch halten. Sind ihnen die Betriebskosten bekannt, vermögen sie abzuwägen, ob und wann es wirtschaftlicher ist, Transporte oder Fahrten Kraftverkehrsbetrieben zu übergeben oder mit eigenen Fahrzeugen auszuführen.

Die Betriebskosten der Kraftfahrzeuge sollen hier in konstante und variable Kosten geteilt werden. Konstante Kosten sind die durch die Gesamtheit der Verkehrsakte entstehenden Aufwendungen. Sie bleiben von der Verkehrsstärke innerhalb gewisser Intensitätsstufen (siehe nächstes Kapitel S. 77ff.) unbeeinflußt. Werden sie auf die Betriebsleistungseinheit — eine Fahrzeugmeile[2] — umgelegt, so vermindert sich der auf eine solche Einheit entfallende Kostenanteil mit der Menge zunehmender Leistungseinheiten. Variable Kosten sind die aus den Betriebsleistungen unmittelbar erwachsenden Aufwendungen. Sie steigen und fallen mit der Verkehrsstärke und sind, auf die Leistungs-

[1] Gasolin ist die allgemeine Bezeichnung für den Betriebsstoff der Kraftfahrzeuge in der Union.

[2] Betriebs- und Verkehrsleistungseinheit ist hier die Fahrzeug-, Personen- oder Tonnenmeile, nicht das Fahrzeug-, Personen- oder Tonnenkilometer, weil die Meile den hier verwendeten Unterlagen als Einheit zugrunde liegt.

einheit bezogen, immer gleich hoch. Die gesamten Betriebskosten der Kraftfahrzeuge werden durch das Zusammenfließen von konstanten und variablen Kosten degressiv[1].

Es ist darauf hinzuweisen, daß weder die konstanten noch die variablen Kosten sich scharf trennen und abgrenzen lassen. Ein kleiner Teil der konstanten Kosten wird stets von der Verkehrsstärke beeinflußt werden. So sind die allgemeinen Verwaltungs- und Geschäftsunkosten bei wechselnder Verkehrsstärke auch innerhalb derselben Intensitätsstufe nie völlig konstant. Ebenso bewegen sich die variablen Kosten und insbesondere ein Teil von ihnen nicht völlig proportional zur Betriebsleistungsmenge. Es seien die Reparaturkosten der Fahrzeuge erwähnt, die sich je nach den Voraussetzungen (siehe S. 60/1) degressiv oder progressiv bewegen. Die Abweichungen sind jedoch im allgemeinen so gering, daß sie unberücksichtigt bleiben können. Wo einzelne Kostenteile von der Norm beträchtlich abweichen und sich entweder degressiv oder progressiv äußern, werden die Abweichungen so gut als möglich berücksichtigt und Mittelwerte errechnet, um einfache und übersichtliche Betriebskostenrechnungen zu erhalten.

Die einzelnen Kosten von Kraftverkehrsbetrieben, insbesondere die Aufwendungen für die Fahrzeuge sollen nun untersucht werden. Die Art der Kosten, ob konstant oder variabel, wird dabei besonders herausgestellt. Die Kosten sollen in vier Gruppen zusammengefaßt werden[2]:

I. Kapitalkosten — Tilgung und Verzinsung der Fahrzeuge und Betriebsanlagen.

II. Verwaltungskosten — Allgemeine Verwaltungs- und Geschäftsunkosten, Gehälter und Löhne der kaufmännischen und technischen Angestellten, Ausgaben für Reklame, Aufwendungen für Versicherungen und Abgaben an die Finanzverwaltung.

III. Eigentliche Betriebskosten — Verbrauch an Gasolin, Öl und Fett,

[1] Die konstanten Kosten als Ganzes werden auch Gemeinkosten und, auf die Leistungseinheiten verteilt, Anteilkosten genannt; die variablen Kosten in ihrer Gesamtheit und auf die Leistungseinheiten bezogen, auch als Sonderkosten bezeichnet. Die gesamten Kosten für eine Leistungseinheit werden außerdem noch spezifische oder Einheitskosten genannt — siehe Sax: Die Verkehrsmittel in Volks- und Staatswirtschaft, Bd 1: Allgemeine Verkehrslehre, 2. Aufl., S. 76ff. — Um eine Vielheit von gleichbedeutenden Begriffen zu vermeiden, werden hier nur die Bezeichnungen konstant und variabel verwendet und deshalb auch der auf eine Leistungseinheit entfallende Teil der Kosten entweder mit konstant oder variabel bezeichnet. Dies ist nicht etwa eine neue Auslegung oder Anwendung der Begriffe konstant und variabel, sondern längst in der Literatur üblich. Wo aus dem Zusammenhang nicht eindeutig hervorgehen sollte, ob Gesamtkosten oder Teilkosten in Frage stehen, werden sie jeweils entsprechend umschrieben.

[2] Die Gruppierung der Kosten ist in der Union mannigfaltig. Vergleiche der verschiedenen Gruppeneinteilungen würden hier zu weit führen.

Verschleiß an Bereifung und Schläuchen, Entlohnung der Fahrer, Aufwendungen für Betriebsbeamte und Abfertigungsstellen.

IV. Unterhaltungskosten — Reinigung, Prüfung und Reparatur der Fahrzeuge, Ausstattungsgegenstände und Betriebsanlagen.

Unter den Kapitalkosten sind die Aufwendungen für die Tilgung der Fahrzeuge viel umstritten. Ihre Bedeutung verlangt eine breitere Erörterung.

Es besteht zunächst die Frage, innerhalb welcher Zeit der Anschaffungswert des Gutes „Kraftfahrzeug" abzuschreiben ist. Nach allgemeiner Auffassung in dem Maße, wie ein Kraftfahrzeug weniger Ertrag abzuwerfen vermag. Demnach sollte der Anschaffungswert eines Kraftfahrzeuges abgeschrieben sein, sobald diese Eigenschaft aufgehört hat. Dieser Zeitpunkt ist eingetreten, wenn der weitere Gebrauch eines Kraftfahrzeuges unwirtschaftlich wird.

Die zeitliche Beendigung der Wirtschaftlichkeit der Fahrzeuge wird von vielerlei bestimmt. Zuvörderst steht ihre Beanspruchung. Werden Fahrzeuge nur wenige Meilen im Jahr gefahren, werden sie im allgemeinen länger gebrauchsfähig bleiben wie die umfangreicher benützten. Weiter sind von Einfluß die Qualität der Fahrzeuge, ihre Pflege, Unterhaltung und Bedienung, ihre Belastung, die Fahrgeschwindigkeiten, die Geschicklichkeit des Fahrers und die Beschaffenheit der Straßen u. a. Sind diese Einwirkungen günstig, so wird mit einer Gebrauchszeit von 8, 10 und noch mehr Jahren, sind sie ungünstig, nur mit 2 oder 3 Jahren, ja manchmal nur mit Monaten gerechnet werden können.

Ökonomisch bedeutsam ist aber nicht die Zeit der Gebrauchsfähigkeit, das physische Alter der Fahrzeuge, sondern die Dauer der Möglichkeit einer ökonomischen Nutzung, das wirtschaftliche Alter. Ein Fahrzeug kann noch lange physisch, aber längst nicht mehr wirtschaftlich verwendungsfähig sein. Maßstab der Wirtschaftlichkeit sind die gesamten Betriebskosten. Sobald diese die eines neuen Fahrzeuges übersteigen, ist der Zeitpunkt gekommen, das alte Fahrzeug durch ein neues zu ersetzen. Erhöhte Betriebskosten treten meist durch hohe Aufwendungen für Reparaturen ein, die mit zunehmendem Gebrauch progressiv wachsen. Sobald die Reparaturen unter Berücksichtigung des Tilgungsaufwandes für ein neues Fahrzeug eine bestimmte Höhe überschreiten, ist ein Fahrzeug wirtschaftlich überaltert. Die Dauer des wirtschaftlichen Gebrauches eines Fahrzeuges wird auch dadurch beeinflußt, daß neue Fahrzeugtypen auf den Markt kommen. Übertreffen diese neuen Fahrzeuge die Leistungsfähigkeit der älteren, so erscheint es auch hier wirtschaftlicher, neue Fahrzeuge anzuschaffen, bevor die älteren völlig betriebsunfähig sind. Dabei brauchen die neuen Typen nicht einmal niederere Betriebskosten aufweisen, es genügt, wenn sie bei den Konsumenten etwa durch eine neuzeitlichere Aufmachung eine höhere Wertschätzung hervorrufen und dadurch bevorzugt werden. Das Veralten der Fahrzeugtypen bedeutet besonders für Omnibusgesellschaften fortwährend ein Problem, weil der Verkehr vor allem den Gesellschaften zufließt, die moderne und bequeme Fahrzeuge im Dienst haben.

Das wirtschaftliche Alter der Kraftfahrzeuge wird nach diesen Gesichtspunkten und den in der Union gesammelten praktischen Erfahrungen im allgemeinen zwischen 4 und 8 Jahren liegen[1]. Für Lastkraftwagen und noch mehr für Omnibusse, die umfangreich benutzt werden, wird die wirtschaftliche Gebrauchsfähigkeit in Meilen ausgedrückt, und zwar werden im allgemeinen für Lastkraftwagen 100000 bis 200000 Meilen und für Omnibusse 200000—300000 Meilen angenommen.

Nach der Betrachtung der wirtschaftlichen Gebrauchsdauer wären die Methoden der Abschreibung der Kraftfahrzeuge zu untersuchen. Sie sind mannigfach und viel umstritten. Kraftfahrzeuge können entweder nach Zeit oder nach Beanspruchung abgeschrieben werden. Die Abschreibung nach Zeit kennt verschiedene Arten: die gleichbleibenden, die gleichmäßig abfallenden und die ungleichmäßig abfallenden Abschreibungen. Gleichmäßig abfallende Abschreibungen gibt es in arithmetischer und geometrischer Degression.

Bei der gleichbleibenden Abschreibung wird das wirtschaftliche Alter des Fahrzeuges geschätzt, ein Restwert, der bei dessen Verkauf noch erzielt werden würde, festgelegt, der feststehende Anschaffungswert um den geschätztenRestwert gekürzt und die so ermittelteSumme in gleichen Teilen auf das geschätzte Alter des abzuschreibenden Wagens verteilt. Wäre der Anschaffungswert 1200 Dollar, der Restwert 200 Dollar, so wären bei einem Alter von vier Jahren jährlich 250 Dollar zu tilgen. Dieses Verfahren hat den Vorteil, daß es einfach ist und die Tilgungsbeträge jeweils gleich hoch sind. Die gleichbleibende Abschreibung entspricht aber nicht der tatsächlichen, niemals gleichbleibenden Leistung der Fahrzeuge im Gebrauch. Außerdem lassen sich Lebensalter und Restwert nie zuverlässig bestimmen.

Eigentümlich ist der arithmetisch abfallenden Abschreibung, daß sich die Tilgungsbeträge jedes Jahr um die gleiche Summe vermindern. Ist der Anschaffungswert eines Kraftwagens 1500 Dollar, sein Restwert 150 Dollar und sein wirtschaftliches Lebensalter sechs Jahre, so würden, wenn z. B. mit 350 Dollar begonnen würde und dann Jahr für Jahr arithmetisch abfallend, je um 50 Dollar weniger abgeschrieben werden, die Abschreibungen in den sechs Jahren betragen: 350, 300 250, 200, 150 und 100 Dollar und insgesamt 1350 Dollar. Diese Art abzuschreiben hat gegen sich, daß die rechnungsmäßige Wertminderung mit den tat-

[1] Eine größere Gesellschaft in Milwaukee gab bekannt, daß das durchschnittliche Gebrauchsalter ihrer Ford-Wagen etwa 50000 Meilen beträgt.

sächlichen Betriebswerten der Fahrzeuge nicht gleich verläuft. Oft bleibt die Gebrauchsfähigkeit der Kraftfahrzeuge in den ersten Jahren gleich, um dann rasch zu sinken oder sie vermindert sich anfangs wenig und fällt dann steil oder sie fällt anfangs steil und verläuft dann flacher. Die arithmetisch abfallende Abschreibung würde einem anfangs raschen, dann langsameren Verbrauch eines Fahrzeuges am ehesten entsprechen.

Bei der geometrisch abfallenden Abschreibung wird ebenfalls das Lebensalter und der Restwert der Fahrzeuge geschätzt, dann aber der jeweils zu Buch stehende Wert nach einem aus der Formel $P = 1 \sqrt[L]{\frac{RW}{AW}}$ [1] errechneten festen Prozentsatz innerhalb der geschätzten Gebrauchszeit vermindert. Ein Alter von sieben Jahren, ein Anschaffungswert von 2000 Dollar und ein Restwert von 100 Dollar ergeben nach der genannten Formel einen Prozentsatz von 34,82 [2]. Der Verlauf der Abschreibung nach diesem Beispiel ist in der Tabelle 22 dargestellt. Bei diesem Verfahren sind die Tilgungssummen anfänglich verhältnismäßig hoch — hier 696,40 Dollar —, fallen aber, mit abnehmender Leistung der Fahrzeuge, mehr und mehr — hier auf 53,36 Dollar — ab. Nach diesem Beispiel hätte die gleichbleibende Abschreibung einen durchschnittlichen Aufwand von 271,43 Dollar im Jahre verlangt und arithmetrisch abfallend hätte mit folgenden Summen abgeschrieben werden können: 1. Jahr 421,43 Dollar, 2. Jahr 371,43, 3. Jahr 321,43, 4. Jahr 271,43, 5. Jahr 221,43, 6. Jahr 171,43, 7. Jahr 121,43 Dollar, also jedes Jahr um 50 Dollar weniger. Es würde also bei diesem Beispiel nach der geometrisch abfallenden Tilgung bis zum 3. Jahre jährlich mehr und vom 4. Jahre an jährlich immer weniger als bei der gleichbleibenden und arithmetisch

Tabelle 22. Geometrisch abfallende Abschreibung bei einem Prozentsatz von 34,82 und einem Anschaffungswert von 2000 Dollar.

Gebrauchsjahr	Wert zu Beginn des Jahres Dollar	Abschreibungs-summe Dollar	Wert am Ende des Jahres Dollar
1	2000,00	696,40	1303,60
2	1303,60	553,92	849,68
3	849,68	295,86	553,82
4	553,82	192,84	360,98
5	360,98	125,69	235,29
6	235,29	81,93	153,36
7	153,36	53,36	100,00

[1] L = wirtschaftliches Lebensalter, RW = Restwert, AW = Anschaffungswert.

[2] $1 - \sqrt[L]{\frac{RW}{AW}} = 1 - \sqrt[7]{\frac{100}{2000}} = 1 - \frac{1}{7} \log 0{,}05 = 34{,}82\ \%.$

abfallenden Tilgung abgeschrieben. Bei der geometrisch wie bei der arithmetisch abfallenden Abschreibung sind die Tilgungsbeträge anfangs hoch und fallen dann mehr und mehr ab, und zwar sind sie bei jener anfangs größer und später kleiner als bei dieser.

Gegen die geometrisch abfallende Abschreibung ist einzuwenden, daß die Verminderung des Gebrauchswertes der Kraftfahrzeuge sich nicht mit den nach einem Protzensatz errechneten Werten deckt. Sie würde, wie die arithmetisch abfallende Abschreibung, einer Gebrauchsfähigkeit, die anfangs schnell, dann langsamer nachläßt, am meisten entsprechen.

Den wirklichen Gebrauchswerten würde wohl eine ungleichmäßige Abschreibung nach Prozentsätzen in verschiedener Höhe oder eine Ermittlung des Gebrauchswertes am Ende eines jeden Jahres und entsprechender Verrechnung des Wertunterschiedes als Aufwand am nächsten kommen. Ein Beispiel einer ungleichmäßigen Abschreibung aus der Praxis ist in der Tabelle 23 gegeben. Es wird hier mit 44, dann mit 60

Tabelle 23. Ungleichmäßige Abschreibung von Automobilen mit wechselnden Prozentsätzen bei einem Anschaffungswert von 700 Doll.

Gebrauchsjahr	Wert zu Beginn des Jahres Dollar	Abschreibungssumme Dollar	Wert am Ende des Jahres[1] Dollar	Prozentsatz der Abschreibung
1	700	300	400	44
2	400	240	160	60
3	160	160	—	100

und schließlich mit 100% abgeschrieben. Auf diese Weise wäre wohl der wirklichen Gebrauchsfähigkeit der Fahrzeuge nahe zu kommen; die unregelmäßigen Tilgungssummen verwickeln aber die rechnerische Feststellung, und die ungleichmäßigen Kostenbeträge wirken störend auf die Stabilität der Preise der Verkehrsleistungen[2].

[1] Wird ein Fahrzeug auch so beansprucht, daß die wirtschaftliche Gebrauchsdauer nach dem dritten Jahre aufhört, so dürfte doch noch ein wenn auch nur geringer Restwert vorhanden sein.

[2] Vielfach wird auch im Hinblick auf den zu erzielenden Erlös für gebrauchte Fahrzeuge abgeschrieben, weshalb in den ersten Gebrauchsjahren weit mehr als in den späteren getilgt werden muß. Hiezu wären die gleichmäßig abfallenden Abschreibungen zweckdienlich. Begründet ist dieses Verfahren in dem auffallend großen Mißverhältnis zwischen Gebrauchswert und Tauschwert der Kraftfahrzeuge. In der Union liegt nämlich in den ersten Gebrauchsjahren der Kraftfahrzeuge der Tauschwert weit unter ihrem Gebrauchswert, was zum Teil auf den mit dem Verkauf gebrauchter Fahrzeuge verbundenen Aufwand, zum Teil auf das mit dem Erwerb gebrauchter Fahrzeuge verbundene Risiko zurückgeführt wird (denn nur ein Sachverständiger vermag die Güte und damit den Wert eines Fahrzeugs festzustellen). Außerdem stehen die Preise der Automobile unter dem Einfluß der Jahr für Jahr wechselnden Mode, die sich, wie bei der

Werden die besprochenen Abschreibungsmethoden überschaut, so ist festzustellen, daß die durch die ungleichmäßig abfallende und manchmal auch die durch die gleichmäßig abfallenden Abschreibungen errechneten Werte der tatsächlichen Gebrauchsfähigkeit der Kraftfahrzeuge mehr entsprechen als die durch die gleichbleibende Abschreibung errechneten. Für die Kalkulation und auch für die Erfolgsrechnung dürfte aber der gleichbleibenden Abschreibung der Vorzug zu geben sein, weil die anderen Abschreibungsmethoden einer Gleichmäßigkeit der Preise des Kraftwagenverkehrs entgegenstehen[1] und eine gewisse Unsicherheit in die Betriebsrechnungen hineintragen, und schließlich läßt sich der jeweilige wirkliche Gebrauchswert rechnungsmäßig immer nur annähernd erfassen.

Die Abschreibung nach Zeit erscheint überall dort angezeigt, wo der jährliche Gebrauch der Kraftfahrzeuge relativ gering ist. Ist hingegen dieBenutzung der Kraftfahrzeuge umfangreich und somit auch ihre Abnutzung, so dürfte eine Abschreibung der Fahrzeuge nach Beanspruchung vorzuziehen sein. Bei diesem Verfahren wird die wirtschaftliche Gebrauchsdauer der Kraftfahrzeuge nicht nach Jahren, sondern in Meilen ausgedrückt und ein Kostensatz für eine Meile durch eine einfache Aufteilung des Anschaffungswertes auf geschätzte Leistungsmengen ermittelt. Der zu tilgende Jahresaufwand wird aus der tatsächlich gefahrenen Meilenzahl und dem errechneten Kostensatz für eine Meile festgestellt. Die Abschreibung nach Beanspruchung hat den Vorzug, daß jedes Betriebsjahr im Verhältnis zu dem Umfange der Betriebsleistungen belastet werden kann. Sie dürfte daher überall dort von Vorteil sein, wo die Benutzung der Fahrzeuge umfangreich ist und erheblich schwankt.

Die Art der Abschreibung läßt auch erkennen, ob es sich bei der Tilgungssumme um konstante oder variable Kosten handelt, und zwar sind es bei der Zeitabschreibung konstante Kosten, weil unbeschadet um den jährlichen Gebrauch ein feststehender Aufwand verrechnet wird; bei der Abschreibung nach Beanspruchung sind es variable Kosten, weil den Betriebsleistungen entsprechend mehr oder weniger vom Anschaffungswerte abgeschrieben wird.

Kleidung, bis auf Farbe, Form und Ausstattung erstreckt. Dadurch kann in der Union für ein Automobil, das nach dem ersten Gebrauchsjahre verkauft wird, im allgemeinen nicht mehr als 40—50% des Anschaffungswertes erzielt werden. Die in Amerika übliche Bewertung gebrauchter Fahrzeuge hat zur Folge, daß sachkundige Käufer mit dem Kauf eines gebrauchten Fahrzeugs häufig einen höheren Wert erwerben, als sie dafür hingeben. Dieser Hinweis möge genügen. Von einer Untersuchung der Wertbildung neuer und gebrauchter Kraftfahrzeuge, die nicht in diesen Rahmen gehört, wird abgesehen.

[1] Einer Omnibusgesellschaft wäre es z. B. nicht möglich, den Fahrgästen im fünften Gebrauchsjahre der Omnibusse einen höheren Fahrpreis als in den vorangegangenen vier Jahren mit der Begründung zu verlangen, daß die Abnutzung hauptsächlich erst im fünften Jahre verursacht worden sei.

An zweiter Stelle der Kapitalkosten sind Aufwendungen für Verzinsung der Kraftfahrzeuge genannt. Die Höhe der Zinskosten ist abhängig von der Höhe des Zinsfußes, dem Anschaffungswerte und der Gebrauchsdauer der Fahrzeuge. Ja, selbst die Abschreibungsmethode beeinflußt die Höhe der Zinsen. So wird bei der geometrisch abfallenden Abschreibung der Buchwert rascher vermindert als bei der gleichbleibenden und arithmetisch abfallenden, woraus sich für jene Abschreibung ein geringerer Zinsaufwand ergibt.

Der Zinsaufwand ist von dem jeweils zu Buch stehenden Werte der Kraftfahrzeuge zu berechnen. Da sich die Werte der Kraftfahrzeuge durch Abschreibung vermindern, gehen auch die Zinsen von Jahr zu Jahr zurück. Gegen Zinskosten von jährlich wechselnder Höhe ist derselbe Einwand wie gegen Tilgungsaufwendungen in unterschiedlicher Höhe gültig, daß sie auf die Preispolitik der Unternehmung störend wirken. Vorzuziehen ist auch hier, den Zinsaufwand auf die Gebrauchsdauer der Fahrzeuge jährlich gleichmäßig zu verteilen.

Der Mittelwert des Zinses errechnet sich aus der Formel $Z = \frac{A \cdot Zf}{2} \cdot \frac{L+1}{L}$[1]. Da der Zinsaufwand von dem jährlichen Verkehrsumfange unabhängig ist, gehört er zu den konstanten Kosten.

Zu den Kapitalkosten zählen noch die Aufwendungen für Verzinsung und Tilgung von Verwaltungsgebäuden, Kraftverkehrsbahnhöfen, Garagen und sonstigen Betriebsanlagen, die in der in Gewerbe- und Verkehrsbetrieben allgemein üblichen Weise zu verzinsen und tilgen sind[2]. Die Aufwendungen für Garagen treten außer als Tilgungs- und Zinskosten bei eigenen, auch als Entgelt für die Unterstellung der Fahrzeuge in fremden Garagen auf. Sie sind für private Automobile relativ hoch und betragen im allgemeinen 15—20% der gesamten Betriebskosten[3]. Trotz ihrer unverkennbaren Höhe werden gerade sie von den Fahrzeughaltern nicht gebührend beachtet. Durch die wachsende Zahl der Kraftfahrzeuge und die zunehmende Kongestion der Fahrbahnen nimmt die Bedeutung der Garagen mehr und mehr zu. Die Aufwendungen für Garagen sind unschwer als konstante Kosten zu erkennen.

---

[1] A = Anschaffungswert des Kraftfahrzeugs. Zf = Zinsfuß. L = Lebensalter des Kraftfahrzeugs. Bei einem Anschaffungswerte von 8100 Dollar, einem Zinsfuß von 6% und einem wirtschaftlichen Lebensalter des Fahrzeugs von 5 Jahren lautet die Formel $\frac{8100 \cdot 0{,}06}{2} \cdot \frac{5+1}{5}$, was einen jährlichen durchschnittlichen Zinsaufwand von 291,60 Dollar ergibt.

[2] Diese Aufwendungen, mit Ausnahme der für Garagen, werden in dieser Arbeit unter den Verwaltungskosten verrechnet, weil sie in den einzelnen Betrieben noch zu verschieden hoch sind.

[3] Auf dem Lande, wo Fahrzeuge noch beliebig vor den Häusern aufgestellt werden können, sind die Aufwendungen für Garagen, sofern überhaupt erwachsen, gering.

Von der zweiten Kostengruppe, den Verwaltungskosten, sind insbesondere die Personalkosten von Interesse, unter denen die Aufwendungen für das Fahrpersonal hervortreten. Während Personalkosten im allgemeinen konstant sind, fragt es sich, zu welcher Kostenart die Aufwendungen für Fahrpersonal gehören. Als Kennzeichen dient, wie bei der Abschreibung der Fahrzeuge, die Verkehrsstärke. Ist der Verkehrsumfang der Fahrzeuge so groß, daß die Fahrzeugführer ausschließlich im Betriebsdienst verwendet werden, so dürften ihre Löhne zu den variablen Kosten zu rechnen sein, weil ihre Höhe von dem Umfange der Betriebsleistungen abhängt. Werden die Fahrzeugführer infolge geringen Verkehrs teilweise im Betriebsdienst, teilweise in der Garage oder sonstwie beschäftigt, dann dürften die Fahrerlöhne als konstante Kosten einzusetzen sein. Der Verkehrsumfang, der hier die Grenze zieht, ist von der Eigenart des einzelnen Betriebes abhängig und läßt sich allgemein nicht bestimmen. Fahrerlöhne werden als variable Kosten vorteilhaft der Gruppe der eigentlichen Betriebskosten zugezählt. Die übrigen Personalkosten, wie die Gehälter für Direktoren, für kaufmännische und technische Angestellte und Arbeiter sind konstant.

An nächster Stelle der Verwaltungskosten stehen die Ausgaben für Versicherungen. In Kraftverkehrsunternehmungen bestehen außer der allgemeinen Betriebsversicherung für Fahrzeuge vier Sonderversicherungen:

a) Gegen Diebstahl und Feuer,
b) gegen Beschädigung der Wagen (Collision),
c) gegen Sachschaden (Property Damage),
d) gegen Personenschäden (Public Liability).

Bei Automobilen ist die Diebstahlsgefahr groß; bei Omnibussen und Lastkraftwagen ist es umgekehrt; die Diebstahlsgefahr ist hier gering, die Feuersgefahr hingegen groß.

Die Versicherung gegen Beschädigung des Wagens soll den Versicherten gegen einen dem eigenen Fahrzeug zustoßenden Schaden schützen. Sie wird gewöhnlich in drei verschiedenen Formen abgeschlossen:

1. Volle Deckung — die Versicherungsgesellschaft übernimmt jeden Schaden.

2. Deckung über 50 Dollar — der Versicherte erhält nur den 50 Dollar überschreitenden Teil des Schadens.

3. Deckung über 100 Dollar — dem Versicherten wird der Schaden über 100 Dollar ersetzt.

Die Prämien für Versicherungen gegen Schäden von mehr als 50 und 100 Dollar sind erheblich niedriger als die für volle Deckung, weil bei der Mehrzahl der Unfälle der Schaden unter 100 Dollar bleibt.

Die Versicherung gegen Sachschaden deckt den Schaden, den das Fahrzeug des Versicherungsnehmers Fahrzeugen und sonstigen Sachen Dritter zufügt.

Die Versicherung gegen Personenschäden bezieht sich auf Verletzungen und Tötungen Dritter durch Fahrzeuge des Versicherten[1].

Die Höhe der Prämien hängt von den verschienartigsten Voraussetzungen ab: wie von der Höhe der Deckung des Risikos, der Größe des Fahrzeuges, der Verkehrsdichte in dem Geschäftsbereich des Versicherten, der Art des Betriebes des Versicherungsnehmers[2].

Die Kosten der Versicherung sind von der Verkehrsstärke nicht abhängig und deshalb konstante Kosten.

Bei dem nächsten Aufwand, den Abgaben an die Steuerverwaltung, die eingehend in Abschnitt VI behandelt werden, sei hier nur festgestellt, welcher Art von Kosten sie zugehören. Die Abgaben werden für jedes Fahrzeug ohne Unterschied auf den Umfang der Betriebsleistungen erhoben und sind daher konstante Kosten. Eine Ausnahme macht die Gasolinsteuer, die in den Verkaufspreis des Gasolins eingerechnet wird und daher als Aufwand unter dem Gasolinverbrauch erscheint. Eine Ausscheidung der Gasolinsteuer für die Betriebskostenrechnung kann unterbleiben. Die Steuer ist, wie der Aufwand für Gasolin, variabel, weil ihre Höhe von dem Gasolinverbrauch und dieser von den Betriebsleistungen abhängt. Eine eingehende Erörterung der Gasolinsteuer enthält, wie erwähnt, der Abschnitt VI.

Zu den Verwaltungskosten gehören noch die Aufwendungen für Reklame, Beleuchtung, Heizung, Schreibmaterialien, Fernsprech- und Portogebühren und verschiedene andere. Sie sind ihrer Natur nach konstante Kosten.

Unter der dritten Gruppe, den eigentlichen Betriebskosten, ist der wichtigste Aufwand der Gasolinverbrauch. Er ist regelmäßig und der

---

[1] Über Versicherungen siehe auch Abschnitt IV, Kapitel 4.

[2] Aus folgendem gekürzt wiedergegebenen Bericht einer Versicherungsgesellschaft geht der Einfluß der Qualität der Fahrer und Omnibusse und die Unterhaltung der Fahrzeuge auf die Höhe der Prämien hervor. Die Omnibusgesellschaft hat in diesem Falle 35% Ermäßigung der Prämien erhalten. Der Bericht lautet: Die Fahrzeuge der Versicherten sind neuester Art und werden vorzüglich unterhalten. Kehrt ein Omnibus von einer Fahrt zurück, so wird er sofort von einem Sachverständigen eingehend untersucht und innen und außen gründlich gereinigt. Die Fahrzeugführer machen den besten Eindruck. Es sind zuverlässige, intelligente Leute von über durchschnittlicher Begabung. Die Versicherte verwendet zwei Beamte, ausschließlich zur Unterrichtung der Führer, und zwei Inspektoren, die Omnibusse und Führer täglich beim Betrieb unauffällig beobachten. Sie kennt deshalb jeden Führer genau. Überschreitet ein Führer die gesetzlich zulässige Geschwindigkeit, wird er sofort entlassen. In der Zusammenarbeit zwischen Unternehmer und Angestellten herrscht größte Harmonie; die Losung ist: „Stets höflich sein.“ Siehe Interstate Commerce Commission Hearing 18300. S. 356.

typische Aufwand des Kraftwagenverkehrs. Der Automobilist betrachtet ihn meist als die einzige tatsächliche Ausgabe, wenn er an die Kosten des Automobilfahrens denkt. So ist es nicht selten, daß Automobilisten Reisende zur Mitfahrt suchen und von ihnen als Entgelt einen der Besetzung des Fahrzeuges entsprechenden Teil der Gasolinkosten verlangen.

Der Gasolinverbrauch steht in einem unmittelbaren Abhängigkeitsverhältnis zu der Menge der Betriebsleistungen, der Größe des Fahrzeuges, der Beschaffenheit der Straßen und der Dichte des Verkehrs. Aber noch weitere Einflüsse bestehen, wie Fahrgeschwindigkeit, Unterhaltung der Fahrzeuge, Temperatur der Luft. Je größer die Zahl der Betriebsleistungen, das Gewicht des Fahrzeuges und die Dichte des Verkehrs, desto höher ist der Gasolinverzehr; je besser die Straßenoberfläche und je geringer ihre Steigung, desto weniger wird verbraucht. Mangelhaft unterhaltene Fahrzeuge, hohe Geschwindigkeiten und hohe

Tabelle 24. Gasolinverbrauch für Omnibusse und Lastkraftwagen der International Motor Company bei verschiedener Straßenbeschaffenheit und Verkehrsdichte. Ungefähre Zahl der Meilen, die mit einer Gallone Gasolin gefahren werden kann.

Straßenbedingungen			Lastkraftwagen							Omnibusse	
Straßen-beschaffenheit		Verkehrsdichte	Modell AB Chain Tragfähigkeit in to.		Modell AB Dual Red Tragfähigkeit in to.		Modell AB Chain Drive Tragfähigkeit in to.			Modell AB Mechan.	Modell AL Mechan.
			$1^1/_2$	2-$2^1/_2$	$1^1/_2$	2-$2^1/_2$	$3^1/_2$	5	$6^1/_2$-$7^1/_2$		
Hart und glatt	flach	gering	$7^3/_4$	7	$7^1/_2$	$6^3/_4$	$5^1/_2$	$4^1/_2$	$4^1/_4$	$8^1/_4$	$6^3/_4$
		durchschnittlich	$6^1/_2$	$5^3/_4$	$6^1/_4$	$5^3/_4$	5	4	$3^3/_4$	$6^3/_4$	$6^1/_4$
		stark	$5^1/_4$	$4^1/_2$	5	$4^3/_4$	$4^1/_2$	$3^1/_2$	$3^1/_4$	$5^1/_4$	$5^3/_4$
	hügelig	gering	7	$6^1/_4$	$6^3/_4$	6	$4^3/_4$	4	$3^3/_4$	$7^1/_2$	6
		durchschnittlich	$5^3/_4$	$5^1/_4$	$5^3/_4$	$5^1/_4$	4	$3^1/_2$	$3^1/_4$	$6^1/_4$	$5^1/_2$
		stark	$4^1/_2$	$4^1/_4$	$4^3/_4$	$4^1/_2$	$3^1/_4$	3	$2^3/_4$	5	5
Mittelhart oder rauh	flach	gering	$6^3/_4$	$5^3/_4$	$6^1/_4$	$5^1/_2$	$4^1/_2$	$3^1/_2$	$3^1/_4$	7	$5^1/_2$
		durchschnittlich	6	5	$5^1/_2$	5	4	$3^1/_4$	3	$6^1/_4$	$4^3/_4$
		stark	$5^1/_4$	$4^1/_4$	$4^3/_4$	$4^1/_2$	$3^1/_2$	3	$2^3/_4$	$5^1/_2$	$4^1/_4$
	hügelig	gering	6	$5^1/_2$	$5^3/_4$	5	$3^3/_4$	3	$2^3/_4$	$6^1/_2$	$4^3/_4$
		durchschnittlich	$5^1/_4$	$4^3/_4$	5	$4^1/_2$	$3^1/_2$	$2^3/_4$	$2^1/_2$	$5^1/_2$	$4^1/_2$
		stark	$4^1/_2$	4	$4^1/_4$	4	$3^1/_4$	$2^1/_2$	$2^1/_4$	$4^1/_2$	4
Weich	flach	gering	$5^3/_4$	5	$5^1/_2$	5	$3^1/_2$	$2^3/_4$	$2^1/_2$	$6^1/_4$	$4^1/_4$
		durchschnittlich	$5^1/_4$	$4^1/_2$	5	$4^1/_2$	$3^1/_4$	$2^1/_2$	$2^1/_4$	$5^3/_4$	4
		stark	$4^3/_4$	4	$4^1/_2$	4	3	$2^1/_4$	2	$5^1/_4$	$3^3/_4$
	hügelig	gering	$5^1/_4$	$4^1/_4$	5	$4^1/_4$	3	$2^1/_4$	2	$5^1/_2$	4
		durchschnittlich	$4^3/_4$	4	$4^1/_2$	4	$2^3/_4$	2	$1^3/_4$	5	$3^3/_4$
		stark	$4^1/_4$	$3^3/_4$	4	$3^3/_4$	$2^1/_2$	$1^3/_4$	$1^1/_2$	$4^1/_2$	$3^1/_2$

Außentemperaturen erhöhen den Gasolinverbrauch. Inwieweit die Straßenoberfläche, Steigung der Fahrbahn und Verkehrsdichte auf den Gasolinverbrauch der schweren, von der International Motor Company gebauten Fahrzeuge einwirken, kann aus den in der Tabelle 24 wiedergegebenen Feststellungen dieser Gesellschaft entnommen werden. Der Gasolinverzehr schwankt — wie die Tabelle zeigt — unter den verschiedenen Einflüssen außerordentlich. Ein Lastkraftwagen mit fünf Tonnen Tragfähigkeit kann bei günstigsten Verhältnissen, wie harter und glatter Fahrbahn, flachem Gelände und geringer Verkehrsdichte mit einer Gallone Gasolin $4^1/_2$ Meilen weit fahren, bei ungünstigsten Verhältnissen, wie weicher Straßenoberfläche, hügeligem Gelände und starker Verkehrsdichte nur $1^3/_4$ Meilen weit. Für einen Omnibus Modell A B sind unter denselben Voraussetzungen die entsprechenden Grenzwerte $8^1/_4$ und $4^1/_2$ Meilen. Die nebenstehende Aufstellung enthält die Ergebnisse einer anderen Untersuchung — durch den Sachverständigen Percival White — mit den Werten für verschiedene Lastkraftwagengrößen und für durchschnittliche Straßenverhältnisse[1]. Diese Zahlen zeigen, selbst wenn die von dieser Gesellschaft unter günstigsten Voraussetzungen ermittelten Werte herangezogen werden, einen weit geringeren Gasolinverbrauch als die der International Motor Company. Mehrere Untersuchungen lassen auf die folgenden, in der Arbeit verwendeten Mittelwerte des Verbrauchs einer Gallone Gasolin schließen:

Tragfähigkeit des Lastkraftwagens. Tonnen	Meilen auf 1 Gallone Gasolin
$^1/_2$	13—15
1	11—13
$1^1/_2$	9—12
2	8—11
3	6—8
$3^1/_2$	5—6
5	4—5

für ein Vierzylinder-Automobil (650-Dollar-Wagen) 18 Meilen,
für ein Sechszylinder-Automobil (1200-Dollar-Wagen) 15 Meilen,
für ein Achtzylinder-Automobil (2000-Dollar-Wagen) 13 Meilen,
für einen großen Omnibus (29 Sitzplätze) 7 Meilen,
für einen Lastkraftwagen mit 2,5 Tonnen Tragfähigkeit ebenfalls 7 Meilen.

Öl und Fett sind ein relativ geringer, für die Leistungsfähigkeit der Fahrzeuge aber sehr wichtiger Aufwand. Der Verbrauch ist wie bei Gasolin im wesentlichen von der Menge der Betriebsleistungen, der Größe der Fahrzeuge, der Beschaffenheit der Straße und der Dichte des Verkehrs abhängig. Bei einem Omnibus oder Lastkraftwagen von mittlerer Größe reicht eine Gallone Öl für eine Fahrt von etwa 200 Meilen. Bei

[1] White, P.: Motor Transportation of Merchandise and Passengers. S. 388.

Automobilen erreicht der Öl- und Fettverbrauch etwa $^1/_5$—$^1/_4$ des Aufwandes an Gasolin.

Als nächster Aufwand ist der für Bereifung der Kraftfahrzeuge zu besprechen. Im allgemeinen sind drei Arten von Reifen im Gebrauch: die Luft-, Elastik- und Vollgummireifen. Für Automobile werden ausschließlich, für Omnibusse überwiegend Luftreifen verwendet. Bei Lastkraftwagen hingegen sind alle drei Arten der Bereifung (die Luft-, Elastik- und Vollgummireifen) zu finden. Die Art der Bereifung ist für Lastkraftwagen von großer wirtschaftlicher Bedeutung. Im allgemeinen werden in der Union Lastkraftwagen mit einer Tragfähigkeit bis zu $1^1/_2$ Tonnen mit Luftreifen, bis zu $3^1/_2$ Tonnen mit Elastikreifen und mit $2^1/_2$ und mehr Tonnen mit Vollgummireifen ausgerüstet. Leichte Wagen tragen also vorwiegend Luftreifen, schwere Vollgummireifen und Wagen mit mittlerer Tragfähigkeit Elastikreifen. Luftreifen sind vorteilhaft bei glatten und weichen Fahrbahnen, weiten Entfernungen, hohen Geschwindigkeiten, geringen Lasten und leicht zerbrechlichen und verderblichen Gütern; Vollgummireifen bei rauher, harter Straßenoberfläche, kurzen Entfernungen mit großer Verkehrsdichte und schweren Lasten. Elastikreifen stehen in der Mitte zwischen Luft- und Vollgummireifen.

Die Abnutzung der Bereifung und der damit verbundene Aufwand hängt vor allem von der Größe und Belastung der Fahrzeuge, der Beschaffenheit der Straßen, der Dichte des Verkehrs, der Geschicklichkeit des Fahrers und den klimatischen Verhältnissen ab. Der Reifenverbrauch wächst mit dem Gewicht der Fahrzeuge. Glatte, weiche Fahrbahnen beanspruchen die Reifen weniger wie rauhe, harte. Geringe Verkehrsdichten rufen einen kleineren Verschleiß der Reifen hervor als große. Bei hohen Außentemperaturen tritt eine größere Abnutzung der Reifen ein als bei niederen[1]. Hohe Fahrgeschwindigkeiten wirken wie hohe Temperaturen, weil bei schnellem Fahren die Reifen wärmer und dadurch weicher werden und sich in diesem Zustand rascher abnützen. Schließlich vermag noch die Behandlung der Reifen und die Sorgfalt des Fahrers die Lebensdauer der Bereifung zu beeinflussen. Sofortige Ausbesserung von Schäden verlängert ihre Gebrauchsdauer, die andererseits häufiges Anwenden der Bremsen verkürzt. Der Umfang der Einwirkung der Straßenoberfläche, der Dichte des Verkehrs und der Sorgfalt der Behandlung auf die Gebrauchsdauer der Reifen ist aus den von der International Motor Company genannten und in der Tabelle 25 wiedergegebenen Werten zu entnehmen. Luftreifen hätten demnach bei jeder Sachlage allge-

[1] Highway Research Board 1926, S. 45ff. Die Ergebnisse der Untersuchungen über den Einfluß der Temperatur auf den Reifenverbrauch stimmen noch nicht völlig überein, jedoch kann ihnen entnommen werden, daß zunehmende Wärme die Abnutzung der Reifen steigert.

mein eine kürzere Gebrauchsdauer als Vollgummi- und Elastikreifen. Elastikreifen wären bei glatter Fahrbahn den Vollgummireifen gleichwertig, bei rauher Fahrbahn aber rascher verbraucht. Dennoch werden Vollgummireifen mehr und mehr durch Elastik- und Luftreifen ersetzt, da diese infolge stärkerer Federung die Stöße mehr als Vollgummireifen vom Motor fernhalten und so auf eine längere Gebrauchsdauer des Fahrzeuges hinarbeiten. Außerdem nützen Elastik- und Luftreifen die Straßen weniger ab als Vollgummireifen.

Tabelle 25. Voraussichtliche Gebrauchsdauer verschiedener Reifenarten in Meilen.

Fahrbahn	Verkehrsstärke	Behandlung	Art der Reifen		
			Vollgummi	Elastik	Luft
glatt	schwach	gut	25000	25000	20000
		schlecht	20000	20000	17000
	stark	gut	20000	20000	17000
		schlecht	17000	17000	15000
rauh	schwach	gut	17000	15000	12000
		schlecht	15000	12000	10000
	stark	gut	12000	10000	8000
		schlecht	10000	8000	8000

Als Mittelwerte der Gebrauchsdauer werden für die den Berechnungen im nächsten Kapitel zugrundegelegten Fahrzeuge folgende Werte angenommen: für die Luftreifen der drei Automobile 12000 Meilen, für die Luftreifen des Omnibusses mit 29 Sitzplätzen 18000 Meilen und für die Elastikreifen am Lastkraftwagen mit 2,5 Tonnen Tragfähigkeit 10000 Meilen.

Reifenverschleiß, Gasolin-, Öl- und Fettverbrauch wachsen mit der Menge der Betriebsleistungen und sind typisch variable Kosten.

Zu den eigentlichen Betriebskosten treten dann noch, wie schon früher erwähnt, bei solchen Gesellschaften, die ihre Führer dauernd im Betriebsdienst beschäftigen, die Aufwendungen für Führerlöhne.

Unter der vierten Gruppe der Betriebskosten der Kraftfahrzeuge — den Unterhaltungskosten der Fahrzeuge und Betriebsanlagen — ragen die Aufwendungen für Unterhaltung der Fahrzeuge hervor. Ihre Höhe ist nach dem Umfange des Gebrauches der Fahrzeuge, nach der Sorgfalt und Regelmäßigkeit der Unterhaltung verschieden. Umfangreicher Gebrauch der Fahrzeuge erhöht diese Aufwendungen; sorgfältige, regelmäßige Unterhaltung der Fahrzeuge verringert sie.

Die Unterhaltungskosten der Kraftfahrzeuge — Aufwendungen für Reparatur, Reinigung und Prüfung — sind degressiver und progressiver

Art. Die Reparaturkosten wachsen meist progressiv mit der Zunahme der Betriebsleistungen, besonders nach den ersten Gebrauchsjahren der Fahrzeuge. Die Dartnell Corporation in Chikago stellte fest, daß die Reparaturkosten von Automobilen, sobald sie mehr als 20000 Meilen gefahren werden, stark anwachsen[1]. Auch die Kosten der Reinigung und Prüfung nehmen mit umfangreicherer Verwendung der Fahrzeuge zu, allerdings nicht so wie der Reparaturaufwand. Sie dürften degressiver Art sein. Für die Unterhaltungskosten der Fahrzeuge wären aus den früher erwähnten Gründen Mittelwerte zu errechnen. Sie zählen dann auch zu den variablen Kosten. Anders ist es mit den Unterhaltungskosten der Betriebsanlagen der Kraftverkehrsbetriebe, die von der Verkehrsstärke bis zu einem großen Grade unabhängig und daher den konstanten Aufwendungen zuzuweisen sind.

Zum Schlusse sei zusammengefaßt, welche Kosten des Betriebes der Kraftfahrzeuge als konstant und welche als variabel bezeichnet worden sind. Es wurden zugewiesen:

a) Den konstanten Kosten:
die Verzinsung der Fahrzeuge und Betriebsanlagen, die Aufwendungen für Garage, die allgemeinen Verwaltungs- und Geschäftsunkosten, die Versicherungsprämien, die Abgaben an die Steuerverwaltung und die Unterhaltung der Betriebsanlagen.

b) Den variablen Kosten:
die Aufwendungen für Gasolin, Öl und Fett, Bereifung und Schläuche und die Unterhaltung der Fahrzeuge.

Die Entlohnung der Führer und die Abschreibung der Fahrzeuge wurden je nach dem Gebrauchsumfang als konstant oder variabel bezeichnet.

2. Die Höhe der Betriebskosten.

Nachdem die Kosten des Betriebes von Kraftfahrzeugen im vorhergehenden Kapitel einzeln erörtert worden sind, sollen sie nun in Betriebskostenrechnungen dargestellt werden, um den gesamten Aufwand für eine und mehrere Leistungseinheiten der Kraftfahrzeuge zu erkennen. Lücken lassen sich dabei nicht vermeiden[2]. Es soll jedoch versucht werden, die Kostenwerte so zu bestimmen, daß sie möglichst einwandfreie Maßstäbe bilden. Gleichzeitig soll eine Methode der Ermittlung

---

[1] Special Report — Sales Method Investigation No 204.

[2] Die Schwierigkeiten der Aufstellung von Betriebskostenrechnungen liegen besonders in der ungenügenden Auskunft der Praxis über Kosten. Es ist erstaunlich, wie wenige Betriebe genaue Kostenaufschriebe haben, obwohl ihre Erfassung ohne besonderen Aufwand möglich wäre. Dies läßt sich damit erklären, daß viele Kraftverkehrsbetriebe noch in den Kinderschuhen stecken und ihre Leiter sich erst in die Betriebe und ihre kaufmännischen Grundlagen einleben müssen.

der Kosten aufgezeigt werden. Als Kosten sollen Mittelwerte gesucht werden, die auf durchschnittlichen Anforderungen aufgebaut sind. Hierunter ist zu verstehen: Ein in seiner Klasse durchschnittlich leistungsfähiges Kraftfahrzeug, ein Fahrer von genügender Geschicklichkeit, geordnete Unterhaltung des Fahrzeuges, Fahrbahnen mittlerer Beschaffenheit und — bei Kraftverkehrsgesellschaften — befriedigende Verwaltung. Der Einfluß des Verkehrsumfanges wird besonders beachtet. Die im vorhergehenden Kapitel dargelegten Gesichtspunkte sollen für

Tabelle 26. Betriebskostenrechnung eines Automobils ohne Gummibereifung im Anschaffungswert von 650 Dollar[1].

A. Konstante Betriebskosten	Für 1 Jahr Dollar	Für 1 Fahrzeugmeile bei 6000 Meilen jährlich Cents	% der Gesamtkosten
1. Tilgung des Wagens bei 4 Jahren wirtschaftlicher Gebrauchsdauer u. einem Restwert von 150 Doll. . .	125,00	2,083	24,5
2. Verzinsung des Wagens bei 6% auf 4 Jahre	24,38	0,406	4,8
3. Garage	100,00	1,666	19,6
4. Versicherungen	65,00	1,083	12,7
5. Abgaben an die Steuerverwaltung[2] (ohne Gasolinsteuer)	18,00	0,300	3,6
Zusammen:	332,38	5,538	65,2

B. Variable Betriebskosten	Für 1 Jahr bei 6000 Meilen jährlich Dollar	Für 1 Fahrzeugmeile Cents	% der Gesamtkosten
1. Gasolin bei einem Preise von 21 Cents für 1 Gallone und einem Verbrauch von 1 Gallone auf 18 Meilen (Gasolinsteuer ist hier inbegriffen und beträgt etwa 15% des Gasolinaufwandes)[2]	69,96	1,166	13,7
2. Öl und Fett	15,00	0,250	3,0
3. Bereifung u. Schläuche — 65 Doll. — bei 12000 Meilen Gebrauchsdauer	32,46	0,541	6,3
4. Unterhaltungskosten	60,00	1,000	11,8
Zusammen:	177,42	2,957	34,8
Gesamte Betriebskosten:	509,80	8,50	100,0

[1] Die Betriebskostenrechnungen dieses Abschnitts hat Verfasser nach Untersuchungen der Praxis aufgestellt.

[2] Siehe Abschnitt VI, Kapitel 2.

die Betriebskostenrechnungen maßgebend sein. Die bei den einzelnen Kosten verwendeten Zahlenwerte stützen sich auf tatsächliche Ergebnisse der Praxis.

Die erste hier dargestellte Kostenrechnung (Tabelle 26) soll den Aufwand für den Betrieb eines Automobils mit einem Anschaffungswert

Tabelle 27. Betriebskostenrechnung für ein Automobil mit einem Anschaffungswert — ohne Gummibereifung — von 1200 Dollar.

A. Konstante Betriebskosten	Für 1 Jahr Dollar	Für 1 Fahrzeugmeile bei 6000 Meilen jährlich Cents	% der Gesamtkosten
1. Tilgung des Wagens bei 4 Jahren wirtschaftlicher Gebrauchsdauer u. einem Restwert von 200 Doll. . .	250,00	4,166	33,2
2. Verzinsung des Wagens bei 6% auf 4 Jahre	45,00	0,750	5,9
3. Garage	120,00	2,000	15,9
4. Versicherungen	100,00	1,666	13,3
5. Abgaben an die Steuerverwaltung[1] (Gasolinsteuer nicht inbegriffen) .	20,00	0,333	2,6
Zusammen:	535,00	8,915	70,9

B. Variable Betriebskosten	Für 1 Jahr bei 6000 Meilen jährlich Dollar	Für 1 Fahrzeugmeile Cents	% der Gesamtkosten
1. Gasolin bei einem Preise von 21 Cents für 1 Gallone und einem Verbrauch von 1 Gallone auf 15 Meilen (Gasolinsteuer ist hier inbegriffen und beträgt etwa 15% des Gasolinaufwandes)[1]	84,00	1,40	11,1
2. Öl und Fett	18,00	0,30	2,4
3. Bereifung u. Schläuche — 90 Doll. — bei 12000 Meilen Gebrauchsdauer	45,00	0,75	6,0
4. Unterhaltungskosten	72,00	1,20	9,6
Zusammen:	219,00	3,65	29,1
Gesamte Betriebskosten:	754,00	12,565	100,0

ohne Bereifung von 650 Dollar aufzeigen. Der Rechnung ist zu entnehmen, daß bei einer durchschnittlichen Jahresleistung von 6000 Meilen die Tilgung des Wagens der größte Aufwand ist und 24,5% oder rund $^1/_4$ der gesamten Betriebskosten beträgt. Es folgen dann die Aufwendungen für Garage mit 19,6%, für Gasolin mit 13,7%, für Versiche-

[1] Siehe Abschnitt VI, Kapitel 2.

rungen mit 12,7%, für Unterhaltung mit 11,8%, für Bereifung und Schläuche mit 6,3%, für Verzinsung mit 4,8%, für Abgaben an die Steuerverwaltung mit 3,6% und für Öl und Fett mit 3%.

Die konstanten Kosten, deren wichtigster Posten wiederum der Aufwand für die Tilgung des Wagens ist, sind mit 65,2%, die variablen

Tabelle 28. Betriebskostenrechnung für ein Automobil mit einem Anschaffungswert — ohne Gummibereifung — von 2000 Dollar.

A. Konstante Betriebskosten	Für 1 Jahr Dollar	Für 1 Fahrzeugmeile bei 6000 Meilen jährlich Cents	% der Gesamtkosten
1. Tilgung des Wagens bei 7 Jahren wirtschaftlicher Gebrauchsdauer u. einem Restwert von 100 Doll. . .	271,43	4,524	29,1
2. Verzinsung des Wagens bei 6% auf 7 Jahre	68,58	1,143	7,3
3. Garage	160,00	2,666	17,1
4. Versicherungen	140,00	2,333	15,0
5. Abgaben an die Steuerverwaltung[1] (Gasolinsteuer nicht inbegriffen) .	26,00	0,433	2,7
Zusammen:	666,01	11,099	71,2

B. Variable Betriebskosten	Für 1 Jahr bei 6000 Meilen jährlich Dollar	Für 1 Fahrzeugmeile Cents	% der Gesamtkosten
1. Gasolin bei einem Preise von 21 Cents für 1 Gallone und einem Verbrauch von 1 Gallone auf 13 Meilen (Gasolinsteuer ist hier inbegriffen und beträgt etwa 15% des Gasolinaufwandes)[1]	96,90	1,615	10,4
2. Öl und Fett	21,00	0,350	2,2
3. Bereifung u. Schläuche — 110 Doll. — bei 12000 Meilen Gebrauchsdauer	54,96	0,916	5,9
4. Unterhaltungskosten	96,00	1,600	10,3
Zusammen:	268,86	4,481	28,8
Gesamte Betriebskosten:	934,87	15,58	100,0

Kosten, deren Hauptteil der Aufwand für Gasolin ist, mit 34,8% an den Gesamtkosten beteiligt. Bei einer Jahresleistung von 6000 Fahrzeugmeilen betragen also für ein 650-Dollar-Automobil die konstanten Kosten rund $^2/_3$, die variablen $^1/_3$ des Gesamtaufwandes.

Die Betriebskosten für Automobile von 1200 und 2000 Dollar — ohne Bereifung — sind in den Tabellen 27 und 28 zusammengestellt. Sie

[1] Siehe Abschnitt VI, Kapitel 2.

unterscheiden sich in ihrer prozentualen Verteilung nicht wesentlich von dem 650-Dollar-Wagen (siehe Tabelle 29 und Abb. 8). Auch hier nehmen der Tilgungsaufwand unter den konstanten wie Gesamtkosten und der Gasolinaufwand unter den variablen Kosten die erste Stelle ein. Einige andere Aufwendungen haben jedoch eine andere Reihenfolge. So steht beim 1200-Dollar-Wagen der Aufwand für Versicherungen an dritter Stelle und der für Gasolin an vierter, während es beim 650-Dollar-Wagen umgekehrt ist. Bemerkenswert ist, daß die konstanten Kosten der 1200- und 2000-Dollar-Wagen mit noch größeren Bruchteilen, nämlich 70,9 und 71,2%, an den Gesamtkosten teilnehmen. Die konstanten Kosten sind also bei den teueren Fahrzeugen verhältnismäßig größer als bei den billigen.

Tabelle 29. Prozentuale Verteilung der Betriebskosten für Automobile mit Anschaffungswerten — ohne Gummibereifung — von 650 Doll., 1200 Dollar und 2000 Dollar.

	Automobil mit einem Anschaffungswert von 650 Dollar		1200 Dollar		2000 Dollar		Arithmetische Mittel	
	%	%	%	%	%	%	%	%
I. Kapitalkosten:								
1. Tilgung der Wagen .	24,5		33,2		29,1		28,9	
2. Verzinsung der Wagen	4,8		5,9		7,3		6,0	
3. Garage	19,6	48,9	15,9	55,0	17,1	53,5	17,5	52,4
II. Verwaltungskosten:								
1. Versicherungen . . .	12,7		13,3		15,0		13,6	
2. Abgaben an die Steuerverwaltung	3,6	16,3	2,6	15,9	2,7	17,7	3,0	16,6
III. Eigentliche Betriebskosten								
1. Gasolin	13,7		11,1		10,4		11,8	
2. Öl und Fett	3,0		2,4		2,2		2,5	
3. Bereifung u. Schläuche	6,3	23,0	6,0	19,5	5,9	18,5	6,1	20,4
IV. Unterhaltungskosten: Reinigung, Prüfung und Reparatur der Wagen .	11,8	11,8	9,6	9,6	10,3	10,3	10,6	10,6
	100,0	100,0	100,0	100,0	100,0	100,0	100,0	100,0

Werden die einzelnen Kosten in Gruppen zusammengefaßt (siehe Tabelle 29 und Abb. 8), so stehen bei den drei besprochenen Wagen immer die Kapitalkosten an erster, die eigentlichen Betriebskosten an zweiter, die Verwaltungskosten an dritter und die Unterhaltungskosten an vierter Stelle. Die arithmetischen Mittel der vier Gruppen ergeben als Anteil an den Gesamtkosten bei den Kapitalkosten 52,4%, den eigentlichen Betriebskosten 20,4%, den Verwaltungskosten 16,6% und den Unterhaltungskosten 10,6%. Die Kapitalkosten beanspruchen also mehr als die Hälfte und die eigentlichen Betriebskosten etwa $^1/_5$ aller Betriebskosten.

Werden die jährlichen gesamten Betriebskosten der drei Fahrzeuge einander gegenübergestellt, also 509,80 Dollar bei dem 650-, 754 bei dem 1200- und 934,87 Dollar bei dem 2000-Dollar-Wagen, so ist ein Kostenverhältnis von etwa 100 : 150 : 180 zu beobachten. Während die Anschaffungswerte der drei Fahrzeuge in dem Verhältnis von etwa 100 : 200 : 300 stehen, also um 100 und 200% zunehmen, tritt bei den teueren Wagen

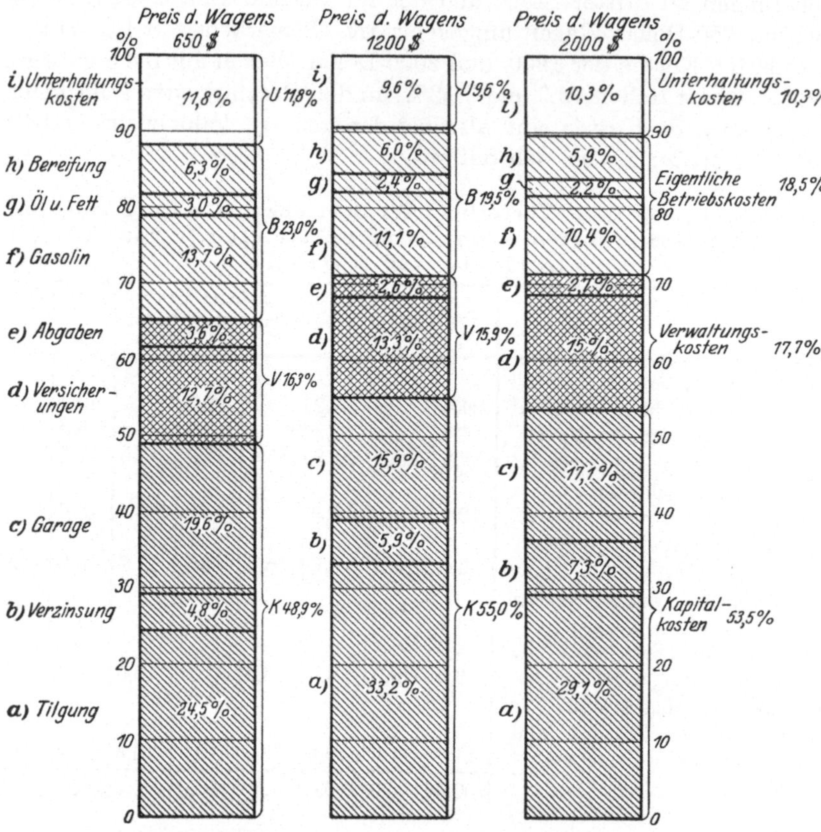

Abb. 8. Prozentuale Verteilung der Betriebskosten für Automobile mit den Anschaffungswerten — ohne Gummibereifung — 650, 1200 und 2000 Dollar.

nur eine Betriebskostensteigerung von 50 und 80% ein. Der Anschaffungswert eines teueren Automobils ist also, verglichen mit billigen Fahrzeugen, relativ höher als sein Betriebsaufwand oder mit anderen Worten: teuere Fahrzeuge zu unterhalten und zu fahren beanspruchen im Verhältnis zum Anschaffungswert und zur Leistungsfähigkeit geringere Aufwendungen als billigere Fahrzeuge. Die Aufwendungen für eine Fahrzeugmeile der drei Automobile sind — bei einer jährlichen Betriebsleistung von 6000 Fahrzeugmeilen — 8,5, 12,56 und 15,58 Cents. Eine

Meile Fahrt eines 1200- und 2000-Dollar-Wagens kostet rund also 3 und 7 Cents mehr als die eines 650-Dollar-Wagens.

Nun soll noch der Einfluß wechselnder Mengen jährlicher Betriebsleistungen auf die Höhe der konstanten und gesamten Betriebskosten für eine Fahrzeugmeile an den drei Automobilen gezeigt werden. Die Tabelle 30 läßt zunächst den großen Einfluß der Menge der jährlichen Betriebsleistungen auf die Höhe der von der Verkehrsstärke unabhängi-

Tabelle 30.

Betriebskosten für eine Fahrzeugmeile bei einer wechselnden Zahl jährlicher Betriebsleistungen für Automobile mit Anschaffungswerten — ohne Gummibereifung — von 650 Dollar, 1200 Dollar und 2000 Dollar.

Jährliche Betriebsleistung	Preis des Wagens 650 Dollar			Preis des Wagens 1200 Dollar			Preis des Wagens 2000 Dollar		
	Konstante Kosten für eine Fahrzeugmeile	Variable Kosten für eine Fahrzeugmeile	Gesamtbetriebskosten für eine Fahrzeugmeile	Konstante Kosten für eine Fahrzeugmeile	Variable Kosten für eine Fahrzeugmeile	Gesamtbetriebskosten für eine Fahrzeugmeile	Konstante Kosten für eine Fahrzeugmeile	Variable Kosten für eine Fahrzeugmeile	Gesamtbetriebskosten für eine Fahrzeugmeile
Fahrzeugmeilen	Cents	Cents	Cents	Cents	Cents	Cents	Cents	Cents	Cents
1000	33,2	3	36,2	53,5	3,6	57,1	66,6	4,5	71,1
2000	16,6	3	19,6	26,8	3,6	30,4	33,3	4,5	37,8
3000	11,1	3	14,1	17,8	3,6	21,4	22,2	4,5	26,7
4000	8,3	3	11,3	13,4	3,6	17,0	16,6	4,5	21,1
5000	6,6	3	9,6	10,7	3,6	14,3	13,3	4,5	17,8
6000	5,5	3	8,5	8,9	3,6	12,5	11,1	4,5	15,6
7000	4,7	3	7,7	7,6	3,6	11,2	9,5	4,5	14,0
8000	4,2	3	7,2	6,7	3,6	10,3	8,3	4,5	12,8
9000	3,7	3	6,7	5,9	3,6	9,5	7,4	4,5	11,9
10000	3,3	3	6,3	5,4	3,6	9,0	6,7	4,5	11,2
11000	3,0	3	6,0	4,9	3,6	8,5	6,0	4,5	10,5
12000	2,8	3	5,8	4,5	3,6	8,1	5,6	4,5	10,1
13000	2,5	3	5,5	4,1	3,6	7,7	5,1	4,5	9,6
14000	2,4	3	5,4	3,8	3,6	7,4	4,8	4,5	9,3
15000	2,2	3	5,2	3,6	3,6	7,2	4,4	4,5	8,9
20000	1,7	3	4,7	2,7	3,6	6,3	3,3	4,5	7,8

gen konstanten Kosten erkennen. Diese vermindern sich proportional zu der Menge der Betriebsleistungen und betragen demnach bei 5000 Fahrzeugmeilen $^1/_5$ und bei 10000 $^1/_{10}$ des Anteils für 1000 Fahrzeugmeilen. Für den 1200-Dollar-Wagen ist ihre Höhe bei 6000 Fahrzeugmeilen 8,9 Cents, bei 3000 17,8 und bei 12000 Meilen noch 4,5 Cents[1]. Die variablen Kosten

[1] Die ganz niederen Werte unter 3000 Fahrzeugmeilen und die sehr hohen über 12000 Fahrzeugmeilen haben in diesem Zusammenhang nur theoretische Bedeutung. Ein Wagen, der weniger als 3000 Meilen jährlich gefahren wird, dürfte nämlich im allgemeinen eine längere wirtschaftliche Gebrauchsdauer als 4 Jahre erreichen; andererseits wird ein Automobil, das jährlich 15000 und mehr Meilen zurücklegt, nicht einmal 4 Jahre lang wirtschaftlich leistungsfähig sein. Die Kosten werden sich daher bei sehr großen und sehr kleinen Leistungsmengen ändern.

verhalten sich zu den konstanten so, daß sie bei jährlichen Betriebsleistungen unter 3000 Meilen nur einen Bruchteil, bei Leistungen zwischen 5000—8000 Meilen die Hälfte der konstanten Kosten erreichen und bei noch höheren Leistungen sich mehr und mehr ihnen nähern, ja, sie sogar überschreiten. Durch die bei jeder Entfernung auf eine Meile stets gleich hoch bleibenden variablen Kosten nehmen die gesamten Betriebskosten auf eine Fahrzeugmeile nicht, wie die konstanten Kosten, proportional zur jährlichen Betriebsleistung, sondern weniger ab. Die

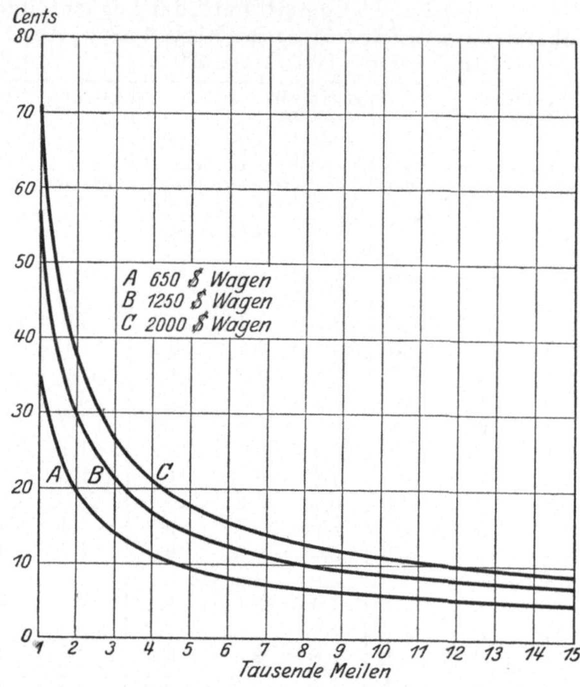

Abb. 9. Gesamte Betriebskosten für eine Fahrzeugmeile von Automobilen mit einem Anschaffungspreis — ohne Gummibereifung — von 650, 1200 und 2000 Dollar.

gesamten Betriebskosten für ein Jahr steigen mit zunehmenden Betriebsleistungen unter dem Einfluß der konstanten Kosten, jedoch nicht proportional, sondern geringer als die Leistungsmengen. Dieser Bewegung zufolge werden die gesamten Betriebskosten als degressive Kosten bezeichnet. Der Grad der Degression der gesamten Betriebskosten ist bei einer jährlich kleinen Zahl Betriebsleistungen wuchtig, bei mittleren Betriebszahlen noch bedeutend und bei einer großen Zahl gering. Dies erläutern die Kurven der Abb. 9, die erst sehr stark, dann schwächer und schwächer abfallen. Die Degression der gesamten Betriebskosten besagt, daß bei umfangreicher Benutzung die Fahrt für eine Meile billiger ist als bei nur mäßigem Gebrauch. Kostet doch die Meile bei dem 1200-Dollar-

Wagen bei 6000 Meilen jährlich 12,5 Cents, bei 3000 21,4 und bei 12000 9,5 Cents. Werden also nur 3000 Meilen im Jahre gefahren, so ist eine Fahrzeugmeile 9 Cents teurer, bei 12000 Meilen dagegen 3 Cents billiger, als wenn 6000 Meilen gefahren werden. In der Verminderung der Betriebskosten bei Steigerung der Leistungsmengen wirkt sich das Gesetz der abnehmenden Kosten aus.

Nach dieser Erörterung der Betriebskosten privater Personenkraftwagen sollen die Aufwendungen gewerblicher Kraftfahrzeuge, und zwar die eines Omnibusses und eines Lastkraftwagens, dargestellt werden. Die Tabelle 31 enthält die Betriebskostenrechnung eines Omnibusses mit 29 Sitzplätzen und einem Anschaffungswert — ohne Gummibereifung — von 8100 Dollar. Der Omnibus ist als zwischenörtliches Verkehrsmittel im Dienste einer Kraftverkehrsgesellschaft mit einem Wagenpark von etwa 20 Fahrzeugen gedacht. Bei Betrachtung der konstanten Kosten für ein Fahrzeug ist deshalb jeweils die Größe der Gesellschaft zu beachten. So erscheint der Aufwand für Garage mit 240 Dollar zunächst zu nieder. Wird aber beachtet, daß jedes der 20 Fahrzeuge 240 Dollar jährlich zu tragen hat, so dürfte die Höhe dieses Aufwandes angemessen sein.

Als größter Aufwand treten in der Betriebskostenrechnung die allgemeinen Verwaltungs- und Geschäftsunkosten mit 3500 Dollar für ein Fahrzeug oder einem Anteil von 22,2% an den Gesamtkosten auf. Zu beachten ist, daß hier unter allgemeinen Verwaltungs- und Geschäftsunkosten auch alle Aufwendungen allgemeiner Art, wie Versicherungen und Abgaben der Unternehmung — aber nicht für Fahrzeuge — und außerdem die für Tilgung und Verzinsung der Betriebsanlagen erscheinen, die eigentlich zu den Kapitalkosten gehören[1]. Ausgeschieden sind nur die Unterhaltungskosten der Betriebsanlagen mit 360 Dollar. Weitere wesentliche Aufwendungen sind die Entlohnung des Fahrzeugführers mit 17,1%, die Unterhaltung des Fahrzeuges mit 12,4%, der Gasolinverzehr mit 11,4%, der Verschleiß an Bereifung und Schläuchen mit 10,6% und die Tilgung des Fahrzeuges ebenfalls mit 10,6%. Im Gegensatz zu den allgemeinen Verwaltungs- und Geschäftsunkosten, die konstant sind, zählen alle diese Aufwendungen zu den variablen Betriebskosten, weil sie sich in ihrer Gesamtheit mit der Zahl der Betriebsleistungen ändern.

Die konstanten Kosten nehmen insgesamt mit 36,2% — also etwas mehr als einem Drittel —, die variablen mit 63,8% an den gesamten Betriebskosten teil. Demgegenüber sind die Betriebskosten der Automobile bei einer mittleren Jahresleistung mit mehr als zwei Drittel konstant, also weit weniger variabel als die des Omnibusses.

Werden die einzelnen Kosten in Gruppen eingereiht, so sind die eigentlichen Betriebskosten — Gasolin, Öl und Fett, Bereifung und

[1] Siehe Kapitel 1, S. 54.

Tabelle 31.

Betriebskostenrechnung für einen Omnibus mit 29 Sitzplätzen und einem Anschaffungswert — ohne Gummibereifung — von 8100 Dollar.

(Der Omnibus soll Bestandteil einer zwischenörtlichen Kraftverkehrsgesellschaft mit etwa 20 Fahrzeugen sein.)

A. Konstante Betriebskosten	Für 1 Jahr Dollar	Für 1 Fahrzeugmeile bei 60000 Meilen jährlich Cents	% der Gesamtkosten
1. Verzinsung des Fahrzeuges bei 5 Jahren wirtschaftlicher Gebrauchsdauer und einem Zinsfuß von 6%[1]	291,60	0,49	1,9
2. Garage (Verzinsung und Tilgung)	240,00	0,40	1,5
3. Allgemeine Verwaltungs- und Geschäftsunkosten	3500,00	5,83	22,2
4. Versicherungen des Fahrzeuges	1000,00	1,67	6,4
5. Abgaben an die Steuerverwaltung für das Fahrzeug (Gasolinsteuer nicht inbegriffen)[2]	300,00	0,50	1,9
6. Unterhaltung der Betriebsanlagen	360,00	0,60	2,3
Zusammen:	5691,60	9,49	36,2

B. Variable Betriebskosten	Für 1 Jahr bei 60000 Meilen jährlich Dollar	Für 1 Fahrzeugmeile Cents	% der Gesamtkosten
1. Gasolin bei einem Preise von 21 Cents für 1 Gallone und einem Verbrauch von 1 Gallone auf 7 Meilen (Gasolinsteuer ist hier inbegriffen, sie beträgt etwa 15% des Gasolinaufwandes)[2]	1800,00	3,00	11,4
2. Öl und Fett	270,00	0,45	1,7
3. Bereifung u. Schläuche — 500 Doll. — bei 18000 Meilen Gebrauchsdauer	1680,00	2,80	10,6
4. Lohn für den Fahrzeugführer	2700,00	4,50	17,1
5. Unterhaltung des Fahrzeuges	1950,00	3,25	12,4
6. Tilgung des Fahrzeuges bei 280000 Meilen wirtschaftlicher Gebrauchs- und einem Restwert von 250 Doll.	1680,00	2,80	10,6
Zusammen:	10080,00	16,80	63,8
Gesamte Betriebskosten:	15771,00	26,29	100,0

[1] Angenommen wird eine jährliche Betriebsleistung von etwa 60000 Fahrzeugmeilen. Bei einer gesamten Gebrauchsdauer von 280000 Meilen würde sich demnach ein Betriebsalter von etwa 5 Jahren ergeben.

[2] Siehe Abschnitt VI, Kapitel 2.

Schläuche, Fahrerlohn — mit 40,8% an erster Stelle. Dann kommen die Verwaltungskosten mit 30,5%. Dieser Prozentsatz ist jedoch zu hoch, da, wie schon erwähnt, ein Teil der Kapitalkosten, nämlich die Verzinsung und Tilgung der Betriebsanlagen — und noch verschiedene kleinere Aufwendungen — mit ihnen vereinigt wurden. Der Anteil der reinen Verwaltungskosten betragt schatzungsweise 25% und der Anteil der Kapitalkosten 19,5%. Für die Unterhaltung der Fahrzeuge und Betriebsanlagen verbleiben dann noch 14%. Die eigentlichen Betriebskosten sind mit 40,8% also weitaus am wichtigsten.

Tabelle 32.

Betriebskosten für eine Fahrzeugmeile bei einer wechselnden Zahl jährlicher Betriebsleistungen für einen Omnibus mit 29 Sitzplätzen und einem Anschaffungswert — ohne Gummibereifung — von 8100 Dollar.

Jährliche Betriebsleistung Fahrzeugmeilen	Konstante Kosten für 1 Fahrzeugmeile Cents	Variable Kosten für 1 Fahrzeugmeile Cents	Gesamte Betriebskosten für 1 Fahrzeugmeile Cents
10000	56,9	16,8	73,7
15000	37,9	16,8	54,7
20000	28,5	16,8	45,3
30000	19,0	16,8	35,8
40000	14,2	16,8	31,0
50000	11,4	16,8	28,2
60000	9,5	16,8	26,3
70000	8,1	16,8	24,9
80000	7,1	16,8	23,9
90000	6,3	16,8	23,1
100000	5,7	16,8	22,5
110000	5,1	16,8	21,9
120000	4,7	16,8	21,5

Die Tabelle 32 und die Abb. 10 zeigen den Einfluß der Menge der Betriebsleistungen auf die Höhe der konstanten wie gesamten Betriebskosten auf eine Fahrzeugmeile. Bei einer mittleren Jahresleistung von 60000 Fahrzeugmeilen[1] entstehen auf eine Meile als konstante Kosten 9,5 Cents, bei 10000 Meilen, eine geringe Jahresleistung, 56,9 Cents und bei 120000 Meilen, eine hohe Betriebszahl, 4,7 Cents. Die Fahrzeugmeile kostet also an konstanten Kosten bei 60000 Meilen nur $^1/_6$ des Betrages für 10000 Meilen und bei 120000 Fahrzeugmeilen nur die Hälfte der Kostenziffer für 60000 Meilen. Die konstanten Kosten betragen im Verhältnis zu den auf eine Fahrzeugmeile immer gleichbleibenden variablen — 16,8 Cents — bei einer kleinen Betriebsleistung ein Vielfaches von ihnen. Mit zunehmenden Betriebsleistungsmengen

[1] Ein Durchschnitt von 60000 Meilen ist für eine Anzahl Omnibusgesellschaften etwas hoch und setzt eine günstige Gebrauchsfähigkeit der Fahrzeuge voraus. Werte für geringere oder stärkere Leistungsmengen sind aus der Tabelle 33 zu ersehen.

nähern sie sich ihnen mehr und mehr und erreichen bei einer Leistungsmenge von etwa 34000 Meilen dieselbe Höhe. Dann gehen sie immer mehr zurück und betragen bei 120000 Meilen nur noch 28% der variablen.

Das Verhältnis der konstanten zu den variablen Kosten zeigt auch bei den Omnibussen eine starke Degression der gesamten Betriebskosten. Die Abb. 10 veranschaulicht den Verlauf der Kosten. Die Kurven der konstanten und der gesamten Betriebskosten für eine Fahrzeugmeile fallen bei jährlich geringen Betriebsleistungsmengen erst steil, dann bei höheren Betriebsleistungen immer schwächer. Die variablen Kosten für eine Fahrzeugmeile, durch die Abszisse B dargestellt, haben, ihrer Eigenart entsprechend, von der x-Achse stets den gleichen Abstand. Die gesamten Betriebskosten schwanken zwischen 73,7 und 21,5 Cents; bei 60000 Fahrzeugmeilen stehen sie bei 26,3 Cents. Kann ein Omnibus bei 300 Arbeitstagen im Jahr täglich durchschnittlich 200 Meilen zurücklegen, dann kostet eine Fahrzeugmeile 26,3 Cents, bei nur 100 Meilen täglich 35,8 Cents und bei 400 Meilen täglich 21,5 Cents.

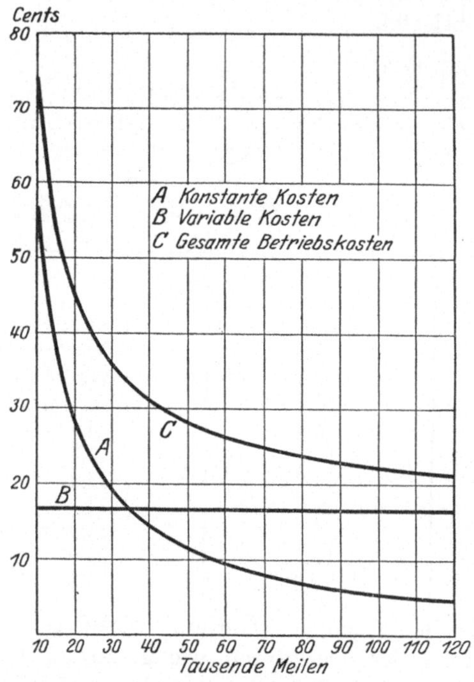

Abb. 10. Betriebskosten für eine Fahrzeugmeile eines Omnibusses mit 29 Sitzplätzen und einem Anschaffungswert — ohne Gummibereifung — von 8100 Dollar.

Ein Wissen um die Degression der Betriebskosten ist für die Kraftverkehrsgesellschaften von weittragender Bedeutung. Zunehmende Verkehrsdichte verringert die Betriebskosten, niedere Betriebskosten ermöglichen Fahrpreisermäßigungen, die wieder Verkehr werben. Diese Andeutung möge hier genügen. Der Zusammenhang zwischen Kosten und Fahrpreisen wird im nächsten Kapitel eingehend erörtert.

Schließlich sollen nun noch die Betriebskosten für einen Lastkraftwagen berechnet werden. Die Tabelle 33 ist eine Betriebskostenrechnung für einen Lastkraftwagen mit 2,5 Tonnen Tragfähigkeit und einem Anschaffungswert — ohne Gummibereifung — von 3000 Dollar. Das Fahrzeug soll im Dienste einer zwischenörtlichen Kraftverkehrsgesellschaft mit einem Bestand von zehn Wagen sein. Die Ausführungen für den

Omnibus über den Einfluß der Größe des Fahrzeugparkes auf die Höhe der konstanten Kosten finden hier sinngemäße Anwendung, nur daß hier eine Gesellschaft mit zehn Fahrzeugen gedacht ist. Die allgemeinen Verwaltungs- und Geschäftsunkosten sind mit 1600 Dollar für ein Fahrzeug oder 25% der Gesamtkosten auch hier der größte Aufwand. Sinngemäß gelten für den Lastkraftwagen auch die Ausführungen über diese Kostengruppe des Omnibusses. Den allgemeinen Verwaltungs- und Geschäftsunkosten folgen die für Entlohnung des Führers mit 14%, dann die für Unterhaltung des Fahrzeuges mit 12,5%, für Gasolinverzehr und Verschleiß der Bereifung und Schläuche mit je 9,4% und für Tilgung des Fahrzeuges mit 8,6%. Die konstanten Kosten betragen 44,9%, die variablen 55,1% der Gesamtkosten. Im Gegensatz zu dem Omnibus, von dessen Gesamtkosten 36,2% konstant und 63,8% variabel sind, ist bei diesem Lastkraftwagen ein größerer Bruchteil der gesamten Kosten konstant, ein kleinerer variabel. Es ist jedoch zu beachten, daß für den Omnibus eine mittlere Leistungsmenge von 60000, für den Lastkraftwagen von 20000 Fahrzeugmeilen angenommen wurden [1] und daß, wie wiederholt schon dargelegt, mit zunehmender Betriebsleistung der Anteil der konstanten Kosten kleiner und der der variablen größer wird. Wird die mittlere Jahresleistung für den Omnibus mit 50000 und für den Lastkraftwagen mit 25000 Fahrzeugmeilen zugrunde gelegt, Betriebsziffern, die eine große Zahl von Kraftverkehrsgesellschaften erreichen dürften, so ergibt sich für beide Fahrzeuge ein Kostenverhältnis von 40:60 oder 40% der Gesamtkosten als konstant und 60% als variabel.

Eine Zusammenfassung der einzelnen Kosten des Lastkraftwagens in Gruppen läßt die Verwaltungskosten mit 35,2% der Gesamtkosten an erster Stelle erscheinen. Wird auch hier berücksichtigt, daß in diesen Kosten ein Teil der Kapitalkosten steckt, so dürfte sich für sie schätzungsweise ein Anteil von 30—32% ergeben. Damit würden, wie bei der Kostenaufstellung für den Omnibus, die eigentlichen Betriebskosten, die mit 34% ausgewiesen sind, an die erste Stelle treten. Die Gruppe der Unterhaltungskosten umfaßt 16,7%, die der Kapitalkosten für Fahrzeuge und Garage 14,1% der Gesamtkosten. Auch diese Prozentsätze sind von der angenommenen Leistungsmenge abhängig. Ist diese sehr hoch, wird der Anteil der Verwaltungskosten an den Gesamtkosten klein, der der eigentlichen Betriebskosten groß. Umgekehrt werden bei geringer Leistungsmenge die Anteile für die Verwaltungskosten größer und für die eigentlichen Betriebskosten kleiner. Leistet ein Lastkraft-

[1] Die Zahl der jährlichen Betriebsleistungen ist für Omnibusse im allgemeinen weit höher als für Lastkraftwagen. Dies ist hauptsächlich auf folgende Umstände zurückzuführen: Die Geschwindigkeit der Omnibusse ist höher, die Entfernung der Verkehrsrelationen größer und die Zahl der Verkehrsakte umfangreicher als bei Lastkraftwagen.

Tabelle 33. Betriebskostenrechnung für einen Lastkraftwagen mit einer Tragfähigkeit von 2,5 Tonnen und einem Anschaffungswert — ohne Gummibereifung — von 3000 Dollar.

(Der Lastkraftwagen soll Bestandteil einer zwischenörtlichen Kraftverkehrsgesellschaft mit 10 Fahrzeugen sein.)

A. Konstante Betriebskosten	Für 1 Jahr Dollar	Für 1 Fahrzeugmeile bei 20 000 Meilen jährlich Cents	% der Gesamtkosten
1. Verzinsung des Fahrzeuges bei 5 Jahren wirtschaftlicher Gebrauchsdauer u. einem Zinsfuß von 6%[1]	108	0,54	1,7
2. Garage (Verzinsung und Tilgung)	240	1,20	3,8
3. Allgemeine Verwaltungs- und Geschäftsunkosten	1600	8,00	25,0
4. Versicherungen des Fahrzeuges	350	1,75	5,5
5. Abgaben für das Fahrzeug an die Steuerverwaltung (Gasolinsteuer nicht inbegriffen)	300	1,50	4,7
6. Unterhaltung der Betriebsanlagen	270	1,35	4,2
Zusammen:	2868	14,34	44,9

B. Variable Betriebskosten	Für 1 Jahr bei 20 000 Meilen jährlich Dollar	Für 1 Fahrzeugmeile Cents	% der Gesamtkosten
1. Gasolin bei einem Preise von 21 Cents für 1 Gallone und einem Verbrauch von 1 Gallone auf 7 Meilen (Gasolinsteuer ist hier inbegriffen; sie beträgt etwa 15% des Gasolinaufwandes)	600	3,00	9,4
2. Öl und Fett	80	0,40	1,2
3. Bereifung u. Schläuche — 300 Doll. — bei 10 000 Meilen Gebrauchsdauer	600	3,00	9,4
4. Lohn für den Fahrer	900	4,50	14,0
5. Unterhaltung des Fahrzeuges	800	4,00	12,5
6. Tilgung des Fahrzeuges bei 100 000 Meilen wirtschaftlicher Gebrauchsdauer und einem Restwert von 250 Dollar	550	2,75	8,6
Zusammen:	3530	17,65	55,1
Gesamte Betriebskosten:	6398	31,99	100,0

[1] Es wird angenommen, daß das Fahrzeug jährlich 20 000 Meilen zurücklegt. Bei einer gesamten Gebrauchsdauer von 100 000 Meilen ergibt sich demnach ein Betriebsalter von 5 Jahren.

wagen 25000 Fahrzeugmeilen, so würden sich zahlenmäßig annähernd dieselben Gruppenanteile ergeben, wie sie für den Omnibus errechnet wurden.

Die Menge der Betriebsleistungen hat auf die Kosten des Lastkraftwagens einen ähnlichen Einfluß wie auf den Omnibus. Die konstanten Kosten und die gesamten Betriebskosten für eine Fahrzeugmeile fallen bei einer jährlich geringen Zahl von Betriebsleistungen mit zunehmenden Leistungsmengen zunächst auch mächtig ab und vermindern sich dann bei einem weiteren Steigen der Leistungsmengen

Tabelle 34. Betriebskosten für eine Fahrzeugmeile bei einer wechselnden Zahl jährlicher Betriebsleistungen für einen Lastkraftwagen mit einer Tragfähigkeit von 2,5 Tonnen und einem Anschaffungswert — ohne Gummibereifung — von 3000 Dollar.

Jährliche Betriebsleistung Fahrzeugmeilen	Konstante Kosten für 1 Fahrzeugmeile Cents	Variable Kosten für 1 Fahrzeugmeile Cents	Gesamte Betriebskosten für 1 Fahrzeugmeile Cents
5000	57,4	17,6	75,0
10000	28,7	17,6	46,3
15000	19,1	17,6	36,7
20000	14,3	17,6	31,9
25000	11,5	17,6	29,1
30000	9,6	17,6	27,2
35000	8,2	17,6	25,8
40000	7,2	17,6	24,8
45000	6,4	17,6	24,0
50000	5,7	17,6	23,3
55000	5,2	17,6	22,8
60000	4,8	17,6	22,4
65000	4,4	17,6	22,0
70000	4,1	17,6	21,7
75000	3,8	17,6	21,4
80000	3,6	17,6	21,2

in immer schwächerem Maße. So betragen für den Lastkraftwagen unseres Beispiels bei 5000 Fahrzeugmenilen die kostanten Kosten 57,4 und die gesamten Betriebskosten 75 Cents, bei 20000 Meilen 14,3 und 31,9 Cents und bei 80000 Meilen 3,6 und 21,2 Cents (siehe Tabelle 34 und Abb. 11). Die konstanten Kosten ermäßigen entsprechend den Leistungsmengen, bei 20000 Fahrzeugmeilen also um das Vierfache der von 5000 Meilen und bei 80000 nochmals um das Vierfache der von 20000 Meilen. Die Degression der gesamten Betriebskosten bewegt sich für eine Fahrzeugmeile von 75 Cents bei 5000, auf 31,9 bei 20000 und auf 21,2 Cents bei 80000 Meilen. Die variablen Kosten betragen 17,6 Cents für eine Fahrzeugmeile. Durch die Bewegung der konstanten Kosten mit wechselnden Betriebsleistungsmengen ändert sich das Verhältnis der variablen zu den konstanten Kosten. Bei geringen Leistungsmengen sind die konstanten Kosten bedeutend höher als die variablen; bei 17000 Fahrzeugmeilen sind beide gleich hoch; mit weiter zunehmenden Leistungsmengen werden die konstanten Kosten immer geringer, so daß sie bei 80000 Fahrzeugmeilen nur noch etwa ein Fünftel der variablen Kosten betragen.

Allgemein wäre noch hervorzuheben, daß alle drei Kraftfahrzeugarten, das Automobil, der Omnibus und der Lastkraftwagen, einer starken

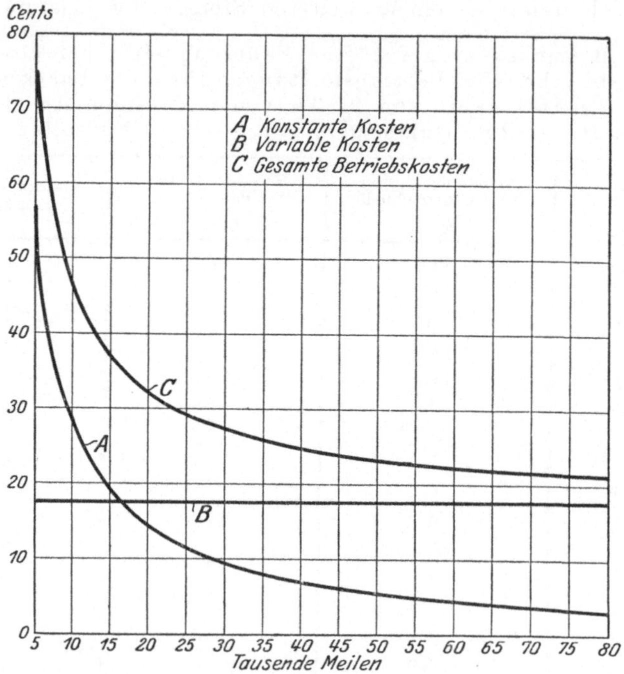

Abb. 11. Betriebskosten für eine Fahrzeugmeile eines Lastkraftwagens mit einer Tragfähigkeit von 2,5 Tonnen und einem Anschaffungswert — ohne Gummibereifung — von 3000 Dollar.

Kosten-Degression unterliegen. Bei geringen Leistungsmengen sind die gesamten Betriebskosten für die Fahrzeugmeile sehr hoch, sie fallen bis zu mittleren Leistungsmengen stark ab und vermindern sich dann in immer geringerem Umfange bis zu den höchsten Leistungsmengen. Diese Bewegung der Betriebskosten, die eben durch die Beständigkeit der konstanten Kosten innerhalb einer Intensitätsstufe hervorgerufen wird, läßt erkennen, daß Lehrmeinungen, die für den Kraftwagenverkehr allgemein bestimmte Prozentsätze konstanter und variabler Kosten aufstellen, irrig sind. Dies gilt für andere Verkehrsmittel, denn wie beim Kraftwagenverkehr, so verändern sich auch bei den Eisenbahnen und allen übrigen Verkehrsmitteln mit wechselnden Verkehrsstärken fortwährend die Anteile der konstanten und variablen Kosten an den Gesamtkosten. Bestimmte Prozentsätze konstanter und variabler Kosten lassen sich nur dann festlegen, wenn gleichzeitig die Zahl der jährlichen Betriebsleistungen und, wie noch dargelegt werden wird, die Betriebsgröße[1] genannt werden.

Bei der Analyse der Betriebskosten der Kraftfahrzeuge ist bisher jeweils von dem Aufwand für ein Fahrzeug ausgegangen worden. Bei den Rechnungen für Omnibus und Lastkraftwagen wurde wohl für die Höhe der allgemeinen Verwaltungs- und Geschäftsunkosten, der Aufwendungen für Garage und Unterhaltung der Betriebsanlagen eine Unternehmung mit mehreren Fahrzeugen vorausgesetzt und entsprechende Durchschnittswerte für ein Fahrzeug eingesetzt. Damit wurde schon zum Ausdruck gebracht, daß auch die konstanten Kosten für ein Fahrzeug nicht absolut unveränderlich sind. Es sei daher vorweggenommen: Die konstanten Kosten verändern sich von Intensitätsstufe zu Intensitätsstufe[2], wobei hier unter Intensität die Zahl der Fahrzeuge eines Betriebes verstanden werden will.

Es ist nun die Einwirkung verschiedener Betriebsgrößen[3] auf die konstanten Kosten zu untersuchen. Hiefür sollen die konstanten Kosten in zwei Gruppen getrennt werden: in die Gruppe der Kosten, die innerhalb einer Intensitätsstufe unverändert bleiben, und in die, die sich innerhalb einer Stufe wohl verändern, aber für eine bestimmte Betriebsgröße konstant sind. Die erste Gruppe seien absolut konstante und die zweite relativ konstante Kosten genannt. Zur ersten Gruppe gehören die allgemeinen Verwaltungs- und Geschäftsunkosten, die Aufwendungen für Garage und Unterhaltung der Betriebsanlagen, die unverändert bleiben, weil innerhalb einer gegebenen Intensitätsstufe Schwankungen der Verkehrsstärke und Betriebsgröße im allgemeinen keine Änderungen in der Größe der Betriebsanlagen oder des Verwaltungskörpers verlangen. So bleibt der Aufwand für Tilgung und Verzinsung einer Garage, die 20 Fahrzeuge aufnehmen kann, der gleiche, auch wenn weniger Fahrzeuge eingestellt werden. Absolut konstante Kosten erwachsen also vorwiegend

---

[1] Siehe Fußnote [3].

[2] Die Errichtung und Einrichtung eines Betriebes bestimmter Größe hängt von der Minimal- und Maximalstärke des Verkehrs ab. Die Bewegung der Verkehrsmengen von der Minimalstärke oder Untergrenze bis zur Maximalstärke oder Obergrenze eines bestimmten Betriebes wird eine Intensitätsstufe genannt. Siehe auch Sax: Die Verkehrsmittel in Volks- und Staatswirtschaft — Allgemeine Verkehrslehre. S. 79/80.

[3] Unter einer bestimmten Betriebsgröße ist ein Betrieb mit einer bestimmten Anzahl Fahrzeuge zu verstehen. Innerhalb einer Intensitätsstufe bleibt die Größe der Betriebsanlagen und des Verwaltungskörpers unverändert, die Betriebsgröße kann sich aber innerhalb der technisch möglichen Schwankungen verändern.

aus lang gebundenen Kapital-Investierungen; sie sind die eigentlichen konstanten Kosten. Die der zweiten Gruppe zuzuzählenden Aufwendungen, nämlich Verzinsung, Versicherung und Abgaben für Fahrzeuge sind nur für die Betriebsleistungsmengen eines einzelnen Fahrzeuges und für eine bestimmte Betriebsgröße konstant. Sie wechseln mit der Zahl der Kraftfahrzeuge, weil sie eben für jedes Fahrzeug gesondert erwachsen. Diese Art konstanter Kosten ist

Tabelle 35. Bewegung konstanter Kosten eines Kraftverkehrsbetriebes innerhalb zwei Intensitätsstufen.

Betriebsgröße Zahl der Fahrzeuge	Absolut konstante Kosten	Relativ konstante Kosten	Gesamte konstante Kosten	Absolut konstante Kosten	Relativ konstante Kosten	Gesamte konstante Kosten
	für die Betriebsgröße			für ein Fahrzeug		
	Intensitätsstufe A: 3—10 Fahrzeuge.					
3	38000	5100	43100	12666	1700	14366
4	38000	6800	44800	9500	1700	11200
5	38000	8500	46500	7600	1700	9300
6	38000	10200	48200	6333	1700	8033
7	38000	11900	49900	5428	1700	7128
8	38000	13600	51600	4750	1700	6450
9	38000	15300	53300	4222	1700	5922
10	38000	17000	55000	3800	1700	5500
	Intensitätsstufe B: 11—20 Fahrzeuge.					
11	60000	18700	78700	5454	1700	7154
12	60000	20400	80400	5000	1700	6700
13	60000	22100	82100	4615	1700	6315
14	60000	23800	83800	4285	1700	5985
15	60000	25500	85500	4000	1700	5700
16	60000	27200	87200	3750	1700	5450
17	60000	28900	88900	3529	1700	5229
18	60000	30600	90600	3333	1700	5033
19	60000	32300	92300	3158	1700	4858
20	60000	34000	94000	3000	1700	4700

nicht nur in Kraftverkehrsunternehmungen, sondern auch in jeder anderen Unternehmung zu finden. Nur sind diese Kosten gerade für Kraftverkehrsbetriebe relativ bedeutsamer als sonst.

Die Bewegung der absolut und relativ konstanten Kosten wie die der gesamten konstanten Kosten ist für zwei Intensitätsstufen — A und B — in der Tabelle 35 dargestellt. Die Intensitätsstufe A soll Betriebsgrößen von 3—10 Fahrzeugen, die Stufe B von 11—20 Fahrzeugen umfassen. Die absolut konstanten Kosten für die verschiedenen Betriebsgrößen, die innerhalb der Intensitätsstufe A gleich bleiben, schnellen erst beim Übergang auf die nächst höhere Intensitätsstufe B durch die angenommene und als notwendig erachtete Vergrößerung der Betriebsanlagen und des Verwaltungskörpers plötzlich empor, sind dann aber innerhalb der ganzen Stufe wieder gleich. Die relativ konstanten Kosten steigen stetig im Verhältnis zur Vergrößerung des Fahrzeugparkes. Die gesamten konstanten Kosten wachsen durch die Zunahme der relativ konstanten. Werden die Kosten für ein Fahrzeug ausgesetzt, so vermindern sich in beiden Intensitätsstufen die absolut konstanten im Verhältnis der Zahl der Fahrzeuge und der Höhe des investierten Kapitals. Die relativ konstanten Kosten für ein Fahrzeug bleiben naturgemäß auf beiden Intensitätsstufen immer in derselben Höhe. Die gesamten konstanten Kosten für ein Fahrzeug vermindern sich dagegen im Verhältnis der absolut und relativ konstanten Kosten. Die Besonderheit, welche die Tabelle zum Ausdruck bringt, ist die plötzliche Steigerung der absolut konstanten Kosten, nachdem das Intensitätsmaximum der Stufe A erreicht ist; ferner die Bewegung der gesamten konstanten Kosten für ein Fahrzeug beim Übergang von der Intensitätsstufe A nach B. Die Zunahme der absolut konstanten Kosten drücken die Zahlen 38000 für die Intensitätsstufe A und 60000 für die Stufe B aus. Hieraus entspringt bei dem Übergang auf die Intensitätsstufe B eine plötzliche Erhöhung der absolut und der gesamten konstanten Kosten für ein Fahrzeug; diese vermindern sich innerhalb der Stufe B wieder, erreichen aber erst bei dem 16. Fahrzeug wieder die Kostenhöhe der Obergrenze der Stufe A[1]. Die gesamten konstanten Kosten für ein Fahrzeug nehmen also innerhalb einer Intensitätsstufe mit jedem weiteren Fahrzeug ab oder, mit anderen Worten, sie vermindern sich von der Untergrenze der Stufe bis zu deren Obergrenze. Auf jeder höheren Intensitätsstufe sind sie zu Beginn größer als am Ende der vorangegangenen Stufe. Mit dem Wachsen der Betriebsgröße vermindern sie sich wieder mehr und mehr, bis sie die Obergrenze der vorangegangenen Stufe nicht nur erreichen, sondern immer mehr bis zur Obergrenze der neuen Stufe unterschreiten. Die Kosten der mittleren Betriebsgröße einer Intensitätsstufe vermindern sich von Stufe zu Stufe.

In einzelnen Verkehrsbeziehungen und selbst für einzelne Betriebe kann auch ein absolutes Intensitätsmaximum entstehen, wenn sich die Kosten für ein Fahrzeug nicht mehr so weit ermäßigen, daß sie die der Obergrenze der vorangegangenen Stufe erreichen. Ein absolutes Intensitätsmaximum kann etwa bei einer Erweiterung von Kraftverkehrsbahnhöfen in großen Verkehrsmittelpunkten eintreten, wo die Erweiterungskosten so viel mehr betragen können, daß die Betriebskosten

[1] Da es sich hier um ein willkürlich gewähltes theoretisches Beispiel handelt, so kann, selbst wenn die gleichen Betriebsgrößen wie in unserem Beispiel in Wirklichkeit vorliegen, die Obergrenze der ersten Intensitätsstufe schon beim 12. oder 14. oder irgendeinem sonstigen Fahrzeug der zweiten Stufe erreicht werden.

für ein Fahrzeug auf der ganzen Stufe stets höher als auf der vorangegangenen liegen. Dies könnte zu einer Erhöhung der Beförderungspreise, einer Verminderung der Verkehrsleistungen und einem sozusagen automatischen Rückgang der Verkehrsstärke auf die Höhe der vorhergehenden Stufe führen. Ist in der Praxis ein absolutes Intensitätsmaximum im Kraftwagenverkehr noch nicht eingetreten, so ist damit nicht gesagt, daß es überhaupt nie erreicht werden wird. Wie es bei einigen amerikanischen Eisenbahnen im Verkehrsgebiet großer Städte Wirklichkeit wurde (siehe Abschnitt III, Kapitel 5), ebenso darf es auch in Zukunft im Kraftwagenverkehr, wenigstens vereinzelt, erwartet werden. Den Ausführungen von Sax, der nur bei künstlichen Wasserstraßen ein absolutes Intensitätsmaximum für möglich hält, kann nicht zugestimmt werden. In seiner allgemeinen Verkehrslehre ist nämlich ausgeführt:

„Es gibt natürlich auch ein absolutes Intensitätsmaximum, aber das liegt so weit hinaus, daß es für uns praktisch nicht in Betracht kommt. Nur die künstlichen Wasserstraßen im Binnenlande bilden eine Ausnahme. Bei diesen macht sich seine Grenze durch die gegebene oder beschaffbare Wassermenge geltend, und das ist ein Punkt, der bedeutsame ökonomische Folgen hat[1]."

Eine wirtschaftliche Betriebsführung verlangt, daß der bis zur Obergrenze einer Intensitätsstufe bestehende Überschuß an Fassungskraft eines Betriebes möglichst klein gehalten wird. Überschüssige, ungenützte Fassungskraft ist Brachland, das möglichst rasch nutzbar gemacht werden sollte. Der wirtschaftlichste Betrieb wäre jener, dessen Beschäftigungsgrad die höchste Intensitätsstufe und auf dieser die Obergrenze der Leistungsfähigkeit erreicht hat. Je größer der Anteil der relativ konstanten Kosten und je kleiner der Anteil der absolut konstanten an den gesamten konstanten Kosten, desto leichter kann ein Betrieb der jeweiligen Verkehrsstärke angepaßt und desto eher eine Wirtschaftlichkeit erreicht werden.

B. Die Preisbildung im Kraftwagenverkehr.

3. Elemente der Preisbildung.

Unter Elementen der Preisbildung sollen hier die Vorgänge verstanden werden, die den Preis für eine Fahrt im Omnibus oder für die Beförderung eines Gutes mit Lastkraftwagen bestimmen. Das „Gut", das der Kraftwagenverkehr anbietet, ist die Verkehrs- oder Transport- oder Beförderungsleistung[2]. Sie ist das Produkt der Kraftverkehrs-

---

[1] Sax a. a. O. S. 80.

[2] Der Begriff „Verkehrsleistung" soll damit aber nicht dem Begriffe „Gut" gleichgesetzt werden. Unterschiede in den beiden Begriffen bestehen besonders in der Wert- und Preisbildung, obwohl die Begriffe gerade hier auch eng miteinander verbunden sind. Dies ist den Ausführungen dieses Kapitels zu entnehmen. Zu beachten ist, daß Betriebsleistungen die Möglichkeit von Ortsveränderungen für

betriebe und besteht in der Ortsveränderung von Personen und Gütern. Der Preis einer Verkehrsleistung bildet sich, wie der eines Gutes, aus einem Zusammenspiel von Angebot und Nachfrage. Die Bewegung und Wirkung der hinter Angebot und Nachfrage stehenden Kräfte ist verschiedenartig, je nachdem Wettbewerb oder Monopol den Markt der Verkehrsleistungen beeinflussen. Wettbewerb ist vorhanden, wenn eine Anzahl Kraftverkehrsunternehmer und Verkehrtreibender unabhängig voneinander Verkehrsleistungen anbieten und suchen; Monopol, wenn das gesamte Angebot oder die gesamte Nachfrage in einer Hand vereinigt ist[1].

Theoretisch entsteht ein bestimmter Preis aus einem bestimmten Angebot und einer bestimmten Nachfrage[2]. Wird der Preis ermäßigt, so wird sich die Nachfrage erhöhen, das Angebot sich vermindern, weil nun mehr Konsumenten zu kaufen vermögen und weniger Verkehrsleistungen bereitgestellt werden. Umgekehrt wird eine Erhöhung des Preises die Nachfrage vermindern und das Angebot steigern, weil weniger Käufer auftreten, aber mehr Verkehrsleistungen bereitgestellt werden. Die Ursachen dieser Bewegungen werden später im einzelnen darzulegen versucht. Ein Beispiel möge den Einfluß der Veränderungen des Preises auf Angebot und Nachfrage und umgekehrt veranschaulichen. Bei einem Preise von 10 Dollar bestehe eine Nachfrage[3] nach 1000 und ein Angebot[3] von 1800 Verkehrsleistungen. Fällt der Preis auf 9 Dollar, so erhöhe sich die Nachfrage auf 1100 Verkehrsleistungen und vermindere sich das Angebot auf 1400. Sinkt der Preis weiter, so kann sich die Nachfrage erneut so steigern und das Angebot erneut so vermindern, wie in folgender Aufstellung dargestellt ist:

Preis für eine Verkehrsleistung Dollar	Nachfrage nach Verkehrsleistungen	Angebot von Verkehrsleistungen
10	1000	1800
9	1100	1400
8	1250	1250
7	1500	1100
6	2000	800

Personen und Güter angeboten und Verkehrsleistungen die Ausführung von Ortsveränderungen für Personen und Güter nachgefragt werden. Der Einfachheit halber sollen hier auch die angebotenen Ortsveränderungen, die Betriebsleistungen, als Verkehrsleistungen bezeichnet werden.

[1] Über die Ausdehnung des Begriffes „Monopol" siehe volkswirtschaftliche Lehrbücher.

[2] Die Besprechung des Preises knüpft an die herrschenden volkswirtschaftlichen Preistheorien an und verweilt nur bei Besonderheiten des Kraftwagenverkehrs länger.

[3] Ist von Angebot und Nachfrage in Verbindung mit Größenwerten die Rede, so bedeutet das, daß zu einem bestimmten Preis eine bestimmte Zahl Käufer auch kaufen und eine bestimmte Zahl Verkäufer auch verkaufen wollen.

Bei dieser Bewegung ist also die Nachfrage entweder höher oder niederer als das Angebot. Schließlich wird auch der Fall eintreten, daß Angebot und Nachfrage gleich groß sind. Der Preis, bei dem gleiche Mengen nachgefragt und angeboten werden, wird zum sogenannten Gleichgewichtspreis. In dem Beispiel ist es der Preis von 8 Dollar, zu dem 1250 Verkehrsleistungen nachgefragt und angeboten werden. Ist der Preis höher oder niederer als der des Gleichgewichtszustandes, so werden sich Angebot und Nachfrage nicht decken und Bewegungen in der Richtung des Gleichgewichtspreises einsetzen. Preis und Menge der Verkehrsleistungen werden daher durch Angebot und Nachfrage bestimmt.

Die Kräfte, die Angebot und Nachfrage bestimmen, sind für die Preisbildung so wichtig, daß sie einer besonderen Zergliederung bedürfen. Die preisbildende Nachfrage ist die Summe der einzelnen Nachfragen, die dem einem Gute oder einer Verkehrsleistung beigemessenen Nutzen und der Bewertung der dafür hinzugebenden Geldmenge entspringen, wobei der Nutzen für Gut oder Verkehrsleistung höher als die dafür hinzugebende Geldmenge eingeschätzt wird. Die Größe des Nutzens eines Gutes oder einer Verkehrsleistung entscheidet über die Stärke des Bedürfnisses hiefür. Menschen haben immer ein Meer von Bedürfnissen, die sie nach ihrer Intensität zu befriedigen suchen, zuerst die am stärksten auftretenden, dann die schwächer empfundenen, bis schließlich nur noch ein Gut oder eine Teilmenge eines Gutes oder eine Verkehrsleistung mit den gerade noch vorhandenen Mitteln erworben werden kann. Der diesem Gut oder dieser Verkehrsleistung innewohnende Nutzen ist der sogenannte Grenznutzen. Je nach der Größe eines Einkommens können Bedürfnisse mehr oder weniger befriedigt werden. Der Grenznutzen wird hier früher, dort später wirksam werden. Erhöht oder vermindert sich der Nutzen für Güter oder Verkehrsleistungen, so werden Käufer gewillt sein, mehr oder weniger für sie hinzugeben. Hieraus ist die Bedeutung des Grenznutzens für Nachfrage und Nachfragepreis[1] zu ersehen. Da alle Einzelnachfragen zu einer Gesamtnachfrage zusammenfließen und immer der letzte gerade noch Kaufkräftige den Nachfragepreis bestimmt, ist der Markt von dem schwächsten Käufer abhängig[2]. Die Gesamtnachfrage wird sich erhöhen oder vermindern, je nach dem

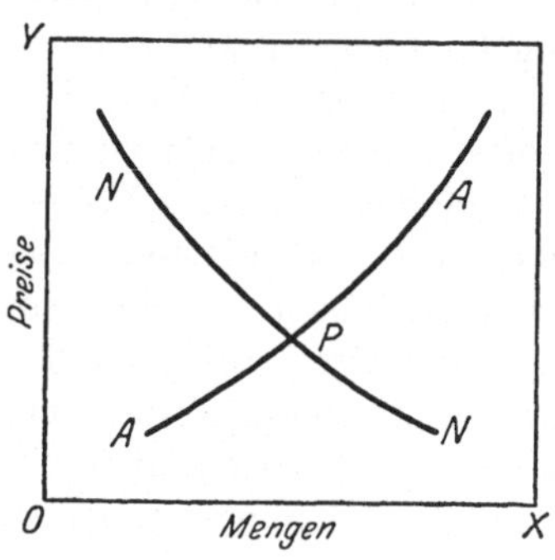

Abb. 12. Angebot- und Nachfragekurven (Mengen und Preise der Verkehrsleistungen).

[1] Nachfragepreis ist der Preis, den die Käufer zu zahlen gewillt sind.

[2] Alle Kaufkräftigeren erhalten das Gut zu dem Preise wie der Grenznutzenkäufer und daher unter dem Werte, den sie ihm beimessen.

Preis, zu dem Güter oder Verkehrsleistungen erworben werden können, und je nach der Kaufkraft der Konsumenten.

Der Nachfrage nach Verkehrsleistungen ist etwas Besonderes eigen, insofern, als die Bedürfnisse nach Verkehrsleistungen verschiedenartig sind und sie häufig nicht unmittelbar als solche auftreten. Sie bestehen im Omnibusverkehr u. a. in Geschäfts-, Besuchs-, Studien-, Erholungs- und Vergnügungsreisen. Meistens sind die Fahrten nicht Selbstzweck[1], sondern Mittel zum Zweck, so um Geschäfte oder Besuche zu machen, Studien zu treiben, Land und Leute kennenzulernen, Erholungsstätten aufzusuchen. Das Bedürfnis einer Geschäftsreise steht unter dem Einfluß eines in Aussicht stehenden Geschäftserfolges und ist um so stärker, je größer der Erfolg bewertet wird. Wäre der Geschäftserfolg 10000 Dollar, so könnte der Ortsveränderung ein Wert von nahezu 10000 Dollar beigemessen werden, sofern der Abschluß des Geschäftes hauptsächlich der Fahrt zu danken wäre und andernfalls kein Erfolg eintreten könnte. Da aber nicht die Nachfrage eines einzelnen, sondern der Grenznutzen des letzten, gerade noch zum Kauf Kommenden die Höhe des Nachfragepreises bestimmt, hat auch der, für den die Reise einen großen Nutzen hat, keinen höheren Preis als der letzte mit kleinem Nutzen Kaufende zu bezahlen. Ähnlich steht es mit Besuchs-, Studien-, Erholungs- und Vergnügungsreisen. Das Bedürfnis für eine Besuchsfahrt ist von der Zuneigung zu der zu besuchenden Person abhängig, eine Studienfahrt von dem Erfolg der Studienreise, eine Erholungsreise von der Notwendigkeit der Erholung, eine Vergnügungsreise von dem Wunsche nach Vergnügen.

Die Nachfrage nach Transportleistungen des Lastkraftwagenverkehrs hat ebenfalls ihr Eigentümliches, und zwar noch ausgeprägter als im Omnibusverkehr. Das Bedürfnis für Verkehrsleistungen im Güterverkehr ist ausschließlich sekundär. Kein Gut wird des Transportes willen, sondern nur deshalb befördert, weil es am Bestimmungsorte gebraucht oder verbraucht, also nachgefragt wird. Die Nachfrage nach Verkehrsleistungen ist also eine Folge der Nachfrage nach Gütern. Der Umfang dieser Nachfrage bestimmt die Stärke des Bedürfnisses für Verkehrsleistungen. Die Nachfrage nach Verkehrsleistungen wird um so umfangreicher und der Nutzen der Leistungen um so höher sein, je größer der Unterschied zwischen den Kosten eines Gutes am Herstel-

[1] Es kann solche Fälle geben, wenn etwa jemand das Fahren in einem Omnibus oder den Unterschied zwischen Fahrten in ihm und anderen Verkehrsmitteln kennen lernen will. Es soll aber auch Menschen geben, die ein Bedürfnis für Omnibusfahrten nur des Fahrens willen haben. Anders ist es mit dem Fahren im eigenen Automobil. Hier ist das Umherfahren oft erstes und alleiniges Bedürfnis. Da aber für Fahrten im eigenen Wagen eine Preisbildung nicht in Frage steht, sei dies nur erwähnt.

lungs- oder Versandorte und dem Preise am Bestimmungs- oder Verbrauchsorte ist. Ein nur geringer Unterschied zwischen Kosten und Preis wird nur wenig oder gar keine Transportleistungen hervorrufen.

In diesem Zusammenhange wäre die Elastizität der Nachfrage nach Verkehrsleistungen kurz zu erörtern. Die Nachfrage ist elastisch, wenn eine kleine Preissenkung sie verhältnismäßig stark steigert oder eine kleine Preiserhöhung sie bedeutend vermindert. Die Nachfrage ist unelastisch, wenn sie bei einer Preissenkung oder Preiserhöhung nur gering beeinflußt wird.

Im Omnibusverkehr wird eine Senkung der Fahrpreise die Reiselust der unteren und mittleren Bevölkerungsschichten beleben, eine Erhöhung sie einschränken, auf die wohlhabende Schicht hingegen, die Omnibusse ohnehin wenig benutzt, kaum einen Einfluß ausüben. Da aber die unteren und mittleren Einkommensschichten die höheren zahlenmäßig weit überwiegen, dürfte, soweit Fahrpreise in Frage stehen, eine elastische Nachfrage festzustellen sein. Sie wird aber wieder durch die für das Reisen notwendige Zeit und den damit verbundenen Nebenauslagen wie Hotelkosten, die sich mit den Fahrpreisen nicht ohne weiteres verändern, eingeschränkt[1]. Die Elastizität der Nachfrage ist außerdem mit den Preisen anderer Verkehrsmittel, die mit dem Omnibusverkehr in Wettbewerb stehen, eng verknüpft. Sind zwei Verkehrsknotenpunkte mit einer Omnibus- und einer Eisenbahnlinie mit gleichem Fahrpreis verbunden, so dürfte selbst eine kleine Ermäßigung oder Steigerung des Fahrpreises der Omnibuslinie ihr Verkehr zuführen oder entziehen. Die Nachfrage wäre in diesem Falle als elastisch zu bezeichnen.

Im Lastkraftwagenverkehr ist die Elastizität der Nachfrage insbesondere von dem Verhältnis der Höhe des Beförderungspreises und der des Güterpreises sowie von dem Ausmaße der Änderungen der Beförderungspreise abhängig. Übt die Änderung eines Beförderungspreises einen Einfluß auf den Preis von Gütern aus, so wird sich die Nachfrage nach solchen Gütern, insbesondere wenn sie mit hohen Frachtkosten belastet sind, wesentlich verändern und damit auch die Zahl der nachgefragten Verkehrsleistungen. Andererseits wird bei geringen Frachtkosten die Nachfrage nach Gütern und so auch nach ihren Verkehrsleistungen nur unwesentlich durch eine geringe Änderung des Beförderungspreises beeinflußt werden. Elastisch dürfte besonders die Nachfrage nach Verkehrsleistungen für Güter des täglichen Massenverbrauchs

[1] Die Höhe der Nebenauslagen hängt von der Reiseentfernung und Reisedauer ab. Bei einer Reise, die am gleichen Tag an den Ausgangsort zurückführt und geringe Nebenauslagen verursacht, weil kein Aufwand für Übernachtung erwächst, hat der Fahrpreis primäre Bedeutung. Bei Reisen mit relativ hohen Nebenausgaben sind diese primär, die Fahrpreise dagegen nachgeordnet. Je nach dem Verhältnis zwischen Nebenauslagen und Fahrpreis ist die Elastizität größer oder kleiner.

sein, wie Kartoffeln, Mehl, Fleisch, Butter, Obst, wenn sich eine Änderung der Beförderungspreise auf die Marktpreise dieser Güter auswirkt. Die Menge der Verkehrsleistungen wird gleich bleiben, wenn Produzenten und Händler den Unterschied zwischen alten und neuen Beförderungspreisen unter sich ausgleichen. Änderungen der Güterpreise, die unabhängig von dem Preis der Verkehrsleistungen eintreten, übertragen sich auf die Nachfrage nach Verkehrsleistungen insofern, als bei einer Senkung der Preise der Güter mehr Güter und damit mehr Verkehrsleistungen, bei einer Erhöhung der Preise weniger Güter und damit weniger Verkehrsleistungen nachgefragt werden. Ist eine Lastkraftwagenlinie mit einer Eisenbahnlinie in Wettbewerb, so wird bei einer Änderung des Beförderungspreises des Lastkraftwagens oder der Eisenbahn die Inanspruchnahme beider Verkehrsmittel sich ändern. Der Stand der Elastizität ist hier vornehmlich der Macht des Wettbewerbes beim Absatz von Gütern unterworfen. Nähert sich ein Güterpreis der Gewinngrenze, wird schon die kleinste Preisermäßigung einer Linie ihr größeren Verkehr zuführen, die Nachfrage also elastisch sein.

Der Omnibus- und Lastkraftwagenverkehr ist verhältnismäßig noch jung und noch nicht Gemeingut aller Bevölkerungsschichten. Die Elastizität der Nachfrage für Transportleistungen dieser Verkehrsmittel wird dadurch abgeschwächt. Trotzdem der Kraftwagenverkehr in Amerika so beliebt ist und sich mächtig ausdehnen konnte, wird doch noch einige Zeit vergehen, bis die Vorzüge des Omnibus- und insbesondere des Lastkraftwagenverkehrs allgemein und voll erkannt werden. Eine nicht unbeträchtliche Zahl Versender wird trotz niederer Frachtsätze und kurzer Beförderungszeit des Lastkraftwagenverkehrs noch lange fortfahren, auf der Eisenbahn zu verfrachten, weil sie sich mit dem neuen Verkehrsmittel noch nicht vertraut fühlen und sich deshalb nicht mit ihm befassen wollen. Halten Verkehrtreibende so am Herkömmlichen fest, bleibt die Nachfrage nach Verkehrsleistungen unelastisch.

Wichtige, auf die Nachfrage nach Verkehrsleistungen einwirkende Kräfte sind damit kurz umrissen; es wären nun hinter dem Angebot von Verkehrsleistungen stehende zu besprechen. Wie bei der Nachfrage, so setzt sich ein Gesamtangebot aus einer großen Zahl einzelner Angebote zusammen, die aus Nutzen und Aufwand zusammenfließen. Nutzen ist hier — für den Kraftverkehrsunternehmer — die Entgegennahme eines Wertes für Verkehrsleistungen, in der Regel eine Geldmenge; Aufwand sind die bei Ausführung der Verkehrsleistungen erwachsenden Kosten. Transportleistungen wird ein Kraftverkehrsunternehmer, der wirtschaftet, so lange ausführen, als die Kosten geringer sind wie die dafür eingehende Gegenleistung, der Preis. Ist der Preis einer Verkehrsleistung beträchtlich höher als die Kosten, der Gewinn über dem Durchschnitt, werden neue Unternehmer, denen der bestehende Preis lohnend erscheint, auftreten und Verkehrsleistungen anbieten. Die alten Unternehmungen werden versuchen, ihren Bestand an Verkehrsleistungen zu erhalten und zu erhöhen. Das Angebot erhöht sich hiedurch, und der Preis wird durch die größere Menge der angebotenen Verkehrsleistungen fallen. Dies wird sich so lange fortsetzen, bis es dem Unternehmer mit den höchsten Kosten nicht mehr wert erscheint, Verkehrsleistungen zu dem bestehenden Preis anzubieten. Unternehmer, deren Kosten den Preis übersteigen, scheiden aus. Das Angebot wird kleiner, durch das Weniger an Verkehrsleistungen wird der Preis steigen. Werden zu einem bestimmten Preise gleiche Mengen angeboten und nachgefragt, so wird der Anlaß, ein Angebot zu erhöhen oder zu vermindern, wegfallen. Das Gleichgewicht von Angebot und Nachfrage wäre eingetreten. Wird durch irgendwelche Umstände dieses Gleichgewicht gestört, drängen die Angebot und Nachfrage belebenden Kräfte erneut in die Richtung des Gleichgewichtszustandes.

Bei der Preisbildung im Kraftwagenverkehr bestehen noch weitere Kräfte, die den Preis beeinflussen. Auf der Angebotsseite ist insbesondere noch das Gesetz der abnehmenden Kosten wirksam, das im vorhergehenden Kapitel bei der Aufstellung der Betriebskostenrechnungen schon genannt wurde. Das Gesetz zeigt, daß mit zunehmenden jährlichen Betriebsleistungsmengen die gesamten Betriebskosten — innerhalb einer Intensitätsstufe — abnehmen. Eine vermehrte Nachfrage wird deshalb keineswegs immer den Nachfragepreis und den Marktpreis erhöhen, denn im Zusammenhang mit gesteigerter Nachfrage können die zu umfangreicherer Produktion übergehenden Kraftverkehrsunternehmer das Angebot durch billigere Preise vergrößern, so daß an Stelle einer Erhöhung des Preises eine Verbilligung eintreten kann.

Von weiterem Einfluß auf den Angebotspreis und damit auf den Marktpreis der Verkehrsleistungen ist das Verhältnis zwischen konstanten und variablen Kosten. Der Umstand, daß die konstanten Kosten für eine bestimmte Betriebsgröße unverändert bleiben und nur die variablen Kosten jeweils mit der Menge der Betriebsleistungen zu- und abnehmen, rückt die variablen Kosten für kurze Betriebszeitabschnitte in der Preisbildung in den Vordergrund. Mitunter ist es nämlich wirtschaftlicher, vorübergehend einen Preis zu fordern, der nur die variablen Kosten zuzüglich eines verhältnismäßig geringen Anteils der konstanten deckt, als ohne die Verkehrsleistungen überhaupt auszugehen oder, mit anderen Worten, es ist immer noch besser, auf einen Teil der konstanten Kosten zu verzichten als den ganzen Anteil zu verlieren, weil, wie früher schon dargestellt, die konstanten Kosten auch erwachsen, wenn nicht produziert wird. Es ist daher für kurze Zeitabschnitte zweckdienlicher, auf einen Teil der Einnahmen als auf die Gesamteinnahmen zu verzichten. Werden dieser Betrachtung die in der Tabelle 32 genannten

Betriebskosten des Omnibusses zugrunde gelegt, so könnte bei jährlich 30000 Fahrzeugmeilen, wo die gesamten Kosten 35,8 Cents für eine Meile betragen, ein Angebotspreis schon mit etwa 18 Cents für eine Fahrzeugmeile gebildet werden, weil die variablen Kosten nur 16,8 Cents hoch sind. Wird so verfahren, läßt sich die Verkehrsstärke steigern und dadurch die Gesamtkosten weiter vermindern.

Innerhalb kurzer Zeitspannen kann eine Produktion einem gesteigerten Bedarf häufig nicht unmittelbar folgen. Das Angebot hinkt der Nachfrage nach und eine Zunahme des Bedarfs wird — unbeschadet der Höhe der Betriebskosten — den Preis für die Verkehrsleistungen erhöhen. Hieraus folgt, daß die Betriebskosten über kurze Zeitabschnitte für den Angebotspreis und damit auch für den Preis einer Verkehrsleistung weniger bedeutsam sind, als der Nutzen der Transportleistungen für die Verkehrtreibenden und die Wertung der Gegenleistung — der Geldmenge — durch die Kraftverkehrsunternehmer. Die Kraftverkehrsbetriebe sind hier zwar anderen Betrieben gegenüber insofern überlegen, als sie unerwarteten größeren Nachfragen meist mühelos mit dem Einsatz weiterer Fahrzeuge begegnen können.

Anders verhält es sich bei der Preisbildung innerhalb langer Zeitabschnitte, in denen es immer möglich sein wird, für vermehrten Bedarf neue Betriebe aufzubauen und die Produktion der alten zu erweitern. Der Umfang des Angebotes wird hier von dem Kraftverkehrsunternehmer, dem es gerade noch lohnend erscheint, in die Produktion einzutreten — Grenzproduzent —, und der Angebotspreis von den Betriebskosten — Grenzproduktionskosten — dieses letzten Unternehmers bestimmt. Der Betrieb des Grenzproduzenten kann höchst wirtschaftlich sein, weil der Wettbewerb der Unternehmer den Angebotspreis häufig in die Nähe der Kosten des wirtschaftlichsten Betriebes mit den niedrigsten Produktionskosten drängt. Danach ist festzuhalten: In langen Zeitabschnitten werden die gesamten Betriebskosten zur Untergrenze des Angebots- und Marktpreises.

Eine Besonderheit der Preisbildung im Güterverkehr, die Abhängigkeit der Nachfrage zwischen Gütern und Verkehrsleistungen, ist nun noch zu erörtern. In ihr liegen die wesentlichsten Unterschiede der Preisbildung für Güter und Verkehrsleistungen. Früher schon wurde darauf hingewiesen, daß die Nachfrage nach Verkehrsleistungen von der Nachfrage nach Gütern abhängt. Diese Abhängigkeit der beiden Nachfragen bringt den Wert der Verkehrsleistungen zu dem Werte der Güter in ein bestimmtes Verhältnis, das auf den Nutzen der Güter zurückgeht. Dieser Nutzen überträgt sich auf die für ein bestimmtes Gut nachgefragte Verkehrsleistung, was darin begründet ist, daß sich der Wert eines Gutes erst am Verbrauchsorte bildet, also erst, nachdem es dorthin befördert worden ist. Da die Beförderung der Wertbildung eines Gutes am

Verbrauchsort vorausgeht, ist der Wert einer Verkehrsleistung in dem eines Gutes enthalten.

Der Nutzen der Verkehrsleistungen steht daher in einem bestimmten Verhältnis zu dem der Transportgüter. Er läuft dem der zu befördernden Güter gleich. Ist der Nutzen eines zu befördernden Gutes groß, ist es auch der für dieses Gut notwendigen Verkehrsleistung. Ebenso verhält es sich bei kleinem Nutzen[1]. Das Gleichartige des Angebots der Verkehrsleistungen — von der verschiedenen Qualität der Verkehrsleistungen soll hier abgesehen werden — wird durch die verschiedenartigen, zur Beförderung gelangenden Güter vielseitig und in seinem Werte unterschiedlich. Der Einwand, den Verkehrsunternehmern sei es gleichgültig, für welche Güter ihre Transportleistungen verlangt werden, weil bei der Beförderung gleicher Gewichts- und Raummengen für die meisten Güter derselbe Kostenaufwand entsteht, schlägt nicht durch. Die Verkehrsunternehmer machen sich den Zusammenhang zwischen dem Werte eines Gutes und dem einer Transportleistung zunutze, weil sie hiedurch ihre Preispolitik, und zwar mehr als andere Wirtschaftsbetriebe nach betriebsökonomischen Erwägungen richten und insbesondere das Verhältnis der konstanten zu den Gesamtkosten weitgehendst ausnützen können. Die konstanten Kosten lassen sich in der Weise verteilen — es wird stets davon ausgegangen, daß jeder Verkehrsakt mindestens die variablen Kosten zu tragen hat —, daß den hochwertigen Verkehrsleistungen ein größerer Anteil konstanter Kosten als den geringwertigen zugewiesen wird. Die Preise der geringwertigen Verkehrsleistungen lassen sich dadurch niedriger halten als bei Einheitspreisen. Hiedurch können die Marktpreise der geringwertigen Güter[2] nieder gehalten und eine große Nachfrage nach ihnen und damit auch eine große Nachfrage nach Verkehrsleistungen erzielt werden. Andererseits wird durch eine stärkere Belastung der hochwertigen Güter mit konstanten Kosten ihr Marktpreis erhöht, und ihre Nachfrage wie die der dafür erforderlichen Verkehrsleistungen vermindert. Da aber weit mehr geringwertige als hochwertige Güter umgesetzt werden, steigert sich hiedurch die Gesamtnachfrage nach Verkehrsleistungen. Angenommen, der Preis für ein hochwertiges Gut H sei 1000, für ein geringwertiges G 35 Dollar

[1] Damit soll aber keineswegs gesagt sein, daß der Preis eines Gutes die Grundlage für seine Frachtbelastung bilde.

[2] Geringwertige Güter sollen hier mit geringwertigen Verkehrsleistungen gleichgesetzt werden. Es sei aber betont, daß für ein geringwertiges Gut eine hochwertige Verkehrsleistung und umgekehrt für ein hochwertiges Gut eine geringwertige Verkehrsleistung bestehen kann, weil, trotzdem der Wert eines Gutes und der einer Verkehrsleistung zusammenhängen, sich der Nutzen für Gut und Verkehrsleistung unterscheiden können. Es ist deshalb grundfalsch, wenn allgemein geringwertige Güter mit niederen Frachtkosten und hochwertige mit hohen Frachtkosten belastet werden.

und der Beförderungspreis für je eine Tonne dieser Güter in einer bestimmten Verkehrsverbindung 10 Dollar. Würde nun die Verteilung der konstanten Kosten es ermöglichen, einen Beförderungspreis von 7 Dollar für G und einen von 20 Dollar für H zu bilden, so dürfte der Marktpreis für das Gut G wesentlich fallen und sein Absatz beträchtlich steigen, der Marktpreis für das Gut H dagegen relativ nur wenig steigen und sein Absatz kaum sinken. Hiedurch würde sich die Nachfrage nach Verkehrsleistungen erhöhen, weil die Käuferschicht für das Gut G sich weit mehr ausbreiten, als die des Gutes H sich verengen würde. Die gesamten Kosten eines Verkehrsleistung würden sich infolgedessen ermäßigen. Eine Absatzerweiterung des geringwertigen Gutes würde — sofern die Industrie, die dieses Gut erzeugt, dem Gesetz der abnehmenden Kosten unterliegt — auch seine Produktionskosten vermindern und seinen Preis verbilligen, und zwar relativ auch weit mehr als die mit einer Absatzverengung des Gutes H eintretende Verteuerung. Dies zeigt die Auswirkung und den großen ökonomischen Vorteil einer unterschiedlichen Preisstellung im Verkehrswesen. Natürlich kann nicht jeder Verkehrsleistung der jeweils ihrem Wert entsprechende Kostenanteil zugewiesen werden. Es ist, wie in der Praxis zum Teil geschehen, nur eine durchschnittliche Bewertung möglich, wobei die Güter in Klassen zusammengefaßt werden.

Hiermit ist zugleich die in der verkehrswissenschaftlichen Literatur auftretende Anschauung, daß nur ein staatlicher Betrieb oder ein behördlich regulierter Betrieb im Interesse der Volkswirtschaft unterschiedliche Preise für Verkehrsleistungen verschiedener Güter bilden würde, widerlegt. Im Gegenteil, ein völlig freier Betrieb müßte bei Erkennung der Sachlage weit mehr die Nachfrageseite der Verkehrsleistungen beachten und dadurch zu einer viel weitgehenderen Vielgestaltigkeit der Beförderungspreise gelangen, da eine scharfe Erfassung der hinter der Nachfrage wirkenden Kräfte den größten ökonomischen Vorteil bringt.

Es ist zusammenzufassen: Die Preise der Verkehrsleistungen im Lastkraftwagenverkehr sind — was sinngemäß auch für andere Verkehrsmittel gilt — das Ergebnis von Angebot und Nachfrage. Die Größe der Nachfrage nach Verkehrsleistungen zur Beförderung von Gütern hängt von der Stärke der Nachfrage nach Gütern und dem Aufwand für die Verkehrsleistungen, dem Beförderungspreis, ab. Das Angebot von Verkehrsleistungen wird dem Umfang nach von der Höhe des Beförderungspreises und der dafür hinzugebenden Kostengüter bestimmt. Die Angebotspreise der Verkehrsleistungen werden aus betriebsökonomischen Gründen, je nach dem Wert der Verkehrsleistungen, der stark von dem Werte der Güter beeinflußt wird, unterschiedlich hoch erstellt. Die Preise der Verkehrsleistungen im Omnibusverkehr werden von der

Nachfrageseite aus von der Intensität des Bedürfnisses nach Ortsveränderungen und der Größe des dafür zu bringenden Opfers, von der Angebotsseite aus von der Bewertung des Beförderungspreises im Verhältnis zu dem Aufwand an Kostengütern gebildet. Jener Preis, bei dem gleiche Mengen Verkehrsleistungen angeboten und nachgefragt werden, wird zum Marktpreis der Verkehrsleistungen im Omnibus- und Lastkraftwagenverkehr.

Monopolistische Preisbildung.

Besteht ein Angebotsmonopol, so vollzieht sich die Preisbildung nach anderen Richtlinien als bei einem Wettbewerb der Kraftverkehrsbetriebe. Gemeinsam ist dem Wettbewerb wie dem Monopol, daß die Unternehmer stets größtmöglichen Gewinn anstreben. Die absolute Höhe des Preises berührt sie an und für sich weniger als die Spanne zwischen Marktpreis und Höhe der Kostengüter, weil dieser Unterschied, vervielfacht mit der Menge der Produktionseinheiten (hier Verkehrsleistungen) den Gewinn ergibt. Dies trifft insbesondere auf Monopolbetriebe zu, die keine Wettbewerbspreise zu beachten haben. Ihre in der Preisbildung charakteristische Haltung soll durch ein in der Tabelle 36 gegebenes Beispiel, in dem ein Betrieb mit abnehmenden Kosten angenommen wird, gezeigt werden.

Tabelle 36. Monopolistische Preisbildung.

	Kosten für eine Einheit	Preise für eine Einheit	Produktions- u. Absatzmengen	Gesamtgewinn
1	30	30	50	—
2	22	26	100	400
3	18	22	140	560
4	14	17	200	600
5	11	13	290	580
6	$10^1/_2$	12	380	570
7	10	10	500	—

Die Monopolpreise entstehen aus dem Verhältnis der Kosten zu den Preisen und den bei verschiedenen Preisen erzielbaren Absatzmengen. Sind Kosten und Preise gleich, wird keine Produktion stattfinden, weil der Ansporn dazu, die Entlohnung der Unternehmertätigkeit, fehlt. Nur wenn die Kosten unter den Preisen sind, ist ein Anreiz zur Produktion gegeben. In dem Beispiel Tabelle 36 hätte der Monopolist unter fünf verschiedenen Preisen (26, 22, 17, 13 und 12) zu wählen. Jeder dieser Preise würde einen Gewinn ergeben. Naturgemäß wird der Unternehmer sich zunächst für den Preis entscheiden, der den größten Gewinn bringt. Bei einer Produktion von 100 Einheiten wären die Kosten für eine Einheit 22 und der Preis 26, der Gewinn demnach 400. Würde die

Produktion auf 140, 200, 290, 380 Einheiten erhöht, so würden sich die Kosten — weil die konstanten Kosten auf eine größere Produktionsmenge verteilt werden können — auf 18, 14 ,11 und 10,5 Geldeinheiten ermäßigen. Um die größeren Produktionsmengen auch absetzen zu können, müßten aber die Preise gesenkt werden, denn je größer der Absatz sein soll, um so niedriger muß der Preis sein, damit möglichst viel Verbraucher kauffähig werden. Bei den im Beispiel angenommenen Produktionsmengen 140, 200, 290 und 380 wäre der Monopolist genötigt, die Preise auf 22, 17, 13 und 12 Geldeinheiten festzusetzen. Da sich dabei Gewinne von 400, 560, 600, 580 und 570 ergeben können, wird der Monopolinhaber sich für eine Produktionsmenge von 200 und einen Preis von 17 entscheiden, weil bei diesem Preise ein Höchstgewinn von 600 zu erzielen wäre. Würde er höhere (26 oder 22) oder niederere (13 oder 12) Preise aufstellen, ergäbe sich durch die kleineren oder nicht genügend großen Absatzmengen ein geringerer Gewinn. Bemerkenswert ist also, daß ein Monopolist nicht irgend einen möglichst hohen, sondern den Preis wählt, der ihm den größtmöglichen Gewinn bringt. Es mag sein, daß die Preise im Wettbewerb bei gleichem Kosten- und Gewinnverhältnis wie unter einem Monopol noch niedriger wären wie bei einem Monopol; immerhin würden Preise von 13 oder 12 Geldeinheiten, wie im Beispiel, noch beachtenswerte Gewinne abwerfen. Eine Verteilung der Produktion auf mehrere kleine Unternehmungen würde jedoch die Kosten wohl erhöhen, weil hiedurch die Vorteile der Produktion im großen nicht gegeben wären. Jede Unternehmung würde eine besondere Verwaltung benötigen, das Gesetz der abnehmenden Kosten könnte sich nicht in dem Maße wie bei einem einzigen großen Betriebe auswirken und noch verschiedene andere, die Preisbildung des Großbetriebes begünstigende Vorteile müßten entbehrt werden. Da höhere Kosten aber höhere Preise verursachen, wäre es fraglich, ob bei Wettbewerb der Preis unter dem Monopolpreis liegen würde. Andererseits wird ein Monopolpreis und besonders ein stark gewinnbringender, sofern nicht ein rechtliches, sondern nur ein natürliches Monopol besteht, von der Möglichkeit, daß weitere Betriebe errichtet werden und Wettbewerb machen, beeinflußt. Damit ist im Kraftwagenverkehr, wo Verkehrslinien mit wenig Kapital eröffnet und eingelegte Gelder auch bei Mißerfolg ohne wesentliche Einbuße wieder flüssig gemacht werden können, immer zu rechnen. Neue Betriebe möglichst nicht aufkommen zu lassen, veranlaßt Monopolinhaber häufig, den Preis unter dem erreichbaren Höchstpreise zu halten und meist einen Preis zwischen dem höchstmöglichen und dem, den ein Wettbewerb voraussichtlich ergeben würde, festzusetzen. Ein weiterer Grund, unter den Höchstpreis zu gehen, ist mitunter der Wunsch, Interessen der Verbraucher zu fördern, dem stattgegeben wird, wenn der Gewinn sich dadurch nicht wesentlich verringert.

Auch der Monopolist vermag also Preise nicht willkürlich festzusetzen, auch ist er an die Bedürfnisse, die Nachfrage und die Kaufkraft der Verbraucher gebunden und hat mit der Möglichkeit von Wettbewerb zu rechnen. Der Monopolpreis wird, je nach der Wirtschaftslage, höher oder niedriger als der Preis sein, den ein Wettbewerb mehrerer Unternehmungen ergeben würde.

Wert- und Preistheorien.

Zum Schluß seien einige Wert- und Preistheorien im Verkehrswesen noch kurz besprochen, zuerst die auch hieher gehörende Theorie der Kosten. Wie bei den Gütern, führt eine Gruppe Volkswirtschaftler den Wert und Preis einer Verkehrsleistung allein auf deren Kosten zurück. Die Schwierigkeit der Aufteilung der Kosten in der Praxis des Eisenbahnverkehrs dürfte genügend Beweis dafür sein, daß nicht die Kosten die Beförderungspreise allein bestimmen. Die Vertreter jener Kostentheorie lassen den unterschiedlichen Nutzen der einzelnen Verkehrsleistungen für den Verkehrskunden außer acht.

Sax ging in seinem „Preisgesetz des Verkehrs"[1] die entgegengesetzte Richtung der vorerwähnten Kostentheoretiker und sagte:

„Im Verkehrswesen bestimmen nicht die Kosten die Preise, sondern die Preise die Kosten."

Er sprach von diesem Lehrsatz als einer „scheinbar paradoxen Formel", was insofern nicht verständlich erscheint, als Sax der österreichischen Schule angehört, deren Vertreter als erste den Wert der Güter auf ihren Grenznutzen zurückgeführt haben. Die These, „im Verkehrswesen bestimmen nicht die Kosten die Preise", ist keine Eigenart des Verkehrswesens, sondern der gesamten Volkswirtschaft gemein. Dem zweiten Teil, „die Preise bestimmen die Kosten", kann insoweit zugestimmt werden, als die Höhe des Preises den Umfang der Nachfrage und diese wieder die Kostenhöhe durch die Zahl der Verkehrsleistungen beeinflußt. In vielen Verkehrsbeziehungen wird eine Preisermäßigung zu einer Verkehrssteigerung und Kostenverminderung einer Verkehrsleistungseinheit führen. Keinesfalls dürfte es aber zutreffen, daß die Preise die Kosten bestimmen. Haney bemerkt zutreffend:

„Während Frachtsätze auf Null, könnten Kosten niemals so weit ermäßigt werden[2]."

In Gebieten großer Verkehrsdichte sind mit Verkehrssteigerungen mitunter so hohe zusätzliche Kosten[3] verbunden, daß die Gesamtkosten

[1] Sax a. a. O., Allgemeine Verkehrslehre. S. 90ff.

[2] Haney, L. H.: The Business of Railway Transportation. S. 185. — While rates might be reduced to zero, cost could never be so reduced.

[3] Siehe S. 79/80 u.

einer Verkehrsleistung sich progressiv erhöhen. Damit und noch mehr mit den vorangegangenen Ausführungen dieses Kapitels dürfte aufgezeigt sein, daß weder die Kosten die Preise, noch die Preise die Kosten bestimmen, sondern Angebot und Nachfrage in der Preisbestimmung zusammenwirken.

Eine Gruppe Volkswirtschaftler gründet den Preis einer Verkehrsleistung auf die subjektive Wertschätzung durch Versender und Empfänger. Dies würde bedeuten, daß der Preis einer Verkehrsleistung einzig und allein durch die Nachfrage bestimmt würde. Die Unhaltbarkeit solcher Anschauung dürfte durch die Ausführungen dieses Kapitels dargetan sein.

Nach einer anderen Gruppe beruht der Preis einer Verkehrsleistung auf dem Preisunterschied der Güter am Versand- und Verbrauchsorte. Diese Auffassung verkennt die wirtschaftliche Preisbildung der Güter und Verkehrsleistungen. Ein Gut kann am Versand- oder Produktionsorte überhaupt keine Nachfrage, somit auch keinen Preis haben. Oder es kann die Nachfrage nach einem Gute am Versandorte weit stärker als am Bestimmungsorte sein, so daß der Preis dort höher, hier niedriger wäre.

Wieder eine andere Gruppe bringt den Preis einer Verkehrsleistung mit dem Wert des zu befördernden Gutes in Zusammenhang. Diese Theorie geht von dem Gedanken der Tragfähigkeit hoch- und geringwertiger Güter aus und sagt, daß hochwertige Güter einen höheren Beförderungspreis als geringwertige tragen können. Ist auch der Einfluß des Wertes der Güter auf den Preis, der für ihre Beförderung notwendigen Verkehrsleistungen nicht zu verkennen, so ist er doch keinesfalls allein dafür entscheidend. Die Theorie läßt die hinter dem Angebot eines Verkehrsleistung wirkenden Kräfte unbeachtet.

Unter den Theorien über die Bestimmung von Wert und Preis einer Verkehrsleistung wird das Prinzip „Was der Verkehr tragen wird" — „What the traffie will bear" — am meisten beachtet. Dem Prinzip wird als Grundgedanken entnommen werden können, die Beförderungspreise sollen nicht so hoch sein, daß Verkehr unterdrückt wird, Personen und Güter irgendwie von der Beförderung abgehalten werden. Acworth gab dem Prinzip folgende allgemeine Auslegung:

„Zu verlangen, was der Verkehr tragen wird, heißt in anderen Worten, nicht zu verlangen, was er nicht tragen wird[1]."

Das Prinzip wurde je nach Zweckmäßigkeit verschieden angewendet. Das Bestreben der Eisenbahngesellschaften war, den höchstmöglichen Transportpreis zu verlangen, der, ohne Verkehrsmengen von der Beförderung abzuhalten, zu bekommen war. Dabei betonten sie den ersten

[1] Acworth, W. M.: The Elements of Railway Economics. S. 83. „To charge what the traffic can bear is, in other words, not to charge what the traffic can not bear."

Teil des Leitsatzes „den höchstmöglichen Transportpreis zu verlangen“ zu stark und den zweiten „ohne Verkehrsmengen auszuschließen“ zu wenig. Die Preispolitik der Eisenbahngesellschaften führte in Verkehrsbeziehungen, in denen sich der Wettbewerb nicht genügend auswirken konnte, zu einer zu starken Belastung des Verkehrs. Es wurden Transportpreise aufgestellt, die für Versender ungebührlich hoch waren.

Dem genannten Prinzip wurde aber auch die Bedeutung beigemessen „was der Verkehr tragen sollte“. Es entstand so der Begriff des „gerechten“ — fair — Preises, der in das amerikanische Recht übergegangen ist.

Unter dem Einfluß der neueren Wert- und Preistheorien wurde das Prinzip „Was der Verkehr tragen wird“ auch wie folgt umschrieben: Die Obergrenze des Beförderungspreises sollen die Leistungsmöglichkeit des Reisenden oder die Tragfähigkeit des zu versendenden Gutes, die Untergrenze die Kosten des Transportes bilden. Güter niederen Wertes sollen weniger belastet werden, hauptsächlich nur die variablen, durch den Transport erwachsenden Kosten tragen. Güter mittleren Wertes sollen die variablen und einen verhältnismäßigen Anteil an den konstanten Kosten und hochwertige Güter die variablen und einen mehr als verhältnismäßigen Anteil an den konstanten Kosten tragen. Mit der dem Werte des Gutes angepaßten Kostenverteilung soll der größtmögliche Austausch von Gütern innerhalb einer und mit anderen Volkswirtschaften gefördert werden. Obwohl diese Auslegung des Prinzipes „Was der Verkehr tragen wird“ für die Preisbildung im Verkehrswesen von Nutzen sein kann, theoretisch ist sie insofern unbefriedigend, als die hinter Angebot und Nachfrage stehenden Kräfte nicht ihrer Bedeutung und Wirkung entsprechend berücksichtigt werden.

4. Beförderungspreise und Tarife.

Der Untersuchung über die Preisbildung der Verkehrsleistungen im vorhergehenden Kapitel soll sich nun eine Betrachtung der Beförderungspreise und Tarife der Kraftverkehrsunternehmungen in der Union anschließen. Die Beförderungspreise werden im Kraftwagenverkehr für jede einzelne Verkehrsleistung bestimmt oder mit bestimmten Kunden besonders vereinbart oder allgemein festgesetzt. Wird ein Beförderungspreis für eine oder eine Mehrheit bestimmter Verkehrsleistungen festgelegt, so schließen Unternehmer mit Verkehrsinteressenten besondere Übereinkommen, Beförderungsverträge über Preis, Transportbedingungen und Geltungsdauer. Die privaten Kraftverkehrsunternehmer bevorzugen diese Verträge, weil sie mit ihnen die Kunden individuell behandeln und unterschiedliche Preise festsetzen können. Preisberechnungsgrundlage ist die Zahl der zu befördernden Personen, bei Gütern das Gewicht oder der beanspruchte Wagenraum, die Entfernung, und wird ein besonderes Fahrzeug nötig oder verlangt, kommt noch der Fassungsraum oder die Tragkraft des Fahrzeuges und die Zeit, die es beansprucht wird, hinzu. Die größeren Kraftverkehrsbetriebe, insbesondere die Omnibusgesellschaften, können nicht mit jedem Einzelnen einen besonderen Beförderungsvertrag abschließen; sie setzen ihre Preise und Beförderungsbedingungen in Verzeichnissen, „Tarifen", fest, die meist für längere Zeit und für jedermann gelten. Öffentliche Kraftverkehrsbetriebe[1] sind außerdem gesetzlich verpflichtet, Tarife zu erstellen und zu veröffentlichen (s. Abschnitt IV, Kapitel 2).

Die Omnibusgesellschaften waren anfangs unsicher, welche Preise sie fordern sollten. Häufig verlangten sie die Fahrpreise der Eisenbahnen. In Verkehrsgebieten, in denen Omnibusgesellschaften mit Eisenbahnen im Wettbewerb waren, wurden die Preise der Eisenbahnen meist unterschritten, um Eisenbahnreisende und Personen, die bislang zu hohe Fahrpreise von einer Reise abhielten, für die Omnibuslinien zu gewinnen. Wo Omnibusse das einzige öffentliche Verkehrsmittel waren oder mit Eisenbahnen konkurrierten, und gute Landstraßen und eine schöne Landschaft Fahrten im Omnibus angenehmer erscheinen ließen, wurden die Fahrpreise denen der Eisenbahnen gleichgestellt oder noch etwas darüber hinausgegangen. Im allgemeinen wurden aber die Fahrpreise niedriger als die der Eisenbahnen gehalten (siehe Abschnitt III, Kapitel 1)[2].

Schon früh wurden, wohl durch die Tarife der Eisenbahnen angeregt, Fahrausweise zu ermäßigten Preisen eingeführt, um Verkehr zu werben. Es wurden Doppelkarten, Wochenend- und Sonntagsfahrkarten, allgemeine und Familien-Zeitkarten, Schüler- und Studentenkarten ausgegeben und Ermäßigungen für Kinder, Geistliche und Krankenschwestern gewährt.

Für Sonderfahrten, im besonderen für Mietwagen, wird der Preis in der Regel nach der Reiseentfernung, der Dauer der Fahrt und der Größe des Fahrzeuges berechnet. Die Zeit ist als Preiselement zu berücksichtigen, weil kurze Reiseentfernungen die gleiche Vorbereitung wie lange benötigen und die Ausnützung der Fahrzeuge über kurze Entfernungen nicht so günstig ist wie über lange. Die im „Oregon Stages-System" vereinigten Omnibusgesellschaften berechnen beispielsweise den Preis bei Entfernungen unter 50 Meilen nach der Benutzungsdauer und nur bei größeren Entfernungen nach der Zahl der Meilen. Die Tarifsätze dieser Gesellschaft sind aus der Tabelle 37 zu ersehen, der auch zu entnehmen ist, daß die Größe des Fahrzeuges in der Zahl der Fahrtteilnehmer berücksichtigt wird. Der Preis erhöht sich dabei propor-

---

[1] Hier keine staatlichen, sondern private Unternehmungen, die allgemein „öffentlich" Dienstleistungen ausführen.

[2] Viele Gesellschaften hatten so niedrige Preise, daß die Einnahmen die Kosten nicht deckten und die Gesellschaften gezwungen waren, den Betrieb einzustellen.

tional der Zahl der Teilnehmer, eine Berechnung, die wesentlich von dem tatsächlichen Aufwand abweicht, denn die Besetzung eines Fahrzeuges beeinflußt die Betriebskosten nur wenig. Eine Preis-

Tabelle 37. Preise für die Miete von Omnibussen des Oregon Stages Systems vom 1. Juli 1927[1].

Zahl der Reisenden	Doppelfahrten			Einfache Fahrten	
	Preis für eine halbe Stunde oder Teile davon auf harten u. Makadamstraßen	Preis für eine Meile oder Teile davon		Preis für eine Meile oder Teile davon	
		auf harten Fahrbahndecken	auf Makadamstraßen	auf harten Fahrbahndecken	auf Makadamstaßen
	Dollar	Dollar	Dollar	Dollar	Dollar
12 oder weniger	2,10	0,21	0,27	—	—
13	2,28	0,23	0,30	0,41	0,59
14	2,45	0,25	0,32	0,43	0,62
15	2,63	0,27	0,34	0,45	0,65
16	2,80	0,28	0,36	0,47	0,68
17	2,98	0,30	0,39	0,49	0,71
18	3,15	0,32	0,41	0,51	0,74
19	3,33	0,34	0,43	0,53	0,77
20	3,50	0,35	0,45	0,55	0,80
21	3,68	0,37	0,48	0,57	0,83
22	3,85	0,39	0,50	0,59	0,86
23	4,03	0,41	0,52	0,61	0,89
24	4,20	0,42	0,54	0,63	0,92
25	4,38	0,44	0,57	0,65	0,95
26	4,55	0,46	0,59	0,67	0,98
27	4,73	0,48	0,61	0,69	1,01
28	4,90	0,49	0,63	0,71	1,04
29	5,08	0,51	0,66	0,73	1,07
30	5,25	0,53	0,68	0,75	1,10
31	5,43	0,55	0,70	0,77	1,13
32	5,60	0,56	0,72	0,79	1,16
33	5,78	0,58	0,75	0,81	1,19
34	5,95	0,60	0,77	0,83	1,22
35	6,13	0,62	0,79	0,85	1,25
36	6,30	0,63	0,81	0,87	1,28
37	6,48	0,65	0,84	0,89	1,31
38	6,65	0,67	0,86	0,91	1,34
39	6,83	0,69	0,88	0,93	1,37
40	7,00	0,70	0,90	0,95	1,40

abstufung nach der Größe der Fahrzeuge wäre vollauf ausreichend. — Preisunterschiede auf verschiedenartigen Fahrbahnen werden im Abschnitt V behandelt. — Für lange Wartezeiten am Bestimmungsort oder unterwegs wird ein Zuschlag von 1 Dollar die Stunde angerechnet. Wird ein Fahrzeug nur für eine einfache Fahrt verlangt, so wird ein

[1] Oregon Stages System, Local and Joint Passenger Tariff 0—3, S. 22.

höherer Preis angesetzt und damit der Aufwand für die leere Fahrt gedeckt. Für Leerfahrten nach und von der Abfahrstelle werden besondere Zuschläge erhoben, bei dem Oregon Stages-System für die Meile 15 Cents auf harten und 20 Cents auf Makadam-Straßen.

Von Einfluß auf die Höhe der Fahrpreise sind, wie schon erwähnt, die Größe der Fahrzeuge und ihre Fassungskraft, außerdem ihre Ausstattung und Schnelligkeit[1]. Zu der Größe eines Fahrzeuges und der Zahl seiner Plätze ist hier noch zu bemerken, daß die Kosten der Fortbewegung der Fahrzeuge nur wenig von ihrer Größe beeinflußt werden. Je größer ein Fahrzeug, um so geringer ist die auf die Nutzlast entfallende tote Last und um so kleiner der Kostenanteil auf einen Fahrgast. Sind aber die Kosten anteilmäßig gering, sind auch niedere Fahrpreise möglich.

Unterschiede in der Ausstattung der Fahrzeuge können mit Preisabstufungen ausgeglichen werden. Die bessere Ausstattung und die damit verbundene größere Bequemlichkeit müssen aber so sein, daß der Vorzug des angenehmeren Reisens das Opfer des höheren Fahrpreises überwiegt. Die Schnelligkeit der Reise ist für die Höhe der Fahrpreise besonders wichtig, weil der Wert einer Fahrt in der Regel um so größer ist, je weniger Zeit sie beansprucht. Für rasche Ortsveränderungen werden deshalb höhere Fahrpreise gefordert und bezahlt. Dem Bedürfnis möglichst rascher Beförderung ist in vielen Verkehrsverbindungen durch höhere Grundgeschwindigkeiten und weniger Haltestellen Rechnung getragen worden. Wie im Eisenbahnverkehr wird auch im Omnibusverkehr für schnellere Beförderung ein meist nach Zonen abgestufter Zuschlag erhoben.

Die Fahrpreise für den allgemeinen Verkehr werden in Stationstarifen veröffentlicht, welche die Preise für je zwei Verkehrspunkte aufzeigen. In der Anlage 2 ist der Ausschnitt eines Stationstarifes wiedergegeben. Mit den Tarifen werden, wie bei den Eisenbahnen, besondere Bestimmungen erlassen, über den Geltungsbereich und die Anwendung des Tarifes, über Fahrtausweise, Unterbrechung der Reise u. a.

Gepäck kann in Omnibussen bis zu einem bestimmten Gewichte, vielfach bis zu 70 Lbs., frei mitgeführt werden; Mehrgewicht muß bezahlt werden. Die Frachtsätze für Gepäck werden meist nach Zonen erstellt. Manchmal ist der Gepäckfracht auch die Höhe des Fahrpreises zugrunde gelegt. So ist im Bereiche des Oregon Stages-System für je 100 Lbs. Mehrgewicht 20% des einfachen Fahrpreises zu bezahlen. Eine Teilung des Gepäcks in frachtfreies und frachtpflichtiges ist auf den unterschiedlichen Umfang des Gepäcks der Reisenden zurückzuführen. Eine Anzahl Reisende pflegt so viel Gepäck mitzunehmen, daß dem

[1] Eine allgemeine Erörterung dieser Faktoren siehe im Abschnitt III.

Omnibusbetrieb beträchtliche Kosten entstehen und ein Entgelt geboten erscheint.

Um die Fahrzeuge besser auszunützen, befördern viele Gesellschaften auch Expreßgüter, Zeitungen und andere, für den Omnibusverkehr geeignete Gegenstände. Bewegt sich der Personenverkehr hauptsächlich nur in einer Richtung, so ist es für die Wirtschaftlichkeit des Betriebes wie für eine angemessene Höhe der Fahrpreise sogar notwendig, die Einnahmen aus dem Personenverkehr durch Einnahmen aus der Beförderung von Gütern zu erhöhen.

Im Lastkraftwagenverkehr war die Preisbildung wie im Omnibusverkehr in der ersten Zeit ebenfalls unsicher. Auch hier wurden die Beförderungspreise an die der Eisenbahnen angelehnt und zwar meist an die Stückgutfrachtsätze der hochwertigen Güter. Zu Beginn schien es, als ob für alle Güter nur ein Beförderungspreis genüge. Eine unterschiedliche Bewertung der Verkehrsleistungen durch Versender — je nach ihrem Nutzen — und betriebsökonomische Gründe der Unternehmer führten bald eine Preisabstufung herbei. (Siehe vorhergehendes Kapitel.) Es war jedoch bei den vielen verschiedenartigen Versandgütern nicht möglich, für jedes Gut einen dem Nutzen der Verkehrsleistung entsprechenden Beförderungspreis zu bilden. Die Lastkraftwagenunternehmer hätten an einer so weitgehenden unterschiedlichen Behandlung der Transportgüter auch kein Interesse, da Verkehrsleistungen bei gleichen Gewichts- und Raummengen für die meisten Güter denselben Kostenaufwand beanspruchen. Nur, wo bedeutende Unterschiede im Werte der Verkehrsleistungen oder in der Höhe der Kosten offensichtlich waren, schien es angebracht, mit einem besonderen Angebot entgegenzukommen. Es kam deshalb zu einer Nivellierung der Beförderungspreise, zu einer Zusammenfassung der Güter in Gruppen oder Klassen, je mit einem anderen Frachtsatz.

Aber auch der Zahl der Klassen sind betriebsökonomisch Grenzen gesetzt. Es dürfen nicht zuviel Klassen sein, damit die Anwendung des Tarifes nicht erschwert wird und die Abfertigung nicht zu hohe Kosten verursacht. Es dürfen aber auch nicht zu wenig sein, da sonst dem Unterschied in dem Wert der Verkehrsleistungen nicht genügend entsprochen werden kann. Der Tarif der „Washington Motor Freight Association“ hat vier Klassen[1]. In der ersten sind die hochwertigen,

[1] Der Washington-Tarif ist das Ergebnis eines engen Zusammenschlusses von Lastkraftwagenunternehmern im Staate Washington. Auf diese Weise konnte ein gemeinsamer Tarif für die wichtigeren Verkehrsbeziehungen in diesem Staate und für einige nach dem Nachbarstaat Oregon erstellt werden. Unter allen bis zum Jahre 1928 erschienenen Tarifen war er am sorgfältigsten ausgearbeitet und am weitesten ausgebildet. In der Geschichte der Lastkraftwagentarife wird der Washington-Tarif immer ein Denkstein besonderer Beachtung sein. In den anderen Staaten konnte sich das Tarifwesen noch nicht soweit entwickeln, weil die vielen

die weniger wertigen Güter in den drei anderen Klassen. Die Frachtsätze der vier Klassen stehen in den meisten Verbindungen in einem Verhältnis von ungefähr 100:87:69:54, so daß die Frachtsätze der vierten Klasse nur etwa die Hälfte, die der dritten nur etwa Zweidrittel der ersten Klasse betragen.

In dem Verkehrsgebiet eines Tarifes häufig anfallende Güter werden nach Art und Tarifklasse in einem Verzeichnis, der ,,Güterklassifikation", zusammengestellt. In der Klassifikation nicht genannte Güter tarifieren wie die, denen sie nach Wert, Gewicht, Länge, Raumverdrängung und Beschädigungsgefahr gleichen. Eine solche Bestimmung ist für das Wirtschaftsleben und die Entwicklung einer Klassifikation wohl günstig, sie hat aber den Nachteil, daß Versender unterschiedlich behandelt werden können. Weitere Unterscheidungen werden dadurch getroffen, daß die Klassifikation für manche Güter als Frachtsatz ein Mehrfaches der ersten Klasse bestimmt. So der Washington-Tarif für nicht verpackte elektrische Waschmaschinen das Eineinhalbfache, für verpackte Handwaschmaschinen das Zweifache, für Schreibtische das Dreifache, für Filme das Sechsfache und für Boote (Kanu) das Zehnfache der ersten Klasse. Dafür könnten ebenso auch weitere Klassen gebildet werden. Dies ist aber nur ratsam, wenn, wie schon bemerkt, die Zahl der Klassen die Anwendung des Tarifes nicht erschwert.

Die Zuteilung der Güter auf die einzelnen Klassen ist für die Preisbildung sehr wichtig und gleichbedeutend mit Preisfestsetzung. Die Tarifklassen sollen die Wertunterschiede der Verkehrsleistungen für den Versand der Güter ausdrücken. Als wichtigster Faktor für die Einstufung der Güter in der Praxis gilt der Wert des Transportgutes, da in ihm, wie schon erwähnt, häufig auch der Wert der Verkehrsleistung liegt, obgleich keinesfalls beide immer übereinstimmen. Manchmal besteht für die Verkehrsleistung eines hochwertigen Gutes ein geringer Wert, da der Nutzen seiner Beförderung gering ist, andererseits kann die Verkehrsleistung eines geringwertigen Gutes hochwertig sein, da ein großer Nutzen damit verbunden sein kann. Im allgemeinen dürfte jedoch der Wert eines Gutes seine Tarifklasse anzeigen. Hochwertige Güter sind deshalb vorwiegend in den Tarifklassen mit hohen Frachtsätzen, geringwertige in den Tarifklassen mit niederen Frachtsätzen zu finden.

Die tausenden zur Beförderung kommenden Güter sind so mannigfaltig, daß ein Klassentarif nicht immer genügend die Wertunterschiede der Verkehrsleistungen zu erfassen vermag. Für besonders geartete

---

meist kleinen Lastkraftwagenbetriebe sich noch nicht zusammengeschlossen hatten. Vielfach veröffentlichen Lastkraftwagenunternehmer nicht einmal ihre Beförderungspreise, da sie häufig in Wettbewerb mit anderen Lastkraftwagenunternehmern stehen und einer Bekanntmachung der Preise sofort eine gegenseitige Unterbietung folgen würde.

Fälle werden darum sogenannte ,,commodity tariffs", Tarife mit Frachtsätzen außerhalb des Schemas des Klassentarifes, erstellt. Sie entsprechen den deutschen Ausnahmetarifen und gelten in der Regel auch nur für bestimmte Güter entweder in allen oder nur in einzelnen Verkehrsbeziehungen, teilweise auch nur für bestimmte Versender.

Da viele Lastkraftwagentarife von mehreren Unternehmern gemeinsam ausgegeben werden und dann für alle verbindlich sind, können manchmal wichtige Besonderheiten im Verkehrsgebiet eines Unternehmers, wenn der Grundsatz der Einfachheit des Tarifes beachtet wird, nicht in dem allgemeinen Tarif berücksichtigt werden. Es sei an Fälle gedacht, daß in dem Verkehrsbereich einer Lastkraftwagengesellschaft für ein Gut ein weit größerer Versand als sonst besteht, wodurch eben der Wert der Verkehrsleistung von anderen Bezirken abweicht oder daß Güter in einem Bezirk sorgfältiger verpackt werden als in anderen, wodurch die Gefahr einer Unregelmäßigkeit geringer ist und die Güter niederer tarifiert werden können. Solchen Besonderheiten wird in den Tarifen zum Teil in den ,,Ausnahmen zur Güterklassifikation" in der Weise entsprochen, daß Güter abweichend von der allgemeinen Klassifikation tarifiert werden. Ausnahmen dieser Art können aber nur in einzelnen, besonders wichtigen Fällen zugelassen werden, da sonst die Einheitlichkeit des Tarifes gefährdet wird.

Nun wären auf der Angebotsseite liegende und auf die Preis- und Tarifbildung einwirkende Elemente zu besprechen. Den Lastkraftwagenbetrieben ist das Verhältnis Nutzlast zu toter Last ebenso wichtig wie Wertunterschiede der Verkehrsleistungen den Versendern, da dieses Verhältnis die Höhe der Kosten und die Ökonomie des Betriebes wesentlich beeinflußt. Dem Verhältnis Nutzlast : Tote Last steht das Verhältnis Gewicht des Gutes : Raumbedarf gegenüber. Je schwerer ein Gut und je kleiner der von ihm verdrängte Raum, desto wirtschaftlicher ist für den Transportunternehmer die Verkehrsleistung, da der Frachtberechnung meist nur das Gewicht und nicht der verdrängte Raum zugrunde gelegt wird. Leichte Güter, die einen außergewöhnlich großen Raum im Verhältnis zu ihrem Gewichte beanspruchen, die sogenannten sperrigen Güter, haben entweder ein Mehrfaches ihres wirklichen Gewichtes oder ein Mehrfaches des Frachtsatzes der gewöhnlichen Güter zu tragen oder aber sie werden in eine höhere Tarifklasse, als ihrem Werte und sonstigen Eigenschaften entsprechen würde, eingestuft. Der Washington-Tarif berücksichtigt das Verhältnis Nutzlast : Tote Last weitgehendst. Nach ihm tarifieren beispielsweise:

Ineinandergestellte Schreibtische in der Klasse 2,

aufeinandergestellte Schreibtische zum zweifachen Frachtsatz der Klasse 1,

lose Operationstische zum dreifachen Frachtsatz der Klasse 1.

Ähnlich werden auch unverhältnismäßig lange Güter mit viel toter Last und geringer Nutzlast behandelt. Es tarifieren in dem Washington-Tarif:

Eisen- und Stahlwaren, 25 Fuß und weniger lang in Klasse 4,
von 26—30 Fuß Länge in Klasse 3,
„ 31—35 „ „ „ „ 1,
„ 36—40 „ „ zum $1^1/_2$fachen Frachtsatz der Klasse 1,
von mehr als 40 Fuß Länge zum zweifachen Frachtsatz der Kl. 1.

Eine weitere Berücksichtigung des Raumes tritt — neben dem Gewichte — dann ein, wenn bei der Frachtberechnung von der Tragfähigkeit der Fahrzeuge ausgegangen wird. So verlangt ein Lastkraftwagenunternehmer im Staate Minnesota für die Beförderung von Umzugsgütern, unbeschadet der Gewichtsmenge, folgende Preise[1]: Für Fahrzeuge mit einer Tragfähigkeit von 1—$1^1/_2$ Tonnen 20 Cents die Fahrzeugmeile, von 2 Tonnen 25 Cents und von $3^1/_2$ Tonnen 30 Cents die Fahrzeugmeile. Berechnungsgrundlagen dieser Art drängen zu einer wirtschaftlichen Ausnützung der Fahrzeuge und werden vorteilhaft bei dem Versand sperriger Güter verwendet.

Der Kostengesichtspunkt nötigt auch, zwischen Stückgütern und Wagenladungen[2] zu unterscheiden. Die Kosten der Abfertigung sind bei der Auflieferung ganzer Wagen geringer, als wenn viele in einem Wagen verladene Sendungen einzeln aufgeliefert werden, ob also nur ein oder mehrere Beförderungsverträge abgeschlossen und dementsprechend Beförderungspapiere behandelt werden müssen. Noch bedeutsamer ist der Unterschied in der Abholung und Zustellung der Güter. Kleine Sendungen werden häufig mit kleinen Fahrzeugen gesammelt, nach einem Lastkraftwagenbahnhofe verbracht, dort in größere Fahrzeuge umgeladen, vielleicht auch noch einige Zeit zuvor eingelagert, bis sie abbefördert werden. Am Bestimmungsorte werden die Sendungen häufig wiederum in kleinere Fahrzeuge umgeladen oder eingelagert, bevor sie den Empfängern zugestellt werden. Bei der Aufgabe ganzer Wagen kann das Fahrzeug im Hofe des Versenders vorfahren und die Güter in einer Fahrt unmittelbar abliefern. Oft werden auch bei der Auflieferung von geschlossenen Ladungen die Güter vom Versender selbst verladen und vom Empfänger entladen, während dies bei Stückgütern der Kraftverkehrsunternehmer zu besorgen hat. Außerdem ist ein Lastkraftwagen mit Gütern gleicher Art und Größe mehr ausgelastet

[1] Für die Beladung und Entladung der Umzugsgüter werden besondere Gebühren berechnet.

[2] Stückgüter sind Güter, bei denen der Frachtvertrag über einzelne Stücke abgeschlossen und die Fracht nach einer Stückgutklasse berechnet wird. Wagenladungsgüter werden mit einem Frachtbrief als geschlossene Ladung in einem Wagen aufgegeben; angewendet wird der Frachtsatz einer Wagenladungsklasse.

als bei verschiedenen Gütern mehrerer Versender. Das Verhältnis Nutzlast zu toter Last ist daher bei Wagenladungen günstiger. Schließlich treten bei Stückgütern durch die mehrfachen Behandlungen während der Beförderung insbesondere auf den Versand- und Bestimmungsbahnhöfen mehr Verluste, Beschädigungen und Diebstähle ein als bei Wagenladungen. Die Ausführungen dürften zeigen, daß für die Behandlung und Beförderung von Gütern als Wagenladung weniger an Abfertigungs- und Streckenkosten[1] aufgewendet werden muß als für Stückgüter. Obwohl in Amerika die kleinen Kraftwagen mit $^1/_2$—$2^1/_2$ Tonnen vorherrschen und dadurch die Fahrzeuge vielfach schon mit Gütern von 2, 3 und 4 Versendern ausgelastet sind, scheint es dennoch geboten, auch in der Lastkraftwagenbeförderung für Stückgüter und Wagenladungen einen im Verhältnis zu ihrem Aufwand unterschiedlichen Beförderungspreis zu bilden.

Um den verhältnismäßig hohen Aufwand der Beförderung kleiner Transportmengen durch die Einnahmen etwas auszugleichen, werden Mindestfrachten und Mindestgewichte festgesetzt. So betragen die Frachtsätze der Strecke Olympia-Bellingham im Staate Washington für je 100 Lbs. in der dritten Klasse 105 Cents, in der vierten 80 Cents, als Fracht werden jedoch mindestens 125 Cents erhoben.

Ein weiterer, auf die Höhe der Kosten einwirkender und bei der Tarifbildung zu beachtender Faktor ist die Gefahr einer Beschädigung oder eines Verlustes der Güter während der Beförderung. Der Kraftverkehrsunternehmer haftet im allgemeinen für die während des Transportes, von der Annahme bis zur Ablieferung, eintretenden Unregelmäßigkeiten oder Schäden am Gute. Er ist davon nur dann befreit, wenn sie durch höhere Gewalt (in Amerika „Act of God" genannt) oder durch Verschulden des Versenders oder Empfängers verursacht wurden. Zum Ausgleich der Haftung wird für Güter, bei denen besonders die Gefahr einer Beschädigung, eines Verlustes oder Diebstahls besteht, eine höhere Fracht verlangt, um das mit der Beförderung verbundene größere Risiko zu decken. Leicht zerbrechliche Güter werden daher höher tarifiert als andere, der Gefahr eines Bruches weniger ausgesetzte Güter. Im Washington-Tarif sind beispielsweise Schüsseln aus Holz oder Papier der Klasse 2 zugeteilt; für Schüsseln, die weder aus Holz noch aus Papier — aber aus leicht zerbrechlichem Material — sind, ist der $1^1/_2$fache Frachtsatz der Klasse 1 vorgesehen. Ebenso werden Gegenstände, die unverpackt oder mangelhaft verpackt aufgeliefert und dadurch eher beschädigt, verloren oder gestohlen werden können, höher tarifiert. Nach dem Washington-Tarif sind verpackte Rechenmaschinen zum zweifachen und unverpackte zum dreifachen Frachtsatz der ersten Klasse zu berechnen. Viele Kraftverkehrsbetriebe machen die Annahme

[1] Siehe auch Kapitel 2 und 3 des nächsten Abschnitts.

derartiger Sendungen auch von bestimmten, im Tarif aufgeführten Bedingungen abhängig, oder lehnen ihre Beförderung überhaupt ab. Nach Artikel 10 des Washington-Tarifes kann die Annahme von Gütern verweigert werden, die nicht den besonderen Vorschriften über Verpackung genügen, und nach Artikel 11 werden lose aufgegebene Güter nur auf Gefahr des Versenders befördert. Artikel 12 bestimmt, daß Güter, die während der Beförderung leicht beschädigt werden, zurückgehalten werden können, bis geeignete Fahrzeuge verfügbar sind, andernfalls die Beförderung verweigert werden kann.

Außer den besprochenen wirken bei der Preis- und Tarifbildung noch viele andere Faktoren mit, die im allgemeinen von geringerer Bedeutung sind, im Einzelfall aber wichtiger als die besprochenen sein können. Im Rahmen dieser Arbeit ist es jedoch nicht möglich, auf weitere Einzelheiten einzugehen.

Die Tarife des Lastkraftwagenverkehrs sind, wie die des Omnibusverkehrs, Stationstarife. Frachtsätze werden für eine Verkehrsverbindung und für je 100 Lbs. Güter der verschiedenen Klassen genannt. Einen Ausschnitt aus dem Washington-Tarif enthält die Anlage 3.

Die Anwendung der Tarife, die Bedingungen über den Abschluß des Frachtvertrages, über die Verpackung der Güter und anderes werden ebenfalls in ihnen bekanntgegeben. Die Kraftverkehrsunternehmer können beispielsweise bestimmen über die Vorauszahlung der Fracht, die Belastung der Sendungen mit Nachnahmen, die bei der Auslieferung von den Empfängern erhoben werden sollen, die Annahme besonders schwerer oder schwierig zu handhabender Güter.

Ein Tarif soll stets der Wirtschaftslage angepaßt sein. Trotzdem darf er aber nicht zu häufig geändert werden, um keine Unsicherheit in das Wirtschaftsleben hineinzutragen. Große Schwankungen der Wirtschaft sollten sich aber auch in den Tarifen auswirken. Kleineren Veränderungen kann oft durch Ausnahmetarife entsprochen werden. Da bei der Eigenart der Tarife Änderungen der Nachfrage in den Beförderungspreisen nicht so wie in den Preisen der Güter zum Ausdruck kommen können, hat der Kraftverkehrsunternehmer um so sorgfältiger den Markt der Verkehrsleistungen zu überwachen.

Literatur.

Acworth, W. M.: The Elements of Railway Economics. Oxford 1924.

Agg, T. R., and H. S. Carter: Highway Transportation Costs Jowa State College Bulletin 69.

Bamborough, J. E.: Research Report on Cost of Operating Automobiles April 1927.

v. Böhm-Bawerk, E.: Positive Theorie des Kapitals. Jena 1921. — Gesammelte Schriften. Wien 1924

Cassel, G.: Grundriß einer elementaren Preislehre. Z. f. Stw. Jg. 55.

Clark, J. B.: Essentials of Economic Theory. New York 1922.
Clark, M. J.: Studies in the Economics of Overhead Costs. Chicago 1923.
Dietzel, H.: Die klassische Werttheorie und die Theorie vom Grenznutzen. Jb. f. N. Bd 54 (1890). — Zur klassischen Wert- und Preistheorie. Jb. f. N. Bd 56.
Ely, O.: Railway Rates and Cost of Service. New York 1924.
Engländer, O.: Emil Sax, die Verkehrsmittel und die Lehre von den Verkehrsmitteln. Schmollers Jb. für Gesetzgebg u. Verwaltg Jg. 48 (1924).
Fisher, I.: Elementary Principles of Economics. New York 1918.
Grupp, G. W.: Economics of Motor Transportation. New York 1923.
Haney, L. H.: The Business of Railway Transportation. New York 1924.
Jones, E.: Principles of Railway Transportation. New York 1927.
Marshall, A.: Principles of Economics. London 1925.
Mayer, H.: Preis (Monopolpreis). Handwörterbuch der Staatswissenschaften. 4. Aufl.
Menger, C.: Grundsätze der Volkswirtschaftslehre. Wien 1923.
v. Philippovich, E.: Grundriß der politischen Ökonomie. Bd 1. Tübingen 1923.
Pigou, A. C.: The Economics of Welfare. London 1920.
Sax, E.: Die Verkehrsmittel in Volks- und Staatswirtschaft. Allgemeine Verkehrslehre. Berlin 1918. — Preiserscheinungen des Verkehrswesens. Arch. f. Eisenbahnwesen Jg. 1926, H. 1.
Schmalenbach, E.: Grundlagen Dynamischer Bilanzlehre. Leipzig 1925.
Schmoller, G.: Grundriß der allgemeinen Volkswirtschaftslehre. Leipzig 1922.
Strombeck, J. F.: Freight Classification. Boston-New York 1912.
Taussig, F. W.: Principle of Economics. New York 1922.
Walras, L.: Eléments d'Economie Politique pure on Theorie de la Richesse 1900.
White, P.: Motor Transportation of Merchandise and Passengers. New York 1923.
v. Wieser, F.: Der natürliche Wert. Wien 1889. — Theorie der gesellschaftlichen Wirtschaft. Grundriß der Sozialökonomik. 1. Abt., 2. T. 1924.
Zuckerkandl, R.: Preis, Handwörterbuch der Staatswissenschaften. 4. Aufl.
Automotive Transportation and Railways, Comission on Commerce and Marine, American Bankers Association, New York 1927.
Bus Operating Practice, Mack Trucks Inc. New York 1925.
California Transit Company: Local Passenger Tariff Nr 6 vom 1. 10. 1926. Local Express Tariff No 1 B vom 18. 5. 1927.
Fact and Figures of the Automobile Industry 1926—1929 Editions.
North Coast Transportation Co. Tariff Nr 5, vom 1. 11. 1927.
Oregon Stages System Local and Joint Passenger Tariff 0—3 vom 1. 7. 1927.
Proceedings of the Fifth, Sixth, Seventh Annual Meetings of the Highway Research Board Washington D. C. 1926/28.
Washington Motor Freight Association, Local and Joint Freight Tariff No 1—D vom 14. 8. 1926.

III. Die wirtschaftlichen Wettbewerbsgrenzen des Kraftwagen- und Eisenbahnverkehrs.

In diesem Abschnitt soll die Ökonomik des Kraftwagen- und Eisenbahnverkehrs verglichen werden. Der Eisenbahnverkehr wurde einbezogen, um den Kraftwagenverkehr durch eine Gegenüberstellung mit dem älteren Verkehrsmittel in seiner Charakteristik besser hervortreten zu lassen. Die Ökonomik des Eisenbahnverkehrs wird aber nur soweit behandelt, als es für die Kennzeichnung des Wesens des Kraftwagenverkehrs zweckdienlich erscheint.

1. Der Einfluß der Beförderungspreise.

Die Preise der Verkehrsleistungen sind, wie die der Güter, von wesentlichster Bedeutung für den Wettbewerb. Nachdem in Kapitel 3 des letzten Abschnittes der Einfluß der Beförderungspreise auf den Wettbewerb der Kraftwagen untereinander erörtert wurde, sollen nun die Preise der Verkehrsleistungen des Kraftwagens und der Eisenbahn einander gegenübergestellt werden, weil ihre Höhe für den Wettbewerb der beiden Verkehrsmittel bestimmend ist. Der Beförderungspreis ist aber, wie in folgenden Kapiteln noch aufgezeigt werden wird, keineswegs der einzige Wettbewerbsfaktor.

Zunächst werden Beförderungspreise des Omnibus- und Eisenbahnverkehrs in einer Anzahl Verkehrsverbindungen verglichen. Die Tabelle 38 zeigt Fahrpreise der beiden Verkehrsmittel in Nahentfernungen[1] und läßt erkennen, daß die Fahrpreise der Eisenbahn im allgemeinen etwas höher sind als die des Omnibusverkehrs, und zwar im Durchschnitt

Tabelle 38. Fahrpreise des Omnibus- und Eisenbahnverkehrs in Nahentfernungen (1926)[2].

Ausgangsstation	Bestimmungsstation	Entfernung der Omnibuslinie Meilen	Entfernung der Eisenbahnlinie Meilen	Fahrpreis der Omnibuslinie Dollar	Fahrpreis der Eisenbahnlinie Dollar	Mehr oder weniger des Eisenbahnfahrpreises Dollar
Detroit	Dearborn (Michigan) .	12	9	0,20	0,33	+ 0,13
	Plymouth „ . .	25	26	0,45	0,89	+ 0,44
	Ann Arbor „ . . .	39	36	1,25	1,30	+ 0,05
	Port Huron „ . . .	60	57	2,00	2,00	—
	Flint „ . . .	57	76	2,00	2,66	+ 0,66
	Jackson „ . . .	78	74	2,55	2,68	+ 0,13
Grand Rapids	Muskegon „ . . .	45	40	1,25	1,44	+ 0,19
	Holland „ . . .	30	25	1,00	0,92	— 0,08
	Kalamazoo „ . . .	49	49	1,49	1,76	+ 0,27
	Hastings „ . . .	38	32	1,15	1,18	+ 0,03
	Lansing „ . . .	68	65	2,25	2,35	+ 0,10
	Jonia „ . . .	35	34	1,30	1,29	— 0,01
	Big Rapids „ . . .	60	56	2,00	2,02	+ 0,02

[1] Als Nahentfernungen sollen Beförderungsweiten bis zu 75 Meilen, als mittlere von 76—150 Meilen und als weite über 150 Meilen gelten.

[2] Fact and Figures a. a. O. 1927 Edition S. 76 und The Journal of Land and Public Utility Economics Aug. 1927, S. 275.

um etwa 10%[1]. Nur in der Verbindung Detroit-Plymouth ist der Eisenbahnfahrpreis etwa 100% höher. Eine andere Verbindung hat bei beiden Verkehrsmitteln gleich hohe Fahrpreise und in zwei weiteren Verbindungen des Beispiels sind die des Omnibusverkehrs höher.

Die Fahrpreise der großen Omnibusgesellschaft „Pickwick-Stages" und der „Southern-Pacific"-Eisenbahngesellschaft für Verkehrsrelationen auf mittlere und weite Entfernungen im Staate Kalifornien sind in der Tabelle 39 einander gegenübergestellt. Hier sind durchweg

Tabelle 39. Fahrpreise der Pickwick Stages und der Southern Pacific Eisenbahngesellschaft zwischen den Knotenpunkten San Franzisko —Los Angeles im August 1927[2]. — Mittlere und weite Entfernungen.

Ausgangsstation	Bestimmungsstation	Entfernung der Kraftwagenlinie Meilen	Entfernung der Eisenbahnlinie Meilen	Fahrpreis der Kraftwagenlinie Dollar	Einheitssatz der Kraftwagenlinie Cents	Fahrpreis der Eisenbahnlinie Dollar	Einheitssatz der Eisenbahnlinie Cents	Mehrbetrag der Eisenbahnlinie Dollar
San Franzisko	Gilroy	82	77	1,85	2,3	2,82	3,6	0,97
	Salinas	111	114	3,10	2,8	4,14	3,6	1,04
	Soledad	137	140	4,05	2,9	5,04	3,6	0,99
	King City . . .	158	160	4,70	3,0	5,76	3,6	1,06
	Paso Robles . .	213	213	6,60	3,1	7,68	3,6	1,08
	Atascadero . .	223	225	7,10	3,2	8,10	3,6	1,00
	Pismo Beach . .	256	260	8,10	3,2	9,36	3,6	1,26
	Gaviota	327	336	10,95	3,3	12,12	3,6	1,17
	Santa Barbara .	359	367	11,00	3,1	13,26	3,6	2,26
	Ventura . . .	388	395	12,00	3,1	14,28	3,6	2,28
	Los Angeles . .	457	471	12,85	2,8	17,04	3,6	4,19

die Fahrpreise der Eisenbahn höher als die der Omnibuslinie, und zwar sind sie zu Beginn der Verbindung verhältnismäßig erheblich höher. Mit der Zunahme der Reiselänge vermindern sich relativ die Preisunterschiede, so daß in der Verbindung San Franzisko—Gaviota der Eisenbahnfahrpreis nur noch etwa 10% höher ist. In den Verbindungen von San Franzisko nach Santa Barbara, Ventura und Los Angeles, den weit entferntesten Bestimmungsstationen, vergrößern sich die Unterschiede wieder etwas. Im Durchschnitt sind die Eisenbahnfahrpreise für die Verbindungen des Beispiels rund 21% höher als die der Omnibuslinie. Der Einheitssatz der Eisenbahn, der auf alle Entfernungen 3,6 Cents beträgt, schwankt bei der Omnibuslinie zwischen 2,3 und 3,3 Cents die Meile.

Die Fahrpreise der beiden Verkehrsmittel auf sehr weite Entfernungen enthält die Tabelle 40. Die Eisenbahn ist hier bedeutend teurer als der

[1] Bei der Beurteilung der Fahrpreise der Eisenbahn ist zu beachten, daß ihre Reisegeschwindigkeit zum Teil wesentlich höher ist als die der Omnibuslinie. Näheres hierüber in Kapitel 3.

[2] The Railroad-Steamship and Motor Stage Bluebook.

Omnibus, und zwar durchschnittlich um etwa 65%. Werden die Entfernungen der Landstraße denen der Schiene gleichgesetzt, so ergeben sich im Omnibusverkehr Einheitssätze von 1,83—2,59 Cents die Meile; die Eisenbahn hat den allgemeinen Einheitssatz von 3,6 Cents die Meile. Der niederste Einheitssatz des Omnibus von 1,83 Cents bleibt also nahezu um die Hälfte und der höchste von 2,59 Cents immer noch 28% unter dem der Eisenbahn. In den sehr weiten Entfernungen sind die Omnibusfahrpreise in den letzten Jahren zum Teil beträchtlich erhöht worden, so daß die Eisenbahnfahrpreise hier schätzungsweise im allgemeinen nur um 25—30% höher sein dürften.

Tabelle 40. Fahrpreise von Omnibus und Eisenbahn auf sehr weite Entfernungen (1926)[1].

Ausgangsstation	Bestimmungsstation	Entfernung der Eisenbahn	Fahrpreise des Omnibusses	Einheitssatz des Omnibusses	Fahrpreise der Eisenbahn	Einheitssatz der der Eisenbahn	Mehrbetrag der Eisenbahn
		Meilen	Dollar	Cents	Dollar	Cents	Dollar
Denver	Salina (Kansas) . . .	453	11,65	2,59	16,41	3,6	4,76
	Amarilla (Texas) . . .	465	10,00	2,15	16,76	3,6	6,76
	Topeka (Kansas) . . .	572	12,50	2,10	20,38	3,6	7,88
	Salt Lake City	626	12,50	2,00	22,56	3,6	10,06
	Kansas City	633	12,50	2,00	22,76	3,6	10,26
	St. Louis	916	19,50	2,13	32,80	3,6	13,30
	Chikago	1023	25,00	2,45	37,28	3,6	12,28
	Detroit	1296	32,00	2,47	47,09	3,6	15,09
	Los Angeles	1373	25,00	1,83	49,29	3,6	24,29

Es gibt jedoch auch zahlreiche Fälle, in denen der Omnibusfahrpreis höher als der der Eisenbahn ist, und zwar insbesondere dann, wenn beide Verkehrsmittel nicht im Wettbewerb miteinander stehen. Im Jahre 1925 hatten im Staate Connecticut 40 von 47 Linien, also 85%, und in den Staaten Maryland und New Hampshire etwa 87% einen höheren Einheitssatz als den der Eisenbahn — 3,6 Cents die Meile —[2]. In Connecticut hatten 36, in Maryland 43 und in New Hampshire 75% der Linien sogar einen um mehr als 5 Cents die Meile höheren Einheitssatz. Die Tabelle 41 gibt die einzelnen Sätze für die drei Staaten. Im allgemeinen sind jedoch die Fahrpreise des Omnibusverkehrs niederer als die der Eisenbahnen, und zwar ist häufig festzustellen, daß, je länger die Entfernung, desto größer ist der Unterschied zwischen Omnibus- und Eisenbahnfahrpreis auf die Entfernungseinheit bezogen[3]. Die relative Ermäßigung des Omnibusfahrpreises mit zuneh-

[1] Aus Tageszeitungen entnommen S. Interstate Commerce Commission Hearing 18300, S. 2187.

[2] S. Public Roads Vol. 6, Nr 10, S. 217.

[3] Die in den Tabellen gegenübergestellten Fahrpreise von Omnibus und Eisen-

mender Entfernung will hauptsächlich der bei langen Reisen im Omnibus mehr als in der Eisenbahn zunehmenden Ermüdung Rechnung tragen. Die Wertung der Ortsveränderung nimmt mit ihrer Ausdehnung wohl zu, wirkt aber degressiv in der Weise, daß der Reisende auf größere Entfernungen nur einen kleineren Einheitssatz zu bezahlen willens ist. Die Wettbewerbsfähigkeit des Omnibus ist im Nahverkehr am stärksten, in den mittleren und weiten Entfernungen geht sie mehr und mehr zurück.

Tabelle 41. Omnibusfahrpreise in Connecticut, New Hampshire und Maryland (1925)[1].

Einheitsatz in Cents die Meile	Connecticut		New Hampshire		Maryland	
	Zahl der Linien	% aller Linien	Zahl der Linien	% aller Linien	Zahl der Linien	% aller Linien
2 bis 3	2	4,2	1	3,1	1	3,1
3 bis 4	7	14,9	4	12,5	6	18,8
4 bis 5	21	44,7	3	9,4	11	34,4
5 bis 6	11	23,4	7	21,9	13	40,6
6 bis 7	3	6,4	2	6,3	1	3,1
7 bis 8	3	6,4	1	3,1	—	—
8 bis 9	—	—	1	3,1	—	—
9 bis 10	—	—	4	12,5	—	—
10 bis 11	—	—	2	6,3	—	—
12 bis 13	—	—	5	15,6	—	—
15 bis 16	—	—	1	3,1	—	—
18 bis19	—	—	1	3,1	—	—
Gesamt	47	100,0	32	100,0	32	100,0

Bei den verschiedenen Vergleichen der Omnibus- und Eisenbahnfahrpreise wurde der Einheitssatz von 3,6 Cents die Meile für die gewöhnlichen Eisenbahnwagen — coaches — zugrunde gelegt; für die qualitativ besseren Pullmanwagen beträgt der Einheitssatz etwa 4,8 Cents die Meile. In diesem Satz ist auch die Gebühr für ein Bettlager während der Nacht inbegriffen. Einige Omnibusgesellschaften haben neben ihren gewöhnlichen auch besser ausgestattete Fahrzeuge in Dienst gestellt[2]. Für

bahn sind willkürlich aus verschiedenen Teilen der Union gewählt. Sie dürften für die Mehrheit der Verkehrsverbindungen Amerikas, ausgenommen die weiten Reiseentfernungen, vertretend sein.

[1] Public Roads Vol. 6, Nr 10. Die Fahrpreise in diesen Staaten müssen als sehr hoch bezeichnet werden; sie dürften sich in der Zwischenzeit zum Teil ermäßigt haben.

[2] Die Pickwick Stages in Kalifornien haben als erste Omnibusse mit größerem Komfort — Buffet Parlor Cars — neben ihren gewöhnlichen in Betrieb gestellt. Es sind Fahrzeuge mit einer kleinen Küche, in der während der Fahrt kalte und warme Speisen zubereitet werden können und die von einem Steward aufgetragen werden. Ferner haben die Fahrzeuge eine kleine Toilette. Hinten am Wagen ist eine Art observation platform, wo 4 Leute Platz nehmen können. Die Ausstattung dieser Omnibusse ist im allgemeinen auch besser und die Reisegeschwindigkeit höher als die der gewöhnlichen Fahrzeuge. Der dem Reisenden zur Verfügung stehende

ihre Benutzung wird ein Zuschlag erhoben, der beispielsweise zwischen San Franzisko und Los Angeles 1,50 Dollar beträgt, so daß in dieser Verkehrsbeziehung insgesamt 14,35 Dollar zu bezahlen sind. Die Fahrt im Pullmanwagen mit unterem Bettlager — lower berth — kostet für diese Strecke 21,54 Dollar, also etwa ein Drittel mehr.

Ist es schon im Personenverkehr durch die große Verschiedenheit der Omnibusfahrpreise schwierig, sie mit den Beförderungspreisen der Eisenbahn zu vergleichen, so besteht diese Schwierigkeit noch weit mehr im Güterverkehr, wo nicht nur unterschiedliche Frachtsätze von den verschiedenen Unternehmern, sondern auch für verschiedenartige Güter, von den gleichen Unternehmern gebildet werden und wo diese Unterschiede auch im Eisenbahnverkehr bestehen. In der „Official" und „Southern" Klassifikation[1] der Eisenbahnen sind von 15627 Gütern 7655 oder 51% verschieden in den beiden Klassifikationen eingestuft[2]. Ein zweckdienliches Vergleichen von Beförderungspreisen des Lastkraftwagen- und Eisenbahnverkehrs ist daher nur in der Weise möglich, daß jeweils die Frachtsätze für ein Gut in einer bestimmten Verkehrsverbindung gegenübergestellt werden, wodurch aber nur schwer ein allgemeiner Überblick gewonnen wird. Sind Klassenfrachtsätze beider Verkehrsmittel verfügbar, so können sie, vorausgesetzt, daß sie dieselben Güter betreffen, herangezogen werden. In der Tabelle 42 sind Frachtsätze der im allgemeinen im Lastkraftwagenverkehr bestehenden vier Tarifklassen den entsprechenden im Eisenbahnverkehr[3] für Verkehrsrelationen im Staate Minnesota gegenübergestellt. Die Sätze der Lastkraftwagenlinien sind nach Cambridge, Fairbault, Owatonna und Mankato durchschnittlich nicht ganz 15% höher als die der Eisenbahn. Nach dem Verkehrspunkte Princeton sind die Eisenbahnfrachtsätze ein wenig höher und nach den Verkehrspunkten Wayzata und St. Cloud sind die Frachtsätze beider Verkehrsmittel gleich. Hier ist aber zu berücksich-

---

Raum ist jedoch nicht wesentlich größer als der in den gewöhnlichen Omnibussen, weshalb die Pullmanwagen an Komfort immer noch weit überlegen bleiben. Neuerdings wurden auch Schlafwagen-Omnibusse gebaut, die im Bettlager teilweise einen höheren Komfort als die Pullmanwagen gewähren sollen. S. Abb. 20—27.

[1] Die Eisenbahnen der Union sind in drei Klassifikationsgebiete eingeteilt, die Gebiete der Official, Southern und Western Classification. Das Gebiet der Official Classification umfaßt die Eisenbahnen nördlich der Flüsse Ohio und Potomac und östlich des Mississippi, die Southern Classification das Gebiet östlich des Mississippi und südlich der Ohio und Potomac-Flüsse und die Western Classification das Gebiet westlich des Mississippi-Flusses.

[2] Siehe S. 664, Interstate Commerce Commission Report Nr 13494 Southern Class Rate Investigation.

[3] Es sind dies die Frachtsätze der vier Stückgutklassen im Eisenbahnverkehr. Ein Wettbewerb mit den Wagenladungen der Eisenbahnen kommt bei der kleinen Fassungskraft der Lastkraftwagen und bei den niederen Wagenladungsfrachtsätzen der Eisenbahnen wenig in Frage. S. Kapitel 4 dieses Abschnitts.

tigen, daß bei der Eisenbahnbeförderung außer diesen Frachtsätzen noch An- und Abfuhrkosten zum und vom Güterbahnhof erwachsen, mit denen die Versender beim Lastkraftwagentransport häufig nicht zu rechnen haben. Wird für die An- und Abfuhr den Eisenbahnfrachtsätzen ein Mittelwert von 15 Cents für 100 Lbs. zugezählt, so ergibt sich für die Schienenbeförderung ein durchweg beträchtlich höherer Frachtsatz, der gegenüber den Sätzen der Lastkraftwagenbeförderung im Durchschnitt für alle Verkehrsverbindungen nicht ganz 50% beträgt.

Werden die Frachtsätze der Washington Motor Freight Association — s. Anlage 2 — mit denen der Eisenbahn verglichen, so sind im allgemeinen bis 100 Meilen niederere und über 100 Meilen höhere Frachtsätze der Lastkraftwagenbeförderung festzustellen. Diese Sachlage dürfte auch für eine große Zahl anderer Verkehrsgebiete zutreffen.

Tabelle 42. Frachtsätze des Lastkraftwagen- und Eisenbahnverkehrs im Staate Minnesota (1927).

Ausgangsstation: St. Paul-Minneapolis.

Bestimmungs-station	Entfernung der Lastkraftwagenlinien	Lastkraftwagenfrachtsätze in Cents				Entfernung der Eisenbahnlinien	Eisenbahnfrachtsätze in Cents			
		Klassen					Klassen			
	Meilen	1	2	3	4	Meilen	1	2	3	4
Wayzata	12	25	21	17,5	15	19	25	21	17,5	15
Princeton . . .	44	30,5	25	20,5	15,5	55	31,5	26	21	16
Cambridge . . .	53	33,5	28	22	16	47	30,5	25	20,5	15,5
Fairbault . . .	61	36,5	30,5	24,5	18,5	54	33,5	28	22	16
St. Cloud . . .	63	36,5	30,5	24,5	18,5	69	36,5	30,5	24,5	18,5
Owatonna . . .	77	40,5	34	27,5	20,5	69	38	31,5	25	19
Mankato . . .	89	43,5	36,5	29,5	22	85	40,5	34	27,5	20,5

Zum Schlusse soll noch ein rechnerischer Vergleich zwischen Beförderungspreisen der beiden Verkehrsmittel gezogen werden. Hiezu wird ein Mittelwert der im Kapitel 2 des letzten Abschnittes errechneten Kosten der Lastkraftwagenbeförderung um eine Gewinnrate erhöht und Eisenbahnfrachtsätzen gegenübergestellt. Die Tabelle 43 enthält die Frachtsätze der „Southwestern Scale" vom 14. Juli 1928 ohne und mit An- und Abfuhrkosten und die Wettbewerbsgrenzen des Lastkraftwagen bei einem Beförderungspreis von 0,7 Cents[1] die Meile für 100 Lbs. Eine Betrachtung ergibt, daß die Beförderungspreise des Lastkraftwagens je nach der Tarifklasse der Eisenbahn auf größere oder kleinere Ent-

[1] Auf Grund der Kostenberechnungen (Abschnitt II, Kapitel 2) wurde ein Mittelwert von 0,5 Cents die Meile für 100 Lbs. angenommen und um einen Gewinnzuschlag von 40% erhöht, so daß sich ein Beförderungspreis von 0,7 Cents ergibt. Die Aufwendungen für Leerfahrten sind hierin berücksichtigt.

Tabelle 43. **Frachtsätze der Eisenbahn ohne und mit An- und Abfuhrkosten für 100 Lbs. in Cents.** Southwestern Scale vom 14. Juli 1928.

Entfernung Meilen	Klassen																			
	1		2		3		4		5		A		B		C		D		E	
5	36	51	31	46	25	40	20	35	14	29	16	31	12	27	10	25	8	23	6	21
10	38	53	32	47	27	42	21	36	14	29	17	32	12	27	10	25	9	24	7	22
15	41	56	35	50	29	44	23	38	16	31	18	33	13	28	11	26	9	24	7	22
20	43	58	37	52	30	45	24	39	16	31	19	34	14	29	12	27	10	25	8	23
25	46	61	39	54	32	47	25	40	17	32	21	36	15	30	13	28	10	25	8	23
30	48	63	41	56	34	49	26	41	18	33	22	37	16	31	13	28	11	26	8	23
35	51	66	43	58	36	51	28	43	19	34	23	38	17	32	14	29	11	26	9	24
40	53	68	45	60	37	52	29	44	20	35	24	39	17	32	15	30	12	27	9	24
45	56	71	48	63	39	54	31	46	21	36	25	40	18	33	15	30	13	28	10	25
50	58	73	49	64	41	56	32	47	22	37	26	41	19	34	16	31	13	28	10	25
55	61	76	52	67	43	58	34	49	23	38	27	42	20	35	17	32	14	29	11	26
60	63	78	54	69	44	59	35	50	24	39	28	43	20	35	17	32	14	29	11	26
65	66	81	56	71	46	61	36	51	25	40	30	45	21	36	18	33	15	30	12	27
70	68	83	58	73	48	63	37	52	26	41	31	46	22	37	19	34	15	30	12	27
75	70	85	60	75	49	64	39	54	27	42	32	47	23	38	19	34	16	31	12	27
80	72	87	61	76	50	65	40	55	27	42	32	47	23	38	20	35	16	31	13	28
85	74	89	63	78	52	67	41	56	28	43	33	48	24	39	20	35	17	32	13	28
90	75	90	64	79	53	68	41	56	29	44	34	49	24	39	21	36	17	32	13	28
95	77	92	65	80	54	69	42	57	29	44	35	50	25	40	21	36	17	32	13	28
100	79	94	67	82	55	70	43	58	30	45	36	51	26	41	22	37	18	33	14	29
110	83	98	71	86	58	73	46	61	32	47	37	52	27	42	23	38	19	34	15	30
120	86	101	73	88	60	75	47	62	33	48	39	54	28	43	24	39	19	34	15	30
130	90	105	77	92	63	78	50	65	34	49	41	56	29	44	25	40	20	35	16	31
140	93	108	79	94	65	80	51	66	35	50	42	57	30	45	26	41	21	36	16	31
150	97	112	82	97	68	83	53	68	37	52	44	59	32	47	27	42	22	37	17	32
160	99	114	84	99	69	84	54	69	38	53	45	60	32	47	27	42	22	37	17	32
170	102	117	87	102	71	86	56	71	39	54	46	61	33	48	28	43	23	38	18	33
180	104	119	88	103	73	88	57	72	40	55	47	62	34	49	29	44	23	38	18	33
190	107	122	91	106	75	90	59	74	41	56	48	63	35	50	29	44	24	39	19	34
200	109	124	93	108	76	91	60	75	41	56	49	64	35	50	30	45	25	40	19	34

Die Frachtsätze in zweiter Spalte einer jeden Klasse sind solche mit An- und Abfuhrkosten.

.... Wettbewerbsgrenze des Lastkraftwagens ohne An- und Abfuhrkosten der Eisenbahn. ———— Wettbewerbsgrenze des Lastkraftwagens mit An- und Abfuhrkosten der Eisenbahn.

fernungen niederer als die Eisenbahnfrachtsätze sind, und zwar:

bei der Tarifklasse 1 bis auf 120 Meilen
„ „ „ 2 „ „ 90 „
„ „ „ 3 „ „ 65 „
„ „ „ 4 „ „ 40 „
„ „ „ 5 „ „ 20 „

bei	der	Tarifklasse	A	bis	auf	30	Meilen
„	„	„	B	„	„	20	„
„	„	„	C	„	„	15	„
„	„	„	D	„	„	10	„
„	„	„	E	„	„	10	„

Werden die Eisenbahnfrachtsätze um die An- und Abfuhrkosten in Höhe von 15 Cents für 100 Lbs. erhöht und diese Kosten für die Lastkraftwagenbeförderung als nicht auffallend angenommen, so erweitern sich die Wettbewerbsgrenzen des Lastkraftwagens, und zwar

für	Güter	der	Tarifklasse	1	auf	160	Meilen
„	„	„	„	2	„	130	„
„	„	„	„	3	„	100	„
„	„	„	„	4	„	75	„
„	„	„	„	5	„	50	„
„	„	„	„	A	„	60	„
„	„	„	„	B	„	45	„
„	„	„	„	C	„	40	„
„	„	„	„	D	„	35	„
„	„	„	„	E	„	30	„

Das Einzugsgebiet des Lastkraftwagens wird also, wenn die An- und Abfuhrkosten nur den Eisenbahnverkehr belasten, um 20—40 Meilen erweitert. Es ist besonders bemerkenswert, daß auch gegenüber den Wagenladungsgütern (Klassen 5—E) eine Wettbewerbsmöglichkeit des Lastkraftwagens besteht, sofern sich solche Güter zur Lastkraftwagenbeförderung überhaupt eignen (siehe Kapitel 4 dieses Abschnittes).

Diese Ausführungen lassen darauf schließen, daß die Wettbewerbsfähigkeit des Lastkraftwagens um so größer ist und seine Wettbewerbsgrenzen um so weiter, je höher das Gut bei der Eisenbahn tarifiert, und um so kleiner wird, je niedriger das Gut in den Eisenbahntarif eingestuft ist. Mit anderen Worten, die Arbeitstätigkeit des Lastkraftwagens ist um so günstiger, je mehr hochwertige Güter — Güter der oberen Tarifklassen — in seinen Wirkungskreis fallen. Von besonderer Bedeutung ist für die Wettbewerbslage, ob nur bei der Eisenbahn oder auch bei der Lastkraftwagenbeförderung An- und Abfuhrkosten anfallen. Ändern sich mit der Größe des Lastkraftwagens oder mit der Zahl seiner jährlichen Betriebsleistungen dessen Kosten oder werden die Eisenbahnfrachtsätze erhöht oder ermäßigt, so verschiebt sich natürlich auch die Wettbewerbsfähigkeit des Lastkraftwagens.

Im Wettbewerb auf weite Entfernungen ist letzten Endes die tägliche Leistungsfähigkeit der Lastkraftwagen entscheidend. Sobald nämlich durch die Länge des Transportweges Übernachtungen notwendig werden, entstehen hohe zusätzliche Kosten, welche die Wettbewerbsfähigkeit des Lastkraftwagens wesentlich einschränken[1]. Unter Beachtung der Tagesleistungsfähigkeit eines Lastkraftwagens dürfte ein Wettbewerb auf Entfernungen von mehr als 100 Meilen im allgemeinen nicht in Frage stehen. Unmöglich ist, die Wettbewerbsgrenzen für Lastkraftwagen und Eisenbahn allgemeingültig festzulegen. Die Überlegenheit des einen oder anderen Verkehrsmittels kann nur jeweils in einer konkreten Verkehrsrelation festgestellt werden, wobei die später noch zu behandelnden Wettbewerbselemente zu beachten sind.

2. Der Einfluß der Entfernung.

Die Entfernung der Verkehrsplätze ist von zweifacher Bedeutung für die Verkehrsmittel. Einmal ist es die Größe der Entfernung von Verkehrsplatz zu Verkehrsplatz, dann die Gestaltung der Transportkosten auf die verschiedenen Entfernungen.

Im allgemeinen wird versucht Verkehrspunkte auf der kürzesten Linie zu verbinden; diese wäre die Gerade, die häufig aber nicht die ökonomischste Verbindung ist. Oft ist es wirtschaftlicher, Höhen und Täler, Seen und Sümpfe und andere natürliche Hindernisse zu umgehen, als sie zu überwinden. Anzustreben ist die „ökonomische Gerade“[2], das ist die Verkehrslinie, welche die niedrigsten Gesamtkosten für die Fahrbahn wie für die auf ihr verkehrenden Verkehrsmittel auf unbestimmte Zeit ergibt und wo auch die anderen, für Beförderungsleistungen wichtigen Faktoren, wie Schnelligkeit, Sicherheit und Annehmlichkeit sich am günstigsten auswirken können.

Es ist nicht immer leicht, die ökonomische Gerade zu erkennen oder ihr dort, wo sie erkannt wird, mit der Verkehrslinie zu folgen. In der Vergangenheit reichten mitunter das Baukapital wie die technischen Werkzeuge nicht aus, natürliche Hindernisse zu überwinden. In Amerika wurden die Fahrbahnen des zwischenörtlichen Kraftwagenverkehrs, die Landstraßen, häufig durch die in vielen Fällen früher gebauten Schienenbahnen bestimmt, weil die Ansiedlungen den Schienenstraßen folgten und diese oft auf der Linie des kleinsten Widerstandes ausgelegt wurden, so daß es auch für den Bau der Landstraßen zweckdienlich war, die Richtung der Schienenstraßen einzuschlagen. Zwischen Verkehrspunkten schon be-

---

[1] Nur in Verkehrsgebieten, wo durch eine Vereinbarung der Lastkraftwagenunternehmer die Fahrzeuge gegenseitig in deren Garagen untergestellt werden könnten und für die Führer eine Übernachtung zu niederem Preise ermöglicht würde, könnten die Zusatzkosten niedrig gehalten werden.

[2] Sax spricht in seinem Richtungsgesetz des Verkehrs von der „ökonomischen Geraden“ — im Gegensatz zur geometrisch kürzesten Verbindungslinie —, die er als diejenige Linie bezeichnet, „die für eine Verkehrsrelation die im Endergebnisse aller in Rechnung zu ziehenden Umstände die günstigste ist“. Siehe Sax a. a. O. Allgemeine Verkehrslehre, S. 71.

stehende Wege wurden meist verbessert und in brauchbare Verkehrsstraßen umgebaut (siehe auch Abschnitt V, Kapitel 1). Ein Teil der Landstraßen wurde an Entfernungseinheiten größer als die Eisenbahnlinien zwischen den gleichen Plätzen, da Naturereignisse wie Überschwemmungen zeigten, daß es ökonomischer ist, manche Stellen zu umgehen. Bei einem beträchtlichen Teil der Landstraßen gelang es aber, sie kürzer und zugleich wirtschaftlicher als vorhandene Schienenbahnen auszulegen. So beträgt die Summe der Entfernungseinheiten der Verkehrspunkte der Tabelle 39 auf der Landstraße 2711 und auf der Schiene 2758 Meilen. Bei einer Anzahl Omnibuslinien im Staate Connecticut wurde die Summe ihrer Wegeinheiten mit 297 Meilen festgestellt. Die Knotenpunkte dieser Linien, die gleichzeitig von Eisenbahnen bedient werden, haben eine Schienenentfernung von 610 Meilen. Die Eisenbahnentfernung ist also mehr als doppelt so groß wie die des Omnibus. Eine Reise über diese Strecken kostet mit dem Omnibus 14,20 Dollar, mit der Eisenbahn 21,96 Dollar, also 54% mehr mit dieser[1]. In einigen Verbindungen dieses Verkehrsgebietes liegt das Verhältnis für die Eisenbahn noch ungünstiger. So beträgt zwischen Torrington und Bantam die Entfernung auf der Landstraße 10 Meilen und die der Eisenbahn, die nur auf einem Umwege die beiden Orte bedienen kann, 73 Meilen. Beispiele für Unterschiede in den Entfernungen zwischen Landstraße und Eisenbahn könnten beliebig vermehrt werden.

In Verbindungen wie Torrington-Bantam, wo die Landstraße so erheblich kürzer als die Eisenbahnlinie ist, haben diese ihre Bedeutung als Verkehrslinie nahezu vollständig eingebüßt, und wenn sie nicht von anderen Verkehrsrelationen genährt werden oder für den Zubringerverkehr notwendig sind, dürften die in ihnen angelegten Kapitalien ihren Nutzwert verloren haben. Nur wenn solche Verkehrsbeziehungen Massengüterverkehr haben, für den die Transportdauer ohne besondere Bedeutung ist, kann die Eisenbahn für diesen Verkehr noch ein wichtiges Beförderungsmittel sein.

Die zweite Bedeutung der Entfernung beruht in der Gestaltung der Kosten auf verschiedene Transportweiten. Die technische Eigenart der Schienenbahn verursacht besonders hohe Stationskosten, das sind Aufwendungen, die bei Beginn und bei Beendigung des Verkehrsaktes entstehen und in ihrer Höhe von den Kapital- und Unterhaltungskosten der Bahnhöfe, der Behandlung der Verkehrsakte auf den Ausgangs- und Endstationen abhängen. Da diese Kosten auf alle Entfernungen gleich bleiben, entstehen bei einer Vereinigung mit den Streckenkosten für die Wegeeinheit mit der Beförderungslänge stark abnehmende Gesamtkosten[2].

---

[1] Siehe Public Roads Vol. 6, Nr 10, S. 215/216.

[2] Die Streckenkosten vermindern sich ebenfalls mit zunehmender Entfernung,

Die Tabelle 44 enthält Kostensätze für die Beförderung von Stückgütern[1] mit Eisenbahn und Lastkraftwagen auf Entfernungen bis 300 Meilen. Es ist zu bemerken, daß die Kosten der Eisenbahnbeförderung über 10 Meilen keine große Steigerung aufweisen. Dies ist hauptsächlich auf die Stationskosten, welche die kleinsten Entfernungen so stark wie die weiten belasten, zurückzuführen[2]. Bei der Lastkraftwagenbeförderung liegt die Kostenverteilung insofern anders, als die Stationskosten wesentlich niedriger als die der Eisenbahn sind. Es gibt wohl schon eine beträchtliche Anzahl Lastkraftwagenbahnhöfe,

Tabelle 44. Gesamte Beförderungskosten für 1 Tonne Eisenbahnstückgüter und für 1 Tonne Lastkraftwagengüter[3].

Entfernung in Meilen	Kosten der Eisenbahnbeförderung in Cents	Kosten der Lastkraftwagenbeförderung in Cents
10	942	100
20	956	200
30	971	300
40	988	400
50	1000	500
60	1016	600
70	1032	700
80	1048	800
90	1067	900
100	1080	1000
200	1220	2000
300	1370	3000

wenn auch nur in geringem Umfange, und zwar durch bessere Ausnutzung der Lokomotiven, der Wagen und des Personals.

[1] Hier interessiert vorwiegend der Stückgüterverkehr, da durch die viel kleinere Fassungskraft der Lastkraftwagen ein Wettbewerb mit den Wagenladungen des Eisenbahnverkehrs von geringer Bedeutung ist.

[2] Werden die Kosten mit den Stückgutfrachtsätzen der Tabelle 43 verglichen, so ist festzustellen, daß die Eisenbahn

die Güter der Klasse 1 bis zu 30 Meilen
„ „ „ „ 2 „ „ 50 „
„ „ „ „ 3 „ „ 90 „
„ „ „ „ 4 „ „ 200 „

unter ihren Gesamtkosten befördert. Damit ist aber keineswegs gesagt, daß die Beförderung bis zu diesen Entfernungsgrenzen, wo die Kosten höher als die Frachtsätze sind, unrentabel ist und unterbleiben sollte. In Kapitel 3 des letzten Abschnittes wurde darauf hingewiesen, daß, solange ein Verkehrsakt noch einen kleinen Teil an den konstanten Kosten trägt, Verkehrsleistungen ökonomisch wohl begründet sein mögen. Wird Prof. Ripleys Schätzung, daß zwei Drittel der Eisenbahnkosten konstant und ein Drittel variabel sind, gefolgt — siehe W. Z. Ripley, Railroads Rates and Regulation, S. 55 —, so würden die Frachtsätze selbst der kürzesten Entfernungen und der niedersten Klassen der Tabelle 43 den variablen Kostenteil weit überwiegen, wenn die in der Tabelle 44 aufgeführten Kosten als vertretbar betrachtet werden.

[3] Die Kosten der Eisenbahn sind Mittelwerte einiger zuverlässiger Berechnungen. Ihre Feststellung erforderte aber zum Teil noch Annahmen und Schätzungen. Den Kosten liegt der Aufwand für eine Wagenladung mit 6 Tonnen,

deren Aufwand zusammen mit dem der Abfertigung der Güter die Wegeinheit der kürzeren Entfernungen auch mehr als die der größeren belastet. Bei dem gegenwärtigen Stand der Entwicklung des Lastkraftwagenverkehrs kann noch für eine große Zahl Betriebe von einer Unterscheidung zwischen Stations- und Streckenkosten abgesehen werden, ohne einen Vergleich mit den Kosten der Eisenbahn wesentlich zu beeinträchtigen. Im Fortgang der Entwicklung des Lastkraftwagenverkehrs und der zu erwartenden Bildung größerer Gesellschaften und dem Bau teurer Lastkraftwagenbahnhöfe kann jedoch der Einfluß der Stationskosten auf die Kostengestaltung in den verschiedenen Entfernungen auch hier nicht mehr übergangen werden. Wird der schon

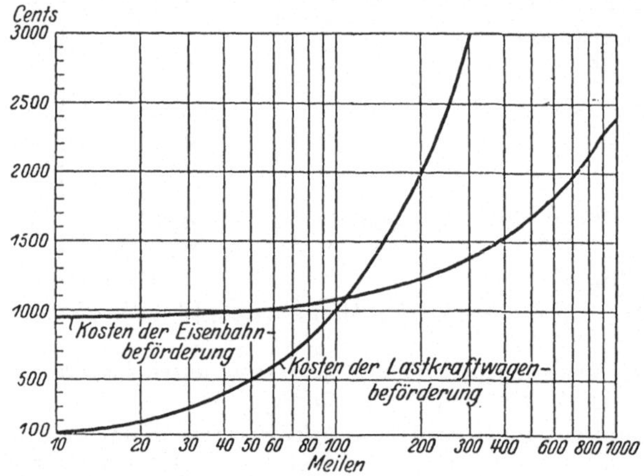

Abb. 13. Kosten der Beförderung von Eisenbahnstückgütern und Lastkraftwagengütern.

mehrfach gebrauchte Mittelwert von 10 Cents für die Tonnenmeile als Aufwand der Lastkraftwagenbeförderung angenommen, so würde das nun heißen, daß auf alle Entfernungen der Aufwand einer Tonnenmeile 10 Cents beträgt. Hieraus würden sich auf verschiedene Entfernungen die in der Tabelle 44 genannten Kostenbeträge errechnen. Ein Vergleich der Kosten von Lastkraftwagen und Eisenbahn auf die verschiedenen Entfernungsweiten (siehe Tabelle 44 und Abb. 13) zeigt, daß die Kosten der Lastkraftwagenbeförderung bis etwa 100 Meilen kleiner und über 100 Meilen größer sind als die der Eisenbahn. Je kürzer die Entfernung, desto größer sind die Kosten der Eisenbahn im Verhältnis zu denen des Lastkraftwagens, und je größer die Entfernung, desto höher sind die Kosten des Lastkraftwagens. Dies ist eben auf die mit der Entfernung sich nur verhältnismäßig wenig verändernden Kosten der Eisenbahnbeförderung und auf die andererseits im Verhältnis zur Entfernung zunehmenden

erhöht um die Abfertigungskosten, zugrunde. Die Kosten der Lastkraftwagenbeförderung beruhen auf 10 Cents die Tonnenmeile.

Kosten des Lastkraftwagentransportes zurückzuführen. Auch bei diesen Erörterungen ist stets zu beachten, daß die Grenzen der Wettbewerbsfähigkeit der beiden Verkehrsmittel sehr flüssig sind. Sobald sich die Kosten des Lastkraftwagens durch eine höhere Belastung der Fahrzeuge oder die der Eisenbahn durch eine größere Verkehrsdichte oder durch irgend einen anderen von den vielen auf die Kosten der beiden Verkehrsmittel einwirkenden Faktoren ändern, so tritt auch eine Veränderung in der Wettbewerbsfähigkeit der beiden Verkehrsmittel ein.

Für den Personenverkehr der amerikanischen Eisenbahnen liegen keine Kostenberechnungen vor. Ein Vergleich zwischen Eisenbahn und Omnibus muß daher hier auf einige allgemeine Bemerkungen beschränkt werden. Bei der Eisenbahn erwachsen auch im Personenverkehr Stationskosten, die, unbeschadet der Länge einer Reise, sie jeweils gleich belasten, wodurch auf kürzere Entfernungen ebenfalls höhere Kosten als auf längere verursacht werden. Sie sind aber durch einfachere Abfertigung — die Reisenden steigen selbst ein und aus und der Verkauf einer Fahrkarte ist aufwandsgeringer als die Abfertigung einer Gütersendung — niedriger als im Güterverkehr. Andererseits dürften beim Omnibusverkehr die Stationskosten zum Teil höher als beim Lastkraftwagenverkehr sein, weil hier die Entwicklung der Anlage und des Ausbaues von Abfertigungsstellen und Bahnhöfen (s. Abb. 39—43) schon weiter vorgeschritten ist als beim Lastkraftwagenverkehr. Die Kosten des Omnibus und der Eisenbahn bewegen sich aber dennoch meist in der Weise, daß die des Omnibus in den nahen und mittleren Entfernungen und die der Eisenbahn in den weiten niedriger sind.

Jetzt sei noch die Länge der Kraftwagenlinien betrachtet, da von ihr auch auf die Wettbewerbsfähigkeit des Kraftwagenverkehrs gegenüber dem Eisenbahnverkehr geschlossen werden kann. Professor Trumbower untersuchte im Jahre 1925 den Betrieb von 705 Omnibuslinien in acht verschiedenen Staaten. Die durchschnittliche Länge einer Linie war nach dieser Untersuchung 25,8 Meilen. Innerhalb der acht Staaten schwankt die durchschnittliche Länge der Omnibuslinien weit (siehe Tabelle 45). In Staaten wie New Hampshire und West Virginia, in denen die Ansiedlungen häufig nah beisammen liegen, ist die durchschnittliche Länge der Linien kleiner als in Staaten wie Arizona und Oregon, wo die Niederlassungen meist weit auseinander sind. Die kleinste durchschnittliche Länge der Omnibuslinien eines Staates ist in New Hampshire mit 9,7 Meilen und die größte in Arizona mit 60,5 Meilen. Ein noch besseres Bild ist von der Länge der Omnibuslinien in den acht Staaten zu gewinnen, wenn die Linien ihrer Größe nach gruppiert werden. Die Tabelle 46 ergibt, daß 364 oder 51,6% aller Linien innerhalb einer Streckenlänge von 19 Meilen und 582 oder 82,5% innerhalb 39 Meilen liegen. Daraus wäre zu schließen, daß der Omnibus vorwiegend

Tabelle 45. Länge von Omnibuslinien in 8 Staaten — 1925[1].

Staat	Zahl der Linien	Gesamtlänge der Linien Meilen	Durchschnittliche Länge der Linien Meilen
Connecticut	53	924	17,4
New Hampshire	32	311	9,7
West Virginia	61	987	16,2
Kentucky	189	3876	20,5
Arizona	39	2358	60,5
Oregon	81	3739	46,1
Washington	171[2]	4379	25,6
Maryland	79	1622	20,6
	705	18196	25,8

ein Verkehrsmittel des Nahverkehrs ist. Die Untersuchung in den acht Staaten erstreckte sich zwar nur auf innerstaatliche, über die Grenzen eines Staates nicht hinausgehende Linien und nicht auf zwischenstaatliche, über Verkehrsgebiete zweier oder mehrerer Staaten führende Linien. Da zwischenstaatliche Linien meist länger, an Zahl aber weit geringer als innerstaatliche sind, so würde, wenn jene in die Untersuchung einbezogen worden wären, sich die durchschnittliche Länge der Omnibuslinien wenn auch nur in geringem Umfange, so doch vergrößert haben.

War im Jahre 1925 der Omnibus noch vorwiegend ein Verkehrsmittel für nahe und zum Teil auch schon für mittlere Entfernungen, so

Tabelle 46. Omnibuslinien in 8 Staaten nach ihrer Länge geordnet[3].

Länge der Linien Meilen	Zahl der Linien									
	Connecticut	New Hampshire	West Virginia	Kentucky	Arizona	Oregon	Washington	Maryland	Gesamt	per Cent
0—9	17	21	23	34	6	11	28	21	161	22,8
10—19	10	9	18	64	11	18	44	29	203	28,8
20—29	19	—	12	53	3	14	30	12	143	20,3
30—39	6	1	4	20	—	8	28	8	75	10,6
40—49	1	—	3	9	2	4	19	2	40	5,6
50—59	—	—	—	3	1	7	10	2	23	3,3
60—69	—	1	—	2	3	4	5	3	18	2,6
70—79	—	—	1	3	3	4	1	2	14	2,0
80—89	—	—	—	—	2	2	3	—	7	1,0
90—99	—	—	—	1	3	—	1	—	5	0,7
100 u. mehr	—	—	—	—	5	9	2	—	16	2,3
Gesamt	53	32	61	189	39	81	171	79	705	100,0

[1] Public Roads Vol. 6, Nr 10, S. 213.

[2] Die Gesamtzahl der Linien im Staate Washington war 189. Die Streckenlänge war aber nur für 171 Linien verfügbar.

[3] Public Roads Vol. 6, Nr 10.

kann er im Jahre 1928 auch als ein Verkehrsmittel der mittleren und selbst der weiten Entfernungen genannt werden. Im April 1928 wurden 184 Omnibuslinien festgestellt, die alle eine Länge von mehr als 100 Meilen hatten[1]. Darunter sind Linien, die von der atlantischen bis zur pazifischen Küste und weit vom Norden bis zur Südgrenze reichen, also Linien mit mehr als tausend, ja sogar mit mehreren tausend Meilen. Die Mehrzahl der Reisenden fährt wohl nicht die ganze Strecke einer langen Linie. Dies ist aber auch bei den Schienenbahnen nicht anders, denn die durchschnittliche Reiselänge im Eisenbahnverkehr betrug in den letzten Jahren nur etwa 40 Meilen[2]. Würden nur die Frequenzziffern der großen Entfernungen der beiden Verkehrsmittel miteinander verglichen, so würde sich im Verhältnis zur Gesamtzahl der beförderten Personen für den Omnibus eine weit geringere Zahl Reisende als für die Eisenbahn ergeben. Und auch in der Zukunft werden die Eisenbahnen weit mehr das Verkehrsmittel des Fernverkehrs sein, wenigstens solange die Fahrt in Omnibussen soviel mehr als auf den Eisenbahnen ermüdet[3]. Ausnahmen dürften Linien wie entlang der pazifischen Küste[4] machen, wo eine Fahrt im Omnibus weit mehr als eine in der Eisenbahn die Schönheit der Natur genießen läßt und Straßen und Witterung das ganze Jahr hindurch den Betrieb nicht wesentlich beeinträchtigen.

Beim Lastkraftwagenverkehr sind im allgemeinen die Transporte kürzer als beim Omnibusverkehr. Verschiedene Untersuchungen ergaben die in der Tabelle 47 aufgeführten Ergebnisse, denen zu entnehmen ist, daß auf eine Entfernung bis zu 29 Meilen ungefähr 75% aller Sendungen in den drei Staaten aufgegeben werden. Auf Entfernungen von 70 und mehr Meilen entfallen im Durchschnitt nur etwa 9% aller Transporte. In einer späteren Untersuchung ist die durchschnittliche Transportweite der beladenen Lastkraftwagen für Connecticut und Maine mit je 23 Meilen, für Pennsylvanien mit 24 Meilen und für Kalifornien mit 31 Meilen angegeben[5]. Hiebei ist zu beachten, daß die Untersuchungen sowohl die öffentlichen Lastkraftwagenlinien als auch alle privaten

[1] Siehe Bus Transportation Vol. 7, Nr 5, S. 251ff.

[2] Die durchschnittliche Reiselänge einer Person war bei einer der großen Omnibusgesellschaften im Westen der Union im Jahre 1925 34 und im Jahre 1926 49 Meilen. Siehe Automotive Transportation and Railroads, S. 28.

[3] Inwieweit der Luftverkehr den Fernverkehr der Eisenbahn übernimmt, ist hier nicht zu erörtern.

[4] Auf der Inlandroute der Verkehrsrelation San Franzisko—Los Angeles, eine Entfernung von 410 Meilen, fanden im Jahre 1927 täglich fünf fahrplanmäßige Fahrten in jeder Richtung statt und auf der Küstenroute, eine Entfernung von 455 Meilen, täglich neun fahrplanmäßige Fahrten. Auf dieser reisten täglich etwa 150 Personen über die ganze Strecke. Zwischen San Franzisko und Portland Oregon, eine Entfernung von 736 Meilen, gab es täglich vier fahrplanmäßige Fahrten in jeder Richtung.

[5] Exibit 57. Interstate Commerce Commission Hearing 18300.

Tabelle 47. Transportweite von Lastkraftwagensendungen in den Staaten Connecticut, Kalifornien und Maine in den Jahren 1922—1924[1].

Entfernung Meilen	Connecticut 1922—23 Prozentsatz der beladenen Lastkraftwagen	Kalifornien[2] 1922 Prozentsatz der beladenen Lastkraftwagen	Maine 1924 Prozentsatz der beladenen Lastkraftwagen
0—9	47,7	26,8	47,0
10—19	21,3	22,2	23,1
20—29	10,5	11,7	10,4
30—39	6,9	8,3	6,9
40—49	2,9	5,5	4,1
50—59	2,8	6,5	1,9
60—69	1,3	4,7	1,2
70—79	1,5	—	0,8
80—89	0,5	3,1	0,7
90—99	0,5	—	0,5
über 100	4,1	11,2	3,4

Transporte, die sich hauptsächlich auf Verteilung der Güter im Vorortverkehr erstrecken, umfassen und dadurch die kleinen Transportweiten stark hervortreten lassen. Im Jahre 1925 wurde die Tonnenzahl der mit Lastkraftwagen und Eisenbahn beförderten Güter zwischen Columbus (Ohio) und 34 Städten, die 7—134 Meilen (Landstraßenentfernung) von Columbus entfernt sind, in einem Monat mit durchschnittlicher Verkehrsstärke festgestellt. Das Ergebnis ist in der Tabelle 48 enthalten. Auf eine Entfernung von weniger als 20 Meilen beförderte der Lastkraftwagen 84,5% aller Güter, von 20—39 Meilen mehr als die Hälfte, nämlich 54,7%, dann überwiegt die Eisenbahnbeförderung. Auf Entfernungen von 40—59 Meilen beförderte der Lastkraftwagen aber noch nahezu $^1/_3$ (32%) und auf 60—99 Meilen noch nahezu $^1/_4$ (24,2%) aller Güter. Dann sinkt sein Anteil plötzlich und beträgt auf Entfernungen von 100 bis 134 Meilen nur noch 2,3%. Hervorzuheben ist ferner, daß nahezu die

Tabelle 48. Lastkraftwagen- und Eisenbahngüterverkehr zwischen Columbus (Ohio) und 34 Städten in einer Entfernung von 7—134 Meilen von Columbus in einem Durchschnittsmonat des Jahres 1925[3].

Landstraßenentfernung	Lastkraftwagen		Eisenbahn Wagenladungen		Eisenbahn Stückgut		Gesamtverkehr	
Meilen	Tonnen	%	Tonnen	%	Tonnen	%	Tonnen	%
1—19	6091	84,5	1112	15,4	10	0,1	7213	100
20—39	5973	54,7	4803	44,0	145	1,3	10921	100
40—59	2299	32,0	4484	62,4	404	5,6	7187	100
60—99	980	24,2	2409	59,4	663	16,4	4052	100
100—134	157	2,3	5280	77,4	1383	20,3	6820	100

[1] Mc. Kay, J. C.: Short Haul Predominates in Motor Truck Movement.

[2] Die Untersuchungen in Kalifornien wurden auf die wichtigeren Landstraßen beschränkt. Hiedurch erscheinen die Transportlängen etwas größer, weil auf den Hauptlandstraßen relativ mehr längere Transporte stattfinden.

[3] Report of State Highway System of Ohio 1927, S. 183.

gesamten Stückgüter bis 39 Meilen mit Lastkraftwagen versandt wurden, denn der Anteil der Eisenbahn beträgt bis 19 Meilen nur 0,1% und von 20—39 Meilen 1,3%[1]. Selbst auf Entfernungen von 40—59 Meilen befördert die Eisenbahn nur 5,6% Stückgüter, obwohl der Stückgutverkehr etwa 35% des Gesamtverkehrs betragen dürfte. Von den Stückgütern, welche die Union Pacific Eisenbahnen in den Jahren 1917 bis 1924 verloren hatten, entfielen auf Entfernungen von 1—50 Meilen 66,5%, von 51—100 Meilen 21,8% und von 101—150 Meilen 13,6%[2]. Schließlich ist bei den Ergebnissen der Tabelle 48 noch zu beachten, daß der Lastkraftwagen bis auf eine Entfernung von 39 Meilen auch einen Teil und bis 19 Meilen einen ganz beträchtlichen Teil der Wagenladungsgüter befördern muß, denn die Prozentsätze der Eisenbahn sind hiefür bis 19 Meilen nur 15,4 und von 20—39 Meilen 44%, während sie auf Entfernungen von mehr als 40 Meilen 60 und noch mehr Prozent betragen. In einer Anzahl Verkehrsbeziehungen insbesondere zwischen Städten mit viel Industrie ist die Tätigkeit des Lastkraftwagens innerhalb der Grenzen der nahen und mittleren Entfernungen noch umfangreicher. So beträgt der Anteil des Lastkraftwagens an der Gesamtbeförderung zwischen Bridgeport und New York City — 56 Meilen — 54%, zwischen New Haven und New York City — 72 Meilen — 21,9%, zwischen Hartford und New York City — 109 Meilen — 23,5%, zwischen Springfield und New York City — 134 Meilen — 15,6%[3].

Der Lastkraftwagen ist vorwiegend ein Transportmittel des Nahverkehrs[4]. In den Jahren 1928 und 1929 wurden zwar auch in einer Anzahl Staaten eine beträchtliche Zahl Transporte auf Entfernungen von mehr als 80 Meilen und Einzelversendungen selbst auf Entfernungen von mehr als 200 Meilen beobachtet. Im allgemeinen beträgt aber die Verkehrsweite des Lastkraftwagens nicht mehr als 100 Meilen, insbesondere nicht in Verkehrsgebieten, die gleichzeitig von einer Schienenbahn bedient werden, denn wie in diesem und im letzten Kapitel ausgeführt, überwiegen im allgemeinen bei Entfernungen über 100 Meilen die Kosten wie die Beförderungspreise des Lastkraftwagens mehr und mehr die der Eisenbahn. Der Wirkungsbereich des Lastkraftwagens ist im wesentlichen von der Entfernung der Produktionsstätten von den Verbrauchsplätzen, der Art der zu versendenden Güter, der Beschaffenheit der Landstraßen und dem Wettbewerb der Eisenbahnen abhängig.

[1] Da im Lastkraftwagenverkehr nicht zwischen Stückgut und Wagenladung wie bei der Eisenbahn unterschieden wird, ist nicht genau zu ermitteln, wie groß jeweils der Anteil des Stückgut- und Wagenladungsverkehrs ist.

[2] Interstate Commerce Commission Hearing 18300, S. 33.

[3] Bill 1734, To Regulate Interstate Commerce by Motor Vehicles S. 284.

[4] Die Eisenbahn unterscheidet sich in der Transportweite der Güter weit vom Lastkraftwagen, denn bei ihr beträgt diese durchschnittlich 300 Meilen.

Umzugsgüter, Haushaltungswaren, leicht verderbliche und solche Güter, die bei einer Beförderung auf der Eisenbahn einer besonderen Verpackung bedürfen, neigen mehr zur Lastkraftwagenbeförderung, Massenwaren, Rohmaterialien, besonders schwere Gegenstände und geringwertige Güter vorwiegend zur Eisenbahnbeförderung.

Hervorzuheben wäre aus diesem Kapitel, daß der Omnibus vorwiegend ein Verkehrsmittel auf nahe und mittlere Entfernungen ist, daß er aber auch im Fernverkehr mit der Eisenbahn in Wettbewerb zu treten vermag. Der Lastkraftwagen ist jedoch vorwiegend nur ein Transportmittel des Nahverkehrs. Auf mittlere und noch mehr auf weite Entfernungen vermag der Lastkraftwagen ökonomisch im allgemeinen nur die Beförderung besonders für ihn geeigneter Güter zu übernehmen oder dringende Transporte auszuführen. Im Nahverkehr bietet sich durch die höheren Kosten der Eisenbahnbeförderung ein besonders günstiges Arbeitsfeld für den Omnibus wie für den Lastkraftwagen.

3. Der Einfluß der Geschwindigkeit.

Die schnelle Beförderung von Personen und Gütern ist schon in Europa wirtschaftlich notwendig, noch weit mehr aber in der Union mit ihren großen Entfernungen. Dem Amerikaner ist rasches Tempo auch durchaus eigen und wo immer er eine Minute einsparen kann, kämpft er um sie. Diese Einstellung des Amerikaners ist im Wettbewerb zwischen Kraftwagen und Eisenbahn von großer Bedeutung, weil häufig nicht so sehr die Beförderungspreise wie die Schnelligkeit die Inanspruchnahme der Verkehrsmittel bestimmen.

Bei einem Vergleich der Schnelligkeit von Verkehrsmitteln ist von der Geschwindigkeit, mit der Fahrzeuge im allgemeinen fortbewegt werden, der Grundgeschwindigkeit, auszugehen. Die Grundgeschwindigkeit eines Fahrzeuges ist weit geringer als seine Höchstgeschwindigkeit. Während Automobile schon Höchstgeschwindigkeiten von über 200 Meilen[1] die Stunde erreichten, schwankt ihre Grundgeschwindigkeit im zwischenörtlichen Verkehr je nach der Verkehrsdichte, der Beschaffenheit der Straße u. a. zwischen 25 und 40 Meilen in der Stunde. Omnibusse haben eine Grundgeschwindigkeit von 20—35 und Lastkraftwagen von 15—35 Meilen. Im Eisenbahnverkehr schwankt die Grundgeschwindigkeit je nach der Zugart — Personen-, Schnell-,

[1] Major Segrave erzielte im Jahre 1927 auf der Daytona Beach in Florida eine Höchstgeschwindigkeit von 207,0155 Meilen die Stunde. Siehe New York Times vom 3. April 1927.

Güter- oder Eilgüterzüge — zwischen 15—60 Meilen, wobei sich Güter-, Eilgüter- und Personenzüge um die untere, Schnellzüge um die obere Grenze gruppieren. Der Kraftwagenverkehr kennt zwar auch schon Expreß-Omnibus und Expreß-Lastkraftwagen, deren Geschwindigkeit aber im allgemeinen den Schnellzügen doch nachsteht. Die höhere Geschwindigkeit der Schnellzüge wird allerdings teilweise nur durch wenige und kurze Halte erreicht, eine Maßnahme, die im Omnibus- und Lastkraftwagenverkehr auch ohne weiteres möglich wäre. Eine Einschränkung der Haltestationen wirkt sich aber im Eisenbahnverkehr mehr als im Kraftwagenverkehr aus, weil es viel mehr Zeit erfordert Züge anzuhalten und wieder anzufahren, als Kraftwagen. Schnellverbindungen im Kraftwagenverkehr lassen sich vorwiegend nur durch wenig Haltestellen erreichen, weil die öffentlichen Kraftfahrzeuge schon durch ein Gebot der eigenen und allgemeinen Sicherheit höchstens 30—40 Meilen die Stunde zurücklegen können[1].

Die Grundgeschwindigkeiten der Kraftfahrzeuge werden von sicherheitspolizeilichen Anordnungen wesentlich beeinflußt. Die Staaten setzten zur Sicherheit des Verkehrs Geschwindigkeitsgrenzen fest, die auf die Höhe der Grundgeschwindigkeiten zurückwirken. Für die Beschränkung der Geschwindigkeiten waren maßgebend die Art, Tragfähigkeit und Bereifung der Fahrzeuge, die Dichte des Verkehrs, die Breite und Beschaffenheit der Straßen. In den Geschäftsbezirken der Städte wurde die Geschwindigkeit meist auf 15—20, im Vorortsverkehr auf 20—25 und im Überlandverkehr auf 30—35 Meilen begrenzt (siehe Abschnitt IV Kapitel 4).

Noch bedeutsamer als die Grundgeschwindigkeit ist für einen Vergleich der Schnelligkeit der Verkehrsmittel die Geschwindigkeit, die sich aus dem Verhältnis der Reisedauer zur Entfernung ergibt, die Reisegeschwindigkeit. Die Reisedauer beginnt mit der Abfahrt auf der Versandstation und endigt mit der Ankunft auf der Bestimmungsstation. Sie enthält also die Aufenthalte auf Unterwegsstationen und jeden sonstigen, zur Überwindung des Raumes — zwischen Versand- und Bestimmungsstation — nötigen Zeitaufwand. Die Reisegeschwindigkeit hängt hauptsächlich von der Dichte des Verkehrs, der Größe der Verkehrsrelation, der Länge des Aufenthaltes und der Beschaffenheit der Fahrbahn ab. Je größer die Verkehrsdichte, je kürzer die Verkehrsrelation, je länger der Aufenthalt und je schlechter die Fahrbahn, desto kleiner ist die Reisegeschwindigkeit und je geringer die Dichte des Verkehrs, je größer die Entfernung der Verkehrsrelation, je kürzer der

[1] In der Verkehrsrelation Muskogee-Tuka (Oklohama), einer Entfernung von 64 Meilen, wurde die gewöhnliche Reisedauer von 2 Stunden 33 Minuten durch nur einmaliges Anhalten unterwegs um 30 Minuten vermindert. Siehe Bus Transportation Vol. 7, Nr 4, S. 188.

Aufenthalt und je besser die Fahrbahn, desto größer ist die Reisegeschwindigkeit. Dieses Kausalverhältnis ist in der Tabelle 49 in Zahlen vergegenständlicht. Von den die Reisegeschwindigkeit beeinflussenden Faktoren ist nur der bedeutendste, die Verkehrsdichte, besonders benannt, die anderen sind in die „Reisedauer" eingerechnet. Die Verkehrsrelation A—B sei die Verbindung zweier 85 Meilen voneinander entfernten großen Städte mit nur kleineren Ansiedlungen dazwischen. Im ersten Streckenabschnitt, der Stadtgrenze von A, kann infolge großer Verkehrsdichte nur mit geringer Geschwindigkeit gefahren werden, die Reisedauer ist hier verhältnismäßig lang; im zweiten Streckenabschnitt, dem Vorortsbezirk von A, läßt die Verkehrsdichte nach, die Geschwindigkeit kann gesteigert werden; im dritten Streckenabschnitt ist das offene Land erreicht, die Fahrbahn ist meist für ununterbrochen rasches Fahren frei; im vierten Streckenabschnitt wird der Vorortsbezirk und im fünften der Bestimmungsort B selbst erreicht, Verkehrsdichte und Geschwindigkeit fallen wie im Ausgangsort A ab. Im Durchschnitt beträgt die Verkehrsdichte 26 und die Reisegeschwin-

Tabelle 49. Abhängigkeit der Reisegeschwindigkeit von der Verkehrsdichte und anderen auf die Reisedauer einwirkender Faktoren[1].

Verkehrsrelation A—B 85 Meilen:

	Entfernung Meilen	Verkehrsdichte	Reisedauer Minuten	Reisegeschwindigkeit Meilen die Stunde
1. Streckenabschnitt	5	90	60	5
2. „	10	70	60	10
3. „	60	5	90	40
4. „	7	70	42	10
5. „	3	90	36	5
	85	D[2] 26	288	D[2] 17,7

Verkehrsrelation C—D 110,5 Meilen:

	Entfernung Meilen	Verkehrsdichte	Reisedauer Minuten	Reisegeschwindigkeit Meilen die Stunde
1. Streckenabschnitt	10	70	60	10
2. „	60	5	90	40
3. „	2,5	50	6	25
4. „	30	5	45	40
5. „	8	70	48	10
	110,5	D[2] 13,8	249	D[2] 26,6

[1] Die Zahlenwerte sind vom Verfasser willkürlich gewählt, insbesondere sind die Werte für Verkehrsdichte nur von verhältnismäßiger Bedeutung.

[2] D = im Durchschnitt, gewogenes arithmetisches Mittel.

digkeit 17,7 Meilen in der Stunde. Die Verkehrsrelation C—D soll zwei 110,5 Meilen voneinander entfernte Verkehrspunkte mit geringerer Verkehrsdichte als die der Verbindung A—B darstellen. Zwischen C und D wird noch eine Stadt mittlerer Größe angenommen. Innerhalb der engeren und weiteren Grenzen dieser Stadt — dem dritten Streckenabschnitt — sei eine durchschnittliche Reisegeschwindigkeit von 25 Meilen die Stunde möglich, während sonst Reisegeschwindigkeit und Reisedauer der Verkehrsdichte und Entfernung der Verkehrsrelation A—B entsprechen sollen. Im Durchschnitt beträgt die Verkehrsdichte dieser Verbindung 13,8 und ihre Reisegeschwindigkeit 26,6 Meilen die Stunde. Die um die Hälfte geringere Verkehrsdichte der Verbindung C—D ermöglicht also eine um 50 % höhere Reisegeschwindigkeit als die der Verbindung A—B.

Nun sollen durch einige Beispiele aus der Praxis die Reisegeschwindigkeit von Omnibus und Eisenbahn aufgezeigt werden. Ein Vergleich der in der Tabelle 50 aufgeführten Reisegeschwindigkeiten einiger Omnibus- und Eisenbahnverbindungen läßt mit Ausnahme der Verkehrsrelation Oakland—Sacramento eine höhere Reisegeschwindigkeit der Eisenbahn erkennen. Die Eisenbahn wäre aber auch in dieser Verkehrsrelation überlegen, wenn die Geschwindigkeit einer der Schnellzüge dieser Strecke herangezogen werden würde[1]. Die durchschnittliche Reisegeschwindigkeit in den Verbindungen der Tabelle 50 ist für den Omnibus 29,2 und für die Eisenbahn 32, 5 Meilen die Stunde; die der Eisenbahn ist also um 11 % größer. Zu beachten ist, daß die Reisegeschwindigkeit des Omnibus in den genannten Verkehrsrelationen sehr hoch ist und weit über dem Durchschnitt in der Union liegt. In einer großen Anzahl anderer Verbindungen wird sie ungefähr 20 Meilen, in einer weiteren Zahl 15 und noch noch weniger Meilen in der Stunde erreichen. Als Mittelwert dürften 20 Meilen die Stunde anzunehmen sein. Natürlich gibt es auch eine beträchtliche Zahl Eisenbahnverbindungen, in denen die in der Tabelle 50 genannten Reisegeschwindigkeiten nicht erreicht werden und gegenüber denen sogar der Omnibus eine höhere Reisegeschwindigkeit hat. Auf der Inlandsroute von San Franzisko nach Los Angeles über Fresno, Bakersfield, Saugus ist die Reisedauer der Personenzüge der Southern Pacific Eisenbahngesellschaft 18 Stunden 20 Minuten und 20 Stunden; der Omnibus legt diese Strecke in 15 Stunden 15 Minuten und 15 Stunden 30 Minuten zurück. Die Reisedauer der Omnibuslinie ist hier also um nicht weniger als 3 bzw. $4^1/_2$ Stunden kürzer als die der Eisenbahn. Meist erreicht aber die Eisenbahn eine höhere und oft eine beträchtlich höhere Reisegeschwindigkeit als der Omnibus. So wird beispielsweise in der Verkehrsrelation Neu-

[1] So ist z. B. die Reisegeschwindigkeit des Expreßzuges 40 29,6 Meilen die Stunde.

york—Chikago, einer Entfernung von 960 Meilen, als beste Reisegeschwindigkeit 48 Meilen die Stunde erzielt. Als Mittelwert der Reisegeschwindigkeit der Eisenbahn im Personenverkehr dürften für die Union 30 Meilen die Stunde anzunehmen sein; somit hätte die Schienen-

Tabelle 50.

Reisegeschwindigkeit von Omnibus- und Eisenbahnverbindungen.

Omnibus.

Verkehrsrelation	Name der Omnibusgesellschaft	Art des Omnibusses	Entfernung der Omnibuslinie Meilen	Reisedauer Stunden Minuten	Reisegeschwindigkeit Meilen die Stunde
Oakland-Sacramento	Pionier Stages	—	12	3^{15}	28,3
Los Angeles-San Diego	Pickwick Stages	Lokal	135	4^{40}	28,9
		Express	135	4^{00}	33,7
Kansas City-St. Louis	Jelloway Inc.	—	268	10^{30}	25,5
San Franzisko-Los Angeles	Pickwick Stages	Lokal	455	16^{25}	28,0
		Express	455	14^{50}	31,0
			im Durchschnitt		29,2

Eisenbahn.

Verkehrsrelation	Name der Eisenbahngesellschaft	Art des Zuges	Zugnummer	Entfernung der Eisenbahnlinie Meilen	Reisedauer Stunden Minuten	Reisegeschwindigkeit Meilen die Stunde
Oakland-Sacramento . . .	Southern Pacific	Lokal	34	89	4^{10}	21,3
Los Angeles-San Diego	Santa-Fé	Lokal	71	126	3^{50}	32,8
		Express	73	126	3^{40}	34,4
Kansas City-St. Louis . .	San Diego and Arizona Ry.	—	—	296	9^{25}	31,4
San Franzisko-Los Angeles .	Southern Pacific	Lokal	70	471	14^{55}	31,5
		Express	102	471	13^{50}	34,0
				im Durchschnitt		32,5

bahn im Vergleich zu dem schon erwähnten Mittelwert des Omnibusverkehrs von 20 Meilen die Stunde eine um 50 % höhere Reisegeschwindigkeit.

Im Güterverkehr liegen die Verhältnisse für die Eisenbahn nicht so günstig wie im Personenverkehr. Die Abwicklung des Güterverkehrs der Eisenbahnen beansprucht viel mehr zeitraubende Betriebshandlungen als der Personenverkehr, wodurch die Reisegeschwindigkeit wesentlich vermindert wird. So erwächst beispielsweise ein großer Zeitaufwand durch den Verschub der Güterwagen auf Verschiebe- und Zweigbahnhöfen und den damit zusammenhängenden Aufenthalten. Die Reisegeschwindigkeit für Güterzüge betrug im Jahre 1927 12,3 Meilen die Stunde[1]. Dieser Wert vermindert sich jedoch noch für die Stückgutbeförderung, da er vorwiegend die Beförderung von Wagenladungen, die weniger Zeit brauchen, ausdrückt. Die Reisegeschwindigkeit der Stückgüter in Eisenbahnwagen dürfte im Durchschnitt nicht mehr als 10 Meilen die Stunde betragen.

Der Lastkraftwagen kann die Güter beim Versender oder am Lastkraftwagenbahnhofe in Empfang nehmen und sie meist ohne Unterbrechungen, unter Einhaltung seiner Grundgeschwindigkeit, am Lastkraftwagenbahnhofe des Bestimmungsortes oder im Werkhofe des Empfängers abliefern. Beim Lastkraftwagen dürfte daher seine Grundgeschwindigkeit, die durchschnittlich mit 15 Meilen die Stunde anzunehmen ist, nicht wesentlich unterschritten werden. Der Lastkraftwagen hätte also eine etwa um 50 % höhere Reisegeschwindigkeit.

Bestimmend für einen Vergleich der Verkehrsmittel ist meist ihre Beförderungsdauer. Wird die Beförderungsdauer in ein Verhältnis zur Länge der Transportentfernung und einer Zeiteinheit gesetzt, so ergibt sich die Beförderungsgeschwindigkeit für diese Zeiteinheit.

Im Personenverkehr ist unter Beförderungsdauer der Eisenbahn die eigentliche Reisedauer zuzüglich des Zeitaufwandes für den Weg von und nach der Eisenbahnstation zu verstehen. Der Vorteil des Omnibus, in den Straßen Haltestellen zu haben und dadurch die Reisenden meist näher als die Eisenbahn an ihrem Wohnhaus oder Reiseziel aufnehmen und absetzen zu können, verliert an Bedeutung der Eisenbahn gegenüber durch die kleine Grundgeschwindigkeit der Fahrzeuge innerhalb der Stadt. Durch die Lage der Bahnhöfe geht bei der Eisenbahn zwar oft viel Zeit verloren, um diese zu erreichen. Eine freie Fahrbahn ermöglicht ihr aber, bald nach der Abfahrt in die normale Grundgeschwindigkeit einzutreten und dadurch ihren Vorteil der größeren Reisegeschwindigkeit dem Omnibus gegenüber im allgemeinen auch in der Beförderungsgeschwindigkeit beizubehalten.

Im Güterverkehr sind Beförderungsdauer und Beförderungsgeschwindigkeit der Verkehrsmittel von noch größerer Bedeutung als im Personenverkehr. Die beiden Begriffe umfassen für alle Verkehrsmittel und Betriebshandlungen den Zeitaufwand, um ein Gut vom Hofe des Versenders in den des Empfängers zu bringen. Die Beförderungsdauer enthält also außer den die Reisedauer bestimmenden Betriebshandlungen

[1] Dies ist die günstigste Reisegeschwindigkeit seit dem Jahre 1920, wo sie 10,3 Meilen betrug. Siehe A Review of Railway Operations 1927, S. 28.

auch die, welche vor Abfahrt des Verkehrsmittels am Versandbahnhofe und die nach seiner Ankunft auf der Bestimmungsstation verursacht werden, so insbesondere die Beförderung der Güter zum Versandbahnhofe, ihre Auflieferung und Abfertigung, ihre Behandlung auf der Bestimmungsstation und Zufuhr an den Empfänger. Beim Lastkraftwagenverkehr entfällt häufig die An- und Abfuhr der Güter wie ihre Umladung am Versand- und Bestimmungsbahnhofe. Die Eigenart des Lastkraftwagens, immer sozusagen als ein Güterzug und nicht als ein-

Tabelle 51. Beförderungsdauer und Beförderungsgeschwindigkeit von Lastkraftwagen- und Eisenbahnverbindungen[1].

Versandstation: Buffalo

Bestimmungsstation	Entfernung Meilen	Beförderungsdauer des Lastkraftwagens Stunden	Beförderungsgeschwindigkeit des Lastkraftwagens Meilen die Stunde	Beförderungsdauer der Eisenbahn Stunden	Beförderungsgeschwindigkeit der Eisenbahn Meilen die Stunde
Donawenda	10	2	5,0	48	0,2
Niagara Falls	26	4	6,5	48	0,5
Batavia	37	5	7,4	48	0,8
Rochester	72	9	8,0	72	1,0
Jamestown	77	9	8,4	48	1,6
Erie	92	10	9,2	48	1,9
Ashtabula	129	14	9,2	72	1,8
Elmira	145	15	9,6	96	1,5
Syracuse	154	16	9,6	48	3,2
Utica	203	21	9,6	72	2,8
Binghamton	204	21	9,7	72	2,8
Pittsburgh	241	26	9,2	120	2,0
Albany	308	31	9,9	96	3,2
	1698	183	8,57	888	1,79

zelner Güterwagen zu wirken, setzt ihn in den weiteren Vorteil, daß die Güter am Versandbahnhofe rascher abrollen und auf der Bestimmungsstation rascher ausgeliefert werden können. Bei der Eisenbahn wird die Stückgutbeförderung durch Ansammeln der Güter zur besseren Auslastung der Wagen, durch die Zusammenstellung und Verteilung des Zuges und durch die Verschubbewegungen der Wagen auf den verschiedenen Stationen verlangsamt. Diese zeitraubenden Maßnahmen erhöhen insbesondere in nahen und mittleren Entfernungen die Beförderungsdauer der Eisenbahn und bringen den Lastkraftwagen dadurch in Vorteil. In der Tabelle 51 sind Beförderungsdauer und Beförderungsgeschwindigkeit des Lastkraftwagens und der Eisenbahn in einigen Verkehrsrelationen ein-

[1] Die Entfernung und die Beförderungsdauer wurden aus Grupp: Economic of Motor Transportation, S. 7, entnommen.

ander gegenübergestellt. Die kürzere Beförderungsdauer des Lastkraftwagens ist auffallend. In allen Verkehrsbeziehungen ist sie wesentlich kürzer und die Beförderungsgeschwindigkeit des Lastkraftwagens bedeutend höher als die der Eisenbahn. Die Beförderungsdauer für die Gesamtentfernung aller Verkehrsrelationen der Tabelle 51 — 1698 Meilen — beträgt für den Lastkraftwagen 183 und für die Eisenbahn 888 Stunden. Die Eisenbahn braucht also nahezu fünfmal so lange als der Lastkraftwagen. Die durchschnittliche Beförderungsgeschwindigkeit des Lastkraftwagens beträgt in den erwähnten Verbindungen 8,57, die der Eisenbahn 1,79 Meilen die Stunde und ist somit für den Lastkraftwagen nahezu fünfmal größer als für die Eisenbahn. Die Beförderungsgeschwindigkeit des Lastkraftwagens ist im Verhältnis zu der der Eisenbahn — hier und auch allgemein — um so größer, je kürzer die Verkehrsrelation ist. Die kürzere Beförderungsdauer des Lastkraftwagens bewirkt, daß meist die durch die Beförderungspreise bedingten Wettbewerbsgrenzen der beiden Verkehrsmittel zugunsten des Lastkraftwagens erweitert werden.

Die Beförderungsgeschwindigkeit der in der Tabelle 51 genannten Verbindungen ist für die Eisenbahn gering und unter dem Durchschnitt. Im Nahverkehr gibt es zwar zahlreiche Strecken, wo hoher Zeitaufwand für Nebenleistungen die Lage der Eisenbahn noch ungünstiger zu gestalten vermag. So berichtet die „New England Traffic League", daß es häufig 9 Tage erfordert, um Güter von New York City nach Bridgeport (Connecticut), einer Entfernung von 57 Meilen, zu befördern, 4—5 Tage, wenn Versand- und Bestimmungsstationen 40 Meilen und 2—7 Tage, wenn sie 50—100 Meilen voneinander entfernt sind[1]. Solch lange Beförderungsdauer der Eisenbahn erschließt dem Lastkraftwagen ein besonders reiches Tätigkeitsfeld. Auf mittlere Entfernungen dürfte die Beförderungsdauer des Lastkraftwagens meist kürzer und auf nahe häufig beträchtlich kürzer als die der Eisenbahn sein; in den weiten Entfernungen gewinnt die Eisenbahn mit der Transportweite zunehmend an Vorteil, weil sich hier der große Zeitaufwand vor Übergabe der Güter auf der Versandstation und nach ihrer Ankunft auf der Bestimmungsstation auf eine große Zahl von Entfernungseinheiten verteilen kann.

Eine Beurteilung der Schnelligkeit des Kraftwagen- und Eisenbahnverkehrs hat auch die Dichte der Kraftwagen- und Zugfolge und die Gestaltung des Fahrplans zu berücksichtigen. Kann eine Reise durch kürzere Zugfolge oder frühere Abfahrt der Verkehrsmittel sofort oder nur um Minuten früher angetreten werden, so kann dies mit einer Kürzung der Beförderungsdauer gleichbedeutend sein, insbesondere dann, wenn die Reise sofort oder zu einer bestimmten Zeit ausgeführt werden

[1] Siehe Grupp a. a. O. S. 6.

soll. Ähnlich ist es im Güterverkehr. Können Güter häufiger oder früher versandt werden, so kann hiedurch die Beförderungsdauer der Gütersendung gekürzt werden, was einer größeren Schnelligkeit des Verkehrsmittels gleichkommt.

Bei der Häufigkeit des Verkehrs kommt dem Kraftfahrzeug seine kleinere Fassungskraft zugute. Die wirtschaftliche Belastung eines Kraftwagens verlangt erheblich weniger Reisende oder Güter als die eines Zuges; der Kraftwagen vermag dadurch viel öfter als ein Zug zu verkehren.

Nicht unbeachtet werden darf, daß eine rasche Beförderung früher über Güter verfügen läßt und ihrer stofflichen Veränderung während des Transportes vorbeugt. Viele Güter sind transportempfindlich und werden bei zu langer Beförderungsdauer schadhaft, was bei leicht verderblichen Gütern in völligem Verderb, bei anderen, wie lebenden Tieren, Flüssigkeiten, in einem mehr oder weniger großen Gewichtsverlust oder Schwund bestehen kann. Aber auch für Güter, deren Wert sich nicht vermindert, ist eine lange Beförderungsdauer nachteilig, weil sie zu lange ihrer nutzbaren Verwendung entzogen sind.

Bemerkenswert ist, daß trotz der durchschnittlich höheren Reisegeschwindigkeit der Personenzüge und der noch höheren der Schnellzüge viele Reisende diese Verkehrsmittel doch nicht so hoch werten, um sie dem Omnibus vorzuziehen. Immer mehr Reisende benützen den Omnibus oder kaufen sich eigene Fahrzeuge, Automobile. Auch eine weitere Beschleunigung der Eisenbahnzüge[1] vermochte nicht der Abwanderung der Reisenden zur Landstraßenbeförderung wirksam Einhalt zu gebieten. Der Amerikaner hat eben eine Vorliebe zur Landstraßenbeförderung, und nur ganz offensichtliche Vorteile der Schienenbeförderung können ihn veranlassen, die Eisenbahn zu benützen.

Im Güterverkehr, wo die Beförderungsdauer des Lastkraftwagens in den nahen und mittleren Entfernungen an und für sich meist günstiger als die der Eisenbahn ist, versuchte diese wie im Personenverkehr die ihrige zu verkürzen, um dem Wettbewerb des Lastkraftwagens entgegenzutreten. Der Eisenbahnbetrieb konnte, seiner Eigenart zufolge, hier aber nur wenig verbessert werden. Nur wo die Eisenbahnen selbst den Lastkraftwagen zur rascheren und flüssigeren Betriebsführung herangezogen, wurden beachtenswerte Erfolge erzielt (siehe Kapitel 5). Ihre Betriebspolitik, auf eine Zugmeile möglichst viele Tonnen zu befördern, änderten die Eisenbahnen zugunsten einer höheren Grund- und Reisegeschwindigkeit der Güterzüge, und die Devise lautet jetzt nicht mehr „Tonnenmeilen auf eine Zugmeile", sondern „Tonnenmeilen auf eine Zug-

[1] In vielen Verkehrsbeziehungen wurde die Reisegeschwindigkeit bis zu 20% erhöht. Siehe Railway Age v. 2. April 1927, S. 1056.

stunde“ (no more ton miles per train mile but ton miles per train hour[1]). Eine ökonomische Zugförderung wird nicht allein durch die Nettobelastung eines Zuges bestimmt, sondern sie ist ein Produkt der Belastung und Geschwindigkeit. Können beispielsweise 1300 Tonnen mit einer Geschwindigkeit von 10 Meilen und 1200 mit einer von 12,5 Meilen die Stunde befördert werden, so ergeben sich im ersten Fall 13 000 und im zweiten 15 000 Tonnenmeilen auf eine Zugstunde. Eine verminderte Belastung und eine erhöhte Geschwindigkeit steigern in dem Beispiele die Tonnenmeilen für eine Zugstunde um etwa 15%. Dabei ist noch zu beachten, daß durch eine höhere Geschwindigkeit der Aufwand für Überstunden häufig erspart oder wenigstens vermindert werden kann. So könnte eine Verbindung von 100 Meilen Entfernung, die bei einer Reisegeschwindigkeit von 10 Meilen 8 Arbeits- und 2 Überstunden benötigt, bei einer Geschwindigkeit von 12,5 Meilen die Stunde ohne Überstunden bedient werden[2].

Dem Bestreben der Eisenbahnen, die Reise- und Beförderungsgeschwindigkeit im Personen- und Güterverkehr zu erhöhen, sind durch die Notwendigkeit einer ökonomischen Betriebsführung Grenzen gesetzt. Viele Verbindungen der nahen und mittleren Entfernungen werden aus diesem Grunde immer zugleich auch dem Kraftwagenverkehr offen stehen. Vor allem ist die mit der Beförderung von Haus zu Haus verbundene Verminderung der Beförderungsdauer im Güterverkehr ein verkehrstechnischer Vorteil des Lastkraftwagens, den die Schienenbahn selbst dann, wenn Versender und Empfänger über Anschlußgleise verfügen, nicht ohne weiteres einholen kann.

4. Der Einfluß des Nutzraumes der Transportgefäße.

In einem Lande mit mächtiger industrieller und agrarischer Produktion wie Amerika treten Verkehrsmengen massenhaft auf. Für die Ortsveränderung solcher Verkehrsmengen ist der Laderaum der Transportgefäße und die Tragfähigkeit der Fahrzeuge wirtschaftlich von besonderer Bedeutung. Auch im Wettbewerb des Kraftwagen- und Eisenbahnverkehrs wirken Unterschiede in der Größe des Laderaumes und der Tragfähigkeit, weil die Beförderung kleiner oder großer Gütermengen — Stückgüter oder Wagenladungen[3] — ganz verschieden hohe Kosten

---

[1] Ein nicht minder geeigneter wirtschaftlicher Maßstab dürfte in der Zahl der täglichen und jährlichen Tonnenmeilen eines Güterwagens gegeben sein.

[2] Prof. Cunningham berechnete, daß bei einer Steigerung des durchschnittlichen täglichen Laufes der Güterwagen um nur eine Meile 100000 Wagen unter den gegenwärtigen Verhältnissen erspart werden könnten. Siehe Automotive Transportation and Railroads S. 14/15.

[3] Kleine Gütermengen sollen mit dem Begriff Stückgüter und größere Gütermengen mit dem Begriff Wagenladungen gleichgesetzt werden, obwohl auch in

hervorruft. An und für sich ist der Aufwand eines Transportunternehmers für die Fortbewegung einer Tonne Stückgüter so hoch wie für eine Tonne Wagenladungsgüter, wenn die Transportgefäße gleich ausgelastet sind. Meist ist dies aber nicht möglich. Stückgüter werden in kleinen, ungleich großen und ungleich schweren Sendungen aufgeliefert, die Güterwagen nur schwach auslasten, Wagenladungen dagegen meist in gleichartigen Gütern, mit denen der Laderaum der Wagen sich besser als bei Stückgütern ausnützen läßt. In den letzten Jahren war das durchschnittliche Nutzgewicht einer Wagenladung etwa 34 Tonnen, das eines Stückgutwagens nur 6 Tonnen. Die geringere Auslastung der Wagen tritt insbesondere auch in dem Verhältnis des Gewichtes der beförderten Güter zu der Zahl der verwendeten Wagen hervor. Während die Stückgüter im Jahre 1925 nur 2,96% der gesamten beförderten Gütermenge betrugen, war ihr Anteil an der Gesamtzahl der gestellten Wagen 25,7% [1]. Da die meisten Aufwendungen für die Beförderung leicht oder schwer beladener Güterwagen, wie auch die Anschaffungskosten von Wagen mit größerer oder kleinerer Tragfähigkeit nicht wesentlich verschieden sind [2], ergeben sich für den Transport einer Tonne Güter je nach der Auslastung der Wagen weitgehende Kostenunterschiede, wobei Stückgüter kostenhöher als Wagenladungen sind. Bei den Stückgütern wirkt außerdem ihre Behandlung auf den Versand-, Umlade- und Bestimmungsstationen und das größere Risiko ihres Transportes stark kostenerhöhend [3]. An den Entschädigungsforderungen

---

den Beförderungskosten einer Tonne Stück- oder Wagenladungsgüter erhebliche Unterschiede bei schwach oder stark ausgelasteten Wagen solcher Güter besteht. Ist von Stückgütern und Wagenladungen ohne nähere Bezeichnung die Rede, so sind die Begriffe hier nur auf die Eisenbahnbeförderung zu beziehen und verkehrstechnisch zu verstehen.

[1] Statistics of Railways in the United States 1925.

[2] Nach Prof. Ripleys Ausführungen — siehe Ripley Railroads Rates and Regulation, S. 90ff. — waren die Anschaffungskosten eines 40 Tonnen-Wagens vor dem Weltkriege nur um 50 Dollar höher als die eines 20 Tonnenwagens.

[3] Mit der Einführung von Behältern — containers — im Eisenbahnverkehr in den letzten Jahren ist eine wirtschaftlichere Beförderung von Stückgütern möglich geworden. Die Vorteile der Behälter liegen hauptsächlich in Ersparnissen an Verpackung, Behandlung und Fracht, die Gefahr einer Beschädigung oder Diebstahls der Güter wurde verringert, und die Raumbeanspruchung in Güterhallen und Güterwagen vermindert. Behälter sind also für Verkehrtreibende wie Eisenbahngesellschaften von Nutzen. Der Fortschritt in der Bereitstellung und dem Gebrauch von Behältern war bislang, als nur einige Eisenbahngesellschaften das Behältersystem eingeführt hatten, gering. Erst seit mehrere Transportgesellschaften sich der Beförderung von Gütern in Behältern besonders widmen und auch die Verkehrtreibenden veranlassen, Behälter zu benutzen, erlangte dieses Beförderungssystem größere Bedeutung. Es ist und wird aber für geraume Zeit noch auf größere Verkehrsplätze und größere Versender beschränkt bleiben. Die zur Zeit verwendeten Behälter sind aus Stahl und haben ein Gewicht von etwa 3000 Lbs.,

hatten die Stückgüter in den Jahren 1921 und 1927 einen Anteil von etwa 38%, an der Gewichtsmenge der Gesamtbeförderung dagegen nur einen von etwa 3%[1]. Diese Aufwendungen vergrößern den Unterschied der Beförderungskosten, der zwischen Stückgütern und Wagenladungen schon in den Zugförderungskosten besteht. In der Tabelle 52 ist der Unterschied der Kosten für die Beförderung einer Tonne Stückgüter und einer Tonne Wagenladungsgüter bei durchschnittlicher Auslastung der Wagen ersichtlich. Auf nahe Entfernungen sind die Kosten der Stückgutbeförderung wesentlich höher als auf mittlere und weite; sie betragen in den nahen Entfernungen zum Teil mehr als das Zehnfache, in mittleren etwa das Siebenfache und auf weite etwa das Fünffache der Kosten für Wagenladungen. Die relative Verminderung der Kosten der Stückgutbeförderung mit zunehmender Entfernung ist durch die auf alle Entfernungen gleich hohen Abfertigungskosten bedingt[3].

Tabelle 52. Kosten der Eisenbahnbeförderung einer Tonne Stückgüter und einer Tonne Wagenladungsgüter[2].

Entfernung Meilen	Stückgut Cents	Wagenladung Cents
10	942	84,4
50	1000	115
100	1080	140
300	1370	240
500	1700	345

Ändert sich die Belastung der Wagen, so ändern sich bei Stückgütern und Wagenladungen auch ihre Transportkosten. Bei 10 Tonnen Nutzgewicht kostet den Unternehmer die Beförderung einer Tonne Güter weniger als bei 5 Tonnen, bei 40 weniger als bei 20, bei 80 weniger als bei 60 Tonnen. Je größer das Nutzgewicht einer Ladung, desto geringer sind die Beförderungskosten für eine Tonne Güter. Dies veranlaßte hauptsächlich die Eisenbahnen, den Fassungsraum und die Tragfähigkeit der Güterwagen ständig zu vergrößern. In den sechziger Jahren des letzten Jahrhunderts hatte der gewöhnliche Güterwagen eine Tragfähigkeit von 7,5 Tonnen, im Jahre 1927 war diese im Durchschnitt 45,5 Tonnen für einen Wagen. Eine mehr als sechsfache Steigerung ist eingetreten. Einzelne Eisenbahngesellschaften verwenden jetzt Wagen bis zu 120 Tonnen Tragfähigkeit[4]. Die durchschnittliche Tragfähigkeit der Güter-

einen Fassungsraum von 400—500 Kubikfuß und eine Tragfähigkeit von 6000 bis 8000 Lbs. Stückgüter. Die Eisenbahnwagen fassen im allgemeinen 4—8 solcher Behälter (siehe Abb. 34 und 35).

[1] Readjusment of Relative Freight Rate Schedules 1923, S. 22.

[2] Siehe Fußnote Abschnitt III, Kapitel 2, S. 115/16. Nutzgewicht des Stückgutwagens = 6 Tonnen, der Wagenladung = 34 Tonnen.

[3] Siehe Kapitel 2 dieses Abschnittes.

[4] Im Jahre 1920 wurden von der Virginia Eisenbahngesellschaft 1000 aus Stahl gebaute, für den Kohlentransport bestimmte Wagen mit einer Tragfähig-

wagen und ihre Belastung in den Jahren 1906—1927 ist in der Tabelle 53 dargestellt. Es ist bemerkenswert, daß die Tragfähigkeit der Güterwagen dauernd erhöht wurde, ihre Belastung hingegen sich nur bis zum Ende des Weltkrieges steigerte. Dann schwankte die Belastung der Wagen in der Nähe von 27 Tonnen — 1920 und 1923 ausgenommen — auf und ab. Im Verhältnis zur Tragfähigkeit der Wagen hat sich ihre Belastung bis zum Jahre 1915 ständig vermindert, dann unregelmäßig erhöht und

Tabelle 53. **Mittelwerte der Tragfähigkeit und Belastung der Güterwagen von 1906—1927**[1].

Jahr	Durchschnittliche Tragfähigkeit der Wagen in Tonnen	Durchschnittliche Belastung der Wagen in Tonnen	Verhältnis der Belastung zur Tragfähigkeit in %
1906	32,0	18,9	59,1
1907	34,0	19,7	57,8
1908	35,0	19,6	56,1
1909	35,0	19,3	55,0
1910	36,0	19,8	55,1
1911	37,0	19,7	53,3
1912	37,0	20,2	54,5
1913	38,0	21,1	55,6
1914	39,0	21,1	54,1
1915	40,0	21,4	53,5
1916	41,0	22,6	55,2
1917	41,5	25,0	60,2
1918	41,6	26,9	64,6
1919	41,9	25,5	60,9
1920	42,4	29,3	69,1
1921	42,5	27,6	64,7
1922	43,1	26,9	62,4
1923	43,8	27,9	63,7
1924	44,3	27,0	60,9
1925	44,8	27,0	60,2
1926	45,1	27,4	60,8
1927	45,5	27,2	59,8

als beste Auslastung im Jahre 1920 69,1% erreicht. Sie senkte sich dann wieder und beträgt seit 1924 etwa 60% der Tragfähigkeit der Wagen. Diese Bewegung läßt erkennen, daß die Wirtschaftlichkeit großer Güterwagen in den letzten Jahren eine Grenze erreicht haben dürfte. Insbesondere dürfte dies für die meisten der geschlossenen Güterwagen eingetreten sein, während bei den offenen, zur Beförderung von Rohmaterialien und Massengütern verwendeten Wagen eine weitere Er-

keit von je 120 Tonnen und einem Taragewicht von 39,45 Tonnen in Dienst gestellt. Siehe Loree, L. F.: Railroad Freight Transportation S. 305.

[1] Von 1906—1915 siehe Loree a. a. O. S. 278. Von 1916—1927 siehe Veröffentlichungen des Bureau of Railway Economics und Berichte der Interstate Commerce Commission.

höhung der Tragfähigkeit erwünscht wäre. Die Belastung des Oberbaues und die Abnützung der Schienen und Brücken gebietet jedoch auch hier betriebsökonomisch Halt.

So wirtschaftlich große Güterwagen für den Massenverkehr und so notwendig sie für die amerikanische Volkswirtschaft sind, so unwirtschaftlich sind sie für kleine Verkehrsmengen, die einzeln nicht ausreichen, einen Wagen wirtschaftlich zu belasten und deshalb gesammelt und zusammen mit anderen Gütern befördert werden müssen. Hiedurch erhöhen sich nämlich, wie früher gezeigt, Dauer und Kosten ihrer Beförderung. Es besteht daher auch ein großes Bedürfnis für ein kleineres Transportgefäß. Da ein solches im Lastkraftwagen gegeben ist, erhebt sich die Frage, inwieweit dieser zur Beförderung kleiner Verkehrsmengen geeignet ist.

Um zunächst ein Bild über die Größe und den Fassungsraum der Lastkraftwagen zu gewinnen, sollen die Produktionsziffern je nach der Tragfähigkeit der einzelnen Fahrzeuge genannt werden[1]. Die Tabelle 54 enthält die absoluten und prozentualen Produktionsziffern der Lastkraftwagen, getrennt nach den allgemeinen Größenunterschieden für die Jahre 1922—1928. Die zahlenmäßige Überlegenheit der Lastkraftwagen kleiner Tragfähigkeit tritt deutlich hervor. Die Produktionsziffern aller Wagen mit weniger als 2 Tonnen Tragfähigkeit bewegen sich von

Tabelle 54. A. Produktionsziffern der Lastkraftwagen verschiedener Tragfähigkeit in den Jahren 1922—28[2].

Tragfähigkeit	1922	1923	1924	1925	1926	1927	1928[3]
$^3/_4$ Tonnen u. weniger	62194	44198	40864	47745	64111	77978	77484
1 Tonne u. weniger als $1^1/_2$	146288	288896	310930	391165	347167	319637	306890
$1^1/_2$ Tonn. u. weniger als 2	4388	24031	20465	29401	47000	29107	108871
2 Tonnen u. weniger als $2^1/_2$	13830	14998	8225	12456	19993	27313	29556
$2^1/_2$ Tonnen u. weniger als $3^1/_2$	11235	12516	14294	16691	18231	16584	21170
$3^1/_2$ Tonnen u. weniger als 5	3319	6761	3643	6191	5514	4471	4607
5 Tonnen	5718	4611	6635	7990	9030	4128	2154
über 5 Tonnen und besondere Typen	1430	4081	4960	11595	10597	7734	8969
Zusammen	248402	400092	410016	523234	521643	486952	576540

[1] Der Anteil der einzelnen Lastkraftwagengrößen am Gesamtbestand ist nicht bekannt.

[2] Fact and Figures a. a. O. 1929 Edition S. 8.

[3] In dem Bericht des Jahres 1928 liegt ein Irrtum, denn die Produktionsziffern ergeben insgesamt 559701 und nicht 576540 Fahrzeuge.

B. Produktion der verschiedenen Größen in Prozenten der Gesamtproduktion.

Tragfähigkeit	1922 %	1923 %	1924 %	1925 %	1926 %	1927 %	1928 %
$^3/_4$ Tonnen und weniger	25,0	11,0	10,0	9,1	12,3	16,0	13,9
1 Tonne und weniger als $1^1/_2$ . . .	58,9	72,2	75,8	74,8	66,6	65,6	54,9
$1^1/_2$ Tonnen und weniger als 2 . . .	1,8	6,0	5,0	5,6	9,0	6,0	19,5
2 „ „ „ „ $2^1/_2$ . .	5,6	3,7	2,0	2,4	3,8	5,6	5,2
$2^1/_2$ „ „ „ „ $3^1/_2$ . .	4,5	3,2	3,5	3,2	3,5	3,4	3,7
$3^1/_2$ „ „ „ „ 5 . . .	1,3	1,7	0,9	1,2	1,1	0,9	0,8
5 Tonnen	2,3	1,2	1,6	1,5	1,7	0,9	0,4
über 5 Tonnen u. besondere Typen . .	0,6	1,0	1,2	2,2	2,0	1,6	1,6
Zusammen	100	100	100	100	100	100	100

1922—1928 zwischen 85,7 und 90,6% der Gesamtproduktion. Der Anteil der kleinsten Fahrzeuge war bis 1927 verhältnismäßig noch stärker. Im Jahre 1928 hatten nämlich die Wagen zwischen $1^1/_2$ und weniger als 2 Tonnen Tragfähigkeit 19,5% an der Gesamtproduktion, während sie zuvor höchstens nur 9% besaßen. Dadurch ist der Anteil der Fahrzeuge zwischen $^3/_4$ und weniger als $1^1/_2$ Tonnen Tragfähigkeit bis 1927 größer als 1928. Die Verteilung der Produktion der Fahrzeuge von zwei und mehr Tonnen Tragfähigkeit hat in den einzelnen Jahren keine wesentliche Veränderung aufzuweisen. Es kann also festgestellt werden, daß Lastkraftwagen geringer Tragfähigkeit an Zahl die größerer Tragkraft weit überwiegen.

Wenn auch im Besitz der Betriebe, die sich gewerbsmäßig mit der Beförderung von Gütern befassen, verhältnismäßig mehr große Lastkraftwagen als im Werkverkehr sind[1], so scheint doch die Zahl der großen Fahrzeuge, gemessen an der Nachfrage nach Laderaum im Eisenbahngüterverkehr, zu klein zu sein. Notwendig muß das Verhältnis zwischen den kleinen Lastkraftwagen und den großen Güterwagen ökonomisch bewirken, daß der Lastkraftwagenverkehr vorwiegend für kleine, leichtere Gütermengen, und die Eisenbahn mehr für große, schwere Sendungen geeignet ist und auch beansprucht wird.

Der Unterschied der Aufnahme- und Leistungsfähigkeit von Eisenbahn- und Lastkraftwagenbeförderung wird noch größer, wenn die Transporteinheit, Güter- und Lastkraftwagenzug, verglichen wird. Während bei den Eisenbahnen im Jahre 1927 Güterzüge mit durchschnittlich 46,5 Wagen und einem Nettotonnengewicht von 778 Tonnen

[1] Aus dem Staate Ohio wurde im Jahre 1926 berichtet, daß von den gewerbsmäßig verwendeten Lastkraftwagen 23,8% eine Tragfähigkeit von 3 und mehr Tonnen und 52,6% eine von 2 und mehr Tonnen hatten. Die entsprechenden Prozentsätze der Fahrzeuge im Werkverkehr waren 7 und 21,5. — Siehe Truck Facts for 1927, S. 39.

verkehrten[1], erschienen damals, wie auch heute noch, im Lastkraftwagenverkehr meist nur Zugwagen, die zuweilen einen, vereinzelt auch einen zweiten, Anhängewagen führten, so daß die Lastzüge selten ein Nettogewicht auch nur von 10 Tonnen erreichten. Dieses Verhältnis in der Transportfähigkeit läßt die Überlegenheit der Eisenbahn für große, schwere Gütermengen gegenüber dem Lastkraftwagen noch weit mehr hervortreten, als wenn diesem nur einzelne Güterwagen gegenübergestellt werden. Es verstärkt aber auch den schon festgestellten Tatbestand, daß die Eisenbahn für kleine Gütermengen weniger als der Lastkraftwagen geeignet ist. Der Vizepräsident der Pennsylvania Eisenbahn Elisha Lee nannte die Eisenbahnen die Großhändler und die Kraftwagen die Kleinhändler der Nation.

Von der Größe der Transportgefäße aus betrachtet kann weniger von einem Wettbewerb zwischen Eisenbahn- und Kraftwagengüterverkehr, als von einer gegenseitigen technisch-wirtschaftlichen Ergänzung gesprochen werden. Dies um so mehr, als der Stückgutverkehr der Eisenbahnen, der hauptsächlichste Wirkungsbereich der Lastkraftwagen, weit weniger wirtschaftlich als der Wagenladungsverkehr ist. Einer Untersuchung im Westen der Union ist zu entnehmen, daß die Einnahmen für 1 Tonnenmeile aus dem Stückgutverkehr der Eisenbahnen wohl etwa dreieinhalb bis viermal so groß wie die des Wagenladungsverkehrs sind[2], da aber die Kosten der Stückgutbeförderung für 1 Tonnenmeile noch auf 100 Meilen mehr als siebenmal so groß und auf kürzere Entfernungen noch größer als die des Wagenladungsverkehrs sind, so tritt die geringere Wirtschaftlichkeit des Stückgutverkehrs offen zutage[3].

Der Umfang einer gewerbsmäßigen Verwendung des Lastkraftwagens als Verkehrsmittel kann Mitteilungen der pazifischen Staaten entnommen werden[4]. In Kalifornien wurden im Jahre 1926 1 231 176 Tonnen Güter befördert und dafür 8 903 351,99 Dollar Frachten vereinnahmt, in Oregon 1925 867 317 Tonnen mit einer Einnahme von 3 825 217,79 Dollar und in Washington 1926 311 105 Tonnen mit 2 062 622,68 Dollar[5].

Im Personenverkehr ist die Größe der Fahrzeuge des Kraftwagen-

[1] Siehe A Review of Railway Operations in 1927, S. 25. Die New York Central Eisenbahngesellschaft hat Züge mit einem Nettogewicht von 2400 Tonnen gefahren. Siehe Ripley a. a. O. S. 91.

[2] Interstate Commerce Commission Ex Parte 87, Nr 17000, S. 28.

[3] Bei dieser Betrachtung darf aber nicht außer acht gelassen werden, daß sobald die Einnahmen der Stückgutbeförderung die variablen und einen geringen Teil der konstanten Kosten decken, auch die Stückgutbeförderung der Eisenbahnen für den Gesamtverkehr ökonomisch vorteilhaft sein mag.

[4] Eine statistische Aufzeichnung für alle Staaten der Union liegt noch nicht vor.

[5] Siehe Berichte der Verwaltungsbehörden. Für den Staat Washington wurden nur die Gütermengen, die von den öffentlichen Lastkraftwagenbetrieben befördert wurden, berichtet.

und Eisenbahnverkehrs für den gegenseitigen Wettbewerb weniger bedeutsam. Es gilt natürlich auch hier, daß große Transportgefäße, die wirtschaftlich genutzt werden, für die Verkehrsleistungseinheit — die Personenmeile — kostenniedriger sind als kleinere. Einer vergleichenden Betrachtung des Fassungsraumes der Omnibusse und der Personenwagen der Eisenbahnen sei eine Gliederung der Produktion der Omnibuskarosserien vorausgeschickt. Omnibusse werden auch in den verschiedensten Größen gebaut. Die Tabelle 55 zeigt, daß es Omnibusse mit einem Fassungsraum von 7—80 Personen gibt. Fahrzeuge für mehr als 50 Personen sind überwiegend Doppeldeckwagen für den lokalen Verkehr, die für 41—50 Personen werden hauptsächlich für Schul- und Rundfahrten verwendet. Diese beiden Gruppen sind hier von geringerem Interesse.

Tabelle 55. Zahl und Größe der in den Jahren 1924—1926 gebauten Omnibuskarosserien[1].

Sitzplätze	Zahl der gebauten Karosserien		
	1924	1925	1926
7—14	441	450	219
15—22	2500	4670	3232
23—30	3280	5232	5130
31—40	234	759	1632
41—50	60	62	147
51—80	488	234	262
	7003	11407	10622

Anders ist es mit den Fahrzeugen mit Plätzen für 7—40 Personen. Unter ihnen sind die Fahrzeuge für 15—30 Personen am zahlreichsten. Sie haben etwa 80 % der Gesamtproduktion. Unter diesen sind wieder die Fahrzeuge für 23—30 Personen vorherrschend, die allein nahezu die Hälfte der Gesamtproduktion ausmachen. Unter allen Fahrzeugen ist der Omnibus mit 29 Sitzplätzen am häufigsten vertreten. Er ist das typische Fahrzeug des öffentlichen interlokalen Kraftwagenverkehrs. Die durchschnittliche Zahl der Sitzplätze aller Omnibusse war 1924 23,7, 1925 25 und 1926 26,8; so betrachtet wurden also die Fahrzeuge dauernd vergrößert.

Ein kurzer Vergleich mit den Personenwagen der Eisenbahnen sei hier eingefügt. Die gewöhnlichen Personenwagen (coaches) der großen Eisenbahngesellschaften hatten im Jahre 1927 durchschnittlich 74 Sitzplätze[2], ihr Fassungsraum war also etwa dreimal so groß wie der der Omnibusse. Pullmanwagen hingegen können nur etwa 50 Personen

[1] Siehe Bus Transportation Vol. 6, Nr 2. Auch hier muß die Zahl der in einzelnen Jahren gebauten Karosserien genannt werden, da der Gesamtbestand der verschiedenen Fahrzeuggrößen nicht bekannt ist.

[2] Statistics of Railways in the United States 1927. Statement 10.

aufnehmen. Wird der Fassungsraum eines Omnibusses mit der ganzen Transporteinheit der Eisenbahn, dem Zug verglichen, dann tritt die Massentransportfähigkeit der Eisenbahn wieder stärker hervor. Auf Hauptlinien führen Personenzüge durchschnittlich 12—15 Wagen[1]. Es können also in einem Zuge gleichzeitig etwa 1000 Personen befördert werden, in Omnibussen hingegen mit einem Fassungsraum von 25 Personen nur $^1/_{40}$ davon.

Die Gesamtzahl der mit den Omnibussen in der Union beförderten Personen ist bis jetzt noch nicht ermittelt worden. Für einzelne Staaten, wie die der pazifischen Küste, können jedoch Berichtsziffern gegeben werden. Die folgende Aufstellung enthält die Zahl der beförderten Personen und die Einnahmen aus dem Personenverkehr für Kalifornien, Oregon und Washington[2].

Tabelle 56. Personenverkehr der Staaten an der pazifischen Küste.

Staat	Betriebsjahr	Zahl der beförderten Personen	Einnahmen aus dem Personenverkehr Dollar
Kalifornien	1926	24 319 697	10 419 032,06
Oregon	1925	4 271 197	2 739 879,28
Washington	1926	10 704 712	3 916 614,45

Nun noch einige Bemerkungen über das Verhältnis des Automobils zu den Eisenbahnen. Obwohl das Automobil eine so viel kleinere Betriebseinheit als die Eisenbahn — Personenzüge — ist, so ist es für diese durch ihre große Zahl doch ein ganz bedeutender, ja der bedeutendste Wettbewerber. Bei durchschnittlicher Besetzung der Automobile sind ihre Betriebskosten wohl höher als die Fahrpreise der Eisenbahn. Da aber die Kosten von Automobilisten nicht ihrer zahlenmäßigen Höhe nach gewertet werden, sind sie für den Wettbewerb der beiden Verkehrsmittel nahezu belanglos (siehe Kapitel 6 diese Abschnittes).

Im Personen- wie Güterverkehr sind die Eisenbahnen das Verkehrsmittel des Massenverkehrs, die Kraftfahrzeuge das des Kleinverkehrs. Diese Teilung ist insbesondere in der Größe der Wagen und der Eigenart des Eisenbahnbetriebes und seiner Anlagen bedingt, die sich immer mehr für die Bewegung großer und immer weniger für kleine Verkehrsmengen eigneten und eignen. Der Größenunterschied der Transportgefäße beider Verkehrsmittel weist ökonomisch zur Zusammenarbeit. Nur die privaten Kraftwagen werden stets ein Wettbewerber der Eisenbahnen sein, weil sie Bedürfnisse zu befriedigen vermögen, denen Eisenbahnen niemals nachzukommen in der Lage sind.

[1] Auf Nebenlinien gibt es jedoch viele Züge, die drei und noch weniger Wagen führen.

[2] Berichte der Verwaltungsbehörden dieser Staaten.

5. Der Einfluß der Verkehrsdichte und der Verkehrsgebiete unter Beachtung der Zusammenarbeit von Kraftwagen und Eisenbahn.

Zwischen Wirtschaft und Verkehrsmittel besteht ein gegenseitiges Abhängigkeitsverhältnis. Je nach der Entwicklungsstufe einer Wirtschaft ist ein Verkehrsmittel höherer oder niederer Intensität[1] erforderlich. Die beste Betriebsführung bleibt erfolglos, wenn die für ein Verkehrsmittel wirtschaftlich notwendige Verkehrsdichte fehlt, denn sie bestimmt in erster Linie die Ökonomik des Betriebes[2]. Sax nannte diese Erscheinung das Intensitätsgesetz des Verkehrs[3] und umschrieb es mit den Worten:

„Das Verkehrsmittelsystem eines Landes muß im ganzen, wie in seinen Teilen im Verhältnis zueinander jeweils den richtigen, den von der Gesamtheit der einschlägigen Umstände bedingten, Intensitätsgrad zur Erscheinung bringen."

In der Praxis ist diese ökonomisch-technische Forderung nicht immer zu verwirklichen. So im 19. Jahrhundert, als das Wirtschaftsleben sich rasch entfaltete und zu Beginn hauptsächlich nur das Zugtiergespann als Verkehrsmittel zur Verfügung stand. Am Ende der ersten Drittels des letzten Jahrhunderts kam dann wohl ein neues Verkehrsmittel, die Dampfeisenbahn, die aber selbst in ihrer primitiven Form oft auf höherer Intensitätsstufe war als die Wirtschaft, der sie diente. Häufig mußte die Wirtschaft erst auf die Intensitätsstufe der Eisenbahnen nachkommen. In Gebieten, wo naturgegebene Bedingungen die Industrialisierung förderten, vollzog sich dies sehr rasch, in anderen sehr langsam. In Gebieten geringer Verkehrsdichte traten die beim Bau einer Schienenbahn vorausgesetzten Verkehrssteigerungen häufig nicht ein und konnten nicht eintreten, weil eben Eisenbahnen für den Wirtschaftsverkehr solcher Gebiete meist zu kapitalintensiv sind. Dies wurde zwar oft anerkannt, ein Ausweg aber nicht gefunden. Die Wirtschaft brauchte in vielen Gebieten geringer Verkehrsdichte ein Transportmittel von höherer Intensität als das Pferdefuhrwerk und niederer als die Eisenbahn. Da kam die Erfindung des Verbrennungsmotors und mit ihm das Kraftfahrzeug. Jetzt konnte eine Lücke im Verkehrssystem geschlossen und viele Transportbedürfnisse konnten wirtschaftlicher befriedigt werden. Das Kraftfahrzeug, als Verkehrsmittel in der Mitte zwischen Pferde-

---

[1] Die Intensität eines Verkehrsmittels wird durch die Höhe des in ihm investierten und fest gebundenen Kapitals bestimmt. Der Wert einer Omnibusgesellschaft mag um ein Vielfaches denjenigen einer Eisenbahn überschreiten, und dennoch ist diese das Verkehrsmittel höherer Intensität, weil in ihr im allgemeinen ein größerer Teil des investierten Kapitals fest gebunden ist.

[2] Im Abschnitt II, Kapitel 2 wurde das Verhältnis der Verkehrsdichte zur Höhe der Kosten dargestellt.

[3] Siehe Sax a. a. O. Allgemeine Verkehrslehre S. 64ff.

fuhrwerk und Eisenbahn stehend, war besonders geeignet, die vom Pferdefuhrwerk nicht mehr und von der Eisenbahn nur unwirtschaftlich zu befördernden Verkehrsmengen zu übernehmen. Vor allem kann das Kraftfahrzeug den Kleinverkehr auf kurze und mittlere Entfernungen bedienen und der Eisenbahn den Massen- und Fernverkehr überlassen. Diese wirtschaftlich notwendige Teilung entspricht der Ökonomie beider Verkehrsmittel und kommt in den Kosten, der Geschwindigkeit und Größe der Transportgefäße zum Ausdruck. (Siehe Kapitel 1—4 dieses Abschnittes).

Die Verkehrsdichte übt im Kraftwagen- und Eisenbahnverkehr bestimmenden Einfluß aus, der im einzelnen dargestellt, zuvor aber an

Tabelle 57. Einfluß der Verkehrsdichte auf die Reineinnahmen der Eisenbahnen erster Klasse im Jahre 1915[1].

Distrikt	Bewohner auf 1 Quadratmeile	in % des Ostens	Eisenbahnmeilen auf 100 Quadratmeilen	in % des Ostens	Bewohner auf 1 Eisenbahnmeile	in % des Ostens	Personenmeilen auf 1 Eisenbahnmeile	in % des Ostens
Osten ..	135,8	100	19,83	100	684,7	100	242082	100
Süden ..	46,2	34	11,36	57	406,9	60	87840	36
Westen .	16,1	12	6,46	32	249,1	36	95067	40
Union ..	33,8	—	8,66	—	389,8	—	131165	—

Distrikt	Tonnenmeilen auf 1 Eisenbahnmeile	in % des Ostens	Gesamteinnahmen auf 1 Eisenbahnmeile Dollar	Gesamtausgaben auf 1 Eisenbahnmeile Dollar	Reineinnahmen auf 1 Eisenbahnmeile Dollar	in % des Ostens
Osten ..	2166305	100	20104	14599	5505	100
Süden ..	1035267	48	8844	6488	2356	43
Westen .	669978	30	8566	5789	2777	50
Union ..	1121059	—	11538	8152	3386	—

den Betriebsergebnissen der Eisenbahngesellschaften aufgezeigt werden soll. Aus der Tabelle 57 ist die gegenseitige Abhängigkeit der Bevölkerungsdichte, Verkehrsdichte und Verkehrseinnahmen für die Eisenbahnen I. Klasse[2] im Osten, Süden und Westen der Union für das Jahr 1915 zu ersehen. Der Osten mit seiner größeren Bevölkerungsdichte und stärkeren industriellen Tätigkeit führt in Verkehrsmengen und Einnahmen. Wird die Zahl der Bewohner auf eine Quadratmeile Flächenausdehnung im Osten gleich 100 gesetzt, so ist die des Südens 34 und die des Westens 12. Die Größe des Schienennetzes im Vergleich zur Flächenausdehnung im Osten, Süden und Westen hat das Verhältnis 100 : 57 : 32.

[1] Die Tabelle wurde aus Angaben der „Statistics of Railways 1905—1915" des Bureau of Railway Economics zusammengestellt.

[2] Eisenbahnen erster Klasse sind solche, deren Betriebseinnahmen mehr als 1 Mill. Dollar jährlich betragen. Sie besitzen etwa 95% des Gesamtverkehrs.

Der Süden und Westen besitzt also im Verhältnis zur Bevölkerungsdichte ein relativ größeres Schienennetz als der Osten. Ebenso drückt sich dies in der Zahl der Bewohner auf 1 Eisenbahnmeile aus. Das Verhältnis ist 100 : 60 : 36. Von besonderer Bedeutung ist nun die aus der Bevölkerungsdichte, der Größe des Schienennetzes und dem Umfang der gewerblichen und landwirtschaftlichen Tätigkeit sich ergebende Verkehrsdichte. Sie wird in Personen- und Tonnenmeilen ausgedrückt und beträgt für die erwähnten drei Distrikte der Union im Personenverkehr in Prozenten des Ostens 100, 36, 40 und im Güterverkehr 100, 48, 30. Die Verkehrsdichte ist also im Süden und Westen weit geringer als im Osten. Der stärkere Personenverkehr des Westens gegenüber dem Süden beruht hauptsächlich auf dem durch die landschaftliche Schönheit des Westens hervorgerufenen größeren Reiseverkehr. Die finanzielle Auswirkung der Verkehrsdichte auf die Betriebsergebnisse der Eisenbahnen zeigen die Reineinnahmen auf eine Eisenbahnmeile. Die drei Distrikte stehen hier in einem Verhältnis von 100 : 42 : 50. Obwohl die Gesamtausgaben des Südens und Westens wesentlich geringer sind als die des Ostens, sind sie doch nicht so nieder, daß sich im Verhältnis zu den Gesamteinnahmen in allen drei Distrikten etwa im gleichen Verhältnis stehende Reineinnahmen ergeben. Darin äußert sich die wirtschaftliche Tatsache: Je größer die Verkehrsdichte, desto höher die Einnahmen und desto geringer die Kosten einer Betriebsleistung[1].

Die Beförderung von Personen und Gütern in Gebieten geringer Verkehrsdichte.

Wiederholt wurde schon darauf hingewiesen, daß Gebiete geringer Verkehrsdichte für die Ökonomik einer Schienenbahn meist ein ungünstiges, für den Kraftwagen häufig ein günstiges Wirkungsgebiet sind. Jedes Verkehrsmittel benötigt, um wirtschaftlich wirken zu können, einen Mindestverkehr, der in dünn besiedelten Gebieten für eine Schienenbahn oft nicht erreicht wird. Eisenbahnen hatten deshalb in schwach besiedelten Gebieten meist von Anfang an schlechte Betriebsergebnisse. In der Tabelle 58 ist die Zahl der Bahnen und ihre Betriebslänge aufgeführt, die in den Jahren 1894—1927 alljährlich in Zahlungsschwierigkeiten waren; im Verhältnis zum Gesamtschienennetz der Union war es etwa stets der zwölfte Teil, und die Mehrzahl der Bahnen war im dünnbesiedelten Westen. So entfielen von den im Jahre 1925 in receiverships[2] gewesenen 53 Eisenbahnen 30 und von den 18687 Meilen 16363 und im Jahre 1927 von den 40 Bahnen

[1] Beachte Intensitätsmaximum, siehe S. 77ff. und 150ff.

[2] Sobald eine Eisenbahngesellschaft ihren Verpflichtungen nicht mehr nachkommen kann, wird sie von „receivers", den Vertretern der Gläubiger der Eisenbahngesellschaften, übernommen.

19 und von den 16752 Meilen 15207 auf den Westen[1]. Außerdem waren es immer vorwiegend kleinere Gesellschaften mit geringen Einnahmen, die in Nöten waren. Von den 40 beteiligten Eisenbahngesellschaften des Jahres 1927 hatten nur 11 ein Schienennetz von mehr als 100 Meilen. Der Wettbewerb der Kraftfahrzeuge hat die wirtschaftliche Lage einer großen Zahl Eisenbahnen verschlimmert; insbesondere wurde der Personenverkehr der kleinen Bahnen in ländlichen Gebieten hart davon betroffen[2]. Teilweise sind die Verkehrsmengen so zurückgegangen, daß die Einnahmen nicht einmal mehr die Zugförderungskosten decken.

Tabelle 58. Zahl und Betriebslänge der Eisenbahnen in Händen von „receivers" in den Jahren 1894—1927[3].

Ende des Jahres	Zahl der Bahnen	Länge der Bahnen Meilen	Ende des Jahres	Zahl der Bahnen	Länge der Bahnen Meilen
30. Juni 1894	192	40818,81	30. Juni 1911	39	4592,89
1895	169	37855,80	1912	44	9785,83
1896	151	30475,39	1913	49	16286,18
1897	128	18861,68	1914	68	18608,21
1898	94	12744,95	1915	85	30223,05
1899	71	9853,13	1916	94	37353,45
1900	52	4177,91	31. Dez. 1916	80	34803,59
1901	45	2497,14	1917	82	17375,51
1902	27	1475,32	1918	74	19207,58
1903	27	1185,45	1919	65	16589,76
1904	28	1323,28	1920	61	16290,17
1905	26	795,82	1921	68	13512,35
1906	34	3971,43	1922	64	15259,11
1907	29	3926,31	1923	64	12623,24
1908	52	9529,03	1924	61	8105,24
1909	44	10529,80	1925	53	18686,99
1910	39	5257,03	1926	45	17631,55
			1927	40	16751,88

Die Zahl der Reisenden und die Einnahmen aus dem Personenverkehr für einige Züge in einem Gebiete geringer Verkehrsdichte im Jahr 1924 sind in der Tabelle 59 zusammengestellt. Bemerkenswert ist die geringe Besetzung der Züge. Nur 2 Züge beförderten durchschnittlich mehr als 10 Reisende; aber auch die beste Besetzung, die des Zuges 296, mit durchschnittlich 48 Personen ist noch viel zu gering, um wirtschaftlich zu sein. Die größte Einnahme brachte ebenfalls Zug 296 mit durchschnittlich 50,24 Cents für eine Zugmeile, die niederste Zug 706 mit durchschnittlich 3,49 Cents die Zugmeile. Der Mittelwert

[1] Statistics of Railways in the United States 1925 und 1927, Statement Nr 6.

[2] Über die auf den Wettbewerb des Kraftfahrzeugs zurückzuführenden Ausfälle der Eisenbahnen im Personen- und Güterverkehr siehe nächstes Kapitel.

[3] Statistics of Railways in the United States 1927, Statement Nr 5.

Tabelle 59. Personenverkehr des Streckenabschnittes Marcus-Curleur-Republic-Orvilla im Staate Washington im Jahre 1924[1].

Zug Nr	Zahl der beförderten Reisenden[2]	Durchschnittliche Besetzung des Zuges Personen	Gesamteinnahmen aus dem Personenverkehr Dollar	Durchschnittliche Einnahme des Zuges Dollar	Durchschnittliche Einnahme auf 1 Zugmeile Cents
296	6467	48	10002,97	63,61	50,24
295	5955	45	9515,54	60,60	48,11
394	1403	10	949,60	6,04	28,80
389	1250	9	823,39	5,24	24,97
705	885	7	1165,26	7,51	5,97
706	637	5	681,93	4,40	3,49
391	410	3	233,90	1,48	7,09
390	346	2	215,32	1,37	6,53
393	351	2	197,54	1,26	5,99
392	300	2	166,21	1,05	5,04

der Einnahmen aller in der Tabelle erwähnter Züge beträgt für eine Zugmeile 18,62 Cents. Da die reinen Betriebskosten — out of-pocket-cost[3] — in diesen Verkehrsbeziehungen mit 1,00 bis 1,10 Dollar für eine Zugmeile angegeben werden, kann aus den Einnahmen nur etwa der sechste Teil dieser Kosten gedeckt werden, von den Gesamtkosten, selbst wenn sie nur das Doppelte der reinen Betriebskosten betragen, nur etwa der zwölfte Teil.

Die Gesamteinnahmen der Station Burnett der Duluth, Missabe und Northern Eisenbahn-Gesellschaft im Staate Minnesota waren 1924 1 651,40 Dollar, die Ausgaben allein für das Gehalt des Eisenbahnagenten — ohne Aufwendungen für Heizung, Licht, Schreibmaterialien und andere Auslagen — 1 863,45 Dollar[4], also mehr als die Gesamteinnahmen der Station.

Die geringe Verkehrsdichte und der durch den Wettbewerb der Kraftfahrzeuge hinzugetretene Verkehrsrückgang im Personen- und Stückgutverkehr der Eisenbahnen (siehe nächstes Kapitel) verursachten insbesondere bei Bahnen in ungünstigen Verkehrsgebieten negative Betriebsergebnisse. Würde nicht der rentable und meist zunehmende Wagenladungsverkehr hohe Reineinnahmen gebracht haben, wären viele amerikanischen Bahnen zahlungsunfähig geworden. Die Verluste sind aber ohnehin ganz gewaltig. So ist beispielsweise dem Jahresbericht der Public Service Commission des Staates Oregon zu entnehmen, daß im Jahre 1925 von den Bahnen III. Klasse — soweit verwertbare

[1] Der Streckenabschnitt gehört zu der Great Northern Railway Company. Annual Report of the Department of Public Works of Washington im Jahre 1925.

[2] Es werden nur die gegen Entgelt beförderten Reisenden angegeben.

[3] Der Begriff „out of-pocket-cost“ umfaßt die unmittelbaren, sozusagen als bare Auslagen einer Zugfahrt entstehenden Kosten.

[4] 39. Report of the Railroad and Warehouse Commission Minnesota 1926, S. 75.

Tabelle 60. Bahnen III. Klasse mit negativen Betriebsergebnissen im Staate Oregon im Jahre 1925[1].

Name der Bahn	Zahl der in Betrieb befindlichen Bahnmeilen	Höhe des Verlustes Dollar	Einnahmen aus dem Personen- und Güterverkehr Dollar
City of Prineville Railway	18,30	52100,62	29706,94
Cochran Southern Logging Railroad Company	1,50	1576,76	73483,71
Gales Creek & Wilson River Railroad Company	12,76	51996,06	31805,45
Great Southern Railway Company .	40,69	46201,17	39320,60
Lewis & Clark Railroad Company . .	18,00	4750,75	176279,91
Mt. Hood Railroad Company . . .	22,20	17763,88	107813,35
Oregon, California & Eastern Railway	40,00	105219,99	89830,01
Oregon Pacific & Eastern Railroad Company	23,63	24723,18	69022,19
Willamette Valley & Coast Railroad Company	5,40	2921,90	3358,17
Willamina & Grand Ronde Railway Company	8,76	25637,46	14149,09
	191,24	332891,77	634769,42

Ergebnisse vorliegen — zehn einen Verlust von mehr als der Hälfte der Bruttoeinnahmen[2] (siehe Tabelle 60) und nur sieben einen Reingewinn hatten. Ein Vergleich der Bahnen mit günstigen und ungünstigen Betriebsergebnissen zeigt, daß 59 % des Schienennetzes der Bahnen III. Klasse mit Verlusten abschlossen, deren Höhe mehr als doppelt so groß ist als der Reingewinn der gewinnbringend betriebenen Bahnen. Von den größeren Eisenbahngesellschaften, den Bahnen I. und II. Klasse, hatten im Jahre 1925 in Oregon — soweit verwertbare Ergebnisse vorliegen — 8 einen Gewinn von insgesamt 81 859 112,84 Dollar und 7 einen Verlust von insgesamt 4 468 043,95 Dollar. Es ist hier nicht so sehr die Höhe des Verlustes im Verhältnis zum Gewinn von Bedeutung, als daß nahezu soviel Bahnen negative wie positive Betriebsergebnisse hatten. Auch in Kalifornien sind es vorwiegend die in Gebieten geringer Verkehrsdichte gelegenen kleinen Bahnen, die Verluste aufweisen[3]. Unter den Bahnen mit einem Schienennetz bis zu 150 Meilen waren dort im Jahre 1925 20 mit insgesamt 466,86 Meilen, die einen Verlust im Durchschnitt von je 556,48 Dollar auf eine Bahnmeile hatten, und 23 mit insgesamt 1034,89 Meilen, die Gewinn abwarfen. Etwa die

[1] Nineteenth Annual Report of the Public Service Commission of Oregon, S. 136/37.

[2] 3 Bahnen mußten wegen ungenügender Mitteilungen vom Vergleich ausgeschlossen werden.

[3] Report of California Railroad Commission des Jahres 1925.

Hälfte des Schienennetzes der Eisenbahnen in Kalifornien bis zu 150 Meilen Ausdehnung wurde also mit Verlust betrieben. Die durchschnittliche Betriebslänge der mit Verlust arbeitenden Bahnen ist 23,34 Meilen, die der Gewinnbahnen 282,2 Meilen[1]. Die Boston und Maine Eisenbahngesellschaft, die über 63 Zweiglinien verfügt, berichtet, daß der Personenverkehr auf nahezu allen Zweiglinien unrentabel sei[2]. Mit diesen wenigen Beispielen über Verluste bei Zügen, Stationen und Eisenbahngesellschaften, die um ein Vielfaches vermehrt werden könnten, soll die wirtschaftliche Lage der Eisenbahnen in Gebieten geringer Verkehrsdichte gekennzeichnet sein.

Die immer mehr abnehmende Wirtschaftlichkeit der Eisenbahnen in Gebieten geringer Verkehrsdichte drängte zu Abwehrmaßnahmen. Die Gesellschaften versuchten, die in dünn bevölkerten Gebieten meist zu langen Züge in kleineren Einheiten mit kürzeren Fahrzeiten zu fahren oder durch Triebwagen[3] — rail motor cars — zu ersetzen, um die hohen Betriebskosten zu verringern und den Fahrplan zu verbessern. Eine Anzahl Eisenbahnen fanden im Triebwagen ein für sie vorteilhaftes Verkehrsmittel, da seine Betriebskosten im allgemeinen nur ein Drittel so hoch wie die eines Zuges sind und seine Geschwindigkeit groß und die Fahrzeit dadurch kurz ist.

Es zeigte sich aber bald, daß kleine Betriebseinheiten der Eisenbahnen wohl die Kosten vermindern und bei häufigerenFahrten den Schienenverkehr verbessern, aber trotzdem nicht dem neuen Transportbedürfnis entsprechen, weil auch sie an die Schienen gebunden sind und der großen, die Kraftfahrzeuge auszeichnende Beweglichkeit entbehren, die überall, vor jedem Hotel oder Fabrikgebäude oder an jeder Straßenecke halten können, um Personen und Güter aufzunehmen oder abzusetzen. Die Eisenbahnen erkannten, daß dem Wettbewerb des Kraftwagens wirksam nur mit dem Kraftwagen selbst begegnet werden kann. Vielen Eisenbahngesellschaften kostete aber der Entschluß, sich neben der Schienenbahn dieses Verkehrsmittels zu bedienen, manche Überwindung. Als einmal ein fortschrittlicher höherer Angestellter einer Eisenbahngesellschaft den Vorschlag machte, Omnibusse anzuschaffen, um auch Reisende, die dieses Verkehrsmittel der Eisenbahn vorziehen, befördern zu können, sagte der Direktor zu einem anderen Angestellten: „Bringen Sie Herrn B. zum Arzt, es muß mit ihm etwas nicht in Ordnung sein, er will 100 000 Dollar ausgeben, um mit sich selbst in Wettbewerb zu treten.“ Viele Eisenbahngesellschaften verharren heute noch auf dem

---

[1] Hier sind auch die Eisenbahnen, die ein Schienennetz von mehr als 150 Meilen haben, inbegriffen.

[2] Railway Age, Motor Transport Section vom 23. April 1927, S. 1287.

[3] Im Jahre 1926 dürften in der Union etwa 6000 Triebwagen im Betrieb gewesen sein.

für Amerika fremd anmutenden Standpunkt, was gestern richtig war, kann heute noch nicht überholt sein. Wollen aber die Eisenbahnen die Früchte hundertjähriger Arbeit ernten, müssen sie sich von dem Vorurteil befreien, daß aller Verkehr über die Schiene gehen muß.

Die Bedeutung des Einsatzes von Kraftwagen in Gebieten geringer Verkehrsdichte lag zunächst weniger in den dadurch zu erzielenden Einnahmen, als in der Verminderung der Kosten der Schienenbeförderung. Trotzdem die Eisenbahn-Anlagen und Betriebsmittel vorhanden sind, die Aufwendungen für Verzinsung und Tilgung der Betriebsanlagen und zum Teil auch die für die Fahrzeuge meist unverändert ohne Rücksicht darauf gemacht werden müssen, ob Züge fahren und der Verkehr stark oder schwach ist oder ruht, kann es oft wirtschaftlicher sein, den Personen- oder Güterzugverkehr oder auch beide einzustellen und die Verkehrsmengen mit Omnibussen und Lastkraftwagen durch die Eisenbahngesellschaft auf der Landstraße zu befördern. Dies wird ohne weiteres bei einem Kostenvergleich von Eisenbahn und Kraftwagen verständlich. Den reinen Betriebskosten — out of-pocket-cost — eines gewöhnlichen Zuges mit 1,00 bis 1,30 Dollar die Meile stehen Gesamtkosten der Omnibus- und Lastkraftwagenbeförderung von etwa 30 Cents die Meile gegenüber. Wenn also für die zu befördernden Personen oder Güter gleichzeitig nicht mehr als 4 Omnibusse oder Lastkraftwagen benötigt werden[1], dürfte es nicht nur kostenniedriger, sondern auch betriebswirtschaftlich vorteilhafter sein, den Zugverkehr einzustellen und Kraftwagen zu verwenden, da hiedurch der Eisenbahn die den Kraftwagen ohnehin bevorzugenden Verkehrskonsumenten verbleiben. Ein Beispiel aus der Praxis möge dies erhärten. Die Boston und Maine Eisenbahngesellschaft hat auf 4 ihrer Nebenlinien den gesamten Personenverkehr von der Schiene auf die Landstraße verlegt[2]. Eine dieser Linien war die Verbindung der 13 Meilen voneinander entfernten Städte Bristol und Hill in New Hampshire. Bis zum Jahre 1925 verkehrten hier, ausgenommen Sonntags, täglich 2 Personenzüge in jeder Richtung, die an reinen Betriebskosten 1,17 Dollar die Meile verzehrten und eine Einnahme von 51 Cents die Meile, also einen Mindererlös, einbrachten. Die Kosten der an Stelle dieser Züge eingesetzten Omnibusse kamen im Jahre 1926 auf 29,9 Cents, ihre Einnahmen auf 31,2 Cents die Meile. Es wurde also nicht nur der Mindererlös von 66 Cents einer jeden Zugmeile beseitigt, sondern auch eine, wenn auch nur geringe, Reineinnahme von 1,3 Cents die Omnibusmeile erzielt. Außer-

[1] Da die reinen Betriebskosten eines Triebwagens im allgemeinen 35—60 Cents die Meile betragen, so ist es auch diesem gegenüber, wenn ein bis zwei Omnibusse für den Verkehr ausreichen, je nach der Kostenhöhe wirtschaftlicher, solche statt Triebwagen einzustellen.

[2] Bus Transportation Vol. 6, Nr 6, S. 325ff.

dem konnten durch die kleinere Betriebseinheit des Omnibus im gleichen Zeitabschnitt mehr Fahrten als bei der Eisenbahn ausgeführt werden, so daß die Reisenden eine häufigere Verkehrsmöglichkeit hatten und die Post schon um 9^{30} Uhr vormittags anstatt um die Mittagszeit ausgeliefert werden konnte. Bis zum Jahre 1927 hatten 22 Eisenbahngesellschaften einzelne ihrer Nebenlinien durch Omnibusverbindungen ersetzt. Außerdem hatten bis zum Jahre 1927 27 Eisenbahngesellschaften, deren Personenverkehr noch verhältnismäßig stark war, aber durch Wettbewerb der Kraftwagen sich mehr und mehr verminderte, parallel zu einigen ihrer Eisenbahnlinien Omnibuslinien eröffnet, um auf diese Weise der Abwanderung der Reisenden auf Omnibusgesellschaften entgegenzuwirken. Am Ende des Jahre 1927 hatten insgesamt 67 Eisenbahngesellschaften 1046 Omnibusse in ihren Diensten[1]. Während des Jahres 1928 erhöhte sich die Zahl der Eisenbahngesellschaften, die Omnibusse verwendeten, auf 72 und die Zahl der Omnibusse auf 2115[2].

Im Güterverkehr haben Eisenbahngesellschaften den Lastkraftwagen eingesetzt, um ebenfalls unwirtschaftlichen Schienenverkehr abzulösen oder in Verbindung mit der Schienenbeförderung den Verkehr rascher oder besser zu bedienen. Die Leghigh Valley Eisenbahn verlegte im Januar 1926 den gesamten lokalen Güterverkehr verschiedener Verkehrslinien auf die Landstraße. In der Verbindung Geneva — Jthaca wurden hiedurch im Januar 1926 2 429,04 Dollar und in der Verbindung Sayre — Waverly — Wysox 1 246,68 Dollar erspart[3]. Die Boston und Maine Eisenbahngesellschaft hatte 171 Lastkraftwagen in Verbindung mit ihren Schienlinien insbesondere zur beschleunigten Stückgutbeförderung im Betrieb. Insgesamt verwendeten 70 Eisenbahn-Gesellschaften im Jahre 1928 Lastkraftwagen[4].

Wird weder durch wirtschaftlichere Betriebsführung noch durch Verwendung von Kraftfahrzeugen die Rentabilität einer Eisenbahn erzielt, so bleibt meist nichts anderes, als sie aufzugeben. Dies ist einer Gesellschaft jedoch nicht ohne weiteres möglich, weil hiezu die Genehmigung der Verwaltungsbehörden, der State Commission und der Interstate Commerce Commission erforderlich ist, die im allgemeinen nur erteilt wird, wenn nahezu überhaupt kein Bedürfnis für die Eisenbahnbeförderung mehr vorhanden ist[5]. Auch die Bedienung unwirtschaftlicher Eisen-

---

[1] Fact and Figures a. a. O. 1928 Edition, S. 44.

[2] Ebenda, S. 65.

[3] Siehe Automotive Transportation and Railroads, S. 76.

[4] Fact and Figures a. a. O. 1929 Edition, S. 57.

[5] Um eine unwirtschaftliche Bahn los zu werden, wurde beispielsweise die Linie von Madfort nach Jacksonville (Oregon) um weniger als den Alteisenwert (12000 Dollar) an die beiden Städte zum Verkauf angeboten. Siehe Nineteenth Annual Report of the Public Service Commission of Oregon, S. 118.

bahnverkehrspunkte durch Kraftwagenlinien an Stelle der Schienenbahn berechtigt eine Gesellschaft allein noch nicht, eine Schienenbeförderung aufzugeben (näheres siehe Abschnitt IV). Diese Einstellung der Behörden ist u. a. darauf zurückzuführen, daß Verkehrsplätze sich auf der Grundlage einer Eisenbahn entwickelt haben oder daß Landstraßen, insbesondere im Frühjahr nach der Schneeschmelze, in Gebieten mit schlechten Straßen oft nicht befahrbar sind. Bevor eine Eisenbahnlinie aufgegeben wird, muß zunächst versucht werden, entweder den Personen- und Güterverkehr in gemischten Zügen zu bedienen, oder nur einen der beiden Verkehrszweige zu betreiben, oder die Verbindung nur an einzelnen Tagen oder einmal in der Woche aufrechtzuerhalten. Die verkehrspolitische Einstellung der Verwaltungsbehörden hat dazu geführt, daß noch nicht viele Eisenbahnlinien aufgegeben wurden. Aus der Tabelle 61 sind die aufgegebenen Bahnen sowie

Tabelle 61. Aufgabe von Eisenbahnlinien und die Ursachen hiefür vom 1. November 1920 bis 1. Mai 1925[1].

Ursache der Aufgabe	Zahl der Bahnen	Länge der Bahnen Meilen	Zahl der Bahnen in %	Länge der Bahnen in %
Erschöpfung natürlicher Hilfsquellen.	78	1411,20	65,0	57,8
Wettbewerb anderer Eisenbahnen .	14	713,34	11,7	29,3
Wettbewerb von Kraftfahrzeugen .	10	104,46	8,4	4,3
Verschiedene Gründe	18	209,95	14,9	8,6
Insgesamt	120	2438,95	100,0	100,0

die Ursachen hiefür für die Jahre 1920—1925 ersichtlich. Während eines Zeitraumes von $4^1/_2$ Jahren haben 120 Bahnen mit einer Länge von 2 438,95 Meilen ihre Tätigkeit beendet. Die Mehrzahl dieser Bahnen — 63% — mußte wegen Erschöpfung natürlicher Hilfsquellen, zu deren Ausbeutung sie gebaut wurden, eingestellt werden, 11,7% infolge Wettbewerbs anderer Eisenbahnen, für 14,9% waren verschiedene andere Gründe maßgebend und nur für 8,4% soll der Wettbewerb des Kraftwagens die Ursache der Betriebseinstellung gewesen sein. Die durch den Wettbewerb von Kraftfahrzeugen eingestellten Eisenbahnen hatten eine Betriebslänge von 104,46 Meilen. Diese verhältnismäßig kleine Meilenzahl erscheint zu gering, um als ausschließlicher Maßstab für den Wettbewerb des Kraftwagens gegenüber der Eisenbahn zu gelten. Zweifelsohne hat der Kraftwagen auch noch zur Aufgabe anderer Eisenbahnlinien beigetragen. Abgesehen hievon äußert sich aber der Wettbewerb des Kraftwagenverkehrs weit mehr in einer Verminderung der Transportmengen und einer Einschränkung des Eisenbahnverkehrs.

[1] Public Roads Vol. 6, Nr 8 vom Oktober 1925.

Es kann allgemein festgestellt werden, daß Eisenbahnen in Gebieten geringer Verkehrsdichte einen harten Kampf um ihre Existenz und um ihre Wirtschaftlichkeit führen und der Kraftwagen andererseits sich in solchen Gebieten als geeignetes Verkehrsmittel bewährt hat. Dies ist wieder darin begründet, daß die Eisenbahn das Transportmittel des Massenverkehrs ist, der Kraftwagen aber dem Kleinverkehr dient. Die Eisenbahngesellschaften haben deshalb in Gebieten geringer Verkehrsdichte zur wirtschaftlicheren Betriebsführung und zur Gewinnung der auf den Kraftwagen übergehenden Verkehrsmengen mehr und mehr Kraftfahrzeuge in ihren Dienst gestellt.

Beförderung von Personen und Gütern in Gebieten großer Verkehrsdichte.

Gebiete großer Verkehrsdichte sind im allgemeinen ein günstiges Wirkungsfeld der Eisenbahnen, insbesondere, wenn sich die Verkehrsdichte über weite Flächen erstreckt, weil die Betriebsökonomie einer Schienenbahn um so besser ist, je dichter der Verkehr und je größer seine Flächenausdehnung ist. Damit soll aber die Eisenbahn nicht als das absolut vollkommenere Beförderungsmittel in Gebieten großer Verkehrsdichte bezeichnet werden. Auch in diesen Gebieten gibt es Verkehrsrelationen, wo, infolge besonderer Umstände, seien es Schnelligkeit, Beförderungskosten, Lage der Bahnhöfe oder Betriebsführung im allgemeinen, die Eisenbahn weniger als ein anderes Transportmittel zur Verkehrsbedienung geeignet ist. Solche Verhältnisse bestehen u. a. im Bereich großer Verkehrsknotenpunkte — terminals —, die zu einem immer schwierigeren betriebstechnischen und betriebsökonomischen Problem der Eisenbahnen werden. Hier staut sich der Verkehr, die Betriebsanlagen vermögen die Massen der Transportmengen nicht mehr reibungslos zu bewältigen. Einer Erweiterung oder Vermehrung der Anlagen stehen hohe Grundkosten und große Kongestion in den Zufahrtsstraßen wirtschaftlich und technisch im Wege.

Im Verkehrsbereich der Knotenpunkte hat sich gezeigt, daß der Kraftwagen zur besseren und wirtschaftlicheren Verkehrsbedienung beizutragen vermag. Viele Eisenbahngesellschaften haben ihn deshalb in den letzten Jahren unmittelbar in ihren Dienst gestellt. Andererseits bieten Gebiete großer Verkehrsdichte dem Kraftwagen ohnehin ein reiches Arbeitsfeld. Hier schöpft er häufig den Rahm ab, insofern er nur die ertragreichsten Transporte ausführt und die anderen der Eisenbahn überläßt. Offensichtlich vermag er hiebei als unangenehmer Wettbewerber der Eisenbahnen aufzutreten.

Im Personenverkehr ist die Lage der Eisenbahnen noch verhältnismäßig günstig. Ihre eigene Fahrbahn, der große Fassungsraum der

Züge sowie die nur wenig Zeit beanspruchende Abfertigung der Reisenden und Züge ermöglichen ihr, große Verkehrsmengen auf beschränktem Raum zu bewältigen. Diese Vorteile der Eisenbahnen im Personenverkehr bei großer Verkehrsdichte äußern sich als Nachteile des Omnibus, weil die Kongestion in den Zufahrtsstraßen seine Geschwindigkeit beträchtlich vermindert und der kleine Fassungsraum der Fahrzeuge eine kostenniedere Beförderung hemmt. Der Vorzug des Omnibus, jede Straßenecke als Haltestelle benützen zu können, wird, wie schon erwähnt, durch die geringe Geschwindigkeit innerorts zum Teil wieder aufgehoben.

Ungünstig liegen für die Eisenbahnen die Verhältnisse im Güterverkehr innerhalb der Verkehrsknotenpunkte. Viele der großen Güterbahnhöfe der Städte, vor Jahren erbaut, seitdem weder erweitert noch wesentlich neuzeitlicher eingerichtet, werden den Anforderungen gesteigerter Verkehrsmengen oft nicht mehr gerecht und verursachen so Verkehrsstockungen. Besonders die Verbindung der Güterbahnhöfe eines Verkehrsknotenpunktes untereinander bereitet große Schwierigkeiten. Güterwagen können von einem zum anderen Bahnhof häufig nur auf großem Umwege unter zeitraubenden Rangierbewegungen überführt werden, die einen hohen, die Beförderungspreise meist nicht deckenden Leistungsaufwand erfordern. L. F. Loree bemerkt hiezu:

„Die großen Verkehrsknotenpunkte und Rangierbahnhöfe sind die Kirchhöfe der Güterwagen. Bei ihrer Anlage und Verwaltung sollte alles versucht werden, rücklaufende und überflüssige Bewegungen und Verzögerungen zu vermeiden, die Beaufsichtigung zu erleichtern und eine rasche und freie Bewegung zu sichern[1]."

Im Bereich der Verkehrsknotenpunkte hat sich der Lastkraftwagen in Verbindung mit der Schienenbahn als besonders nützlich erwiesen, und zwar insbesondere für die Stückgutbeförderung, soweit die einzelnen Transporte 5 Tonnen nicht überschreiten. Mit seiner Hilfe können Güter auf kürzestem Wege von einem Bahnhof zum andern überführt und ihre Beförderungszeiten wesentlich verkürzt werden. Betriebshandlungen, die früher Tage erforderten, benötigen jetzt nur noch Stunden.

Ein aus der Praxis genommenes Beispiel der gemeinsamen Bedienung eines Knotenpunktes durch Eisenbahn und Lastkraftwagen soll Vorteile der Verwendung von Lastkraftwagen dartun. Die Long Island Eisenbahngesellschaft unterhält in New York City 4 Güterannahmestellen — Long Island City, Pier 22 E. R., Flatbush Ave Term. und Bushwick — siehe Abbildung 14. Mit der Eisenbahn wurden die auf den Güterannahmestellen aufgelieferten Stückgüter meist in gering ausgelasteten Güterwagen nach dem Rangierbahnhof Jamaica befördert, hier umgeladen und nach ihren Bestimmungsbahnhöfen abgerichtet. Heute bringt der Lastkraftwagen die Güter von Long Island City, Pier 22 E. R. und Flat-

[1] S. Loree, L. F.: Railroad Freight Transportation, S. 34.

bush Ave Term. nach Bushwick. Ankommende Sendungen werden in Bushwick aus den Eisenbahnwagen in Lastkraftwagen umgeladen und den Güterannahmestellen zugeführt. Dadurch wird die Beförderung

a)

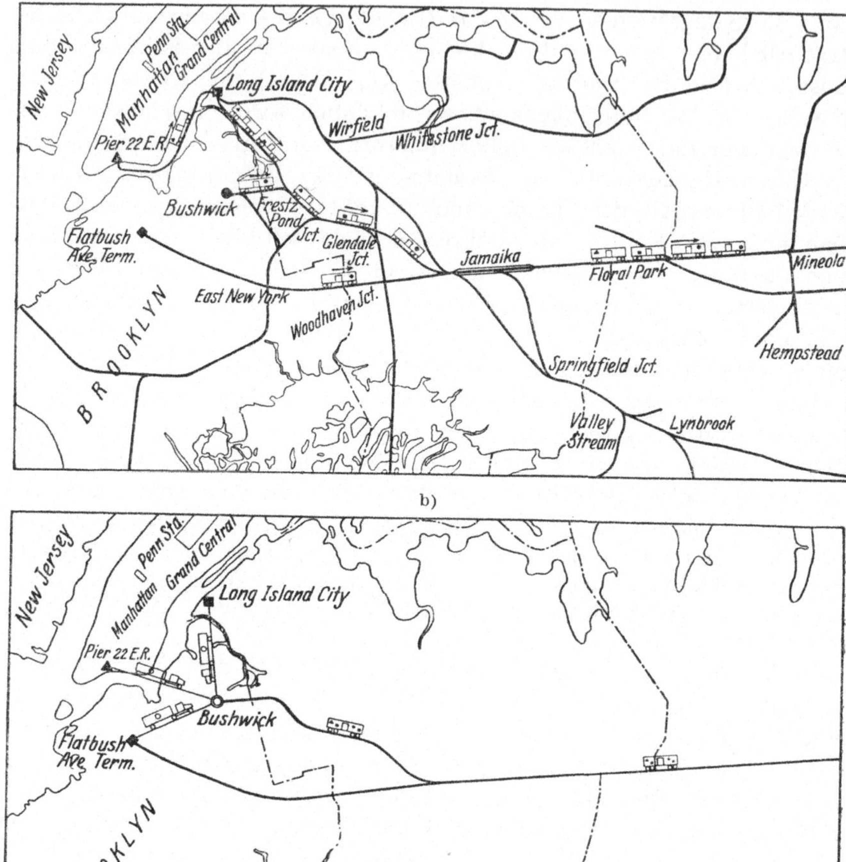

Abb. 14. Gemeinsame Verkehrsverbindung durch Eisenbahn und Lastkraftwagen von Stationen der Long Island Eisenbahn[1].
a) Schienenbeförderung ohne Lastkraftwagen. b) Schienenbeförderung mit Lastkraftwagen.

innerhalb des Knotenpunktes in einzelnen Fällen bis zu 4 Tagen verkürzt. Viele Güterwagenbewegungen fallen weg. Die von Bushwick abgehenden Güterwagen werden besser ausgelastet und ihre Zahl wird

[1] Wiedergabe mit der gefälligen Erlaubnis von The Motor Haulage Company, Inc. Brooklyn, New York, USA.

dadurch vermindert. Die Überführung der Güterwagen in Fährbooten von und nach Manhattan wird vermieden. Außerdem sind die Rangieranlagen von zahlreichen unwirtschaftlichen Betriebshandlungen befreit und die Zahl der auf Verladegleisen stehenden Wagen ist zurückgegangen, wodurch eine flüssigere Verkehrsbedienung ermöglicht wird[1].

Ähnlich bedient sich die Pennsylvania Eisenbahngesellschaft des Lastkraftwagens in Baltimore. Diese Gesellschaft hat dort zwei große Güterbahnhöfe und außerdem etwa 40 kleinere Stationen. Die Güter treffen auf den beiden großen Bahnhöfen ein und anstatt sie wie früher hier in Ortswagen umzuladen und auf der Schiene nach den kleinen Stationen zu überführen, werden sie nun mit Lastkraftwagen dorthin verbracht. Die abgehenden Güter werden auf den kleinen Stationen angenommen, mit Lastkraftwagen nach den großen Bahnhöfen überführt und von dort mit der Eisenbahn weiterbefördert. Auch hier wird vornehmlich eine raschere und flüssigere Beförderung erreicht und Verschubbewegungen und Güterwagen erspart.

Einige Eisenbahngesellschaften haben im Bereiche ihrer Verkehrsknotenpunkte Verladestellen — off track stations — errichtet und zur Überführung der Güter zwischen Ladestellen und Güterbahnhöfen Lastkraftwagen eingesetzt. Die Verladestellen sammeln abgehende und verteilen ankommende Güter. Die Versender brauchen ihre Gütersendungen nicht mehr zum Güterbahnhof zu bringen oder dort abzuholen, sondern sie können sie bei der nächstgelegenen Verladestelle aufliefern oder in Empfang nehmen. Verladestellen sind besonders an großen Verkehrsplätzen bedeutsam. Hier ersparen sie den Eisenbahnen die kostspieligen Bahnhöfe innerhalb der Städte. Die Güter können unmittelbar nach Ankunft auf dem Güterbahnhof durch Lastkraftwagen den Verladestellen zugeführt und so Verstopfungen der Bahnhöfe vorgebeugt werden[2]. Die Güterhallen sind nicht mehr dauernd mit Gütern überfüllt, wodurch mehr Güter aufgenommen und zugleich rascher behandelt werden können. Rollfuhrgebühren werden erspart, weil Versender und Empfänger die Güter näher an ihrer Produktionsstätte aufgeben und in Empfang nehmen können. Außerdem müssen die Güter meist nur zu einer Verladestelle gebracht und von einer abgeholt werden — bei der Eisenbahnbeförderung war es mitunter notwendig, die Güter, auch wenn sich der Verkehrtreibende nur einer Eisenbahngesellschaft bediente, auf verschiedenen Stationen aufzugeben oder abzuholen — wodurch eine bessere

---

[1] Veröffentlichung der Motor Haulage Company New York City.

[2] Eine Verstopfung der großen Güterbahnhöfe droht in der Union fortwährend, wozu die langen kostenlosen Lagerfristen der ankommenden Güter viel beitragen. Die Empfänger haben nämlich 48 Stunden Zeit, um ihre Güter abzuholen, und da viele davon Gebrauch machen, lagern die Stückgüter von der Ankunft bis zur Abholung meist bis zu 3 Tagen in den Güterhallen.

Auslastung der Lastkraftwagen und Pferdefuhrwerke erzielt und die Kongestion in den Straßen vermindert wird. Solange aber die amerikanischen Eisenbahnen nicht die unmittelbare Zustellung der Güter nach ihrer Ankunft, wie sie etwa in Deutschland besteht, einführen, daß Güter, soweit im einzelnen Fall nicht anderes bestimmt ist, durch Rollfuhrunternehmer ohne weiteres zugeführt[1] und so Verzögerungen in der Abfuhr der Güter und Verstopfungen der Ladestellen vermieden werden, wird der Wert vieler Ladestellen wesentlich vermindert sein, zumal bei einem Teil der Verladestellen eine weitere Umladung und Behandlung der Güter notwendig ist[2].

Ein weiteres Arbeitsfeld des Lastkraftwagens in Gebieten großer Verkehrsdichte liegt im Verkehrsbereich der Lokalgüterzüge der Eisenbahnen. Manche 20—30 Meilen lange Streckenabschnitte haben ebenso

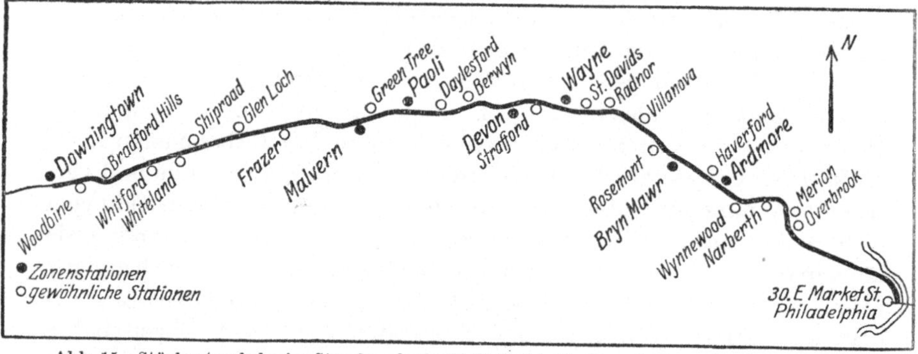

Abb. 15. Stückgutverkehr im Streckenabschnitt Philadelphia-Downingtown der Pennsylvania Eisenbahngesellschaft[3].

viele Stationen wie Meilen, so daß die Lokalzüge jede Meile oder jede zweite Meile anhalten müssen, um einige Güter aufzunehmen oder abzusetzen. Die Beförderung von Stückgütern auf solchen Strecken verursacht den Eisenbahnen außerordentlich hohe Kosten und hemmt außerdem den übrigen Verkehr. Einige Eisenbahnen schalteten deshalb eine Anzahl kleinerer Stationen für den Stückgutverkehr aus und

---

[1] Einige wenige Eisenbahnen haben in einigen Städten Transportgesellschaften vertraglich verpflichtet, Güter sofort nach Ankunft den Empfängern zuzuführen.

[2] Verladestellen wurden in Baltimore, Cincinnati, Detroit, New York City, Philadelphia und St. Louis errichtet. In St. Louis wurde die Beförderung der Güter zwischen Verladestellen und Güterbahnhöfen verschiedenen Transportgesellschaften übertragen; in New York City schloß die Erie Eisenbahngesellschaft einen Vertrag mit einem Lastkraftwagenunternehmer, der als Agent für sie handelt.

[3] Die Abbildung wurde dem Aufsatz entnommen: „Motor Trucks become Asset to Railroads", veröffentlicht von der National Automobile Chamber of Commerce.

bestimmten jede zweite, dritte oder xte Station als sogenannte „Zonenstation" — zone or basic station —, auf der die Güter für alle in die Zone fallenden Orte gesammelt und verteilt werden. Für den Verkehr zwischen Zonen- und anderen Stationen sind Lastkraftwagen eingesetzt worden. Die Lokalgüterzüge halten jetzt nur noch auf den Zonenstationen, um Güter aufzunehmen und abzusetzen, während Lastkraftwagen Güter der dazwischen liegenden Stationen sammeln und verteilen. In dieser Art bedient beispielsweise die Pennsylvania Eisenbahn ihren Streckenabschnitt zwischen Philadelphia und Downingtown — siehe Abb. 15.

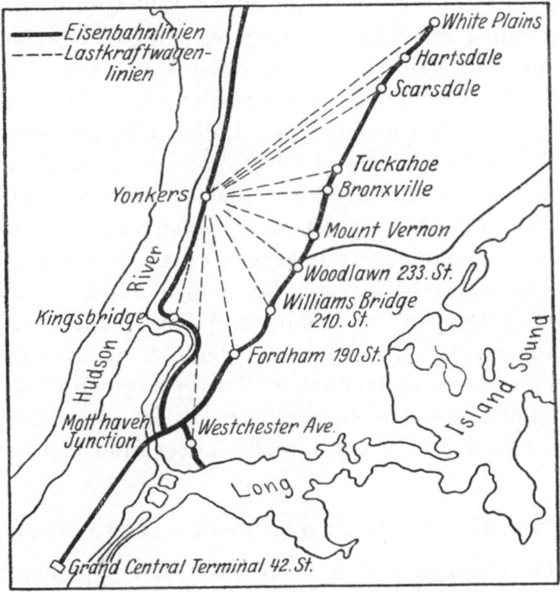

Abb. 16. Eisenbahn und Lastkraftwagen im elektrischen Streckenabschnitt New York City-White Plains der New York Central Eisenbahngesellschaft[1].

Dieser 32,6 Meilen lange Streckenabschnitt hat 27 Stationen, die auf 7 Zonenstationen verteilt sind. Nur auf diesen halten, wie erwähnt, Güterzüge, um Güter ein- und auszuladen, während die Sammlung und Verteilung der Güter für die zu den Zonenstationen gehörenden Orte durch Lastkraftwagen geschieht.

Die New York Central Eisenbahn bedient seit 1924 ihren elektrisch betriebenen Streckenabschnitt von New York City bis White Plains und einige andere hiemit in Verbindung stehende Orte mit Lastkraftwagen (siehe Abb. 16). Yonkers an einer mit Dampf betriebenen und parallel zu der elektrischen Strecke verlaufenden Linie wurde Zonenstation für alle Stationen von New York City (Grand Central Terminal

[1] Siehe Fußnote 3 S. 154.

42nd St) bis White Plains. Von Yonkers werden nun die zur Verteilung bestimmten Stückgüter, soweit das Gewicht einer Sendung weniger als 10000 Lbs. beträgt[1], mit Lastkraftwagen nach den Stationen der elektrischen Linie verbracht, andererseits werden die von diesen Stationen abgehenden Güter mit Lastkraftwagen nach der Sammelstelle Yonkers und von dort auf der Schiene weiter befördert. Die Bedienung des Streckenabschnittes in dieser Art ermöglichte eine wirtschaftlichere Betriebsführung, einige Lokalzüge konnten ganz wegfallen und täglich 40—50 Güterwagen erspart werden. Außerdem werden die Güter nunmehr rascher befördert und der ganze Betrieb ist flüssiger geworden.

Die Verwendung des Lastkraftwagens zur Stückgutbeförderung in Verbindung mit den Eisenbahnen ist in der Union zum Teil schon ganz umfangreich. Die Pennsylvania Eisenbahn hatte den Lastkraftwagen im Jahre 1926 auf 33 verschiedenen Linien und auf eine Entfernung von etwa 1000 Meilen, häufig gleichlaufend mit ihren Eisenbahnlinien, eingesetzt. Die Lastkraftwagen beförderten täglich etwa 650 Tonnen Stückgüter, fuhren 2600 Lastkraftwagenmeilen und berührten 500 Eisenbahnstationen; 34 Lokalzüge mit täglich etwa 2000 Zugmeilen konnten wegfallen[2]. Insgesamt hatten im Jahre 1927 47 Eisenbahngesellschaften den Lastkraftwagen zur Bedienung von Verkehrsknotenpunkten und 17 im Bereich der Lokalzüge verwendet[3]. Meist wurde die Lastkraftwagenbeförderung vertraglich an Transportgesellschaften vergeben. Einige Eisenbahngesellschaften beschafften sich eigene Lastkraftwagen, andere bedienten sich Transportgesellschaften und eigener Fahrzeuge.

Erschließung neuer Verkehrsgebiete[4].

Die großen durchgehenden Schienenstraßen, welche die Hauptverkehrsplätze miteinander verbinden, sowie die kleinen lokalen Bahnen, die Verkehrsgebiete geringerer Intensität an die Hauptlinien anschließen, lassen immer noch eine große Zahl kleinerer aufstrebender Landstriche frei, die abseits einer Verfrachtungsstätte liegen, aber ein Bedürfnis nach Anschluß an den großen Verkehr haben. Bis vor kurzem war die Schienenbahn hauptsächlich das Verkehrsmittel, um ländliche Gebiete mit dem Hauptverkehrsnetz zu verbinden. Da aber selbst der Bau einer kleinen Bahn eine beträchtliche Kapitalsumme verschlingt und ihre Rentabilität verhältnismäßig große, aber meist nicht regel-

[1] Schwerere Sendungen werden in besonderen Güterwagen befördert.
[2] Railway Age Motor Transport Section vom 25. September 1926, S. 595.
[3] Fact and Figures a. a. O. 1928 Edition, S. 37.
[4] Die Ausführungen sind zum Teil aus der Schrift des Verfassers: „Der Lastkraftwagenverkehr seit dem Kriege, insbesondere sein Wettbewerb und seine Zusammenarbeit mit den Schienenbahnen“, S. 97ff., entnommen.

mäßig vorhandene Verkehrsmengen benötigt, blieb vielen Niederlassungen der Anschluß an den großen Wirtschaftsverkehr vorenthalten.

Im Kraftwagen steht nun ein Verkehrsmittel zur Verfügung, das zur Aufschließung und zum Anschluß neuen Gebietes ganz besonders geeignet ist. Ohne umfangreiche und kostspielige Vorarbeiten, ohne ortsfeste Bauten kann der Betrieb aufgenommen werden und Klarheit über den Umfang des vorhandenen Verkehrsbedürfnisses geschaffen werden. Es ist nicht einmal notwendig, wie bei einer Schienenbahn sorgfältige und gründliche Verkehrsschätzungen vorzunehmen. Erweist sich der Verkehr einer Kraftwagenlinie als zu gering, so kann der Betrieb ohne nennenswerte Verluste jederzeit wieder eingestellt, einer Verkehrssteigerung ohne weiteres mit Anhängewagen oder weiteren Kraftwagen begegnet werden. Sollte sich der Verkehr so verdichten, daß er das wirtschaftliche Leistungsvermögen einer Kraftverkehrslinie übersteigt, dann kann die Linie einer Schienenbahn überlassen werden, für welche die geleistete Vorarbeit von hohem Werte ist. Diese wirtschaftliche Anpassungsfähigkeit gibt dem Kraftwagen gegenüber der Eisenbahn bei der Erschließung neuer Gebiete einen großen Vorteil.

Anders ist es bei der Schienenbahn, die sich, ist sie gebaut, meist nur noch in der Betriebsführung und in den Betriebsmitteln der Verkehrsstärke anpassen kann. Aber auch hier gibt es Schwierigkeiten und Grenzen. Lokomotiven und Eisenbahnwagen können nicht wie Fahrzeuge des Kraftwagenverkehrs beliebig zurückgezogen, anderswo eingesetzt oder verkauft werden. Für die Transportbedürfnisse mancher Verkehrsbeziehungen ist oft selbst eine einzige Lokomotive zu leistungsfähig und ein einziger Wagen zu viel. Eine Schienenbahn kann dann nur eingestellt werden. Das in der Bahn angelegte Kapital wird dabei meist verlorengehen. Acworth schreibt für eine Bahn unter solchen Verhältnissen:

„... Dann müssen ungeheure Summen für den Bau der Bahn aufgebracht werden ... Und wenn die erwartete Verkehrsstärke nicht eintritt, sind alle Aufwendungen unrettbar verloren ... Ist eine Eisenbahn nicht als Eisenbahn zu gebrauchen, dann auch zu nichts anderem. Sie stellt so nur eine Vergeudung von Kapital dar und ist wie ein Brunnen ohne Wasser oder ein nicht seetüchtiges Schiff. Ist eine Eisenbahn ein Fehlschlag, dann kann sie weder sonstwie an Ort und Stelle verwendet, noch ohne größere Kosten weggenommen oder anderswo gebraucht werden. Sogar die Gebäude sind meist zu etwas anderem kaum mehr zu gebrauchen[1].“

Nicht selten wird nun eingewendet, der Kraftwagen wäre nicht in genügendem Maße fähig, den latenten Verkehr in einem aufzuschließenden Gebiet zu wecken. Die Schienenbahn als das vollkommenere, auf Massentransport eingestellte Verkehrsmittel würde hier bessere Dienste leisten.

---

[1] Siehe Acworth a. a. O. S. 13ff.

Diese Behauptung mag zutreffen, wenn die Voraussetzungen, die größere Vollkommenheit und der Massenverkehr, gegeben sind. Nun ist aber festzustellen, daß der Grad der Vollkommenheit eines Verkehrsmittels hauptsächlich durch seine Billigkeit, Schnelligkeit und Anpassungsfähigkeit bestimmt wird und diese Merkmale, soweit es sich um die Erschließung neuer Verkehrsgebiete handelt, weit mehr dem Kraftwagen als der Eisenbahn eigen sind. In einem so großen und an Naturschätzen so reichen Lande wie Amerika mit einer immer noch lebhaften Verkehrszunahme gibt es zwar noch nicht voll erschlossene Gebiete, die Verkehrsmengen aufweisen, um die Wirtschaftlichkeit einer Schienenbahn zu gewährleisten[1].

Meist werden jedoch Bevölkerungsdichte und Verkehrsstärke der an den großen Verkehr anzuschließenden Gebiete nicht ausreichen, um den Bau einer Eisenbahn von Anfang an zu rechtfertigen. Auch sind vorausgesagte und mit einer Eisenbahn angeblich verbundene Verkehrssteigerungen sehr vorsichtig aufzunehmen. Immer wieder hat es sich gezeigt, daß die bei Schienenbahnen in Rechnung gestellte Verkehrsdichte nicht erreicht wurde; bei einer nicht geringen Zahl Bahnen trat sogar ein Verkehrsrückgang ein, als ehedem vorhandene Naturschätze ausgebeutet waren. Diese Erscheinung war eine der Ursachen der Stilllegung der meisten der in der Union in den Jahren 1920—25 eingestellten Bahnen (siehe Tabelle 61) sowie der finanziellen Mißerfolge einer weiteren großen Zahl. Manche Bahn wäre nicht erbaut worden, wenn die später eingetretene geringe Benützung hätte vorausgesehen werden können.

Wurden früher finanzielle Mißerfolge kleiner Bahnen mit ihrem gemeinwirtschaftlichen Nutzen, der ihnen zweifellos zukommt, ausgeglichen, so war dies in jener Zeit, wo es als Landverkehrsmittel

[1] Der umfangreiche Verbrauch an Bauholz zwang dazu, es in immer weiter entfernten Waldungen zu gewinnen. So ist nun auch das holzreiche Gebiet des Staates Oregon in die Nachfrage gerückt. Zur Beförderung von Bauholz von Oregon nach dem Osten wären eine oder mehrere Eisenbahnlinien nötig. Es bestehen zwar Eisenbahnlinien, die aber nur auf großen Umwegen nach den Verbrauchsplätzen des Ostens führen. Durch den Bau einer Eisenbahnlinie, welche die großen Waldungen im Westen von Oregon direkt mit dem Osten der Union — etwa von Odell nach Crane — verbinden würde, könnten jährlich 83000 Wagenladungen Bauholz auf einer um 227 Meilen kürzeren Strecke als auf den bestehenden Linien nach dem Osten gefahren werden. Sollten nun auch in 100 Jahren durch Ausbeutung der Waldungen oder durch irgendwelche anderen Umstände der Bahn nicht mehr genügend Verkehrsmengen zufließen, so dürften doch die gewaltigen Mengen, die inzwischen wirtschaftlicher hätten befördert werden können — Jahr für Jahr könnten etwa 2750000 Dollar an Transportkosten erspart werden—, den Bau einer direkten Schienenbahn begründen, zumal schweres Bauholz in größerer Menge nicht für die Lastkraftwagenbeförderung geeignet ist. Siehe Report of Railroad Extensions to Serve Western and Central Oregon 1925.

nur Eisenbahnen und Pferdefuhrwerke gab, zu rechtfertigen. Heute aber, beim Vorhandensein eines für die Erschließung abgelegener Gebiete besonders geeigneten Verkehrsmittels, des Kraftwagens, läßt es sich nicht mehr rechtfertigen, Geld in einer sich nicht rentierenden Schienenbahn anzulegen.

Die Fähigkeit des Kraftwagens, Gebiete an die großen Märkte anzuschließen, wurde in der Union in den letzten 10 Jahren mächtig ausgenützt. In jedem Staate wurden immer mehr Omnibus- und Lastkraftwagenlinien in und nach verkehrsarmen Gebieten eröffnet. Im Jahre 1926 waren im Staate Oregon 160 Niederlassungen nur durch Kraftwagen mit den Hauptverkehrslinien verbunden[1]. Vor 10 Jahren waren im Staate Indiana noch 686 Dörfer und Weiler, die ohne Eisenbahnanschluß und dadurch in ihrer Entwicklung gehemmt waren. Seitdem Kraftwagenlinien viele dieser Orte mit Absatzgebieten verbinden, hat sich ihre landwirtschaftliche Produktion gesteigert, sogar Industrien haben sich aufgebaut[2].

Diese Beispiele legen die volkswirtschaftliche Bedeutung des Kraftwagens für an den großen Verkehr anzuschließenden Gebiete klar. Allgemein wäre noch zu bemerken: Die Landwirtschaft kann dort zur intensiveren Bewirtschaftung übergehen. Bisher brach gelegener Boden kann angebaut werden. Erzeugnisse aller Art erhalten rascheren und billigeren Anschluß an größere Märkte. Rohstoffe und Düngemittel können billiger bezogen werden, Gewerbe kann sich ansiedeln und entfalten. Industrien werden in der Wahl ihres Standortes freier. Der Güteraustausch wird reger. Das soziale und wirtschaftliche Leben hebt sich allgemein — dank der Existenz des Kraftwagenverkehrs (siehe auch Abschnitt VII).

6. Der Wettbewerbskampf des Kraftwagen- und Eisenbahnverkehrs.

a) Kampf von Kraftfahrzeug gegen Kraftfahrzeug. Der praktisch eingestellte, von Problemen unbelastete Amerikaner war es, der das Automobil sich zuerst gewerblich dienstbar machte. Und da auch vom kapitalschwächsten Amerikaner das Geld für die erste Rate eines gebrauchten Wagens aufgebracht werden konnte, so wurden bald überall Transportdienste mit Automobilen angeboten. Die Fahrzeuge, die zuerst hauptsächlich innerhalb der Städte verwendet wurden und häufig die gleichen Straßenzüge bedienten, wurden in der Union im Gegensatz zu den Kraftdroschken mit einem bestimmten Standort jitneys genannt. Viele fuhren auch wild

[1] Exhibit 2 der Public Service Commission of Oregon zu J. C. C. Docket, Nr 18300.

[2] Interstate Commerce Commission Report 18300, S. 376.

umher, die wenigsten fahrplanmäßig. Es waren meist kleine, unerfahrene Leute aus den verschiedensten Berufen, kaufmännisch ungeschult, geschweige kalkulatorisch, ohne finanziellem Rückhalt, ja ohne genügende Kenntnisse über den Motor des Fahrzeuges, die Verkehrsunternehmer sein wollten. Die Zahl schwoll so mächtig an, daß sie häufig einen Fahrpreis in Höhe des Fahrgeldes der Straßenbahnen von 5—10 Cents verlangten, nur um Fahrgäste zu bekommen und Einnahmen zu haben. Der Wettbewerb der jitneys mit den Straßenbahnen war den meisten Amerikanern selbstverständlich. Nicht wenige der jitneys glaubten in ihrer Blütezeit sogar, die Straßenbahnen schließlich verdrängen zu können, und viele Amerikaner stimmten mit ihnen hierin überein. Da es jedoch ökonomisch unmöglich war, auf die Dauer Verkehrsleistungen zu solch niederen Preisen auszuführen, begann unter ihnen bald ein großes Sterben. Sobald das Fahrzeug gebrauchsunfähig wurde, reichten die „Gewinne“ meist nicht aus, ein neues zu beschaffen. Mancher unternahm mit einem billigen Wagen noch einen Versuch, meist mußte aber sofort der „Beruf“ gewechselt werden.

Auch im zwischenörtlichen Verkehr wuchsen jitney-Linien wie Unkraut; aber so schnell wie sie kamen, verschwanden sie wieder. Es gab wohl immer viele Personen, welche die Fahrzeuge der jitney-Linien benutzten, insbesondere in jenen ersten Tagen, als in der Union eine Vorliebe, auf „Gummireifen zu fahren“ — to ride on rubbers — erwacht war.

Als Fahrzeuge verwendeten die jitneys Touring- oder Sedanwagen, die bis zu sieben Reisende aufnehmen konnten. Es dauerte aber nicht lange, bis auch größere und leistungsfähigere Fahrzeuge gebaut wurden und auch tüchtige, zuverlässige und weitblickende Männer sich dem zwischenörtlichen Kraftwagenverkehr widmeten. Auf gesunder Grundlage wuchsen so Omnibusbetriebe heran. Mit einem kleinen Fahrzeug wurde meist begonnen, das, wenn es zu klein wurde, durch ein größeres ersetzt oder durch ein zweites ergänzt wurde. Schließlich kam ein drittes, viertes und noch mehr Fahrzeuge dazu. Betriebe mit Pferdeomnibussen ersetzten diese durch Kraftomnibusse.

Die Vermehrung der Kraftverkehrsbetriebe steigerte den gegenseitigen Wettbewerb mehr und mehr. Schied ein Unternehmer aus, machte ein neuer, manchmal auch mehrere wieder einen Betrieb auf. Die Existenz der Unternehmer war dauernd bedroht. Zwei Beispiele aus der Praxis mögen dartun, wie der Kampf durch Ermäßigung der Beförderungspreise etwa geführt wurde:

Zwischen Detroit (Michigan) und Toledo (Ohio), eine Entfernung von etwa 55 Meilen, waren drei verschiedene, voneinander unabhängige Omnibusgesellschaften. Erst hatten alle drei einen Fahrpreis von 1,75 Dollar, der, mit dem Fahrpreis der Eisenbahn von 2,08 Dollar verglichen, wohl werbend, aber dennoch nicht niedrig genug war, um allen drei Gesellschaften genügend Reisende zuzuführen. Eine der Gesellschaften ermäßigte deshalb den Fahrpreis von 1,75 Dollar auf 75 Cents, was eine andere veranlaßte auf 45 Cents herunterzugehen. Schließlich gelangten alle drei für kurze Zeit bei 20 Cents an. Obwohl der Verkehr aller drei Gesellschaften nun mächtig anschwoll, konnten aus den Einnahmen die Kosten dennoch nicht gedeckt werden. Sie erhöhten deshalb den Fahrpreis wieder auf 75 Cents. Eine Gesellschaft versuchte es nochmals mit 50 Cents, trotzdem selbst 75 Cents keine Rentabilität gewährleisteten. Am Schlusse eines Berichts über die drei Gesellschaften ist bemerkt:

„Zweifelsohne belustigten die Ermäßigungen der Omnibusgesellschaften, ohne ihnen aber durch die niederen Fahrpreise die Anerkennung der Reisenden einzubringen. Der Ratenkrieg brachte den Gesellschaften außer Verlusten und viel Kopfschmerzen nichts ein. Keine der Gesellschaften hatte einen Nutzen, jede nur Schaden, aber nicht nur sie, sondern der Omnibusverkehr im allgemeinen[1].“

Das zweite Beispiel: Zwischen Detroit und Chikago verkehrten eine Anzahl Touringwagen. Sie hatten einen Fahrpreis von 7,50 Dollar und die Eisenbahn von 9,81 Dollar. Mit zunehmendem Geschäft wurden große Omnibusse eingestellt und der Fahrpreis auf 5,— Dollar ermäßigt. Nun brach ein Ratenkrieg aus, der den Fahrpreis bis auf 2,50 Dollar herabdrückte[2].

Solche Vorkommnisse hemmten die Entwicklung des Omnibusverkehrs und die Entstehung leistungsfähiger Omnibuslinien. Der verantwortungsbewußte Unternehmer, der willens war, Verkehrsleistungen stets gut und preiswert anzubieten, schwebte immer im Ungewissen, ob ein anderer nicht ebenfalls über die gleiche Strecke eine Linie eröffnen und seine Existenz bedrohen würde. Seine Unternehmungslust konnte sich dadurch nicht voll entfalten. Nicht selten blieb auch letzten Endes nicht der finanzstärkere und geschäftstüchtigere, sondern der verantwortungslose Unternehmer Sieger. Da aber diesen der Kampf ebenfalls geschwächt hatte, war auch er bei einem Rückgang des Verkehrs in den Wintermonaten oft gezwungen, den Betrieb einzustellen, so daß als Endergebnis des Wettbewerbs die Städte ohne jede leistungsfähige Kraftverkehrslinie waren. So baute zwischen Pittsfield und New York City ein Unternehmer eine leistungsfähige Omnibuslinie auf. Als gewinnbringende Verkehrsmengen vorhanden waren, erschien ein zweiter Unternehmer. Die Verkehrsmengen gingen zum Teil auf den neuen Unternehmer über. Der erste sah sich gezwungen, seinen Betrieb aufzugeben. Als die Hauptverkehrszeit vorüber war, mußte auch der zweite den Betrieb einstellen und das Publikum hatte das Nachsehen[3].

---

[1] Siehe Railway Age, Motor Transportation Section vom 25. Dezember 1926.
[2] Interstate Commerce Commission Report 18300, S. 13.
[3] Hearings before the Committee on Interstate Commerce, S. 1734.

Zu Anfang des Lastkraftwagenverkehrs glaubten viele sich auch zu Unternehmern dieses Verkehrszweiges berufen. Die Betriebe vermehrten sich ebenfalls sehr rasch, wenn auch nicht in dem Umfange wie beim Omnibusverkehr. Ein Lastkraftwagenbetrieb erforderte vor allem etwas mehr Geld. Leistungsfähige Fahrzeuge waren Voraussetzung. Mit irgendeinem alten Auto war es nicht getan. Die Verkehrtreibenden waren außerdem zurückhaltend und in der Übergabe ihrer Güter an Lastkraftwagenbetriebe vorsichtig. Sie verlangten Sicherheiten, wenn ein Unternehmer nicht als gut bekannt war. Es war nicht wie im Personenverkehr, wo viele den Kraftwagen benützten, weil ihre Mittel für ein anderes Verkehrsmittel nicht ausreichten.

Der mächtige Aufschwung des Lastkraftwagenverkehrs begann im Weltkriege, als die Eisenbahnen die umfangreichen Gütermengen nicht mehr reibungslos bewältigen konnten und die Versender sogar angehalten wurden, Stückgüter mit Lastkraftwagen zu befördern. Beide Verkehrsmittel hatten damals vollauf zu tun, das Geschäft blühte. Als nach dem Kriege die Eisenbahnen wieder normal arbeiten konnten, entstand ein Überangebot an Betriebsleistungen des Lastkraftwagenverkehrs. Wettbewerbskämpfe waren unvermeidlich und wurden durch stetig neu hinzukommende Betriebe noch verschärft. Viele Lastkraftwagenbetriebe gingen ein, aber unbekümmert darum traten neue auf. Insbesondere tobte ein Kampf um Rückfrachten. Hier wurden oft äußerst geringe Beförderungspreise verlangt, weil die Unternehmer erkannten, daß es betriebsökonomisch richtig sein mag, für Rückfrachten einen Beförderungspreis selbst unter den variablen Betriebskosten zu verlangen. Da aber die Rückfracht des einen die Geschäftsgrundlage des anderen war, gab es harte Kämpfe um Sein oder Nichtsein.

b) Kampf von Kraftfahrzeug und Eisenbahn. Ein volles Jahrhundert ist es nun her, seit der erste, mit Dampfkraft bewegte Zug über eine eiserne Fahrbahn dahinrollte. Ohne ihn hätten die weiten Landflächen Amerikas nicht so rasch erschlossen und urbar gemacht werden können. Die Eisenbahnen überquerten breite Ströme und hohe Gebirge, rollten über weite Prärien und kämpften sich durch dichte Wälder. Und wohin sie auch führten, überall folgte Leben, wuchsen Dörfer und Städte, entstanden gewaltige Industrien und regsame Handelsplätze. Durch die Eisenbahnen wurde der Osten mit dem Westen, der Norden mit dem Süden und die 48 Staaten der Union unlösbar untereinander verbunden. Sie haben zur Entwicklung der Union am meisten beigetragen. Die Erbauer der Bahnen hatten gewaltige Widerstände zu überwinden, ihr Leben war ein Kampf. Nachdem die Hauptverkehrslinien erbaut waren und reichlich Verkehrsmengen sich auf ihnen bewegten, wurden ruhigere, gleichmäßiger dahinziehende Stunden erhofft.

Da erschien ein neues Verkehrsmittel, das Kraftfahrzeug, und brachte neue Kämpfe. Das Kraftfahrzeug wurde zunächst verkannt und blieb in seiner Bedeutung als Verkehrsmittel nahezu unbeachtet. Erst als mit Ausbruch des Weltkrieges Omnibusse und Lastkraftwagen eine regere Tätigkeit entfalten konnten, wurde ihre Verwendungsmöglichkeit offensichtlich. Die Eisenbahnen kümmerten sich aber um diese Zeit noch wenig um den Neuling. Sie hatten mit dem Transport von Kriegsmaterial vollauf zu tun und sahen, wie schon erwähnt, die Unterstützung durch Kraftfahrzeuge nicht ungern. Zudem waren die Eisenbahnen im Jahre 1917 in die Hände der Regierung übergegangen und dadurch das Interesse der Gesellschaften an den Betriebsergebnissen gering. Als sie im Jahre 1920 den Gesellschaften zurückgegeben wurden und der Verkehr wieder seinen alten Lauf nahm, wurde das gesamte, mit dem Eisenbahnbetrieb irgendwie in Verbindung stehende Verkehrs- und Wirtschaftsleben wieder wachsam beobachtet. Dabei stellten die Gesellschaften zu ihrem Erstaunen fest, daß die Kraftfahrzeuge doch einen ganz beträchtlichen Teil ihrer Verkehrsmengen an sich gezogen hatten. Der Kampf mußte dagegen aufgenommen werden. Er wurde zuerst als nicht besonders hart eingeschätzt, da ihnen, den mächtigen Eisenbahnen, ja nur kleine, kapitalschwache Unternehmer gegenüber und die im Kampfe mit der Kanal- und Fluß-Schiffahrt und unter sich selbst gesammelten Erfahrungen zur Verfügung standen. Manche Eisenbahngesellschaften hielten es sogar unter ihrer Würde, den Kraftverkehrsbetrieben entgegenzutreten und glaubten, sie mit einem Federstrich beseitigen zu können. Als aber die Betriebszahlen des Personen- und Stückgutverkehrs immer ungünstiger wurden, mußten sie sich doch dazu bequemen, den neuen lästigen Gesellen sich näher zu besehen. Bald zeigte sich auch der Kampf als ein Kleinkrieg, der an allen Ecken und Enden loderte und brannte und nicht so einfach zu bekämpfen war. Konnte ein einzelner Kraftverkehrsbetrieb niedergekämpft werden, kamen dafür zwei neue. Die Kraftverkehrsunternehmer, damals meist nur kleine Leute, fanden sich leicht damit ab, wenn sie nicht erfolgreich waren. Hatten sie doch nicht viel zu verlieren, denn an ihrem Fahrzeug, ihrem ganzen Betriebskapital, war oft nur eine einzige Rate bezahlt. Schlug die Unternehmung fehl, so konnten sie meist nur den Besitz ihres Fahrzeugs verlieren, das der Verkäufer wieder an sich nahm. Würden die Eisenbahnen es mit größeren und kapitalkräftigeren Unternehmern zu tun gehabt haben, für die ihr Betrieb eine Lebensfrage gewesen wäre, so hätte der Kampf erfolgreicher geführt werden können. So war es ein Kampf gegen Windmühlen.

Einige Eisenbahnen kauften Kraftverkehrsbetriebe ihres Verkehrsbereiches auf und glaubten, sie so los zu sein. Bald wurden sie aber eines anderen belehrt. Der Aufkauf war für die Kraftverkehrsbetriebe meist ein gutes Geschäft. Mit dem in der Regel hohen Kauferlös eröffneten sie oft in einem anderen Verkehrsbereich der gleichen Eisenbahn eine neue Linie. Die Eisenbahnen wurden dadurch weder den Wettbewerber los, da dieser sich in einem anderen Verkehrsbereich betätigte, noch den Wettbewerb in der betreffenden Verbindung, da an Stelle des aufgekauften Unternehmers bald ein anderer erschien. Sie vermehrten so meist nur die Zahl ihrer Wettbewerber.

Einige Eisenbahn-Gesellschaften versuchten auch, mit alten, im Geschäftsleben der Union von heute nicht mehr als fair geltenden Kampfmethoden gegen die Kraftverkehrsbetriebe anzugehen. Öffentlichen Zeitungen mit Inseraten über Kraftverkehrslinien wurde zu verstehen gegeben, daß ihnen Anzeigen der Eisenbahngesellschaft entzogen würden und der Verkauf ihrer Blätter auf den Bahnhöfen verboten werde, wenn sie weiter vorteilhafte Nachrichten und Anzeigen über den Kraftwagenverkehr bringen würden. Unfälle auf Kraftverkehrslinien versuchten die Eisenbahngesellschaften in den Zeitungen aufzubauschen und so schrecklich wie möglich auszumalen, um die Reisenden so abzuschrecken. Andere Mittel waren, auf Automobilfabriken und Händler einzuwirken, an Kraftverkehrsunternehmer keine Fahrzeuge mehr zu verkaufen. Oder sie bemühten sich, die staatlichen Aufsichts- und Verwaltungsbehörden zu überzeugen und dafür zu gewinnen, daß die Eisenbahnen allein genügten, den Verkehr zu bewältigen und die Verkehrsbedürfnisse zu befriedigen und daß Kraftverkehrslinien überflüssig wären. Schließlich versuchten sie, für den Kraftwagenverkehr Vorschriften „zum Schutze des Publikums“, wie Beschränkungen der Geschwindigkeit der Kraftfahrzeuge u. a., zu bekommen[1], um damit die Dienstleistungen der Kraftverkehrsbetriebe zu beeinträchtigen.

Als alle diese Kampfmittel sich als wertlos erwiesen, änderten die Eisenbahnen nach und nach ihre Haltung gegenüber den Kraftverkehrsbetrieben. Andere Wege wurden beschritten. Sie können als die „positiven Methoden“ im Wettbewerb mit dem Kraftwagenverkehr bezeichnet werden und sind in den vorhergehenden Kapiteln bereits besprochen worden. Im wesentlichen bestehen sie in dem Bemühen der Eisenbahn, ihre Dienstleistungen zu verbessern, ihre Betriebsführung wirtschaftlicher zu gestalten und die Kraftfahrzeuge selbst in Verbindung mit den Schienenbahnen zu verwenden[2].

Trotz aller Maßnahmen der Eisenbahnen vermehrten sich die Kraftfahrzeuge und Kraftverkehrslinien unaufhörlich, und das Publikum be-

---

[1] Solches Verlangen war ein zweischneidiges Schwert; denn als die Eisenbahnen ebenfalls Kraftverkehrslinien eröffneten, galten diese Bestimmungen auch für ihre Fahrzeuge.

[2] Auf eine Behandlung der Verkehrswerbung im engeren Sinne — Reklame — kann hier nicht eingegangen werden.

anspruchte sie, bis Personenzüge und Stückgutwagen leer wurden. Die Verkehrskonsumenten kümmern sich an und für sich wenig, ob sie von der Eisenbahn oder einem anderen Verkehrsmittel bedient werden. Sie entscheiden sich nach Preis und Qualität der angebotenen Verkehrsleistungen. Ökonomische Gesetze arbeiten unerbittlich. Kann ihre Wirkung auch vorübergehend gehemmt werden, auf die Dauer setzen sie sich durch. Erscheint ein Verkehrsmittel, das Transportleistungen wirtschaftlicher als andere auszuführen vermag, so wird es seinen Wirkungsbereich auch erzwingen. Der große Zuspruch, den die Kraftfahrzeuge vom Amerikaner erhielten, schränkte die Vorherrschaft der Eisenbahnen ein, die für ein Jahrhundert über Leben und Tod großer amerikanischer Wirtschaftsgebiete und vieler Einzelunternehmungen verfügten[1].

Unter den Kraftfahrzeugen hat sich das Automobil als gefährlichster Gegner der Eisenbahnen erwiesen. Als dies erkannt wurde, gab es in der Union schon nahezu 10 Millionen Automobile; um so bitterer war die Erkenntnis. Das Automobil war außerdem der Liebling nahezu jedes Amerikaners, so daß selbst konservative Eisenbahnpräsidenten einen Kampf gegen dieses Verkehrsmittel als aussichtslos, ja gefährlich hielten und unterließen, weil es ein Kampf gegen das amerikanische Volk gewesen sein würde. Es blieb den Eisenbahnen nichts anderes übrig, als sich mit dem Vorhandensein des Automobils abzufinden.

Die große Bevorzugung des Automobils ist, wie schon früher eingehend ausgeführt, in seiner so vortrefflichen, nahezu vollkommenen Möglichkeit, individuelle Verkehrsbedürfnisse[2] zu befriedigen, begründet, gegenüber der selbst die bequemsten und schnellsten Personenzüge der Eisenbahnen zurückstehen. Nur wo natürliche Hemmungen die Gebrauchsfähigkeit des Automobils herabmindern, wie im Bereich großer Städte oder auf weite Entfernungen vermag die Eisenbahn erfolgreich gegen das Automobil aufzukommen, so insbesondere innerhalb großer Ver-

---

[1] Ripley, Vanderblue und viele andere schilderten den ungeheuren Einfluß der amerikanischen Eisenbahnen auf die Wirtschaft.

[2] Das individuelle Reisebedürfnis des Amerikaners geht zwar nicht immer so weit, daß er ganz allein in seinem Wagen reisen möchte. Die meisten Amerikaner wünschen nicht, auch nur für kurze Zeit allein zu sein, denn Alleinsein führt zum Träumen und Grübeln, und beides schätzt der Durchschnittsamerikaner nicht. Diese Art des Amerikaners verhilft vielen zu billigen Reisen. Wünscht jemand irgendwohin zu fahren, braucht er sich nur am Ausgang einer Stadt an der Straße aufzustellen, und wenn Automobile kommen, in seine Reiserichtung zu zeigen. Wenn auch nicht das erste Fahrzeug ihn aufnimmt, so doch bald eines der folgenden. Auf diese Weise ist es möglich von Stadt zu Stadt Fahrgelegenheit zu finden und den ganzen amerikanischen Kontinent zu durchqueren, wobei oft nur einoder zweimal das Fahrzeug gewechselt werden muß. Manche erbieten sich an dem Gasolinaufwand zu beteiligen, manche Automobilisten machen dies zur Bedingung der Mitfahrt.

kehrsplätze, wo die Kongestion in den Straßen das Tempo des Verkehrs vermindert und das Parken mit hohem Zeit- und Geldaufwand und viel Unbequemlichkeit verknüpft ist[1]. Auf weite Entfernungen ist die Schienenbahn durch höhere Reisegeschwindigkeit und größere Bequemlichkeit der modernen Wagen überlegen (siehe Abschnitt III, Kapitel 3). Sonst ist es naheliegend, daß ein Verkehrsmittel wie das Automobil, das an der Wohnung oder am Geschäft vorfahren und am endgültigen Reiseziel anhalten kann, der Eisenbahn vorgezogen wird. Auch fährt der Amerikaner selbst dann im eigenen Wagen, wenn die Betriebskosten den Fahrpreis der Eisenbahnen mehrfach übersteigen. Diese Stellung des gefährlichsten Wettbewerber der Schienenbahnen läßt ihren Widerstand von vornherein erfolglos sein und verurteilt sie zur Kampfunfähigkeit. Ein Präsident einer der großen Eisenbahngesellschaften hat die als bittere Wahrheit erkannten Worte ausgesprochen:

„Kein Verkehrsmittel vermag nach meiner Meinung mit dem privaten Automobil erfolgreich in Wettbewerb zu treten. Es ist zuviel verlangt, einem Menschen, der über ein eigenes Automobil verfügt, damit auf guten Landstraßen fahren kann, in der Zeit der Abfahrt und Rückkehr und von jedem anderen Fahrzeug unabhängig ist, zuzumuten, auf einen Bahnhof zu gehen, eine Fahrkarte zu kaufen, auf einen Zug zu warten, auf Unterwegsstationen, die ihn nicht interessieren, anzuhalten und seine Zeit einem Fahrplan unterzuordnen. Die Kostenfrage scheidet für den Automobilisten aus. Es kann dargelegt werden, daß die Betriebskosten eines Automobils höher als der Fahrpreis der Eisenbahnen sind (siehe die Berechnungen des Verfassers in Abschnitt II, Kapitel 2), wenn der Aufwand für Abschreibung und Verzinsung des Anschaffungswertes der Fahrzeuge eingerechnet wird. Aber was nützt das, wenn für den Durchschnittsamerikaner Wirtschaftlichkeit gegen Annehmlichkeit steht[2].“

Unlängst versammelte sich eine große Zahl Eisenbahndirektoren, um die Frage des Wettbewerbs mit den Kraftfahrzeugen zu besprechen. Nahezu alle reisten an den Konferenzort in ihren privaten Automobilen, während gleichzeitig ihre Züge schlecht besetzt die gleiche Strecke fuhren. Wie können diese Herren Mittel und Wege zur Bekämpfung der Kraftfahrzeuge finden, wenn sie selbst das Beispiel geben, das Automobil den Eisenbahnzügen vorzuziehen? Ein alter deutscher Sinnspruch lautet: „Wo man den Bock zum Gärtner macht, gedeihen keine Reben“.

Die Vorliebe des Amerikaners für Automobil begünstigte auch die Entwicklung des Omnibusverkehrs und seinen Wettbewerb mit den Eisenbahnen. Viele ziehen hauptsächlich auf kürzere und mittlere Entfernungen die Omnibusse der Schienenbahn vor. Ein Eisenbahndirektor reiste einmal — inkognito — in einem seiner Omnibusse und unterhielt sich mit den Fahrgästen über die Annehmlichkeit der Fahrt. Die

---

[1] Insofern vermag auch der Omnibus mit dem Automobil in Wettbewerb zu treten, da bei der Omnibusfahrt das Parken für den Reisenden entfällt.

[2] Morris, C. D.: The Railroads and Highways. Artikel für die Zeitschrift „Good Roads“, Februar 1927.

Damen sagten: „Wunderbar, es ist unsere erste Reise im Omnibus und wir werden auch im Omnibus wieder zurückfahren." Dabei waren sie gezwungen, 12 Stunden in dem verhältnismäßig kleinen, wenig Raum gewährenden und deshalb ermüdenden Fahrzeug zu sein. Zu derselben Stunde hätten sie die Reise in kürzerer Zeit in bequemen Klubsesseln der Pullmanwagen eines Eisenbahnzuges machen können.

Außer den in den vorhergehenden Kapiteln eingehend besprochenen Bedingungen eines Wettbewerbes wäre in diesem Zusammenhang noch zu erwähnen, daß der Omnibus meist durch die Hauptstraßen der Städte fährt, mit ihren Läden und gepflegten Anlagen, die Eisenbahn hingegen durch die Geschäftsviertel an schmutzigen und verrußten Fabriken und Gebäuden vorüberzieht und oft nur die düsteren hinteren Fronten der Häuserreihen zeigt. Außerhalb der Städte ziehen viele vor, die Landschaft vom Omnibus aus zu betrachten als durch das Fenster eines Eisenbahnwagens und selbst dann, wenn die Eisenbahn nicht weit von der Omnibuslinie verläuft und den gleichen Ausblick bietet. Auf dampfbetriebenen Eisenbahnstrecken stört in der Union ganz gewaltig der starke Ruß und Funkenflug der Lokomotive, wodurch selbst an heißen Tagen oft nicht die Fenster geöffnet werden können. Auch vermag der Omnibus besonderen Wünschen jederzeit Rechnung zu tragen, was der an Schienen gebundenen Eisenbahn nicht möglich ist. So verbinden beispielsweise Omnibusse örtlich getrennte Hotels und Luftkurorte. Einzelne Hotels haben dazu eigene Wagen angeschafft, um ihre Gäste unmittelbar von Hotel zu Hotel zu verbringen und ihnen die verhältnismäßig hohen Gebühren der Kraftdroschken nach und von den Bahnhöfen sowie den lästigen Übergang von einem Verkehrsmittel auf ein anderes zu ersparen. Solche Verkehrsmöglichkeiten sind ein unbestreitbarer Vorzug des Omnibusses und führten zu einer ständigen Vermehrung der Omnibuslinien aller Art. Im Jahre 1928 wurden in der Union 92 325 Omnibusse zu allen möglichen Verkehrsdiensten verwendet. Die Omnibuslinien sind natürlich nicht alle Wettbewerber der Eisenbahnen. So verkehrten in Massachusetts und Rhode Island im Jahre 1925 nur etwas mehr als die Hälfte und in Michigan etwa ein Drittel aller Linien parallel zur Eisenbahn[1].

Die Grundlage der raschen Entwicklung des Lastkraftwagens als Verkehrsmittel und sein Wettbewerb mit den Eisenbahnen ist ebenfalls in den vorhergehenden Kapiteln eingehend erörtert worden. Der Lastkraftwagen in seiner Eigenschaft als Verkehrsmittel der Kraftverkehrsunternehmer ist insbesondere wegen seiner Schnelligkeit und billigen Preise für die Beförderung kleiner Gütermengen ein heftiger Wettbewerber der Eisenbahnen geworden. Der Lastkraftwagen in Eigenverwendung von Gewerbe, Handel und Landwirtschaft befriedigt, wie die Personen-

[1] John, J. G.: Motor Carrier Regulation in the USA.

kraftwagen, besondere Verkehrsbedürfnisse, für die die Schienenbahn nicht geeignet ist. Seine weitgehende Anpassungsfähigkeit und Beweglichkeit verleiht ihm im Güterverkehr ebensolche Vorzüge wie dem Omnibus im Personenverkehr. Im Jahre 1928 gab es in der Union rund 3100000 Lastkraftwagen. Diese gewaltige Menge spricht ohne weiteres für eine Brauchbarkeit des Lastkraftwagens als Verkehrsmittel.

Auch die Lastkraftwagen sind nur zu einem Teil unmittelbar Wettbewerber der Eisenbahn. Sie verdrängten viele Pferdefuhrwerke und nahmen deren Transportleistungen an sich. Eine umfangreiche Tätigkeit fanden sie bei der Verteilung der Güter im engeren und weiteren Verkehrsgebiet der Städte, bei dem Transport landwirtschaftlicher Erzeugnisse nach den Städten und Belieferung der Farmen mit Industrieprodukten, ohne dabei den Eisenbahnen Abbruch zu tun. Wo sie aber als zwischenörtliches Verkehrsmittel von den Kraftverkehrsunternehmern zwischen Eisenbahnstationen verwendet werden, sind sie ein ernster Wettbewerber der Eisenbahnen.

Die Verluste der Eisenbahnen im Personenverkehr.

Welche Verluste erleiden nun die Eisenbahnen durch den Wettbewerb der Kraftfahrzeuge? Die Frage soll zunächst für den Personenverkehr aus den Zahlen der beförderten Personen, der Personenwagen- und der Personenzugmeilen der Eisenbahnen der Union in den Jahren 1911 und 1920—26 zu beantworten versucht werden. Aus der Tabelle 62

Tabelle 62. Zahl der beförderten Personen, der Personenwagen- und Personenzugmeilen der Eisenbahnen der Union 1911, 1920—1926[1].

Jahr	Beförderte Personen	Personenwagenmeilen	Personenzugmeilen
1911	997409882	3136774000	572929000
1920	1269912881	3618617000	574826000
1921	1061130762	3503514000	568242000
1922	989509000	3445869000	553919000
1923	1008537863	3616342000	573938000
1924	950459378	3676746000	579384000
1925	901963145	3773114000	581792000
1926	874588786	3862610000	584972000
$\frac{1920 \cdot 100}{1911}$	127	115	100,3
$\frac{1926 \cdot 100}{1920}$	69	107	102
$\frac{1926 \cdot 100}{1921}$	83	110	103

[1] Statistics of Railways in the United States Report for 1927. Das Jahr 1920 ist der Höhepunkt des Personenverkehrs auf den amerikanischen Eisenbahnen.

ist ersichtlich, daß im zweiten Jahrzehnt dieses Jahrhunderts, von 1911—20, die Zahl der beförderten Personen beträchtlich, die Betriebsleistungen — die Personenwagen und Personenzugmeilen — jedoch weniger zugenommen haben. Die Zahl der beförderten Personen stieg innerhalb der Spanne des zweiten Jahrzehntes um 27%, die der Personenwagenmeilen um 15% und die der Personenzugmeilen um 0,3%. Mit dem Jahre 1921 nimmt die Zahl der Reisenden mit Ausnahme des Jahres 1923 stetig ab. Es wurden im Jahre 1926 31% oder nahezu ein Drittel weniger Reisende als 1920 befördert.

Die Zunahme des Personenverkehrs im zweiten Jahrzehnt war also 1926 nicht nur wieder verloren, sondern darüber hinaus ist noch ein beträchtlicher Rückgang festzustellen. Die Zahl der Personenwagenmeilen hingegen hat sich in den Jahren 1920—1926 um 7% und die der Personenzugmeilen um 2% erhöht[1]. Trotzdem also im Jahre 1926 7% Personenwagenmeilen und 2% Personenzugmeilen mehr als 1920 gefahren wurden und die Länge des Schienennetzes sich nur unwesentlich verringerte — von 252844,99 Meilen im Jahre 1920 auf 249138,40 Meilen im Jahre 1926, also um 1,47% — ist die Zahl der beförderten Personen zwischen 1920—26 nahezu um ein Drittel zurückgegangen. Im gleichen Zeitabschnitt vermehrte sich die Bevölkerung von rund 106 auf rund 116 Millionen, also um etwa 9%, und stieg die Zahl der Personenkraftwagen von 8,2 auf 19,2 Millionen, also nahezu um das Zweiundeinhalbfache. Wird vom Jahr 1921 ausgegangen und ein Vergleich mit 1926 angestellt, so ergibt sich eine Verminderung der Zahl der beförderten Personen um 17% und für 1920 und 1921 gegenüber 1926 ein Mittelwert von 24%[2].

Der Rückgang des Reiseverkehrs der Eisenbahnen durch die Kraftfahrzeuge ist offensichtlich. Er ist noch höher als die Zahlen ausweisen, weil der Eisenbahnverkehr, wären die Kraftfahrzeuge nicht gewesen, nicht nur nicht abgenommen, sondern sehr wahrscheinlich seiner früheren Bewegung entsprechend weiter zugenommen haben würde, so daß 1926 etwa 1500 Millionen Personen oder etwa 70% mehr und 1928 etwa das Doppelte der in diesem Jahr unter dem Einfluß des Kraftwagens tatsächlich erreichten Zahl zu befördern gewesen wäre. Mit anderen

---

Die Zahl der beförderten Personen dieses Jahres dürfte durch die letzten Stufen der militärischen Demobilmachung und einer ausnahmsweise umfangreichen Geschäftstätigkeit als relativ zu hoch zu betrachten sein. Für gewisse Vergleiche wird deshalb auch ein Mittelwert aus den Jahren 1920 und 1921 im Verhältnis zum Jahre 1926 errechnet.

[1] Nur im Westen haben sich die Wagenmeilen um 1% und die Zugmeilen um 1,4% vermindert. Die Abnahme ist aber in den obigen Ziffern berücksichtigt.

[2] In den Jahren 1927 und 1928 hatte der Personenverkehr weitere Verluste. Die Zahl der beförderten Personen ging 1927 auf 840029680 zurück, somit wurden 34,5 Millionen Personen weniger als 1926 befördert.

Worten, im Jahre 1926 reisten nur etwa 60% und 1928 etwa halb so viel Personen mit den Eisenbahnen, als gereist wären, wenn der Kraftwagen nicht vorhanden gewesen wäre.

Da die Art und der Umfang des Verkehrs in den verschiedenen Teilen der Union sich wesentlich unterscheiden, wird in der Tabelle 63 die Zahl der auf den Bahnen erster Klasse in den Jahren 1920—1926 beförderten Personen für den Osten, Süden und Westen getrennt angegeben[1]. Sie teilt mit, daß der Personenverkehr auf den Bahnen erster Klasse im Jahre 1926 gegenüber 1920 im Osten um 22%, im Süden um 42%, im Westen um 46%, und in der Union insgesamt um 30% abgenommen hat, die Verminderung im Osten also nur etwa halb so groß wie im Süden und Westen ist. Dies beruht hauptsächlich auf der landschaftlichen

Tabelle 63. Personenverkehr auf den Bahnen erster Klasse in den Jahren 1920—1926[2].

Jahr	Zahl der beförderten Personen			
	Osten	Süden	Westen	Union
1920	777820717	150917730	306123601	1234862048
1921	673170252	118983920	243342157	1035496329
1922	637134609	111258242	219016354	967409205
1923	655225051	114929647	216758377	986913075
1924	629938820	104266615	198473027	932678462
1925	616313402	94785225	177168669	888267296
1926	607608000	88073000	164662000	860343000
$\frac{1926 \cdot 100}{1920}$	78	58	54	70

Schönheit, den günstigeren klimatischen Verhältnissen und den das Reisen auf den Landstraßen begünstigenden schlechten Zugverbindungen der westlichen und südlichen Staaten. Andererseits wird im Osten durch die umfangreiche Dichte des Verkehrs im Bereich großer Städte das Reisen auf der Landstraße beeinträchtigt und so die Abwanderung von den Eisenbahnen gehemmt.

Einzelne Staaten und Eisenbahnlinien haben noch wesentlich höhere als die für die Union und die erwähnten drei Distrikte festgestellten durchschnittlichen Verluste. In der Tabelle 64 ist der Personenverkehr der Eisenbahnen in einigen westlichen und südlichen Staaten der Union im Jahre 1925 in Prozenten des Verkehrs im Jahre 1920 ausgedrückt. Die Eisenbahnen dieser Staaten haben in wenigen Jahren 41—51% an Reisenden verloren. Der Staat Minnesota hat in der Zeitspanne von 1920 bis 1927

[1] Für den Osten, Süden und Westen sind getrennte Zahlen für alle Bahnen nicht verfügbar. Da die Bahnen erster Klasse nahezu den ganzen Verkehr innehaben, besteht kein wesentlicher Unterschied gegenüber dem Gesamtverkehr. Vergleiche die Gesamtbeförderung in der Tabelle 62.

[2] Morris, C. D.: a. a. O.

sogar zwei Drittel seiner Eisenbahnreisenden eingebüßt, während gleichzeitig die Zahl der Personenzugmeilen nur um 8% abgenommen und die Bevölkerung um 15% zugenommen hat[1]. Der Personenverkehr der Denver und Rio Grande Eisenbahn ging in den Jahren 1920—1925 innerhalb des Staates Kolorado um 53,4 und innerhalb des Staates Utah um 60,7%[3], der der Georgia und Florida Eisenbahn von 522137 Reisenden im Jahre 1920 auf 173061 im Jahr 1925, also um mehr als 2/3 zurück[4].

Tabelle 64.

Personenverkehr der Eisenbahnen in einigen westlichen und südlichen Staaten der Union im Jahre 1925 in Prozenten des Jahres 1920[2].

Staat	Personenverkehr im Jahre 1920 in %	Personenverkehr im Jahre 1925 in %
Arkansas	100	59
Kansas	100	57
Louisiana	100	57
Oregon	100	54
Texas	100	52
Oklohoma	100	50
Kolorado	100	49

In Verkehrsverbindungen mit ungünstiger Eisenbahnbeförderung wie langer Beförderungsdauer, wenig Züge, schlechtem Anschluß u. a. aber günstigem Verkehr auf der Landstraße wie gute Fahrbahnen, kürzere Entfernung u. a. sind die Verluste der Eisenbahnen noch höher. Zwei Beispiele, wo solche Voraussetzungen vorliegen, mögen dies dartun: Im Oktober 1921 reisten zwischen Topeka (Kansas) und Kansas City 25776 Personen mit der Eisenbahn, im gleichen Monat des Jahres 1925 6551, also 75% weniger[5]. Zwischen Fremont und Omaha (Nebraska) verminderte sich der Personenverkehr in der Zeit von 1920 bis 1925 um 85%[6].

Die Frage, inwieweit die Abnahme der Zahl der beförderten Personen im Eisenbahnverkehr auf die Einnahmen dieses Verkehrszweiges eingewirkt hat, mögen die Tabellen 65 und 66 beantworten, in denen für die Jahre 1920 bis 1926 die Einnahmen aus dem Personenverkehr

[1] Bus Transportation Vol. 7, Nr 3, S. 151. Die Verminderung der Personenzugmeilen soll durch größere und schwerere Wagen herbeigeführt worden sein, so daß, in Tonnenmeilen ausgedrückt, keine wesentliche Veränderung eingetreten wäre.

[2] Interstate Commerce Commission Report 18300, S. 32 und Mitteilungen der Staaten Oregon und Kolorado.

[3] Interstate Commerce Commission Report 18300, S. 33.

Zahl der beförderten Personen der Denver und Rio Grande-Eisenbahn.

Jahr	In Kolorado	In Utah
1920	987159	363558
1925	459627	142712
$\frac{1925 \cdot 100}{1920}$	46,6	31,3

[4] Ebenda. [5] Interstate Commerce Commission Report 18300, S. 32.

[6] Interstate Commerce Commission Hearing in Washington D. C.

Tabelle 65. Einnahmen aus dem Personenverkehr aller Bahnen der Union von 1920 bis 1926[1].

Jahr	Einnahmen Dollar	Jahr	Einnahmen Dollar
1920	1304814986	1924	1085672299
1921	1166252353	1925	1064806152
1922	1087516376	1926	1049210125
1923	1158925284		
$\frac{1926 \cdot 100}{1920}$	80	$\frac{1926 \cdot 100}{1921}$	90

für alle Eisenbahnen und die der Bahnen erster Klasse der Union in den Distrikten des Ostens, Südens und Westens genannt sind. Das Jahr 1920 bildet auch hier den Wendepunkt. Bis dahin haben sich die Einnahmen dauernd erhöht; in der Union insgesamt von 657 638 291 Dollar im Jahre 1911 auf 1 304 814 986 Dollar im Jahre 1920, also nahezu um das Doppelte. Dann verringern sich die Einnahmen entsprechend den Ausfällen im Personenverkehr und zwar insgesamt bis 1926[2] um 20 % oder rund um 260 Millionen Dollar und wenn vom Jahre 1921[3] ausgegangen wird um 10%, im Mittel um 15%. Der Tabelle 66 sind wieder wesentliche Unterschiede in den drei Distrikten zu entnehmen. Der Rückgang der Einnahmen beträgt bei den Bahnen erster Klasse im Osten 7%, im Süden 22%, im Westen 35% und in der Union 19%. Wiederum haben der Süden und Westen die relativ größeren Verluste. Eisenbahnen mit geringerem Personenverkehr als dem Durchschnitt haben auch einen stärkeren Ausfall an Einnahmen aus diesem Verkehr.

Tabelle 66. Einnahmen aus dem Personenverkehr der Bahnen erster Klasse der Union und ihrer drei Distrikte 1920—1926[4].

Jahr	Osten Dollar	Süden Dollar	Westen Dollar	Union Dollar
1920	565232761	196654660	526616152	1288503573
1921	539150038	172109868	442532019	1153791925
1922	515129748	163173370	397633726	1075936844
1923	547953406	183751006	415884472	1147588884
1924	524267902	172407464	379781417	1076456783
1925	520801785	180735461	356166985	1057704231
1926	523485194	174025695	344311160	1041822049
$\frac{1926 \cdot 100}{1920}$	93	78	65	81

[1] Statistics of Railways in the United States Report for 1927.

[2] In den Jahren 1927 und 1928 haben sich die Einnahmen weiter vermindert. Im Jahre 1927 betragen sie 980528000 Dollar, also rund 70 Mill. Dollar weniger als 1926.

[3] Siehe Fußnote [1] S. 168—69.

[4] Morris, C. D.: a. a. O.

Ein Vergleich der Zahl der beförderten Personen (Tabelle 62) mit den Einnahmen (Tabelle 65) zeigt, daß 1926 gegenüber 1920 jene um 31%, diese um 20%, die Einnahmen also verhältnismäßig weniger abgenommen haben. Dies ist hauptsächlich auf eine Ausdehnung der durchschnittlichen Reiseentfernung einer Person und einem Übergang von Reisenden aus der billigeren Wagenklasse — coach-Wagen — in die teurere — Pullmanwagen — zurückzuführen und kommt in den Zahlen der Tabelle 67 zum Ausdruck. Die Tabelle enthält die durchschnittliche Reiselänge einer Person, die durchschnittliche Einnahme für eine Reise und eine Personenmeile und die gefahrenen Personenmeilen für die Bahnen erster Klasse in den Jahren 1920 bis 1926. Die

Tabelle 67. Reiselänge, Einnahmen für eine Reise und eine Personenmeile und Gesamtzahl der Personenmeilen der Bahnen erster Klasse 1920 bis 1926[1].

Jahr	Durchschnittliche Reiseentfernung einer Person Meilen	Durchschnittliche Einnahmen für einen Reisenden Dollar	Durchschnittliche Einnahmen für eine Personenmeile Cents	Zahl der Personenmeilen
1920	37,94	1,04	2,7	46848668000
1921	36,03	1,11	3,1	37312586000
1922	36,66	1,11	3,0	35469962000
1923	38,46	1,16	3,0	37956595000
1924	38,70	1,15	3,0	36090886000
1925	40,47	1,19	2,9	35950223000
1926	41,14	1,21	2,9	35477525000
$\frac{1926 \cdot 100}{1920}$	109	116	107	75

durchschnittliche Reiselänge hat sich von 37,94 auf 41,14 Meilen, also um 9%, die durchschnittliche Einnahme für einen Reisenden von 1,04 Dollar auf 1,21 Dollar, also um 16%, und die durchschnittliche Einnahme für eine Personenmeile von 2,7 auf 2,9 Cents, also um 7% erhöht, während die Personenmeilen von rund 46849 Millionen auf 35478 Millionen, also um 25% zurückgegangen sind. Die direkt ausgewiesene Zunahme der Reiseentfernung wird indirekt noch durch die Zahl der Personenmeilen im Verhältnis zur Zahl der beförderten Personen bestätigt. Jene haben sich nämlich nur um 25% und diese um 30% vermindert. Der Unterschied in den Prozentsätzen beruht eben auf der größeren Reiselänge. Die prozentuale höhere Einnahme[2] für einen Reisenden im Vergleich zur prozentual geringeren Ausdehnung der Reiselänge läßt auf einen Übergang aus den gewöhnlichen in die

[1] Statistics in the United States Report for 1927.
[2] Die Fahrpreise wurden in dem fraglichen Zeitabschnitt nicht erhöht.

Pullmanwagen schließen[1]. Dies zeigt auch die 7% höhere Einnahme auf eine Personenmeile im Jahre 1926 gegenüber 1920.

Die geringere Zahl der beförderten Personen in Verbindung mit der größeren durchschnittlichen Reiseentfernung ist durch das Erscheinen der Kraftfahrzeuge bedingt. Eine gewaltige Menge Personen, die früher die Eisenbahn benutzten, reist jetzt, insbesondere auf kurze und mittlere Entfernungen im Automobil oder Omnibus, wodurch der Schienenverkehr in diesen Entfernungen ganz beträchtlich abgenommen hat, die durchschnittliche Reiselänge aber zunehmen mußte, und dies um so mehr, als der Reiseverkehr der Eisenbahnen auf große Entfernungen sich leicht gesteigert hat. Die Ausdehnung der Reiselänge ist auch aus den in der Zeit von 1921 bis 1926 schätzungsweise um 25% erhöhten Einnahmen des Pullmandienstes[2] zu schließen, da ein erheblicher Übergang von Reisenden aus den gewöhnlichen in die Pullmanwagen auf kurze und mittlere Entfernungen, wie auch eine allgemeine größere Steigerung der Benutzung der Pullmanwagen auf diese Entfernungen nicht anzunehmen ist. Die Chicago und Alton Eisenbahn berichtete auch, daß ihr Durchgangsverkehr — also meist weite Entfernungen — von 1924 auf 1925 für sämtliche Verkehrsbeziehungen um 12% gewachsen ist[3].

In diesem Zusammenhang ist noch besonders bemerkenswert, daß sich die Zahl der auf Zeitkarten reisenden Personen in den Jahren 1920 bis 1926 erhöht hat. Dies läßt die Tabelle 68 erkennen, die außer der Zahl dieser Reisenden auch die Einnahmen und die Personenmeilen des Zeitfahrkartenverkehrs für die Jahre 1922 bis 1926 der Bahnen

Tabelle 68. Zeitkartenverkehr auf den Bahnen erster Klasse 1922 bis 1926[4].

Jahr	Zahl der Zeitkarten-reisenden	Einnahmen aus dem Zeitkartenverhehr Dollar	Personenmeilen des Zeitkartenverkehrs
1922	429466000	67504000	6131107000
1923	446538000	69967000	—
1924	438773000	70712000	—
1925	446766000	73004000	—
1926	445874000	74425000	6603845000
$\frac{1926 \cdot 100}{1922}$	104	110	108

[1] Je größer die Reiseentfernung, um so mehr wird in Pullmanwagen gereist, da das Fahren in gewöhnlichen Wagen auf längere Entfernungen und insbesondere während der Nacht stark ermüdet.

[2] Morris, C. D.: a. a. O.

[3] Annual Report für 1925. Im Jahre 1924 wurden 303322 und im Jahre 1925 341952 Durchgangsreisende befördert.

[4] Morris, C. D.: a. a. O.

erster Klasse enthält. Die Zahl der Zeitkartenreisenden hat sich in diesen Jahren um 4% und die Einnahmen um 10% erhöht. Der prozentuale Unterschied zwischen der Zahl der Reisenden und den Einnahmen ist hauptsächlich auch in einer größeren Reiselänge dieses Verkehrs bedingt[1], was auch aus der Zahl der Personenmeilen des Zeitfahrkartenverkehrs hervorgeht, die um 8%, also verhältnismäßig mehr als die Zahl der Zeitkarteninhaber zugenommen hat. Die Zunahme der Zeitkartenreisenden und der Länge ihrer Reisen ist auf die im Verkehrsbereich der großen Städte immer mehr anschwellende Verkehrsdichte auf den Straßen und ihre immer größere räumliche Ausdehnung zurückzuführen, wodurch die Geschwindigkeit der Kraftfahrzeuge sich vermindert und mehr und mehr Reisende veranlaßt werden, auf längere Entfernungen die vermöge ihrer eigenen Fahrbahn schneller fahrende Schienenbahn zu benutzen.

Die Frage, inwieweit Automobile und inwieweit Omnibusse zu den großen Verlusten der Eisenbahnen beigetragen haben, kann nicht genau beantwortet werden, da umfassende statistische Erhebungen fehlen und der Automobilverkehr ohnehin meist nur geschätzt werden kann. Allgemein ist einer eingehenden Betrachtung der Frage vorauszuschicken, daß in Verkehrsbeziehungen, in denen der Eisenbahnverkehr stets ab-, der Omnibusverkehr aber zugenommen hat, dennoch die bei der Eisenbahn ausgefallenen Reisenden nicht auf den Omnibus übergegangen sein mögen. Die Verminderung des Eisenbahnverkehrs kann allein durch Automobile verursacht worden sein und die Steigerung des Omnibusverkehrs auf Schöpfung neuen Verkehrs[2] oder Übergang von Reisenden aus den privaten Automobilen beruhen. Schöpfung neuen Verkehres wird beim Omnibus beispielsweise dort eintreten, wo billige Fahrpreise das Reisen erst ermöglichen, oder Automobilisten den Omnibus seiner billigeren Fahrpreise wegen benützen, oder die Kongestion und Parkungsschwierigkeiten in den Straßen sie dazu veranlassen. Eine teilweise Schöpfung neuen Verkehrs durch Omnibusse dürfte bei Verkehrsbewegungen wie den folgenden anzunehmen sein: Zwischen Topeka (Kansas) und Kansas City wurden im Oktober 1925 auf der Eisenbahn 19225 weniger Reisende als im Oktober 1921 befördert; die Zahl der Omnibusreisenden betrug 38194, also nahezu das Doppelte des Ausfalls der Eisenbahn[3]. In einer anderen Verkehrsbeziehung zwischen Fargo und Jamestown (North Dakota) verminderte sich die Zahl der

---

[1] Die durchschnittliche Reiseentfernung der auf Zeitkarten reisenden Personen betrug 1922 14,28 Meilen und 1926 14,81 Meilen. Sie erhöhte sich also um 4%. Siehe C. D. Morris a. a. O.

[2] Schöpfung neuen Verkehres ist hier nur auf Verkehrsverbindungen zu beziehen, in denen Omnibus und Eisenbahn im Wettbewerb miteinander stehen.

[3] Interstate Commerce Commission Report 18300, S. 32.

Eisenbahnreisenden von 1924 auf 1925 um 372, während der Verkehr einer Omnibuslinie um 4 664 Personen zugenommen hatte[1]. Selbst wenn in diesen Verbindungen sämtliche den Eisenbahnen verlorengegangenen Reisenden auf den Omnibus übergegangen wären, was aber keineswegs zutreffen dürfte, da ein Teil mit eigenen Automobilen fährt, so muß der Omnibus dennoch noch aus anderen Quellen Zuwachs erhalten haben, um die genannten Verkehrsziffern erreicht zu haben. Die Verkehrssteigerung dürfte eben zu einem wesentlichen Teile auf Schöpfung neuen Verkehrs beruhen.

Der überwiegende Teil des Automobilverkehrs ist auch neuer, durch das Erscheinen dieser Fahrzeuge ins Leben gerufener Verkehr. Er ist im Automobil bedingt (siehe Abschnitt I) und wäre nie Schienenverkehr geworden. Es wird, wie früher aufgezeigt, viel im Automobil gefahren, nicht weil ein bestimmtes Reiseziel besteht, sondern lediglich des Automobils wegen, das den Amerikaner zum Automobilfahren so lockt, wie die Natur den Deutschen zum Wandern.

Aus dem vorliegenden Tatsachenmaterial über den Kraftwagen- und Eisenbahnverkehr ist zweifelsfrei erkennbar, daß vorwiegend die große Zahl der privaten Automobile für die starke Verminderung des Eisenbahnverkehrs ursächlich ist. Gab es doch in der Union im Jahre 1926 rund 19 Millionen Automobile und 69 000 Omnibusse. An Hand einiger Einzeluntersuchungen soll der Anteil der Automobile und Omnibusse am Wettbewerb deutlicher hervorgehoben werden. Die New York New Haven and Hartford Eisenbahn schätzte ihre Verluste bis zum Jahre 1926 aus dem Wettbewerb der Automobile und Omnibusse insgesamt auf 27 889 287,00 Dollar und durch die Omnibusse allein auf 3 327 852,00 Dollar[2]. Die Automobile hätten also einen Verlust von etwa 88%, die Omnibusse von etwa 12% hervorgerufen. Die Einnahmen der Eisenbahnen aus dem Personenverkehr im Staate Illinois betrugen 1920 75 087 894,00 Dollar und 1925 65 381 334,00 Dollar[3], somit 9 726 000,00 Dollar weniger. Im Jahre 1925 hatten die interlokalen Omnibuslinien 1 852 000,00 Dollar Einnahmen. Da aber nur 50% dieser Linien mit den Eisenbahnen im Wettbewerb standen und zweifelsohne ein großer Teil des Omnibusverkehrs auf Schöpfung neuen Verkehrs zurückzuführen ist, so ist ohne weiteres zu erkennen, daß die Automobile vorwiegend den Verlust der Eisenbahnen verursacht haben. Ferner wurde in einer Untersuchung der Verkehrsbewegung im Staate Louisiana festgestellt, daß 93% der Reisenden auf den Landstraßen im Automobil und nur 7% im Omnibus fuhren[4]. Schließlich soll in

[1] Interstate Commerce Commission Report 18 300, S. 32.
[2] Railway Age, Motor Transportation Section vom 25. September 1926, S. 593.
[3] Interstate Commerce Commission Hearing 18300, S. 255.
[4] Trumbower Economics of Highway Transportation, S. 5.

der Tabelle 69 noch eine Aufstellung über die Zahl der verkauften Fahrkarten auf Eisenbahn-Stationen in Gemeinden, die gleichzeitig durch Omnibuslinien bedient wurden, und auf Stationen in Gemeinden ohne

Tabelle 69. Zahl der verkauften Eisenbahnfahrkarten im Staate Minnesota in den Jahren 1920 und 1924[1].

A. Auf Stationen in Gemeinden, die gleichzeitig durch Omnibuslinien bedient wurden:

Station	Zahl der verkauften Fahrkarten 1920	Zahl der verkauften Fahrkarten 1924	Abnahme	Abnahme %
Alexandria	37398	15429	21969	59
Delano	11376	2909	8467	74
Evansville	10491	3153	7338	70
Fergus Falls	59422	26868	32554	55
Jasper	12624	4460	8164	65
Litchfield	38094	10310	27784	73
Marshall	27312	10658	16654	61
Osakis	14790	4184	10606	72
Park Rapids	13459	5612	7847	58
Sauk Center	35244	10519	24725	70
Willmar	76333	27908	48425	63
zusammen	336543	122010	214533	63,7

B. Auf Stationen in Gemeinden, die nicht durch Omnibuslinien bedient wurden:

Station	Zahl der verkauften Fahrkarten 1920	Zahl der verkauften Fahrkarten 1924	Abnahme	Abnahme %
Benson	35371	11557	23814	67
Browns Valley	5882	1773	4109	70
Clara City	7665	2420	5245	68
Cottonwood	7371	2393	4978	68
Granite Falls	16680	5583	11097	67
Hallock	10569	5345	5224	49
Hanley Falls	10925	3011	7914	72
Herman	8196	3099	5097	62
Monticello	12924	4600	8324	64
Ruthton	5790	1722	4068	70
Warren	16844	7739	9105	54
Ortonville	2743	1005	1738	63
Odessa	272	66	206	76
Appleton	10562	3268	7294	69
Milan	312	115	197	63
zusammen	152106	53696	98410	64,6

[1] The Relation of Highway Transportation to the Railway by Ralph Budd Appendix C.

Omnibuslinien mitgeteilt werden. Nach dieser Untersuchung ist ein Einfluß des Omnibusverkehrs auf die Verminderung des Personenverkehrs der Eisenbahn überhaupt nicht festzustellen, denn die Zahl der verkauften Fahrkarten in Gemeinden, die durch Omnibuslinien bedient wurden, hat nicht mehr abgenommen als in den Gemeinden, die überhaupt keinen Omnibusverkehr hatten. Es ginge jedoch fehl, hieraus zu schließen, daß auch in den Gemeinden mit Omnibuslinien keine Reisende von der Eisenbahn auf diese Linien übergegangen wären, vielmehr ist anzunehmen, daß durch den Wettbewerb des Omnibusverkehrs auch ein kleiner Teil der Eisenbahnreisenden auf den Omnibus abwanderte; der überwiegende Teil des Ausfalls der Eisenbahn an Reisenden ist jedoch in allen Gemeinden auf die Automobile zurückzuführen.

Es gibt natürlich auch Verkehrsbeziehungen, in denen die Eisenbahn durch den Omnibusverkehr große Verkehrsmengen eingebüßt hat. So soll zwischen Bloomington und Pontiac (Michigan) die Zahl der verkauften Fahrkarten nach Eröffnung einer Omnibuslinie in einem Monat von 5339 auf 2567, somit um mehr als 50% zurückgegangen sein[1]. Im allgemeinen dürften jedoch etwa 90% der Verluste der Eisenbahnen im Personenverkehr dem Automobil und etwa 10% dem Omnibus zuzuschreiben sein. Je nach den Verhältnissen in den einzelnen Verkehrsbeziehungen, wie Qualität und Preis der Transportleistungen der beiden Verkehrsmittel, wird der Anteil des einen oder anderen Verkehrsmittels am Gesamtverkehr kleiner oder größer sein.

Zusammenfassend ist festzustellen: In den kurzen und mittleren Entfernungen hat sich infolge Wettbewerbs von Automobil und Omnibus der Personenverkehr auf den Eisenbahnen gewaltig vermindert. In der Zeitspanne 1920 bis 1926 verloren die Eisenbahnen rund 400 Millionen oder 31% ihrer Reisenden und rund 260 Millionen Dollar oder 20% an Einnahmen. Als Mittelwerte der Vergleichsjahre 1920 und 1921 mit 1926 wurde ein Ausfall an Reisenden von 24% und an Einnahmen von 15% errechnet. Im Westen und Süden haben Eisenbahngesellschaften einzelner Staaten mehr als die Hälfte ihres Personenverkehrs verloren. Bei einer großen Zahl Eisenbahnen ist der Rückgang noch bedeutend höher. In den Jahren 1927 und 1928 sind allgemein weitere große Verluste eingetreten. Nur die Zahl der auf Zeitkarten reisenden Personen hat sich durch die Kongestion der Straßen im Verkehrsgebiet großer Städte ein wenig erhöht, der Reiseverkehr dieser Art auf kleine Entfernungen also gesteigert. Auch in den weiten Entfernungen ist eine geringe Zunahme im Eisenbahnverkehr zu verzeichnen, weil Kraftfahrzeuge auf größere Entfernungen weniger be-

[1] Interstate Commerce Commission Hearing 18300, S. 211.

liebt sind. Die Verkehrssteigerungen sind aber in den oben genannten Verlustziffern schon berücksichtigt.

Die Verluste der Eisenbahnen sind um so schwerwiegender, als die Betriebsleistungen — die Kosten — sich nicht vermindert, sondern erhöht haben. Die Zahl der Personenwagenmeilen hat zwischen 1920 und 1926 um 7% und die der Personenzugmeilen um 2% zugenommen. Entgangene Einnahmen können deshalb nahezu entgangenem Gewinn gleichgesetzt werden. Ferner besagt die Zunahme des Zeitkartenverkehrs, daß hauptsächlich die zu nicht ermäßigtem Fahrpreis reisenden Personen die Züge nicht mehr benützen. Schließlich läßt die Steigerung des Reiseverkehrs im allgemeinen annehmen, daß der Eisenbahnpersonenverkehr, wenn das Kraftfahrzeug nicht gekommen wäre, nicht nur nicht abgenommen, sondern zugenommen hätte. Der Ausfall an Reisenden im Jahre 1926 dürfte nach der Verkehrsbewegung früherer Jahre mehr als 70% und 1928 etwa 100% betragen. Die Verluste der Eisenbahnen sind etwa zu 90% auf den Automobil- und zu 10% auf den Omnibusverkehr zurückzuführen.

Die Verluste der Eisenbahnen im Güterverkehr.

Im Güterverkehr war der Wettbewerb des Lastkraftwagens und daher auch seine Wirkung auf die Verkehrsmengen und Einnahmen der Eisenbahnen nicht so einschneidend wie im Personenverkehr. Werden die Höhe der Einnahmen und der Umfang der Verkehrsmengen der Eisenbahnen in den letzten Jahren betrachtet, so ist sogar eine beträchtliche Zunahme des gesamten Güterverkehrs festzustellen. So aus der Tabelle 70, die für die Jahre 1920 bis 1926 die Höhe der Einnahmen, die Zahl der beförderten Tonnen und die gefahrenen Tonnenmeilen für

Tabelle 70. Einnahmen und Verkehrsmengen des Güterverkehrs der Bahnen erster Klasse 1920 bis 1926[1].

Jahr	Einnahmen aus dem Güterverkehr Dollar	Zahl der beförderten Tonnen[2]	Zahl der gefahrenen Tonnenmeilen
1920	4317440080	1255420991	410306209802
1921	3911277268	940182560	306840203512
1922	3992441331	1023745007	339285347571
1923	4606720192	1279030222	412727228422
1924	4333585195	1187295744	388415312335
1925	4541646040	1247241615	413814261072
1926	4802637751	1336142323	443746487348
$\frac{1926 \cdot 100}{1920}$	111	107	108
$\frac{1926 \cdot 100}{1921}$	123	142	145

[1] Statistics of Railways in the United States Report for 1927.
[2] Zahlen enthalten nicht die von anderen Bahnen erhaltenen Gütermengen.

die Bahnen erster Klasse enthält und ausweist, daß in der Zeitspanne 1920 bis 1926 die Einnahmen um 11%, die Zahl der beförderten Tonnen um 7% und die gefahrenen Tonnenmeilen um 8% zugenommen haben. Wird das Jahr 1921 als Vergleichsbasis genommen[1], so ist eine Steigerung der Einnahmen um 23%, der Zahl der beförderten Tonnen um 42% und der gefahrenen Tonnenmeilen um 45% festzustellen. Als Mittelwerte der Ausgangsjahre 1920 und 1921 und des Schlußjahres 1926 ergeben sich 17, 24,5 und 26,5%. Diese Zunahme des Güterverkehrs ist angesichts des starken Rückganges des Personenverkehrs in diesen Jahren besonders bedeutend.

Der große Bestand an Lastkraftwagen führt dennoch zu der Frage, ob diese Fahrzeuge den Eisenbahnen nicht doch Verkehrsmengen weggenommen haben. Im Jahre 1926 gab es 2 764 222 Lastkraftwagen und für den interlokalen Lastkraftwagenverkehr des Jahres 1925 errechnete Prof. Trumbower eine Tonnenmeilenzahl von 8 000 000 000. Wird die durchschnittliche Beförderungslänge der Eisenbahnstückgüter mit 200 Meilen — für Stückgüter und Wagenladungen war sie im Jahre 1925 308,93 Meilen[2] — angenommen, so errechnen sich für die 1925 mit der Eisenbahn beförderten 40 586 944 Tonnen Stückgüter insgesamt rund 8 000 000 000 Tonnenmeilen, also ebensoviel wie für den Lastkraftwagen. Da sich die Tätigkeit des Lastkraftwagens vorwiegend auf die Beförderung von Stückgütern erstreckt, so dürfte die große Leistungsfähigkeit dieses Verkehrsmittels genügend dartun, daß es ein ernster Wettbewerber im Stückgutverkehr der Eisenbahnen sein muß.

Wird der Güterverkehr der Eisenbahnen getrennt nach Wagenladungen und Stückgütern betrachtet, so tritt auch tatsächlich eine Abnahme des Stückgutverkehrs zutage. Die Tabelle 71, die das Gewicht der Wagenladungen und Stückgüter auf den Bahnen erster Klasse in den Jahren 1920 bis 1926 angibt, läßt dies erkennen. Während die Gewichtsmengen im Wagenladungsverkehr um 8% zunahmen, verminderten sie sich im Stückgutverkehr um 26%. Werden die Jahre 1921 und 1926 verglichen, so ist eine Zunahme des Wagenladungsverkehrs um 44 und eine Abnahme des Stückgutverkehrs um 6% zu bemerken. Die Mittelwerte der Ausgangsjahre 1920 und 1921 gegenüber 1926 sind für den Wagenladungsverkehr + 26%, für den Stückgutverkehr — 16%. Der Verlust des Stückgutverkehrs wird um so größer, als gleichzeitig der Wagenladungsverkehr an und für sich erheblich zugenommen hat. Wie im Personenverkehr, sind auch hier die Verluste vieler Eisenbahnlinien relativ weit höher als die genannten Durchschnittszahlen.

Wird als durchschnittliche Beförderungslänge der den Eisenbahnen verlorengegangenen Stückgüter 50 Meilen und als Frachtsatz der der

[1] Siehe Fußnote [1] S. 168—69.

[2] Statistics of Railways in the United States Report for 1927, Statement Nr 53.

zweiten Klasse der Southwestern Scale mit 49 Cents für 100 Lbs. angenommen, so entsteht den Eisenbahnen für die im Jahre 1926 gegenüber 1920 weniger beförderten 13 711 307 Tonnen ein Einnahmeausfall von rd 150 000 000,— Dollar. Im Vergleich zu den Gesamteinnahmen des Güterverkehrs — Wagenladungen und Stückgüter — im Jahre 1926 würde dieser Verlust nur etwa 3,1% und im Vergleich zu dem Einnahmeausfall im Personenverkehr von 260 Millionen Dollar nur etwa 58% betragen. Insgesamt hätten demnach die Eisenbahnen im Jahre 1926 gegenüber 1920 einen Einnahmeausfall von rd 400 Millionen Dollar.

Tabelle 71. Wagenladungs- und Stückgutverkehr der Bahnen erster Klasse 1920 bis 1926[1].

Jahr	Wagenladungsverkehr Tonnen	Stückgutverkehr Tonnen
1920	1202218695	53202296
1921	898190549	41992011
1922	980515794	43229213
1923	1234691666	44338556
1924	1146746721	40549023
1925	1206654671	40586944
1926	1296651334	39490989
$\frac{1926 \cdot 100}{1920}$	108	74
$\frac{1926 \cdot 100}{1921}$	144	94

Die eingebüßten Gütermengen sind vorwiegend Stückgutsendungen des Nahverkehrs mit einem Aufwand, der gegenüber den Einnahmen unverhältnismäßig hoch ist, ja manchmal nicht einmal die reinen Betriebskosten deckt. Daraus darf aber nicht ohne weiteres geschlossen werden, daß die Eisenbahnen den gesamten Ausfall nicht zu beklagen hätten. Die Abwanderung der Güter auf den Lastkraftwagen ist für sie nur dann verhältnismäßig vorteilhaft, wenn hiedurch ganze Betriebseinheiten, Wagen und Züge, erspart werden. Solange aber Züge und Wagen unverändert, nur weniger ausgelastet, gefahren werden müssen, entsteht den Eisenbahnen kein Nutzen, sondern nur Schaden. Der Verlust ist dann noch höher, als die Zahlen ziffernmäßig ausweisen, zu bewerten, weil die Kosten für die den Eisenbahnen verbleibenden Gütermengen nahezu so groß wie die für die früher umfangreicheren Mengen sind. Ein Teil der amerikanischen Eisenbahnen konnte jedoch durch Einschränkung des Nahverkehrs beträchtliche Ersparnisse erzielen.

Nun ist, wie beim Personenverkehr, auch beim Güterverkehr die Annahme begründet, daß die allgemeine Verkehrssteigerung, die, wie

[1] Statistics of Railways in the United States Reports 1921 u. 1927.

schon erwähnt, beim Wagenladungsverkehr klar hervortritt, auch beim Stückgutverkehr eingetreten wäre, wenn nicht der Lastkraftwagen Gütermengen aufgenommen haben würde. Ohne den Lastkraftwagen würde der Stückgutverkehr, wohl ebenso wie der Wagenladungsverkehr, zugenommen haben und damit würden von den Eisenbahnen im Jahre 1926, wenn von 1920 ausgegangen wird, 57 458 479 Tonnen und, wenn 1921 Ausgangsjahr ist, 60 468 495 Tonnen Stückgüter befördert worden sein, wobei zu beachten ist, daß auch ein kleiner Teil des Wagenladungsverkehrs von dem Lastkraftwagen übernommen wurde[1]. Der Ausfall wäre also 18 oder 21 Millionen Tonnen. Für den Mittelwert beider Vergleiche von 19,5 Millionen Tonnen wäre der Einnahmeausfall im Jahre 1926 bei einer durchschnittlichen Beförderungslänge von 50 Meilen und einem Frachtsatz von 49 Cents für 100 Lbs rd 214 Millionen Dollar oder etwa 4,4% der tatsächlichen Einnahmen.

Es soll nun auch hier kurz erörtert werden, in welchem Umfange die Lastkraftwagen im Werkverkehr — Handel, Gewerbe und Landwirtschaft — und die des Transportgewerbes am Wettbewerb mit den Eisenbahnen beteiligt sind. Die schon früher gegebene Mitteilung, im Jahre 1927 seien 82% aller Lastkraftwagen im Werkverkehr und 18% im Beförderungsdienst gewerbsmäßig verwendet gewesen, läßt schon erkennen, daß auch hier vorwiegend die privaten Fahrzeuge den Eisenbahnen Verkehr entzogen haben. Die Lastkraftwagen der Transportunternehmer dürften wohl im allgemeinen in größerem Umfange und in größeren Einheiten als die des Werkverkehrs verwendet werden, wodurch ihr Anteil am Wettbewerb etwas größer sein wird. Die Verluste, durch den Werkverkehr verursacht, überwiegen aber dennoch.

Es ist also festzustellen, daß in der Zeitspanne 1920 bis 1926 der Wagenladungsverkehr um 8 % zugenommen, der Stückgutverkehr um 26% abgenommen hat. Die Mittelwerte für die Jahre 1920 bis 1926 und 1921 bis 1926 ergeben eine Steigerung des Wagenladungsverkehrs um 26% und eine Verminderung des Stückgutverkehrs um 6%. Die 1926 gegenüber 1920 verlorenen Stückgüter haben ein Gesamtgewicht von rd 13,7 Millionen Tonnen; ihr Einnahmeausfall beträgt rd 150 Millionen Dollar. Wird die allgemeine Verkehrssteigerung berücksichtigt, so ist für 1926 ein Verlust von etwa 19,5 Millionen Tonnen Stückgüter und ein Einnahmeausfall von rd 214 Millionen Dollar festzustellen. Wettbewerb und Verluste im Güterverkehr der Eisenbahnen sind vorwiegend durch den Werkverkehr der Lastkraftwagen bedingt.

---

[1] Von der Southern Pacific Eisenbahn wurde mitgeteilt, daß in einzelnen Verkehrsbeziehungen der Wagenladungsverkehr in Massenartikeln, wie Baumwolle, Backsteine u. dgl., sich durch den Wettbewerb des Lastkraftwagens vermindert habe. — Interstate Commerce Commission Hearing 18300.

Gewinne der Eisenbahnen durch den Kraftwagenverkehr.

Nachdem die Verluste der Eisenbahnen durch den Wettbewerb der Kraftfahrzeuge hinlänglich besprochen worden sind, wären noch kurz die Gewinne, die den Eisenbahnen durch den Kraftwagenverkehr zugekommen sind, zu erörtern. Der Umstand, daß Kraftfahrzeuge und ihre Fahrbahnen vor ihrem Gebrauch hergestellt werden müssen, hat verkehrssteigernd bei den Eisenbahnen gewirkt, weil hiezu erst eine Masse Güter von Gewinnungsstätten und Materiallagern nach Produktionsstätten verschickt werden müssen. Die Produktion von Kraftfahrzeugen und Zubehörteilen benötigt Eisen, Stahl, Holz, Kohlen, Gummi, Glas, Farben u. a. Güter. Fertige Fahrzeuge werden an die Händler verfrachtet. Der Betrieb von Kraftfahrzeugen braucht Gasolin und Öl sowie Fahrbahnen, mit deren Bau und Unterhaltung Transporte von Sand, Steinen, Öl, Petroleum, Asphalt, Zement u. a. verbunden sind. Alle diese Güter werden meist nicht am Produktions- und Heimatorte der Kraftfahrzeuge und an der Baustelle der Straßen gewonnen, sondern müssen erst aus kleineren oder größeren Entfernungen mit der Eisenbahn herbeigeschafft werden. Die Zahl der im Jahre 1926 für Transporte dieser Art verwendeten Eisenbahnwagen wird mit 3 280 000 angegeben. Den Anteil der einzelnen Güter zeigt Tabelle 72. Im

Tabelle 72. Transport der für den Bau, Vertrieb und Betrieb der Kraftwagen hauptsächlich notwendigen Güter mit den Eisenbahnen im Jahre 1926[1].

Gut	Zahl der Wagenladungen
Kraftfahrzeuge und Zubehörteile	889 778
Gasolin	910 000
Gummireifen	55 000
Schmieröl	37 200
Eisen und Stahl	120 000
Kohle	84 400
Rohes Petroleum	70 450
Holz	50 000
Roher Gummi	15 600
Asphalt für Landstraßen	43 500
Zement für Landstraßen und Brücken	164 600
Schotter, Sand usw. für Landstraßen	773 000
Verschiedenes, wie Farben, Plattenglas	66 472
zusammen	3 280 000

[1] Fact and Figures a. a. O. 1927 Edition, S. 14. In der Aufstellung sind folgende Güter nicht enthalten: Straßenbaumaschinen, Materialien und Maschinen für Automobilfabriken und Montage- und Reparaturwerkstätten, ferner Kohle zur Erzeugung von Gas und Elektrizität. Außerdem ist die mit der Vermehrung der

Vergleich mit dem gesamten Wagenladungsverkehr des Jahres 1926 in Höhe von 53 099 000 Wagen[1] nehmen die mit der Produktion, dem Vertrieb und Betrieb von Kraftfahrzeugen samt Zubehörteilen und dem Bau von Landstraßen unmittelbar zusammenhängenden Gütersendungen somit etwa 6% ein. Wird das durchschnittliche Gewicht der Ladung eines Güterwagens mit solchen Sendungen mit 30 Tonnen angenommen, so hätte der Kraftwagen und Kraftwagenverkehr im Jahre 1926 insgesamt 98 400 000 Tonnen Fracht gebracht. Der durch den Wettbewerb des Lastkraftwagens auf Seite 181 für das Jahr 1926 ausgewiesene Verlust der Eisenbahnen von 13,7 Millionen Tonnen würde um mehr als das Siebenfache aufgewogen, ja selbst der unter Berücksichtigung einer allgemeinen Verkehrssteigerung für das Jahr 1926 errechnete Ausfall von 19,5 Millionen Tonnen wird noch fünffach überschritten. Wird als durchschnittlicher Frachtsatz für die erwähnten Transporte (Tabelle 72) 30 Cents für 100 Lbs. — Frachtsatz auf 300 Meilen der Klasse D der Southwestern Scale — angenommen, so würden die 98 400 000 Tonnen des Jahres 1926 den Eisenbahnen eine Einnahme von rd 660 Millionen Dollar gebracht haben[2]. Dieser Betrag würde den im Güterverkehr für das Jahr 1926 errechneten Verlust von rd 150 Millionen Dollar um das 4,4fache und den unter Berücksichtigung einer allgemeinen Verkehrssteigerung für das Jahr 1926 errechneten Verlust von 214 Millionen Dollar immer noch um mehr als das Dreifache übersteigen. Der den Eisenbahnen durch den Kraftwagenverkehr zugekommene Gewinn im Güterverkehr überwiegt somit ihre durch den Wettbewerb des Lastkraftwagens im Güterverkehr erlittenen Verluste mehrfach. Der Einnahmeausfall im Personenverkehr für das Jahr 1926 mit 260 Millionen Dollar und der des Güterverkehrs mit 150 Millionen Dollar machen zusammen einen Gesamtverlust von 410 Millionen Dollar aus, der durch den Gewinn von 660 Millionen Dollar um etwa 60% überschritten wird. Bei Berücksichtigung der allgemeinen Verkehrssteigerung errechnet sich für das Jahr 1926 ein Gesamtverlust der Eisenbahnen von 949 Millionen Dollar[3], der durch den Gewinn von

Zahl der Arbeiter und Angestellten in der Automobilindustrie verbundene Steigerung der Verkehrsleistungen im Personen- wie Güterverkehr nicht berücksichtigt.

[1] A Review of Railway Operations in 1927, S. 5.

[2] Wird die Aussage des Präsidenten der Illinois Central Eisenbahn, C. H. Markham, (S. Hearings before the Committee on Interstate Commerce a. a. O. S. 206), daß die Einnahmen dieser Eisenbahn aus der Beförderung der mit der Produktion, dem Versand und Betrieb von Kraftfahrzeugen und dem Bau von Landstraßen für den Kraftwagenverkehr zusammenhängenden Gütersendungen mehr als ein Achtel der Gesamteinnahmen ihres Güterverkehrs betragen, auf alle Eisenbahnen der Union übertragen, so ergibt sich für das Jahr 1926 aus diesen Gütersendungen für alle Bahnen eine Einnahme von mehr als 600 Mill. Dollar. Dieser Betrag würde mit dem oben errechneten von 660 Mill. Dollar nur um 10% abweichen.

[3] Personenverkehr 735 und Güterverkehr 214 Mill. Dollar. Der Verlust im

660 Millionen Dollar zu etwa 70% ausgeglichen wird. Die ziffernmäßig ausgewiesenen und errechneten Einnahmeausfälle der Eisenbahnen im Personen- und Güterverkehr werden also von den durch den Kraftwagen und den Kraftwagenverkehr erzielten Mehreinnahmen um etwa 60% übertroffen[1], die vollen — unter Voraussetzung einer allgemeinen Verkehrssteigerung — durch den Kraftwagenverkehr erlittenen Verluste dürften aber nur zu etwa zwei Drittel (70%) gedeckt werden.

Das Verhältnis der durch den Kraftwagenverkehr verlorenen und gewonnenen Gütermengen ist für die einzelnen Eisenbahnen verschieden. Für Bahnen, die viel Material zum Bau der Kraftfahrzeuge und Landstraßen befördern, ist es günstiger als für die Bahnen, die sich nur mit dem Transport fertiger Fahrzeuge und dem von Gasolin begnügen müssen. Die kleinen Bahnen sind dabei insbesondere ungünstig gestellt. Aber auch für die großen Bahnen dürfte sich dieses Verhältnis, wenn im Laufe der kommenden Jahre die Transportmengen an Straßenbaumaterialien nach Umbau des größeren Teiles der Landstraßen abnehmen werden, nicht mehr so vorteilhaft gestalten. Die bei den Eisenbahnen mit einer etwa zunehmenden Kraftfahrzeugproduktion eintretende Verkehrssteigerung wird durch den damit verbundenen stärkeren Wettbewerb der Kraftfahrzeuge mehr als ausgeglichen.

Am Schlusse dieses Abschnitts wäre noch allgemein zu bemerken, daß Kraftwagen und Eisenbahn den ihrer Eigenart entsprechenden und für sie wirtschaftlich geeigneten Verkehr bedienen sollten. Gegenseitiger Kampf auf Gedeih und Verderb ist unwirtschaftlich, wirtschaftlich hingegen eine Teilung in die vorhandenen Verkehrsmengen. Diese Auffassung scheint sich auch im amerikanischen Verkehrssystem mehr und mehr durchzusetzen. Die Kampflust der Jugendjahre weicht — worauf viele Zeichen hinweisen — allmählich einer friedlicheren Zusammenarbeit. Eines dieser Zeichen ist die auf der großen Transportkonferenz unter Führung der Handelskammer in Washington D. C. im Januar 1926 angenommene Entschließung; der auf den Kraftwagenverkehr sich beziehende Teil soll deshalb dem Inhalt nach hier kurz wiedergegeben werden:

1. Das Kraftfahrzeug hat seinen unbestreitbaren Wert in unserem Wirtschaftssystem erwiesen, es hat den Tätigkeitsbereich des Farmers wesentlich erweitert, viel neues Land urbar machen helfen, neue Roh-

---

Personenverkehr fußt auf der Voraussetzung, daß bei Berücksichtigung der allgemeinen Verkehrssteigerung die Zahl der beförderten Personen im Jahre 1926 um 70% und somit auch die Einnahmen um diesen Betrag zu klein waren (siehe S. 169).

[1] Als die Eisenbahnen den verkehrssteigernden Einfluß des Kraftwagenverkehrs erkannten, hat ihr Groll gegen dieses Verkehrsmittel etwas nachgelassen. Unter den Eisenbahnbeamten gibt es zwar noch manche, denen jeder Reisende und jedes Gut des Kraftwagenverkehrs ein Dorn im Auge ist.

stoffe in den wirtschaftlichen Bereich der Märkte gebracht, den Pulsschlag des industriellen Lebens beschleunigt und den Güterverteilungsprozeß erleichtert.

2. Die Kongestion lagert sich heute um die Verkehrsknotenpunkte unserer großen Städte, in denen die Eisenbahnen größte Schwierigkeiten haben, mit den allgemeinen Verkehrsbedürfnissen Schritt zu halten, obwohl die Aufnahmefähigkeit ihrer Hauptlinien ausreicht, noch größere Gütermengen, als angeliefert werden, zu befördern.

3. Die Eisenbahnen sollten ohne Rücksicht auf die gewaltigen Kosten und Schwierigkeiten ihre Betriebsanlagen erweitern und verbessern.

4. Staat und Wirtschaft sind wie die Verkehrsunternehmungen aller Art, an der Zusammenarbeit der Beförderungsmittel interessiert; diese ist insbesondere in den Verkehrsknotenpunkten erwünscht und wirksam.

5. Die Zufuhr ankommender Güter an die Empfänger durch Lastkraftwagen ist der wertvollste Beitrag des neuen Verkehrsmittels, das Problem der Bewältigung des Verkehrs in den Knotenpunkten zu lösen.

6. Planmäßig arbeitender Kraftwagenverkehr vermag die Eisenbahnen von unwirtschaftlichen Dienstleistungen, wie Abrichtung von Kurswagen (trap car service), Rangierbewegungen zwischen Bahnhöfen eines Verkehrszentrums und Verfrachtungen im Nahverkehr, zu entlasten und Verstopfungen der Güterbahnhöfe zu vermeiden und viele Eisenbahngüterwagen für den wirtschaftlichen Linienverkehr frei zu machen.

7. Um den Kraftwagenverkehr möglichst nutzvoll zu gestalten, sind leistungsfähigere Fahrzeuge zu entwickeln.

8. Außerhalb des Gebietes der Verkehrsknotenpunkte ist es für die Allgemeinheit wie für die Verkehrsbetriebe gleich wichtig, daß die wirtschaftlichen Grenzen eines jeden Verkehrsmittels anerkannt werden, ferner den Eisenbahnen zugestanden wird, unwirtschaftliche Verkehre, für die der Kraftwagen sich besser eignet, einzustellen und das Kraftfahrzeug seine Bemühungen, Verkehrsleistungen allgemein auf unwirtschaftliche Entfernungen auszuführen, aufgibt. Unrentabler Eisenbahnverkehr kann in manchen Fällen durch Einsatz von Triebwagen rentabel gestaltet werden.

9. Eisenbahnlinien können oft vorteilhaft durch Omnibus- und Lastkraftwagenlinien ausgedehnt oder ergänzt werden. In Staaten, wo dies nicht zugelassen ist, sollten solche Beschränkungen im öffentlichen Interesse abgeschafft werden[1].

[1] Motor Trucks Become Asset to Railroads. S. 14/15.

Literatur.

Acworth, W. M., and W. T. Stephenson: The Elements of Railway Economics. Oxford 1924.

Dixon, H. F.: Railroads and Government. Chapter XVI. New York (1922).

George, J. J.: Motor Carrier Regulation in the U. S. A. Dissertation University of Michigan 1928.

Grupp, G. W.: Economics of Motor Transportation. New York 1923.

Johnson, E. R., G. G. Huebner, G. L. Wilson: Principles of Transportation. New York 1928.

Jones, E.: Principles of Railway Transportation. Chapter IX. New York 1927.

Loree, L. F.: Railroad Freight Transportation 1922.

Merkert, E.: Der Lastkraftwagenverkehr seit dem Kriege, insbesondere sein Wettbewerb und seine Zusammenarbeit mit den Schienenbahnen. Berlin 1926.

Ripley, W. Z.: Railroads Rates and Regulation. Chapter VIII. New York 1924.

Sax, E.: Die Verkehrsmittel in Volks- und Staatswirtschaft. Allgemeine Verkehrslehre. 2. Auflage. S. 52—112. Berlin 1918.

Vanderblue, H. B., and K. F. Burgess: Railroads Rates-Service-Management. Chapter X, XI. New York 1924.

White, P.: Motor Transportation of Merchandise and Passengers. Chapter X. New York 1923.

Annual Report of Chicago and Alton Railroad Company for 1925.

A Review of Railway Operations in 1926, 1927. Bureau of Railway Economics. Washington D. C. 1928.

Automotive Industries Vol. 58—60.

Automotive Transportation and Railroads — Commission on Commerce and Marine, American Bankers Association. New York 1927.

Bus Facts for 1927, 1928 Motor Bus Division-American Automobile Association Washington D. C.

Bus Transportation Vol. 5—7.

California Transit Company Local Passenger Tariff Nr 6.

Consolidated Freight Classification Nr 4. Dezember 1924.

Economics of Highway Transportation by H. R. Trumbower 1926.

Fact and Figures of the Automobile Industry 1926—1929 Editions.

Hearings before the Committee on Interstate Commerce, United States Senate 69. Congress, S. 1734.

Interstate Commerce Commission Hearing 18300.

Interstate Commerce Commission Motor Bus and Motor Truck Operation Docket Nr 18300.

Interstate Commerce Commission Nr 17000 Ex Parte 87.

Interstate Commerce Commission Report 13494.

Interstate Commerce Commission Report 18300.

Motor Trucks Become Asset to Railroads — N. A. C C.

New York Sun vom 11. Juli 1922.

New York Times vom 3. Februar 1924 und 3. April 1927.

Nineteenth Annual Report of the Public Service Commission of Oregon.

Oregon Stages System Local and Joint Passenger Tariff 0—3 vom 1. Juli 1927.

Public Roads Vol. 6—8.

Public Service Commission of Oregon Exihibit 2 zu J C C Docket 18300.

Railroad Facts Nr 4. Western Railways' Committee on Public Relations Chicago.

Railroad Steamship and Motor Stage Blue Book August 1927.

Railroad Transportation of Freight on Rubber. The Motor Haulage Co. Inc. New York City.

Railway Age mit Motor Transportation Section 1926—1928.
Readjustment of Relative Freight Rate Schedules Washington 1923.
Report of California Railroad Commission 1925.
Report of State Highway System of Ohio 1922.
Short Haul Predominates in Motor Truck Movement. J. C. Mc. Kay N. A. C. C.
Solving the Terminae Problem Address of Will H. Lyford in Chicago 27. Mai 1925.
State of Washington, Sixth, Seventh Annual Report of the Department of Public Works.
Statistics of Railways in the United States for 1925—1927. Washington 1926 bis 1928.
The Journal of Land and Public Utility Economics August 1927.
The Motor Carrier 1926, 1927.
The Railroads and Highways by C. D. Morris.
The Relation of Highway Transportation to the Railway by Ralph Budd.
Thirty-Ninth Report of the Railroad and Warehouse Commission of the State of Minnesota. For the Biennal Period 30. November 1926.
Transportation Report of the Joint Commission of Agricultural Inquiry Part III, Chapter VIII. Washington 1922.
Truck Facts for 1927 N. A. C. C.
Washington Motor Freight Association Local and Joint Freight Tariff Nr 1—D vom 14. August 1926.

IV. Die Verwaltung des zwischenörtlichen Kraftwagenverkehrs.

1. Das Betriebsrecht der öffentlichen Kraftverkehrslinien.

Die staatliche Verwaltung des öffentlichen Kraftwagenverkehrs[1] kam auf eigenartige Weise zustande. Die Kraftverkehrsbetriebe hatten weder ein Monopol, noch hätte der wohl rasch stattfindende Zusammenschluß[2] ihnen in Kürze eine monopolistische Stellung von solcher Be-

[1] Der Inhalt dieses und der nächsten beiden Kapitel bezieht sich, soweit nichts anderes gesagt wird, nur auf den öffentlichen zwischenörtlichen Kraftwagenverkehr; außerdem der Inhalt dieses und des nächsten Kapitels nur auf den innerstaatlichen Verkehr. Über den zwischenstaatlichen Verkehr siehe Kapitel 3 dieses Abschnittes.

[2] Durch die Zusammenschlußbewegung im Jahre 1926 verringerte sich die Zahl der Omnibusgesellschaften um etwa 120 Betriebe mit ungefähr 1200 Fahrzeugen. Sie sind von anderen Verkehrsunternehmungen, meist auch Omnibusbetrieben, übernommen worden, oder sie haben sich mit anderen Unternehmungen vereinigt. So haben sich beispielsweise in Kentucky 7 Omnibusgesellschaften mit 122 Fahrzeugen zu einer Gesellschaft zusammengeschlossen; in Ohio wurden 10 Omnibusbetriebe mit 21 Fahrzeugen von einer Gesellschaft übernommen. Meist vereinigten sich aber immer nur 2 Gesellschaften oder übernahm eine Gesellschaft eine andere. — Bus Transportation Vol. 6, Nr 2, S. 82—83. — Es gibt auch einige Zusammenschlüsse gewaltigen Umfanges. So hat sich aus einer 35 Meilen langen Omnibuslinie, die im Jahre 1912 zwischen San Diego und Escondido (Kalifornien) durch Erweiterungen und Zusammenschlüsse ein Omnibussystem herausgebildet, das im Jahre 1927 5000 Meilen umfaßte und sich über die

deutung gebracht — wenigstens nicht in der Mehrzahl der Staaten —, daß es für den Staat aus diesem Grunde notwendig gewesen wäre, in die Gewerbefreiheit des Einzelnen einzugreifen. Auch die Verkehrskunden zeigten kein besonderes Interesse für die Regulierung des Kraftwagenverkehrs, wie sie es bei anderen Verkehrsmitteln, insbesondere bei den Eisenbahnen, hatten; ja, viele sprachen sich sogar ausdrücklich dagegen aus, weil sie im freien Wettbewerb des Kraftwagenverkehrs die beste Gewähr für niedrige Beförderungspreise und gute Dienstleistungen sahen. Der Ruf nach Regulierung oder Beaufsichtigung durch die Staaten kam hauptsächlich aus dem eigenen Lager, von einer Gruppe von Kraftverkehrsunternehmern und von den Eisenbahngesellschaften. Es waren die Kraftverkehrsbetriebe, die fahrplanmäßig und regelmäßig zwischen bestimmten Verkehrspunkten Dienstleistungen an allen Personen unter gleichen Bedingungen anbieten, die sogenannten common carriers oder öffentliche Kraftverkehrsunternehmer[1], die eine Regulierung verlangten. Sie sahen den Ausbau ihres Verkehrsdienstes und ihre Existenz bedroht, wenn tagtäglich neue Unternehmer Verkehrslinien eröffnen und einen Teil der Verkehrsmengen an sich ziehen konnten. Das Verlangen der öffentlichen Kraftverkehrsunternehmer nach staatlichen Maßnahmen wurde von den privaten Transportunternehmern, den sogenannten contract carriers, die Transportleistungen jeder Art und nach jedem Orte, aber nur für einzelne Personen unter besonderen Bedingungen, die meist auch besonders vereinbart werden, ausführen und deshalb frei und ungebunden zu sein wünschen, nicht unterstützt. Dagegen forderten die Eisenbahngesellschaften eine gesetzliche Regelung der Kraftverkehrsunternehmungen, weil sie in ihr ein wirksames Mittel sahen, dem Wettbewerb der Kraftfahrzeuge entgegenzutreten. Es wurde auch geltend gemacht, daß es nicht billig — fair — sei, die Kraftverkehrsunternehmungen freizügig zu lassen, während das ältere Verkehrsmittel, die Eisenbahn, weitgehend gesetzlich gebunden sei und unter dem Wettbewerb der Kraftfahrzeuge große Verluste erleide. Die Staaten kamen schließlich zu dem Ergebnis, im Interesse der Allgemeinheit einen Einfluß auf die öffentlichen Kraftverkehrsunternehmungen geltend zu machen. Es war ihnen insbesondere darum zu tun, den Wettbewerb unter den Kraftverkehrsunternehmungen einzuschränken, die verheerenden Preiskämpfe zu unterbinden, die Beförderungspreise, Finanzierung, Rechnungslegung und Geschäftsführung der Unter-

---

Staaten Kalifornien, Oregon, Arizona, New Mexico und Texas erstreckte. — Interstate Commerce Commission Report 18300, S. 16. — Die Monopoltendenzen liegen einmal in der Natur der Verkehrsmittel. Sie treten immer, man möchte sagen, zwangsweise auf und breiten sich schrittweise aus.

[1] Siehe Fußnote S. 95.

nehmungen zu überwachen mit der Absicht, die Entwicklung des Kraftwagenverkehrs zu fördern und für die Verkehrsinteressenten gute und preiswerte Dienstleistungen zu erzielen.

Die Verwaltung des öffentlichen Kraftwagenverkehrs wird von den in den Staaten schon zur Verwaltung der Eisenbahnen eingesetzten Behörden ausgeübt, die später auch andere öffentliche Betriebe, wie die Gas- und Elektrizitätswerke, zu verwalten hatten und meist Benennungen wie „public utility commission“ oder railroad commission“ haben. Sie sind gleichsam mit gesetzgebenden Befugnissen — einem Gemisch von vollziehender, rechtsprechender und gesetzgebender Gewalt — ausgestattet und dadurch befähigt, rasch einzugreifen und dringenden Verkehrsbedürfnissen gerecht zu werden. Die Anordnungen der Verwaltungsbehörden haben volle gesetzliche Wirkung und können nur durch Gerichtshöfe ungültig erklärt werden. Die Grundlage der staatlichen Ordnung des öffentlichen Kraftwagenverkehrs bilden die für die öffentlichen Betriebe schon bestehenden Gesetze — public utility acts — oder besonders zu erlassende Gesetze. Das Recht der Staaten zur Verwaltung des Kraftwagenverkehrs ist in ihren Verfassungen niedergelegt, denen zufolge alle öffentlichen Industrien — public utilities — vom Staat verwaltet werden können.

Art und Umfang der gesetzlichen Bestimmungen weichen in den verschiedenen Staaten weit voneinander ab. Die Verschiedenartigkeit der Landstriche verlangt wohl eine gewisse Anpassung an örtliche Verhältnisse, worunter der Durchgangsverkehr aber nicht notleiden sollte. Dies trifft noch viel mehr auf die oft weiten Rechte der Bezirksverwaltungen, der Grafschaften und Stadtgebiete — counties and townships[1] —, zu. Bestimmungen, daß staatliche Verwaltungsbehörden Kraftverkehrsunternehmern das Betriebsrecht erst verleihen können, wenn sie zuvor die Genehmigung aller lokalen Verwaltungskörper, deren Hoheitsgebiet die Verkehrslinie berührt, eingeholt haben, stehen einer gesunden Verkehrsentwicklung zweifelsohne entgegen. Es werden deshalb gleichgerichtete Bestimmungen, insbesondere auch für Größe, Gewicht und Geschwindigkeit der Fahrzeuge und Beschränkung der Rechte untergeordneter Verwaltungskörper auf lokale Belange, wie Parken der Fahrzeuge, angestrebt.

Die wichtigste Befugnis der mit der Verwaltung der Verkehrsmittel beauftragten Behörden ist die Verleihung des Rechtes zum Betrieb von Kraftverkehrslinien. Wo Betriebsrechte verliehen werden, darf keine öffentliche Kraftverkehrslinie ohne die Genehmigung des Staates er-

[1] Der Begriff „county“ ist von England übernommen worden. Wir verwenden deshalb auch für diese amerikanische Verwaltungseinheit die deutsche Bezeichnung Grafschaft. Der Begriff „townships“ dürfte zweckmäßigerweise mit Stadtgebiet übersetzt werden.

öffnet werden. Über die Verleihung des Betriebsrechtes wird ein sogenanntes „certificate of public convenience and necessity" ausgefertigt, das im folgenden kurz Zertifikat genannt werden soll. Die Staaten wollen mit der Verleihung des Betriebsrechtes bezwecken, die Zahl der Kraftverkehrsbetriebe zu beschränken, leistungsfähige auszusuchen, unzuverlässige auszuschalten und verheerende Wettbewerbskämpfe zu unterbinden.

Ein Zertifikat ist durch drei wesentliche Merkmale gekennzeichnet: 1. Durch die unbeschränkte Zeitdauer, 2. den Besitz eines Eigentumsrechtes (property right), 3. den Ausschluß eines Monopolrechtes. Diese Eigenschaften lassen erkennen, daß es sich bei dem Betriebsrecht nicht um eine Konzession handelt, denn der Konzession ist im allgemeinen eine beschränkte Zeitdauer, der Vorbehalt eines Rückkaufs- oder Heimfallrechtes und der Ausschluß der Konkurrenz eigen. Bei der Bewilligung der Zertifikate wird zwar nicht ausgesprochen, daß sie auf unbeschränkte Zeit gewährt werden. Da aber im allgemeinen keine zeitliche Grenze gesetzt wird — Michigan begrenzt die Zeitdauer auf ein Jahr[1] —, ist anzunehmen, daß das Betriebsrecht fortdauert. So hat der Oberste Gerichtshof der Union entschieden, das Recht, die Straßen als öffentliches Verkehrsunternehmen zu benutzen, sei ein fortdauerndes Eigentumsrecht, falls es nicht schon bei der Verleihung selbst oder durch allgemeine gesetzliche Bestimmungen eine Beschränkung ausgesprochen war[2]. Ähnlich lautete die Entscheidung eines Gerichtes im Staate New York. Ein Zertifikat verleiht also Rechte auf weite Sicht, wodurch ein Ausbau der Kraftverkehrsunternehmungen und ihre Ausstattung mit neuen technischen Errungenschaften gewährleistet wird und die Kredite der Geldgeber geschützt sind. Die Stabilität der Zertifikate wird zwar durch das Widerrufsrecht, das sich die meisten Staaten im Falle der Verletzung oder Gefährdung öffentlicher Interessen vorbehalten haben, wieder etwas eingeschränkt. Die Verwaltungsbehörden benötigen zweifelsohne ein ausreichendes Machtmittel, um gegen etwaige Verfehlungen der Kraftverkehrsunternehmer vorzugehen und die Interessen der Verkehrskunden zu schützen, was im Widerrufsrecht auch gegeben sein dürfte. Hievon sollte aber nur bei schweren Verfehlungen der Kraftverkehrsunternehmer Gebrauch gemacht werden, weil sonst mehr Schaden als Nutzen eintreten könnte. Prof. Stratson hat die widerstre-

[1] Die Beschränkung der Zeitdauer auf ein Jahr ist zu kurz und wirtschaftspolitisch ungünstig, weil durch Nichterneuerung der Zertifikate der Betrieb ohne weiteres stillgelegt werden kann. Sind auch die Zertifikate bisher immer erneuert worden, so ist ihre Stabilität in dieser Richtung doch sehr gering, da es eben ganz im Belieben der Verwaltungsbehörde ist, eine Erneuerung des Zertifikates vorzunehmen oder abzulehnen. Siehe Byron P. Hicks, Proceedings a. a. O., S. 47.

[2] Owens boro v. Cumberland Telephone Co. 230. U. S. 58.

benden Interessen von Öffentlichkeit und Kraftverkehrsunternehmungen an einer zu großen und zu geringen Stabilität der Zertifikate eingehend betrachtet und für ihren Widerruf folgende Form vorgeschlagen:

„Dieses Zertifikat kann nach angemessener Frist und Untersuchung — Hearing — durch die Verwaltungsbehörde verbessert, geändert oder widerrufen werden, wenn bei grober und vorsätzlicher Verletzung des Gesetzes oder der Verordnungen der Verwaltungsbehörde oder anderer Bedingungen der weitere Betrieb unter dem Zertifikat dem öffentlichen Wohle offensichtlich schädlich sein würde[1]."

Bislang haben die Verwaltungsbehörden von ihrem Widerrufsrecht bei leichten Verfehlungen der Kraftverkehrsunternehmungen keinen Gebrauch gemacht. Es ist, wie schon bemerkt, nichts dagegen einzuwenden, wenn die Verwaltungsbehörden diesen Weg beschreiten, sofern grobe Verfehlungen gegen die Pflichten eines öffentlichen Verkehrsbetriebes und nicht nur leichte, einmal nicht zu vermeidende Vergehen vorliegen. Es geht aber zweifelsohne zu weit, ein Zertifikat sofort als null und nichtig zu erklären, wenn, wie in Wisconsin, ein Jahresbericht nicht, wie angeordnet, bis 1. Februar des folgenden Jahres vorgelegt ist[2]. Hingegen dürfte die Bestimmung im Staate Washington, daß ein Betriebsrecht entzogen werden kann, wenn ein Kraftverkehrsunternehmer 5 Tage lang mit dem Betriebsdienst aussetzt, mit Recht als schwere Pflichtverletzung und als Grund einer Entziehung des Zertifikates angesehen werden, sofern nicht ein zwingender Anlaß zur Betriebseinstellung vorhanden war. Geringe Vergehen sollten aber mit Geld gesühnt werden (siehe auch nächstes Kapitel).

Der Vorbehalt eines Widerrufsrechtes der Zertifikate entkleidet sie nicht ihrer Eigenschaft als Eigentumsrechte. Die Staaten wollten den Kraftverkehrsunternehmern ursprünglich auch keine Eigentumsrechte verleihen; die Entwicklung zwang aber schließlich dazu. Trotz Eigentumsrecht können aber die Zertifikate nicht an Dritte abgetreten werden, weil sonst der Zweck der staatlichen Verleihung des Betriebsrechtes allzu leicht untergraben werden würde. Das Betriebsrecht ist ein persönliches Recht und an die damit beliehene Person oder Personenvereinigung gebunden. Nur die Verwaltungsbehörden können das Recht auf Dritte übertragen.

Es ist wirtschaftlich von besonderer Bedeutung, daß mit einem Zertifikat einem Kraftverkehrsunternehmer kein Monopol verliehen wird, denn die Verwaltungsbehörden sind befugt, eine unbegrenzte Zahl von Betriebsrechten für jede Verkehrsbeziehung zu vergeben. Bei der Bewilligung der Betriebsrechte steht das öffentliche Interesse, die soge-

---

[1] Stratson Proceedings of the First Annual Conference on Highway Transport S. 45.

[2] A Compilation of the Laws Affecting the Regulation of Auto Transportation Companies.

nannte allgemeine „Bequemlichkeit und Notwendigkeit" — convenience and necessity — meist allen anderen Erwägungen voran. Die Verkehrspolitik der Verwaltungsbehörden wird davon beherrscht. Aufstieg und Niedergang der Verkehrsbetriebe hängen eng damit zusammen.

„Bequemlichkeit" — convenience — ist in diesem Zusammenhang nicht in dem engeren europäischen Sinne des Wortes „bequem" aufzufassen, sondern in der weitergehenden Bedeutung des der Union eigenen Dienstleistungs — service — Gedankens. Auch „Notwendigkeit" — necessity — ist unter der amerikanischen Einstellung gegenüber Dingen des täglichen Lebens zu verstehen, die gerade der Amerikaner als notwendig hält. Das Automobil beispielsweise wird in Europa berufshalber für viele, in Amerika dagegen nahezu für jeden, und zwar nicht nur berufshalber als notwendig angesehen. Da die Begriffe „Bequemlichkeit und Notwendigkeit" sich nicht genau abgrenzen und umschreiben lassen, für die Verkehrspolitik der Verwaltungsbehörden aber Leitgedanke sind, kam es und kommt es bei der Verleihung von Betriebsrechten zu unterschiedlichen Stellungnahmen. Manche Verwaltungsbehörden sahen das öffentliche Erfordernis der Bequemlichkeit und Notwendigkeit durch die Dienstleistungen bestehender Eisenbahnen erfüllt, andere hielten den Kraftwagenverkehr neben den Eisenbahnen noch für nötig. Manche sahen mit zwei Fahrten täglich, wieder andere erst mit stündlichem Verkehr dem öffentlichen Interesse gedient. Selbst ungünstige Abfahrts- und Ankunftszeiten der Fahrzeuge mögen Verwaltungsbehörden bestimmen, ein neues Betriebsrecht zu bewilligen. Die Verwaltungsbehörde in Kalifornien vertritt beispielsweise die Anschauung:

„Der Wunsch einer natürlichen oder juristischen Person, eine öffentliche Verkehrslinie zur Beförderung von Personen oder Gütern zwischen bestimmten Verkehrspunkten oder über eine regelmäßige Linie zu eröffnen, beeinflußt die Verwaltungsbehörde — Railroad Commission — nur wenig in ihren Entscheidungen. Bequemlichkeit und Notwendigkeit sind und waren seit dem 1. Mai 1917 der einzige Maßstab für die Zulassung einer neuen öffentlichen Verkehrslinie. Viele Zertifikate sind von der Kommission hauptsächlich deshalb versagt worden, weil die Bewerber sie nicht von der Notwendigkeit der einzurichtenden Omnibuslinie überzeugen konnten. Sie vermochten nicht nachzuweisen, daß die schon vorhandenen Verkehrsmittel — Eisenbahn und Kraftwagen — nicht jeden in dem Verkehrsgebiet notwendigen Transportdienst anboten und die verfügbaren Dienstleistungen für die Bedürfnisse der Verkehrsinteressenten nicht ausreichend waren.

In nicht wenigen Fällen anerkannte die Kommission jedoch neue, mit einer Verkehrslinie vorgeschlagene Dienstleistungen, wie etwa solche zur Abholung und Zustellung von Gütern, zur Vermehrung der Verkehrsmöglichkeiten, als wünschenswert und genehmigte sie, obgleich die Notwendigkeit dafür nicht sehr überzeugend war; jedoch schien ihr die damit verbundene Bequemlichkeit die Bewilligung eines Zertifikates zu rechtfertigen[1]."

[1] Annual Report of the Auto Stage and Truck Department of the Railroad

Zu beachten ist, daß Transportdienste für einzelne sehr zweckdienlich sein können, für die Allgemeinheit aber nicht wichtig sind. Die Befriedigung von Wünschen einzelner kann die Interessen vieler beeinträchtigen, ja gefährden. Würde beispielsweise eine Kraftverkehrslinie zur Bedienung einiger Verkehrsplätze zwischen zwei Knotenpunkten zugelassen, um die Orte kürzer und schneller, als durch die bestehende Hauptlinie möglich, mit den Knotenpunkten zu verbinden, so kann die Wirtschaftlichkeit der Hauptlinie durch den Übergang von Verkehrsmengen auf die neue Linie gefährdet und damit das Allgemeininteresse geschädigt werden. So wurde von der Verwaltungsbehörde in Wisconsin die Bewerbung einer Omnibusgesellschaft, eine Linie zur direkten Verbindung der beiden kleinen Orte Lake Mills und Johnson Creek — mit einer Bevölkerung von etwa insgesamt 2000 Personen — mit den Verkehrsknotenpunkten Milwaukee und Madison zuzulassen, abgelehnt, weil die beiden Knotenpunkte schon von zwei Eisenbahn- und zwei Omnibuslinien bedient wurden und von Lake Mills und Johnson Creek, wenn auch nicht direkt, so doch erreicht werden konnten und die neue Linie nur dann wirtschaftlich hätte bestehen können, wenn sie den anderen zwischen Milwaukee und Madison bestehenden Linien Verkehrsmengen weggenommen hätte, wodurch der Ertrag der alten Linien geschmälert, der Betriebsdienst u. U. vernachlässigt worden und dem Interesse der Mehrzahl der Reisenden nicht gedient gewesen wäre. Obwohl also die neue Linie für die beiden kleinen Orte die Bequemlichkeit des Reisens wesentlich erhöht hätte, konnte sie wegen der Auswirkung auf das größere Verkehrsgebiet der schon vorhandenen Linien nicht genehmigt werden[1].

Die Stellungnahme der Verwaltungsbehörde in Wisconsin ist durch das in diesem Staate geltende Kraftverkehrsgesetz gestützt. Nach dem hier in Betracht kommenden Artikel des Gesetzes kann der Antrag für ein Zertifikat verweigert werden, wenn die vorhandenen Dienstleistungen einschließlich der mit Dampf oder Elektrizität betriebenen Schienenbahnen ausreichen, die allgemeinen Verkehrsbedürfnisse zu befriedigen[2]. Bemerkt sei noch, daß die Verwaltungsbehörde in Wisconsin bislang keine Kraftverkehrslinie genehmigt hat, die in ihrer ganzen Ausdehnung parallel mit einer bestehenden Kraftverkehrs- oder Schienenlinie verlaufen wäre. Ausnahmen davon sind nur bei Linien in der Nähe größerer Städte oder bei Teilstrecken großer durchgehender Linien, wo für eine bestimmte Strecke ein Zugang von Reisenden unterwegs nicht zugelassen ist, festzustellen.

Commission of the State of California vom 1. Juli 1925 bis 30. Juni 1926. Chapter XIV, S. 21.

[1] Persönliche Mitteilung von Mr. Trainer bei der Railroad Commission Wisconsin am 24. September 1928. [2] A Compilation of the Laws a. a. O.

Die Stellungnahme anderer Staaten der Union zu der Frage der Bewilligung von Betriebsrechten soll kurz geschildert werden. Erfüllt in South Carolina ein Unternehmer die Vorschriften für die Gewährung eines Zertifikates, so ist es ihm unbeschadet schon dargebotener Dienstleistungen zu erteilen. Kansas und Kolorado gewähren für die gleichen Verkehrsbeziehungen so viele Betriebsrechte, als sie für zweckmäßig halten. In einer Entscheidung eines Gerichtes des Staates Kolorado ist ausgesprochen:

„Es ist eine Übergangszeit, und Leuten, die von Eisenbahnstationen entfernt wohnen, zuzumuten, den Weg zwischen Bahnhof und Wohnung zu Fuß zu machen und auf Züge zu warten und nicht die an ihrem Hause vorbeifahrenden Omnibusse zu benützen, nur weil damit für den eingebürgerten Verkehrsunternehmer — hier die Eisenbahn — ein Nachteil verbunden sein könnte, würde bedeuten, mit dem Fortschritt nicht Schritt zu halten[1].“

Ohio will weitere Betriebsrechte verleihen, wenn die Dienstleistungen bestehender Unternehmungen nicht genügen und trotz Aufforderung innerhalb 60 Tagen keine befriedigende Verbesserung eingetreten ist. In Virginia verbietet das Gesetz, Bewerbungen um Zertifikate deshalb abzulehnen, weil andere Kraftverkehrsunternehmungen oder Eisenbahnen schon Dienstleistungen anbieten. Der Umfang des vorhandenen Verkehrsdienstes soll aber dennoch gebührend berücksichtigt werden.

In einer anderen Gruppe von Staaten wird der zur Verfügung stehende Verkehrsdienst mehr berücksichtigt. In Montana und North Dakota müssen die Verwaltungsbehörden den Bedarf an Betriebsleistungen und das schon vorhandene Angebot der Kraftverkehrsbetriebe und Eisenbahnen, soweit es für Verkehrsbeziehungen unentbehrlich ist, vor Verleihung weiterer Betriebsrechte angemessen berücksichtigen und ein Zuviel an Betriebsleistungen so weit als möglich vermeiden. Maine, New Hampshire und New Jersey schützen ihre Eisenbahnen, wenn sie dem öffentlichen Bedürfnis genügen, gegen direkten Wettbewerb durch Kraftverkehrslinien. In Pennsylvanien wird für eine Verkehrslinie kein zweites Zertifikat ausgegeben, wenn der neue Verkehrsdienst keine wesentliche Verbesserung zu bringen verspricht. Die Verwaltungsbehörde in Illinois gewährte einer Omnibusgesellschaft ein Betriebsrecht für eine Strecke gleichlaufend zu einer Eisenbahnlinie, weil die Eisenbahn ungenügende Betriebsleistungen aufzuweisen hatte. Der Oberste Gerichtshof in Illinois widersprach mit der Begründung:

„Es ist Grundsatz in diesem Staate, einer öffentlichen Verkehrsunternehmung zu erlauben, einen angemessenen Ertrag ihrer Investierungen zu verdienen. Es ist deshalb nicht nur ungerecht, sondern auch wirtschaftlich ein Fehlgriff, einer weit weniger verantwortungsbewußten Gesellschaft das Recht einzuräumen, im Personenverkehr mit einer Eisenbahn in direkten Wettbewerb zu treten, es sei denn, daß die Eisenbahn den notwendigen Verkehrsdienst nicht ausführt[2].“

[1] Yale Law J. Vol. 36, Nr 2, S. 188.

[2] Interstate Commerce Commission Report 18300, S. 46.

Einige Staaten beachten also bei der Bewilligung von Zertifikaten vorhandene Verkehrsbetriebe mehr, andere weniger. Keinesfalls wird jedoch ein kräfteverzehrender Wettbewerbskampf begünstigt; auch werden im allgemeinen mehrere Zertifikate für eine Verkehrsbeziehung nicht ausgegeben, obgleich die Gesetze es zulassen würden. Einige Staaten berücksichtigen weitgehend die Dienstleistungen der Eisenbahnen, trotzdem Kraftverkehrslinien der Bequemlichkeit in der Ortsveränderung dienlicher wären. Dies ist hauptsächlich auf die in den Eisenbahnen angelegten hohen Kapitalwerte und auf die große Bedeutung der Eisenbahnen für das amerikanische Wirtschaftsleben zurückzuführen. Eine Gefährdung ihrer Wirtschaftlichkeit wird als allgemeiner Nachteil betrachtet. Andere Staaten messen wieder dem Kraftwagenverkehr einen so hohen Wert bei, daß finanzielle Verluste der Eisenbahnen ohne weiteres in Kauf genommen werden.

Die allgemeine Richtung der Verkehrspolitik der Verwaltungsbehörden ist durch eine weitgehende Einschränkung des Wettbewerbs des öffentlichen Kraftwagenverkehrs gekennzeichnet. Es gibt auch schon eine Anzahl Verkehrssachverständige, die allgemein einem Monopol im Verkehrswesen den Vorzug geben. So Byron P. Hicks, ein Mitglied der Public Utilities Commission in Michigan:

„Wir glauben, der Öffentlichkeit am besten mit einem Monopol in Händen eines zuverlässigen Verkehrsunternehmers zu dienen. Dann können auch qualitativ hohe Dienstleistungen verlangt und geboten werden, wodurch dem Unternehmer ebenso wie der Öffentlichkeit gedient ist. Denn um so bessere Verkehrsdienste ein Unternehmer anbietet, desto mehr wird er von der Öffentlichkeit begünstigt und desto größer sein Gewinn[1]."

Im allgemeinen wird jedoch der Gedanke eines Monopols verworfen und der eines beschränkten oder staatlich beaufsichtigten Wettbewerbs gefördert. Es wird versucht, den Wettbewerb mit den Vorteilen eines Monopols zu verbinden, oder mit anderen Worten, man möchte den Wettbewerb, zugleich aber die Vorteile des Monopols. Ein absolutes Monopol könnte ohnehin nie zustande kommen, weil selbst dann, wenn ein Kraftverkehrsunternehmer das ausschließliche Betriebsrecht in einer Verkehrsbeziehung hätte, immer noch eine große Zahl Automobile, private Lastkraftwagen und auch Eisenbahnen mit den Kraftverkehrsbetrieben in Wettbewerb stehen.

Bei der Bewerbung um ein Zertifikat ist bei den Verwaltungsbehörden ein Antrag einzureichen, in dem im allgemeinen folgendes zu beantworten oder vorzulegen ist:

a) Bezeichnung der Verkehrsbeziehung und der zu benutzenden Landstraßen.

b) Art des Unternehmens (Personen- oder Güterverkehr).

---

[1] Hicks Proceedings of the First Annual Conference on Highway Transport, S.46.

c) Beförderungspreise und Beförderungsbedingungen (Personen- und Gütertarife).

d) Fahrplan.

e) Vermögen des Bewerbers und Art der Finanzierung der Unternehmung.

f) Zahl und Art der Fahrzeuge.

g) Angabe der in der Verkehrsbeziehung schon in Betrieb befindlichen Verkehrsunternehmungen.

h) Nachweis der Bequemlichkeit und Notwendigkeit der zu bedienenden Verkehrslinie.

i) Weitere Mitteilungen.

Vor der Erteilung eines Zertifikates hat die Verwaltungsbehörde jedem an dem nachgesuchten Verkehrsdienst Interessierten Gelegenheit zur Stellungnahme zu geben. Außerden hat die Verwaltungsbehörde zuvor von sich aus zu prüfen, ob eine Bequemlichkeit und Notwendigkeit im früher erwähnten Sinne besteht und keine Beschwerden gegen den Antrag vorliegen. Bei mehreren Bewerbern entscheidet die Qualität der verschiedenen Angebote, so die Beförderungspreise, das finanzielle und betriebliche Leistungsvermögen und die Zuverlässigkeit der Unternehmer. Eine als Bewerber auftretende Eisenbahngesellschaft wird im allgemeinen vor anderen nur dann bevorzugt, wenn ihre Dienstleistungen qualitativ denen der mitbewerbenden Kraftverkehrsgesellschaften gleichkommen. Zugunsten der Eisenbahn wirkt die hier mögliche Zusammenarbeit des Schienen- und Landstraßenverkehrs und der hohe in den Eisenbahnen investierte Kapitalwert. Der Oberste Gerichtshof in Illinois hat in einer Entscheidung ausgesprochen, daß der Eisenbahn die erste Gelegenheit gegeben werden soll, den Verkehr zu bedienen[1]. In den meisten Staaten werden jedoch die Eisenbahnen nicht so wie in Illinois bevorzugt. Bietet eine Kraftverkehrsgesellschaft günstiger als die Eisenbahn an, so wird ihr anderwärts meist das Betriebsrecht verliehen werden.

Mit dem Betriebsrecht übernehmen die Unternehmer die Verpflichtung, einen regelmäßigen, sicheren und dem Verkehrsbedürfnis angemessenen Transportdienst zu gerechten und angemessenen Beförderungspreisen und Bedingungen auszuführen (siehe nächstes Kapitel). Wird die Verpflichtung verletzt oder allgemeinen Anordnungen der Verwaltungsbehörden nicht Folge geleistet, so kann die Verwaltungsbehörde selbst oder durch Gerichtshöfe ordnungsmäßige Erfüllung der Betriebspflichten verlangen, Geldstrafen verhängen oder das Betriebsrecht entziehen. Andererseits steht Unternehmern, denen ein Zertifikat nicht gewährt oder entzogen wird, oder die sich durch Maßnahmen der Verwaltungsbehörden beeinträchtigt fühlen, offen, die Gerichtshöfe anzurufen.

[1] Interstate Commerce Commission Hearing 18300, S. 511.

Die Zertifikate sind ein wichtiges Werkzeug in den Händen der Verwaltungsbehörden, um den öffentlichen Kraftwagenverkehr für die Allgemeinheit nützlich gestalten zu können. Sind mancherorts Mißgriffe gemacht worden, so dürfte dies weniger als ein Fehler des Systems, sondern als unrichtige Auffassung der Verwaltungsaufgaben zu betrachten sein[1].

Verkehrspolitisch bedeutsam ist nun noch die Frage, ob die privaten wie die öffentlichen Kraftverkehrsunternehmungen an ein Betriebsrecht zu binden sind. Die privaten Kraftwagenbesitzer, die Kraftfahrzeuge nur zum Eigengebrauch verwenden, sind, soweit die Verwendung der Fahrzeuge in Frage steht, verfassungsmäßig von einer gesetzlichen Regelung befreit, unterstehen aber auch den verkehrs- und sicherheitspolizeilichen Vorschriften (siehe Kapitel 4 dieses Abschnittes). In dieser Gruppe waren im Jahre 1927 nahezu alle Automobile, einige Omnibusse und 82% aller Lastkraftwagen[2].

Der schon berührte Unterschied zwischen privaten und öffentlichen Kraftverkehrsunternehmern ist erst noch mehr klarzustellen. Zu dem Geschäftsbereich der privaten Transportunternehmer (contract carriers) gehören die besonderen Fahrten aller Art, wie zum Besuch von Versammlungen, Sportwettkämpfen, Festlichkeiten, ferner die besonderen und gelegentlichen zwischenörtlichen Rundfahrten, all die nicht regelmäßigen und nicht fahrplanmäßigen Gütertransporte, der Saisonverkehr sowie der Transport landwirtschaftlicher Produkte und Baumaterialien und das Vermieten von Fahrzeugen zu irgendwelchen Fahrten. Hierunter fallen auch Transportdienste, die als Nebentätigkeit zur ökonomischen Verwendung der Fahrzeuge ausgeführt werden. So wenn ein Farmer, dessen Haupttätigkeit in der Landwirtschaft liegt, außer seinen eigenen Produkten die von Nachbarn zum Markte bringt und Industrieprodukte und Rohmaterialien mit nach Hause nimmt. An Fahrzeugen finden sich in dieser Gruppe eine kleine Zahl Automobile, ungefähr die Hälfte der Omnibusse und 11% der Lastkraftwagen[3].

Zu der Tätigkeit der öffentlichen Kraftverkehrsunternehmer (common carriers) gehören auch die auf wechselnden Routen, aber regelmäßig zwischen denselben Endpunkten stattfindenden Fahrten, ferner fahrplanmäßige zwischenörtliche Rundfahrten zwischen bestimmten Verkehrspunkten, regelmäßige, entgeltliche, für jedermann offene Fahrten zwischen Hotels oder zwischen Hotels und Bahnhöfen. Hierher

---

[1] Vorkommnisse wie im Staate Ohio, daß ein Mann, der seine Frau nach der Arbeit im eigenen Automobil nach Hause fährt, vor den Richter gebracht wird, weil er einer Omnibusgesellschaft dadurch einen Fahrgast weggenommen habe, sind vereinzelt und wirken grotesk und lächerlich. Siehe Interstate Commerce Commission Hearing 18300, S. 489.

[2] Fact and Figures a. a. O. 1928 Edition S. 35.

[3] Ebenda.

zählen ferner Unternehmer, die nur einzelne Produkte, wie Eier und Milch, befördern, wenn die Fahrten regelmäßig und fahrplanmäßig zwischen bestimmten Verkehrsplätzen ausgeführt werden. Dieser Gruppe gehörten im Jahre 1927 einige Automobile, etwa die Hälfte der Omnibusse und 7% der Lastkraftwagen an[1].

Als der Gedanke einer gesetzlichen Regelung des Kraftwagenverkehrs in der Union verwirklicht werden sollte, lag es nahe, ihn zunächst nur bei den öffentlichen Kraftverkehrsunternehmungen, die, wie die Eisenbahn auf den Schienen, Verkehrsleistungen auf den Landstraßen ausführten, zu verwirklichen. Es zeigte sich aber bald, daß die große Gruppe der privaten Transportunternehmer das System und den Zweck der Regulierung störten. Die Betriebsleistungen der privaten Transportunternehmer waren derart, daß sie häufig nicht ohne weiteres von denen der öffentlichen Kraftverkehrsunternehmungen unterschieden werden konnten. Jene Unternehmer fuhren zwischen bestimmten Verkehrspunkten oft mehrmals täglich und ihr Geschäftsumfang überstieg zuweilen weit den der öffentlichen Kraftverkehrsgesellschaften. Jede Gleichbehandlung mit diesen und so auch das Erfordernis eines Zertifikates lehnten sie aber entschieden mit der Begründung ab, daß sie nur einzelne Verkehrsinteressenten bedienen und keine fahrplanmäßigen Fahrten ausführen. Versuche, die Tätigkeit der privaten und öffentlichen Kraftverkehrsbetriebe abzugrenzen, führten trotz endloser Erörterungen nicht weiter. Die an der Regulierung Interessierten wollten eine Gesellschaft als öffentliche behandelt sehen, sobald mehr als 2 oder 3 Verkehrtreibende bedient wurden, die anderen bestritten die Berechtigung, eine so enge Grenzlinie zu ziehen.

Als die Staaten Michigan und Kalifornien die privaten Transportgesellschaften in der Regulierung den öffentlichen gleichstellten, kam es zu Gerichtsentscheidungen, in denen nicht gebilligt wurde, daß ein privater Transportunternehmer gegen seinen Willen wie ein öffentlicher Unternehmer behandelt werde[2]. Die privaten Kraftverkehrsunternehmer konnten also nicht wie öffentliche staatlich beaufsichtigt und verwaltet werden und so durfte auch ihre Tätigkeit nicht von der Verleihung eines Betriebsrechtes abhängig gemacht werden. Eine Regulierung der eigentlichen privaten Kraftverkehrsunternehmer, gleich wie die öffentlichen, erscheint auch nicht angezeigt. Bei der Befriedigung von Verkehrsbedürfnissen besonderer Art, auf die sich öffentliche Betriebe nicht ohne weiteres einzustellen vermögen,

---

[1] Fact and Figures a. a. O. 1928 Edition S. 35.

[2] Michigan Commission v. Duke 266 U. S. 570, 577/78. Frost and Frost Trucking Company v. Railroad Commission of the State of California. Nr 828 — Oktober Term. 1925. Decision Nr 15818 of the Railroad Commission of the State of California.

haben sie sich von so großem Nutzen für das ganze Wirtschaftsleben und insbesondere für einzelne Wirtschaftsgruppen erwiesen[1], daß eine zu weitgehende staatliche Einflußnahme eine Schädigung allgemeiner Interessen wäre. Da sie aber auf den öffentlichen Kraftwagen- und Eisenbahnverkehr störend einwirken, und zwar durch ihre große Zahl ganz beträchtlich, und ihr Betriebsdienst zum Teil auch einer öffentlichen Beaufsichtigung bedarf, dürfte eine ihrer Eigenart entsprechende Verwaltung angezeigt sein, so daß weder ihre Geschäftsführung gehemmt, noch der öffentliche Kraftwagen- und Eisenbahnverkehr durch sie beeinträchtigt wird. Dabei dürfte davon abzusehen sein, regelmäßig bestimmte Verkehrsbeziehungen zu bedienen und für alle Verkehrsleistungen gleich hohe Beförderungspreise zu verlangen, wohl aber dürften Zuverlässigkeit und für jedermann gleiche Beförderungspreise unter gleichen Voraussetzungen gefordert werden können[2]. Sie sind natürlich, wie die privaten Kraftfahrzeugbesitzer und die öffentlichen Kraftverkehrsunternehmungen, den verkehrs- und sicherheitspolizeilichen Vorschriften unterworfen.

Die Verleihung von Betriebsrechten ist noch nicht in allen Staaten eingeführt. Zu Beginn des Jahres 1928 war in 44 Staaten der öffentliche Omnibusverkehr und in 33 auch der öffentliche Lastkraftwagenverkehr gesetzlich geregelt. Dieser Unterschied ist hauptsächlich auf die ungleich weit vorangeschrittene Entwicklung des öffentlichen Lastkraftwagenverkehrs zurückzuführen. Im Jahre 1913 begann der Distrikt Columbia; Pennsylvania folgte im Jahre 1914. Die öffentliche Verwal-

[1] Die privaten Transportunternehmer leisten beispielsweise unentbehrliche Arbeit beim Einbringen der großen Ernten in Kalifornien. Je nach der Jahreszeit sind in den verschiedenen Teilen dieses Staates bestimmte Ernten fällig, die eine große Zahl Lastkraftwagen benötigen. Die privaten Transportunternehmer fahren mit ihren Fahrzeugen von Erntedistrikt zu Erntedistrikt, befriedigen den nur über die Haupterntezeit starken Verkehrsbedarf und unterstützen weitgehendst das Einernten. Die Arbeit beginnt mit der Kantalupeernte — eine Art Melone — im Imperial Valley, dann wandern die privaten Transportunternehmer in die Gegend von Los Angeles, um Orangen und Zitronen, auch Heu und Korn auf den Markt zu fahren, dann zu den Baumwollfeldern in dem Gebiet von Bakersfield, dann nach Fresno, wo Trauben und Rosinen zu befördern sind, und schließlich noch nach einigen weiteren Plätzen, so daß sie im Laufe eines Jahres eine Rundreise durch Kalifornien machen. Solche Tätigkeit ist offensichtlich von hohem wirtschaftlichem Werte und nicht leicht in ein Schema von Verordnungen einzuzwängen.

[2] Die privaten Transportunternehmer befinden sich im Vergleich mit den öffentlichen in mancher Beziehung in einer günstigen Lage. Sie brauchen nicht zu einer im Fahrplan bestimmten Zeit ohne Rücksicht darauf, wie das Fahrzeug beladen ist, abfahren, sondern können zuwarten, bis sie eine gute Ladung haben. Ertragreiche Verkehrsmengen können umworben, ertragschwache den öffentlichen Kraftverkehrsunternehmern überlassen werden, die sich ihrer Beförderungspflicht nicht entziehen können. Außerdem steht es ihnen frei, die öffentlichen Kraftverkehrsbetriebe jederzeit in den Beförderungspreisen zu unterbieten.

tung wurde in den meisten Staaten aber erst zwischen 1923 und 1927 eingeführt[1]. Die Verwaltungspolitik der Staaten mit Bezug auf den Kraftwagenverkehr wird im einzelnen in den folgenden Kapiteln besprochen werden.

2. Die gesetzliche Regelung der Beförderungspreise, der Finanzierung, Rechnungslegung und Fahrpläne der Kraftverkehrsunternehmungen.

Das System der Betriebsrechte mit dem Schutz gegen ungesunden Wettbewerb verschafft den Kraftverkehrsunternehmern eine bevorzugte Stellung, wie sie anderen Unternehmern nicht zuteil wird. Wenn auch die Kraftverkehrsunternehmer nicht den Besitz eines Monopols erlangen, so wird doch durch die Einschränkung des Wettbewerbs von Staats wegen das freie Spiel von Angebot und Nachfrage zu ihren Gunsten beeinflußt. Es ist deshalb auch vollauf gerechtfertigt, wenn ein Volk, das ein Gewerbe wirtschaftlich so bevorzugt behandeln läßt, die dem Gewerbe so verliehene Macht nicht gegen sich gekehrt wissen will. Gesetzliche Bestimmungen sollen deshalb die Interessen der Allgemeinheit zu schützen und schädliche Wirkungen des Betriebes zu unterbinden versuchen.

Die bedeutendsten Berührungspunkte zwischen Verkehrsunternehmung und Öffentlichkeit liegen in den Beförderungspreisen, in der Qualität und Quantität der Dienstleistungen, der Sicherheit der Betriebsführung und der Finanzierung der Unternehmung. Sie wurden daher der Aufsicht der Verwaltungsbehörden unterstellt und, um diese wirksam ausüben zu können, noch die Rechnungslegung einbezogen.

Das Recht der staatlichen Einflußnahme auf die Beförderungspreise der Kraftverkehrsunternehmungen wurde in den meisten Staaten gesetzlich niedergelegt, obwohl noch keine übermäßigen Preisforderungen bekannt wurden. Die Verwaltungsbehörden sind ermächtigt, „gerechte und angemessene“ — just and reasonable[2] — Beförderungspreise festzusetzen. So besagt Artikel 22 der Anordnungen über die Kraftfahrzeuge des Staates Oregon:

---

[1] State Regulation of Motor Vehicle Common Carrier Business 1928 Edition.

[2] Sax übersetzte „reasonable“ mit „vernünftig“ und führte an einer späteren Stelle dazu aus: „Den Gesetzgebern ist freilich die Unterscheidung der beiden Merkmale — gemeint ist just and reasonable — schwerlich genau bewußt gewesen; vielmehr wurden, wie auch in der Auslegung, die beiden Adjektive als zusammengehörig oder selbst als synonym betrachtet, so daß die Bezeichnung ‚vernünftig‘ auch allein als ausreichend erscheint. Während mit dem gerechten Preise der angemessene Preis im gemeinwirtschaftlichen Sinne bezeichnet werden sollte, bezieht sich das ‚vernünftig‘ auf die betriebsökonomische richtige Preisbestimmung.“ Siehe Sax a. a. O., Die Eisenbahnen. 2. Auflage. S. 85 u. 87.

„Die Beförderungspreise der öffentlichen Kraftverkehrsunternehmer im Staate Oregon für Transport- und andere damit zusammenhängende Dienstleistungen im Personen- oder Güterverkehr sollen angemessen und gerecht sein. Jeder ungerechte und unangemessene Preis wird hiemit als ungesetzlich erklärt[1]."

Den Begriff „gerechte und angemessene" Beförderungspreise bestimmen weder die Gesetze, noch bestehen sonst allgemeine Normen einer genauen Umschreibung[2]. Es ist den Verwaltungsbehörden überlassen, je nach der Lage des Einzelfalles zu entscheiden. Der Gesetzgeber übernahm die Begriffe aus den Eisenbahngesetzen und dürfte, ebensowenig wie bei den Eisenbahnen, an eine allgemeine Festsetzung der Beförderungspreise gedacht haben. Es sollte nur eine Handhabe dafür geschaffen werden, daß, wenn die von Unternehmern festgesetzten Preise als zu hoch oder zu nieder erscheinen, oder wenn Beschwerden eingehen, die Verwaltungsbehörden dann ungerechte und nicht angemessene Beförderungspreise den wirtschaftlichen und tatsächlichen Verhältnissen entsprechend ändern können. Daß im Kraftwagenverkehr insbesondere unbilligerweise zu niedere Beförderungspreise festgesetzt werden können, ist aus den Ausführungen über die Wettbewerbskämpfe bekannt (siehe Kapitel 6, Abschnitt III). Unterschiede in der Qualität der Dienstleistungen verschiedener Unternehmer dürfen sich natürlich in der Höhe der Beförderungspreise auswirken und bestehen ebenso zu Recht, wie sonst höhere Preise für qualitativ bessere Waren. Es ist aber die Wirkung unterschiedlicher Beförderungspreise auf den Wettbewerb der Unternehmungen zu berücksichtigen. In dem Kraftverkehrsgesetz des Staates Minnesota wurde dies besonders wie folgt ausgedrückt:

„Bei der Festsetzung von Beförderungspreisen für den Transport von Gütern und Personen soll die Verwaltungsbehörde unter anderem die Art der Dienstleistungen beachten und die Wirkung der Beförderungspreise auf andere öffentliche Verkehrsgesellschaften verfolgen, um so weit als möglich unangemessenen Wettbewerb zu unterbinden[3]."

Eine andere, in dem Begriff „gerechte und angemessene Beförderungspreise" ruhende Bestimmung ist die „short and long haul clause", die besagt, daß keine Kraftverkehrsunternehmung für den Transport von Personen oder Gütern einen gleich hohen oder höheren Beförderungspreis für eine kürzere als für eine längere Entfernung auf der gleichen Linie und in derselben Richtung verlangen soll, ebenso keinen

---

[1] Rules and Regulations, Motor-propelled Vehicles as provided for in Chapter 380, General Laws of Oregon, 1925. P. S. C. Order 1432, effective 1. Januar 1927.

[2] Sax gab für „angemessene" Preise folgende Definition: „Angemessene Preise, das sind Preise, welche die Gegenseitigkeit und Verhältnismäßigkeit des Nutzens des Verkehrsaktes für beide Teile erkennen lassen." Siehe Sax a. a. O., Die Eisenbahnen. S. 66. Siehe auch Fußnote 2, S. 201.

[3] Act for regulation of motor common carriers State of Minnesota, Chapter 185 — H F Nr 929, Sec. 4.

höheren Beförderungspreis für eine Durchgangsverbindung, als für die Summe zweier oder mehrerer aneinander anstoßender Verkehrsbeziehungen. Dieser Grundsatz entspringt wiederum dem Eisenbahnwesen, wenn Eisenbahnlinien in Verkehrsknotenpunkten häufig miteinander in Wettbewerb waren, auf den dazwischen liegenden Linien aber infolge getrennter, auseinanderlaufender Linienführung oft ein Monopol besaßen. Durch diese Stellung verlangten sie von Knotenpunkt zu Knotenpunkt oft niedere Beförderungspreise als auf kürzeren Entfernungen zwischen den Knotenpunkten. Gegen solche Preisbildung kann u. U. betriebsökonomisch und auch volkswirtschaftlich nichts eingewendet werden. Deckt beispielsweise der Beförderungspreis die durch den Transport entstehenden variablen Kosten und einen Bruchteil der konstanten, dessen Höhe aber keinesfalls so groß wie die Anteile anderer Transporte sein muß, so kann der Preis, wie hoch er auch immer sein mag (selbst wenn er niederer als die Beförderungspreise für kürzere Entfernungen derselben Linie und derselben Richtung ist), betriebsökonomisch einwandfrei sein. Der Unternehmer geht hier von der richtigen Voraussetzung aus, daß es, wie schon früher erwähnt, immer noch zweckdienlicher ist, Verkehrsleistungen zu ihren variablen Kosten zuzüglich eines kleinen Teils konstanter auszuführen, als überhaupt auf sie verzichten zu müssen. Eine Preisbildung dieser Art kann auch für die kürzeren, zwischen den Knotenpunkten liegenden Verkehrsbeziehungen allgemein günstig sein, wenn diese hiedurch einen geringeren Anteil an konstanten Kosten auf sich nehmen müssen. Außerdem dürfte solche Preisbildung auch volkswirtschaftlich vorteilhaft sein, sofern sie Güter nach manchen Verkehrspunkten oder in größerem Umfange überhaupt erst versandfähig macht. Ist aber eine Preisbildung, die kürzere Entfernungen mehr als längere belastet, betriebs- und volkswirtschaftlich nicht gerechtfertigt, insbesondere weil sie zu einer schweren Schädigung der Wirtschaftsgebiete der kürzeren Verkehrsbeziehungen führt[1], so ist sie streng zu mißbilligen. Die wirtschaftliche Notwendigkeit, manchmal auf längere Entfernungen einen niedereren Beförderungspreis als auf kürzere zu verlangen, wird von einem Teil der Verwaltungsbehörden anerkannt. Ausnahmen werden deshalb zugelassen. So ermächtigt Artikel 37 der Bestimmungen über den Kraftwagenverkehr die Verwaltungsbehörde im Staate Washington, in besonderen Fällen

[1] Hiemit soll aber nicht die Preispolitik der amerikanischen Eisenbahnen im letzten Jahrhundert als wirtschaftlich gerecht oder ungerecht bezeichnet werden. Der Beispiele sind genug, daß Eisenbahngesellschaften Beförderungspreise willkürlich zum Vorteil einzelner Industrien in bestimmten Gebieten und zum Nachteil von Industrien anderer Gebiete festgesetzt haben. Andererseits wurden die Eisenbahnen aus Unkenntnis der Kostengesetze auch zu Unrecht angegriffen.

für eine größere Entfernung einen geringeren Transportpreis als für eine kürzere zu genehmigen[1].

Findet eine Verwaltungsbehörde Beförderungspreise ungerecht, Dienstleistungen und Beförderungsbedingungen u. a. unangemessen, oder wird sie durch Beschwerden Dritter darauf aufmerksam gemacht, so steht ihr zunächst das Recht auf Suspension und Untersuchung zu. Stellt sich heraus, daß jenes der Fall ist, so kann die Verwaltungsbehörde Abänderung verlangen oder sie selbst vornehmen. Obwohl diese Befugnis schon aus der allgemeinen Anordnung, gerechte und angemessene Beförderungspreise festzusetzen, zu entnehmen ist, haben einige Staaten sie nochmals besonders verliehen. So der Staat Oregon im Artikel 32 seiner Verordnungen über den Kraftwagenverkehr:

„Die Kommission ist hiemit ermächtigt, auf Beschwerde oder auf irgendein Verlangen die Beförderungspreise, Dienstleistungen, Betriebsmittel und Beförderungsbedingungen eines Kraftverkehrsunternehmers zu untersuchen. Wenn immer die Kommission finden sollte, daß Beförderungspreise ungerecht und unangemessen sind, ... so kann sie gerechte und angemessene Beförderungspreise ... festlegen[2].“

Soweit die Verkehrspolitik aller Staaten übersehen werden kann, haben die Verwaltungsbehörden der Staaten bislang weder Beförderungspreise festgesetzt noch geändert[3]. Die Preise der Kraftverkehrsunternehmer wurden jeweils angenommen.

Einige mit den grundlegenden Bedingungen der Beförderungspreise im Zusammenhang stehende Vorschriften sollen noch kurz erörtert werden. Es hat sich gezeigt, daß im Verkehrswesen vielfach Verkehrsinteressenten durch unterschiedliche Behandlung bevorzugt, andere benachteiligt werden. Es sei an die Abweichung von festen Beförderungspreisen, an Refaktien, falsche Inhaltsbezeichnungen für Gütersendungen, Erlassung von Standgeldern u. a. im Eisenbahnwesen erinnert. Um solchen Mißständen im Kraftwagenverkehr vorzubeugen, sind in einem Teil der Staaten besondere Vorschriften erlassen worden, unter denen die Öffentlichkeit der Tarife besonders hervortritt[4]. Die Gesetze bestimmen, daß Beförderungspreise, Tarife und Güterklassifikationen zu veröffentlichen und bei den Verwaltungsbehörden vorzu-

---

[1] Rules and Regulations of the Department of Public Work Washington. Ruhe 37.

[2] Rules and Regulations, Oregon a. a. O. Sec. 32.

[3] Im Staate Utah ist einer Omnibusgesellschaft auf Ansuchen eine Erhöhung der Beförderungspreise um 20—25% zugestanden worden, weil der Geschäftsumfang durch Aufgabe von Bergwerksbetrieben und durch Wettbewerb privater Automobile abgenommen hat und zur Deckung der Kosten der Gesellschaft höhere Einnahmen notwendig waren. Siehe George Motor Carrier Regulation. Dissertation, University of Michigan 1928.

[4] Allgemeines hierüber siehe auch Sax a. a. O., Allgemeine Verkehrslehre, S. 151ff.

legen sind und keine Kraftverkehrsunternehmung einen höheren oder niedereren Preis als den der Verwaltungsbehörde eingereichten und im Tarif veröffentlichten erheben darf. Jeder Reisende und Verkehrtreibende kann sich hiedurch von der Richtigkeit der Beförderungspreise überzeugen. Um Begünstigungen einzelner auszuschalten, mußte auch die Gleichbehandlung aller vorgeschrieben werden. So sagt der Artikel 35 der Bestimmungen des Staates Washington:

„Keine Kraftverkehrsgesellschaft soll ein anderes Entgelt für den Transport von Personen oder Gütern oder für irgendeine damit verbundene Dienstleistung verlangen oder vereinnahmen, als die in den eingereichten und jeweils geltenden Tarifen genannten Beförderungspreise, noch soll eine Kraftverkehrsgesellschaft irgendwie einen Teil der Beförderungspreise zurückerstatten oder sonstwie erlassen, ausgenommen durch Verordnung oder mit Zustimmung der Verwaltungsbehörde, noch soll einer Firma oder Person ein Vorrecht oder eine Erleichterung bei dem Transport von Personen oder Gütern, mit Ausnahme der allgemein zu gewährenden, eingeräumt werden. Keine Kraftverkehrsgesellschaft soll direkt oder indirekt Freifahrtkarten oder Freifahrscheine ausgeben, es sei denn ihren Beamten, Agenten, Angestellten mit Angehörigen oder für mildtätige und patriotische Zwecke[1].“

Der Einfluß der Transportkosten auf den Preis der Güter macht es notwendig, plötzliche und häufige Änderungen der Beförderungspreise im allgemeinen möglichst zu vermeiden, um die Stetigkeit der Güterpreise zu erhalten. Nach dem Prinzip der Stetigkeit sollen Beförderungspreise überhaupt nur aus zwingenden Gründen geändert werden (siehe auch Abschnitt II, Kapitel 4).

Mit der Öffentlichkeit der Tarife und der Gleichbehandlung der Verkehrsinteressenten ist das Gebot, Änderungen der Beförderungspreise, Tarife, Klassifikationen und Beförderungsbedingungen 10 bis 30 Tage zuvor der Verwaltungsbehörde anzuzeigen und erst nach ihrer Genehmigung durchzuführen, eng verbunden. Hiemit sollen Überraschungen der Öffentlichkeit und damit verbundene unlautere Handlungen verhindert werden. Manche Eisenbahnen haben beispielsweise Frachtsätze für einen kurzen Zeitraum, oft nur für einen einzigen Tag, ermäßigt und die nur wenigen Eingeweihten bekannte oder bekannt gewordene Ermäßigung der Frachten wieder außer Kraft gesetzt, bevor Verwaltungsbehörde und Allgemeinheit davon Kenntnis bekamen.

Die Verwaltungsbehörden drängen auch auf Einfachheit und Klarheit der Tarife der Kraftverkehrsunternehmer. Eine übersichtliche und leicht verständliche Anordnung der Tarife soll ihren Gebrauch erleichtern. Das Prinzip der Gleichbehandlung wird dadurch unterstützt. Einige Verwaltungsbehörden, so die des Staates Washington, bestimmen nicht nur das Schema der Tarife, sondern schreiben auch ihre Größe im einzelnen vor. Einfache und übersichtliche Tarife er-

[1] Rules and Regulation State of Washington a. a. O. Rule 35.

leichtern auch die Abfertigung und vermindern so die Abfertigungskosten der Verkehrsbetriebe. Mitunter kann es auch wirtschaftlicher sein, weniger Tarifklassen zu erstellen und so die Abfertigung zu erleichtern und zu verbilligen, als durch mehr Güterklassen höhere Einnahmen anzustreben. Dem Aufbau des Tarifschemas sind durch die bei der Preisbildung mitwirkenden Kräfte Grenzen gesetzt (siehe Abschnitt II, Kapitel 3 und 4). Sind beispielsweise 6 Güterklassen wirtschaftlich notwendig, so können nicht des einfacheren und übersichtlicheren Gebrauches der Tarife wegen nur 3 Klassen gebildet werden.

Das noch zu erwähnende Prinzip der „Einheitlichkeit der Preisbildung" wird in die Gleichförmigkeit der Tarifgrundlagen und in die Übereinstimmung der Preissätze geteilt. Der gegenwärtige Stand der Entwicklung des Kraftwagenverkehrs kann ihm nur beschränkt Rechnung tragen. Dies gilt insbesondere für den verhältnismäßig noch wenig entwickelten Lastkraftwagenverkehr. Eine Übereinstimmung der Preissätze vermag auch nur soweit angestrebt werden, als die Preisbildung nicht darunter notleidet. Außerdem ist dieses Prinzip durch die großen Unterschiede in den natürlichen Bedingungen des Kraftwagenverkehrs der Union nur für gleichartige Verkehrsgebiete zu verwirklichen.

Finanzierung der Kraftverkehrsunternehmungen.

Eine gesetzliche Regelung der Finanzierung von Kraftverkehrsunternehmungen will die bei anderen Verkehrsmitteln, insbesondere bei den Eisenbahnen im letzten Jahrhundert zutage getretenen Mißstände unterbinden und Kapitalisten und Verkehrtreibende vor einer Überkapitalisierung und anderen ungesunden Finanzierungsgebaren schützen[1]. In Kalifornien, wo die öffentlichen Kraftverkehrsbetriebe „hundertprozentige öffentliche Kraftverkehrsunternehmungen" (full fledged public utilities) sind, ist die Finanzierung wie die anderer öffentlicher Betriebe geregelt. Der Genehmigung der Verwaltungsbehörde sind hier vorbehalten: Die Ausgabe von Aktien und Schuldverschreibungen, die Aufnahme von Kapital in irgendeiner Form, sofern es nicht innerhalb 12 Monaten zurückgezahlt wird, ferner die Belastung des Betriebsvermögens mit einer Bürgschaft oder einem Pfandrecht zur Tilgung von Schulden. Die Höhe und die Verwendung aufzunehmenden Kapitals sind der Behörde anzuzeigen. Die Verwendung wird im allgemeinen wie folgt beschränkt: Zur Erwerbung von Grund und Boden, zum Bau und zur Vollendung, zur Erweiterung und zur Verbesserung von Betriebsanlagen, zur Verbesserung und Unterhaltung des Betriebsdienstes,

---

[1] Eine gesetzliche Regelung der Finanzierung macht auch Kapitalisten eher geneigt, Kredite zur Verfügung zu stellen.

zur Zurückzahlung von Obligationen und zu einigem anderem[1]. Die meisten anderen Staaten verlangen lediglich Mitteilungen in den Jahresberichten über die Höhe der ausgegebenen und eingezogenen Obligationen (siehe auch folgendes unter Rechnungslegung).

Rechnungslegung der Kraftverkehrsunternehmungen.

Die Verwaltung der Kraftverkehrsunternehmungen machte es notwendig, ihre Rechnungslegung in das System der Regulierung einzubeziehen. Die Verwaltungsbehörden wurden nicht nur ermächtigt, die Rechnungslegung der Kraftverkehrsunternehmungen zu beaufsichtigen und nachzuprüfen, sondern es wurde ihnen auch das Recht erteilt, einheitliche Formen der Rechnungsführung und Statistik vorzuschreiben. So ist im Artikel 8 der Oregon Bestimmungen ausgesprochen:

„Die Verwaltungsbehörde soll ein einheitliches System der Buchführung für die Kraftverkehrsgesellschaften vorschreiben und jeder Unternehmer soll seine Bücher, Aufzeichnungen und Rechnungen wie vorgeschrieben führen[2].“

Die Verwaltungsbehörden sind befugt, jederzeit die Bücher, Rechnungsbelege und andere Dokumente der Verkehrsunternehmungen einzusehen, sowie die Beamten und Angestellten unter Eid zu vernehmen. Kein Rechnungsbeleg darf ohne Genehmigung der Behörden vernichtet werden. Die Kraftverkehrsunternehmungen sind verpflichtet, Jahresberichte vorzulegen, in denen zu berichten ist über Ausgabe von Obligationen und über Finanzierungen sonstiger Art, Höhe der Zins- und Dividendenzahlungen, Wert des Grundeigentums, der Gerechtsamen und Ausstattungsgegenstände, Zahl der Beamten und Angestellten, Namen der Direktoren und leitenden Beamten, Aufwendungen für Betriebsverbesserungen und Erneuerungen, Umfang des Personen-, Güter-, Expreß-, Gepäck- und sonstigen Verkehrs, Höhe der Ausgaben getrennt nach Kostengruppen (Betrieb, Unterhaltung, Verwaltung), oder wie immer die Verwaltungsbehörden außerdem noch verfügen mögen. Änderungen in den Beförderungspreisen, Beförderungsbedingungen und Vereinbarungen mit anderen Unternehmungen müssen mitgeteilt werden; die Bilanz, das Gewinn- und Verlustkonto sind anzuschließen. Einige Verwaltungsbehörden legen besonderen Wert auf ein gut geführtes Abschreibungskonto, andere setzen sogar die Abschreibungsquoten fest. Genügen den Behörden die Mitteilungen der Kraftverkehrsunternehmungen nicht, so können sie jederzeit unbeschränkt weitere Auskunft verlangen. Berichte müssen von dem Unternehmer oder von leitenden Angestellten unterzeichnet und unter Eid vor einem öffentlichen Notar beurkundet werden.

---

[1] Auto Stage and Truck Transportation Act State of California, Chapter 213, Statutes 1917, S. 330, Sec. 6. und Public Utilities Act State of California Sec. 52.

[2] Rules and Regulations Oregon a. a. O. Sec. 8.

Ausführliche Berichte verlangen jedoch nur einige der Staaten, in denen der Kraftwagenverkehr schon weit entwickelt ist. Die meisten anderen Staaten begnügen sich mit weniger ausführlichen Mitteilungen. Kleinere Unternehmungen, zu denen meist die mit jährlichen Bruttoeinnahmen von weniger als 20000 Dollar zählen, brauchen ohnedies nur in kürzerer Form zu berichten und einfacher Rechnung zu legen.

Fahrpläne der Kraftverkehrsunternehmungen.

Die Verwaltungsbehörden haben auch die Aufsicht über die Fahrpläne. Die Aufsicht geht so weit, daß die Behörde Fahrzeiten im Interesse der Öffentlichkeit oder um unfruchtbaren Wettbewerb der Kraftverkehrsbetriebe untereinander zu verhindern, festsetzen kann. Manche Aufsichtsbehörden schreiben sogar Inhalt und Form der Fahrpläne im einzelnen vor. Die Kraftverkehrsunternehmungen sind an die eingereichten Fahrpläne gebunden. Änderungen haben sie sofort in der vorgeschriebenen Form öffentlich bekannt zu geben und den Verwaltungsbehörden mitzuteilen. Einschränkungen sind meist nur dann statthaft, wenn sie wenigstens 10 Tage zuvor angezeigt und von der Behörde genehmigt wurden.

Werden die Vorschriften über die Verwaltung des Kraftwagenverkehrs und die Tätigkeit und die Befugnisse der Verwaltungsbehörden überblickt, so überrascht die weitgehende staatliche Regulierung der Kraftverkehrsunternehmungen allgemein; besonders aber auch deshalb, weil in der Union noch die große Mehrzahl der Bevölkerung gegen eine Einmischung des Staates in das Wirtschaftsleben ist. Erstaunlich ist auch, daß die Kraftverkehrsunternehmer die verwaltungstechnischen Maßnahmen der Staaten mehr oder weniger als selbstverständlich hingenommen haben und sie sorgfältig auszuführen bemüht sind. Naturgemäß haben Stimmen dagegen nicht gefehlt; meist waren dies aber Unternehmer, die den Nutzen einer gesetzlichen Regelung nicht erkannten, oder wie Raubritter frei umherziehen und Früchte anderer ernten wollten. Unter den Lastkraftwagenunternehmern waren jedoch viele, die gewichtige Gründe gegen eine öffentliche Verwaltung anzuführen wußten. Sie sahen durch staatliche Maßnahmen ihre geschäftliche Tätigkeit bedroht und hielten es nicht für angängig, ihren Betrieb in der Verwaltung den Omnibusgesellschaften gleichzustellen. Der Omnibusverkehr ist auch infolge der weitgehenden Gleichförmigkeit seines Betriebes zweifelsohne weit mehr als der in seinen Aufgaben und seiner Betriebsführung so verschiedenartige Lastkraftwagenverkehr zur Regulierung geeignet. Dieser Tatsache verschlossen sich Gesetzgeber und Verwaltungsbehörden nicht. Sie stellten den Lastkraftwagenverkehr darum unter weniger umfangreiche Verwaltungsbestimmungen. So wurden, wie schon im vorhergehenden Kapitel dargetan und begründet, die privaten Lastkraftwagenunternehmungen überhaupt nicht und die öffentlichen im Vergleich zu den Omnibusunternehmungen weniger reguliert.

Hat auch die Erfahrung gelehrt, daß die gewerbsmäßig und öffentlich ausgeübte Ortsveränderung von Personen und Gütern volkswirtschaftlich so wichtig ist, daß sie keineswegs dem Belieben einzelner Unternehmer überlassen werden kann, so darf andererseits die staatliche Einwirkung nicht zu weit gehen. Dies gilt besonders für den Kraftwagenverkehr, dessen Fahrzeuge durch eine ihnen eigene große Beweglichkeit und Anpassungsfähigkeit Verkehrsmittel sind, die nur bei freier Betriebsführung bestmöglich sich entfalten können. Die gegenwärtigen Vorschriften zur Verwaltung des Kraftwagenverkehrs veranlassen zu fragen, ob nicht die Grenze des Notwendigen teilweise schon überschritten ist. In einer Flugschrift wurde vor kurzem zutreffend bemerkt, in der Union sei in letzter Zeit der Begriff „Verkehr" gleichbedeutend mit dem Begriffe „Regulierung" geworden[1]. Staatliche Maßnahmen, so notwendig sie auch immer sein mögen, dürfen nie so weit gehen, daß sie den Unternehmungsgeist der Unternehmer und die ökonomische Wirkung des Betriebes lähmen.

3. Die Forderung gesetzlicher Regelung der zwischenstaatlichen Kraftverkehrslinien.

Der Bau widerstandsfähiger Landstraßen in den Staaten der Union und die Herstellung besserer Kraftfahrzeuge weitete mehr und mehr ihr Verkehrsgebiet. Die politischen Grenzen der Staaten setzten der Ausbreitung keinen Halt. Sie wurden von einer immer größeren Zahl zwischenstaatlicher Verkehrslinien überschritten. Da eine Verwaltung des innerstaatlichen Verkehrs in immer größerem Umfange als nötig befunden wurde, hielten es die Aufsichtsbehörden der Staaten als geboten, aus denselben Motiven, die zu einer Verwaltung dieses Verkehrs führten, auch den noch freien zwischenstaatlichen Kraftwagenverkehr, der die Verwaltung des innerstaatlichen störte, zu regulieren und glaubten, mangels einer bundesstaatlichen Regelung von sich aus dazu berechtigt zu sein. Dieser Gedanke wurde auch von Gerichtshöfen einiger Staaten unterstützt, bis im Jahre 1924 der Oberste Gerichtshof der Union diese Auffassung zurückwies und in zwei Entscheidungen bekundete, daß die Staaten in den zwischenstaatlichen Omnibus- und Lastkraftwagenverkehr nur soweit einzugreifen befugt seien, als es sich um Maßnahmen zur Sicherheit des Verkehrs, zur Besteuerung der Fahrzeuge und zur Erhaltung der Landstraßen handelt[2]. Hiedurch war klar ausgesprochen, daß alle mit dem engeren Geschäftsbetrieb der zwischenstaatlichen Verkehrslinien verbundenen Angelegenheiten, wie

[1] Fred W. Sargent „Are we drifting back again".

[2] Buck v. Kuykendall, 267 U. S. 307 und Bush Co. v. Maloy, 267 U. S. 317, 1.

Beförderungspreise, Finanzierung, Rechnungslegung und insbesondere die Gewährung des Betriebsrechtes zwischenstaatlicher Linien, nicht den Staaten, sondern der Bundesregierung unterstehen. Das Recht der Bundesregierung zur Verwaltung zwischenstaatlichen Verkehrs beruht auf Artikel 8 der Bundesverfassung, in dem gesagt ist, daß der Kongreß die Macht besitzt, den Handel und Verkehr mit fremden Völkern, zwischen den einzelnen Staaten und mit den Indianerstämmen zu regeln. Nur der reine innerstaatliche Verkehr zwischenstaatlicher Verkehrslinien untersteht nach wie vor der Verwaltung der Staaten.

Nach den erwähnten höchstgerichtlichen Entscheidungen konnten zwischenstaatliche Kraftverkehrslinien unbehindert eröffnet werden, wovon auch reichlich Gebrauch gemacht wurde. Über Nacht schossen zwischenstaatliche Verkehrslinien wie Pilze aus dem Boden. So waren in Illinois vor der Entscheidung des Obersten Gerichtshofes der Union 6 Omnibusse im zwischenstaatlichen Verkehr und darauf in weniger als einem Jahr ungefähr 125[1]. Es zeigten sich die gleichen Mißstände wie im innerstaatlichen Verkehr, bevor er gesetzlich geregelt war, oder wie in den Staaten, wo dieser Verkehr heute noch nicht verwaltet wird. Volkswirtschaftlich nachteilige Preiskämpfe, zu viele Betriebe in einer Verkehrsbeziehung, unangemessene Behandlung von Beschwerden und Schadenersatzforderungen aus dem Personen- und Güterverkehr, finanzielle Zusammenbrüche der Unternehmungen, schlechte Geschäftsführung u. a. gab es in Fülle, und außerdem kamen immer neue Mißstände hinzu. So wurden Verkehrslinien in Gebieten eröffnet, die für innerstaatliche Linien verboten waren. Um der gesetzlichen Regelung als innerstaatliche Verkehrslinie zu entgehen, aber dennoch ohne staatliche Aufsicht einen innerstaatlichen Verkehr bedienen zu können, wurde die Grenze eines Staates um einige hundert Meter überschritten und dann geltend gemacht, es werde eine zwischenstaatliche Verkehrslinie betrieben, obwohl vorwiegend und manchmal nahezu ausschließlich nur innerstaatliche Verkehrsleistungen ausgeführt wurden. Eine Entscheidung des Bundes-Distriktgerichtes in Rhode Island trat dem wohl später entgegen, indem es bestimmte, eine zwischenstaatliche öffentliche Omnibuslinie könne der staatlichen Regelung nicht entgehen, wenn sie gelegentlich einmal einen Reisenden über die Grenze in einen anderen Staat befördere. Zwischenstaatlicher Verkehr bedeute mehr, als nur Fahrzeuge über Staatengrenzen zu fahren. Der Verkehr müsse tatsächlich und ehrlich zwischenstaatlich sein und so geführt werden[2]. — Die meisten zwischenstaatlichen Kraftverkehrslinien beförderten jedoch Reisende und Güter zwischen Verkehrsplätzen, die tatsächlich verschiedenen Staaten zugehörten und oft weit von den Grenzen entfernt

[1] Interstate Commerce Commission Report 18300, S. 10.

[2] Interstate Commerce Commission Report 18300, S. 15.

lagen. Manchmal dehnten sich Verkehrslinien über 3 und noch mehr Staaten aus. Im Omnibusverkehr zeigten sich, und zwar insbesondere im Westen der Union, viele grobe Mißstände unverantwortlicher Betriebsführung, durch die Reisende finanziell geschädigt wurden. So erschienen Zeitungsanzeigen, an einem bestimmten Orte werde zu einer bestimmten Stunde ein Omnibus nach dieser oder jener Stadt abfahren. Meldeten sich nicht genügend Reisende, um die Fahrt gewinnbringend zu gestalten, so wurde sie kurzerhand abgesagt. Oder Anzeigen kündigten an, in einem neuzeitlichen, ausgezeichneten Fahrzeug könne zu ausnahmsweis niederem Preise nach A gefahren werden. Die Fahrt wurde auch in einem ausgezeichneten Fahrzeug angetreten. Sobald aber die Stadtgrenzen überschritten waren, wurden die Reisenden unter irgendeinem Vorwand gebeten, in einen anderen Wagen, einen alten Kasten, umzusteigen und so weiterzureisen. Zu den Tagesereignissen gehörte, daß Fahrzeuge unterwegs zusammenbrachen, die Führer verschwanden und die Reisenden ihrem Schicksal überlassen waren. Einmal hatte ein Omnibus eine Anzahl Reisende für eine Fahrt von Los Angeles nach Chikago, für die diese 45 Dollar bezahlt hatten. Als der Omnibus vor einem Hotel in Omaha im Staate Nebraska hielt, um den Reisenden Gelegenheit zum Abendessen zu geben, fuhr der Omnibusführer mit dem Fahrzeug weg, sagte aber zu, bis 9 Uhr zur Weiterfahrt zurück zu sein, was jedoch nicht eintrat, so daß die Fahrgäste, die weder Geld zur Weiterfahrt mit einem anderen Fahrzeug, noch zur Bezahlung der Hotelrechnung hatten, gezwungen waren, mehrere Tage auf Kosten anderer zu leben. Ferner ereignete es sich, daß unterwegs Reparaturen an Fahrzeugen oder Reifenwechsel eintraten, die Omnibusführer aber kein Geld hatten, zu bezahlen. Um weiterfahren zu können, blieb den Reisenden meist nichts übrig, als die Kosten zu übernehmen. Schließlich sei noch erwähnt, daß häufig Fahrausweise an Zigaretten- und Schuhputzständen verkauft, durch Zeitungs- und Gemüsehändler vertrieben wurden. Fiel die Fahrt, für die Fahrausweise verkauft waren, aus, wurden häufig auch die Verkäufer nicht mehr aufgefunden, um den Fahrpreis zurückzuerstatten[1].

Soweit mit Polizeigewalt oder sonstwie gegen solche Mißstände vorgegangen werden konnte, wurde alles getan, auch Strafen verhängt. Da aber der zwischenstaatliche Kraftwagenverkehr noch nicht besonders geregelt ist und eine Verwaltungsbehörde für ihn nicht besteht, sind Reisende und Verkehrtreibende gegen Auswüchse meist schutz- und rechtlos. Die Gerichtshöfe können wohl angerufen werden, im allgemeinen wird aber, weil erfolglos oder mit hohen Kosten und Zeitaufwand verbunden, davon abgesehen.

[1] Die Mitteilungen sind dem Interstate Commerce Commission Hearing 18300 entnommen.

Einige Staaten glaubten Abhilfe schaffen zu müssen und mangels bundesstaatlicher Bestimmungen zur Selbsthilfe greifen zu dürfen. So ließ Ohio Lastkraftwagenführer aus dem Nachbarstaat Indiana, die im Staatsgebiet von Ohio ohne Zertifikat der Verwaltungsbehörde Ohio angetroffen wurden, verhaften und über Nacht ins Gefängnis stecken. Am folgenden Tage bestimmte der Magistrat der Stadt, die Lastkraftwagenführer aus der Haft mit der Mahnung zu entlassen, nie wieder ohne Zertifikat des Staates Ohio sich im Staatsgebiet von Ohio sehen zu lassen. Ohio verfuhr in der Weise solange, bis die Lastkraftwagenunternehmer in Indiana bei ihrem Polizeikommissar für das Staatsgebiet in Indiana die gleiche Gegenmaßnahme durchsetzten[1].

Um die mit dem gesetzlich nicht geregelten zwischenstaatlichen Kraftwagenverkehr aufgetretenen Unzuträglichkeiten abzustellen, wurden im Kongreß zwei Gesetzentwürfe[2] eingebracht. Da aber die Interstate Commerce Commission am 15. Juni 1926 zunächst eine umfassende Untersuchung des Kraftwagenverkehrs eröffnete[3], um die Sachlage ins Einzelne gehend zu klären, kamen die Entwürfe nicht über Beweisaufnahmen und Beratungen in Kommissionen hinaus.

Die umfassende Untersuchung der Interstate Commerce Commission, wie auch einige Einzeluntersuchungen ließen erkennen, daß der zwischenstaatliche (gewerbsmäßige) Kraftwagenverkehr von verhältnismäßig geringem Umfange ist, im allgemeinen 3 bis 10% des gesamten gewerbsmäßigen (privaten und öffentlichen) Kraftwagenverkehrs beträgt. In kleinen Staaten mit großen Verkehrsplätzen in der Nähe der Grenzen ist der zwischenstaatliche Verkehr verhältnismäßig stärker als in großen Staaten mit vorwiegend kleinen Städten längs der Grenze. So hat der an die Staaten New York und Pennsylvania angrenzende Staat New Jersey mit den von den Grenzen nicht weit entfernten Riesenstädten New York City und Philadelphia einen lebhaften und umfangreichen zwischenstaatlichen Kraftwagenverkehr. Im Oktober 1926 führten nach und von dem Staate New Jersey 81 zwischenstaatliche Omnibuslinien,

---

[1] Hearings before the Committee on Interstate Commerce S. 1734 a. a. O. S. 42ff.

[2] Gesetzentwurf S. 1734 durch Senator Cummins im Senat und H. R. 8266 durch Mr. Parker im House of Representative.

[3] Die Erhebungen (hearings) der Interstate Commerce Commission fanden in 13 Städten statt. Von den verschiedenen am Kraftwagenverkehr interessierten Verbänden erschienen mehr als 400 Vertreter. Vertreten waren: Eisenbahn-, Omnibus- und Lastkraftwagengesellschaften, Vereinigungen dieser Unternehmungen, Verkehrtreibende aller Art, Verkehrsverbände, Handelskammern und Straßenbaubehörden, die Automobilindustrie und die Landwirtschaft, staatliche und kommunale Verwaltungsbehörden und die Bundesregierung. Die unter Eid gemachten Aussagen erreichten einen Umfang von 5000 Schreibmaschinenseiten. Interstate Commerce Commission Hearing 18300.

die über 409 Fahrzeuge im Betrieb hatten[1]. Aus der Tabelle 73 kann die Zahl der zwischenstaatlichen Omnibuslinien in einigen Staaten entnommen werden. Insgesamt machen die zwischenstaatlichen Linien etwa 6,5% aller zwischenörtlichen Omnibuslinien dieser Staaten aus.

Tabelle 73. Zahl der zwischenörtlichen und zwischenstaatlichen Omnibuslinien in einigen Staaten im Juni 1925[2].

Staat	Zahl aller Linien	Zahl der zwischenstaatlichen Linien
Connecticut	53	10
New Hampshire	32	2
Washington	189	7
Pennsylvania	497	22
West Virginia	60	9
Illinois	78	6
Kentucky	189	14
Gesamt	1098	70

In den Staaten Ohio und Pennsylvania wurden auf verschiedenen zur Untersuchung des Kraftwagenverkehrs errichteten Berichtsstationen 4,7 bzw. 4,4% fremde, anderen Staaten zugehörende Lastkraftwagen festgestellt. In Connecticut betrug die zwischenstaatliche, gewerbsmäßige Güterbewegung auf den Landstraßen 6,9% der gesamten beförderten Nettotonnen[3]. Der öffentliche zwischenstaatliche Lastkraftwagenverkehr der Union wurde auf etwa 1% des gesamten Lastkraftwagenverkehrs geschätzt[4].

Erscheint danach der zwischenstaatliche Kraftwagenverkehr klein, so ist bei den Ergebnissen zu beachten, daß die Untersuchungen meist auf das ganze Gebiet eines Staates ausgedehnt wurden und dadurch der Anteil des zwischenstaatlichen Kraftwagenverkehrs im Vergleich zu dem gesamten Kraftwagenverkehr des Staates gering erscheint. Wären die Erhebungen auf die Grenzgebiete beschränkt worden, in denen sich zwischenstaatlicher Verkehr hauptsächlich abwickelt, so hätten sich höhere Anteile ergeben.

Die Untersuchung der Interstate Commerce Commission zeigte auch, daß die Vertreter der öffentlichen Omnibusunternehmungen die Regulierung des zwischenstaatlichen Verkehrs wie im innerstaatlichen meist lebhaft wünschten, die Vertreter des Lastkraftwagenverkehrs meist entschieden dagegen waren. Nur die Vertreter älterer, größerer Lastkraftwagenunternehmungen befürworteten eine gesetzliche Regelung. Wie früher schon erwähnt, ist die unterschiedliche Stellungnahme

[1] Interstate Commerce Commission Report 18300, S. 28.
[2] Bus Transportation Juni 1925. S. 297.
[3] Truck Facts for 1927. S. 21/2.
[4] Should the Truck and Bus be regulated by the Federal Government, S. 20.

auf die größere Gleichförmigkeit und weiter vorgeschrittene Entwicklung des Omnibusverkehrs gegenüber dem Lastkraftwagenverkehr zurückzuführen. Die Zustimmung der Omnibusunternehmer, den zwischenstaatlichen Kraftwagenverkehr gesetzlich zu regeln, wurde auch wieder durch den Wunsch, das Geschäft geschützt zu wissen, veranlaßt. Folgende Äußerung eines Unternehmers ist dafür kennzeichnend:

„Unter staatlichem Schutz und gesetzlichen Vorschriften für unsere Verkehrsbetriebe könnten wir die modernsten Fahrzeuge anschaffen und die besten Dienstleistungen bieten; ohne Regulierung werden wir mit der Beschaffung vortrefflicher Betriebsmittel zurückhalten, da plötzlich ein anderer Unternehmer auftreten und das von uns aufgebaute Geschäft wegnehmen könnte[1].“

Lastkraftwagenunternehmer wie auch Vertreter der Industrie und Landwirtschaft, betonten hingegen immer wieder, daß der Zeitpunkt einer staatlichen Verwaltung des Güterverkehrs auf den Landstraßen noch nicht gekommen sei, und wiesen auf die Eisenbahngesellschaften hin, die erst fünfzig Jahre nach Eröffnung der ersten Linien wirksam reguliert worden sind. Die Lastkraftwagenbetriebe seien hingegen erst ein starkes Jahrzehnt alt und deshalb noch zu jung, um in ein Schema umfangreicher gesetzlicher Bestimmungen eingezwängt zu werden. Andererseits ist jedoch zu beachten, daß die Entwicklung des Kraftwagenverkehrs in den letzten 10 Jahren mit Riesenschritten vorwärtsgegangen und der Gedanke einer Regulierung im Verkehrswesen nicht mehr neu ist und schon lange wirtschaftspolitisch als notwendig befunden wurde. Vorstehenden Anschauungen folgend wurden die genannten Gesetzentwürfe so umgearbeitet, daß sie jetzt nur eine Regelung des öffentlichen zwischenstaatlichen Omnibusverkehrs enthalten und den Lastkraftwagenverkehr frei lassen.

Im Zusammenhang mit Erörterungen einer Verwaltung des zwischenstaatlichen Kraftwagenverkehrs wurde sehr eingehend und eifrig die Frage besprochen, ob dieser Verkehr durch die Interstate Commerce Commission, die Verwaltungsbehörde der Bundesregierung für andere Verkehrsmittel, insbesondere die Eisenbahnen, oder durch die staatlichen Behörden verwaltet werden sollte. Verschiedentlich wurde geltend gemacht, die Interstate Commerce Commission sei dafür nicht geeignet, da es sich vorwiegend um ein innerstaatliches und nicht, wie bei den Eisenbahnen, um ein in großem Ausmaße zwischenstaatliches Verkehrsmittel handle. Der Sitz der Interstate Commerce Commission in Washington D. C. sei auch zu weit ab für die Kraftverkehrsunternehmer in nicht unmittelbarer Nähe des Distriktes Columbia. Insbesondere sei es kleinen Kraftverkehrsunternehmern finanziell nicht möglich, tagelange Reisen nach Washington D. C. zu machen, um ihre Interessen dort zu vertreten oder vertreten zu lassen. Der Kraftwagenverkehr weise

[1] Interstate Commerce Commission Hearing 18300, S. 2288.

in den verschiedenen Teilen Amerikas auch wesentliche Unterschiede auf, daß in Washington D. C. nicht gesehen werden könnte, was überall nottut. Außerdem wäre der Geschäftsumfang der Interstate Commerce Commission so gewaltig, daß es ihr nicht mehr möglich wäre noch ein anderes Verkehrsmittel zu verwalten. Diese zweifelsohne sehr wesentlichen Einwendungen können aber in manchem widerlegt werden. So machte der Präsident der Universität Texas, Walter M. W. Splawn[1], den Vorschlag, die Interstate Commerce Commission in örtliche Gruppen zu teilen, und begründet ihn außer mit den eben für den Kraftwagenverkehr erwähnten Einwendungen damit, die Kosten des zur Zeit im Eisenbahnwesen angewendeten Systems, Eisenbahnangelegenheiten durch Beamte der Interstate Commerce Commission an Ort und Stelle untersuchen und prüfen zu lassen, wären nicht viel geringer, als der Aufwand für 6 oder 7 örtliche Kommissionen. Diese Kommissionen müßten dann für alle Angelegenheiten der ihnen zugeteilten Gebiete endgültig zuständig sein und nur eine Berufung an die Zentralkommission, eben die Interstate Commerce Commission wäre offen zu lassen. Solch eine Gliederung würde der bundesstaatlichen Gerichtsbarkeit entsprechen, für die Bundes-Distriktsgerichtshöfe (federal district court) geschaffen wurden, um lokale Streitsachen rasch und billig erledigen zu können. Dieser Vorschlag, der ohne Bezugnahme auf den zwischenstaatlichen Kraftwagenverkehr gemacht worden ist, dürfte nun durch das Hinzukommen dieses Verkehrszweiges noch mehr einer eingehenden Prüfung wert sein, zumal nahezu allgemein seine Verwaltung durch die Interstate Commerce Commission in Washington abgelehnt wurde.

Ein häufig gemachter Vorschlag war auch, ein Bundesverkehrsgesetz für den zwischenstaatlichen Kraftwagenverkehr zu erlassen und dessen Verwaltung den schon vorhandenen staatlichen Behörden zu übertragen. Den Einwendungen, daß dies gegen die Verfassung der Union verstoßen würde, wurde von führenden Juristen entgegengehalten, daß die Zuständigkeit, Gesetze zu erlassen, nicht delegiert werden kann, wohl aber ihre Verwaltung, der Vollzug der Gesetze. Demnach hätten Staaten zwischenstaatliche Verkehrslinien, die sie berühren, gemeinsam zu verwalten. Sollte ein Einverständnis unter ihnen oder mit den Kraftverkehrsgesellschaften nicht erzielt werden, so würde die Berufung an die Interstate Commerce Commission offen stehen.

Eine so entstehende Zusammenarbeit der Interstate Commerce Commission mit Verwaltungsbehörden der Staaten würde keineswegs neu sein. Seit dem Bundesverkehrsgesetz vom Jahre 1920 hat die Interstate Commerce Commission in Eisenbahnangelegenheiten von zwischenstaatlicher Bedeutung immer wieder mit den Verwaltungsbehörden der Staaten zusammen gearbeitet.

[1] S. Railway Age v. 27. Nov. 1926, S. 1027/28.

Eine bundesstaatliche Regelung sollte auf das unbedingt Notwendige beschränkt werden und so einfach wie möglich sein. Verschiedentlich wurde empfohlen, nur Zertifikate und Sicherheitsleistungen für den Schutz der Öffentlichkeit und der Verkehrtreibenden zu verlangen. Zeigen sich später weitergehende Vorschriften als notwendig, so können sie immer noch nachgeholt werden. Die Mängel einer stufenweisen Regelung dürften durch die bei einer zu früh einsetzenden umfangreichen Regelung hervorgerufenen Beeinträchtigung der Entwicklung des Kraftwagenverkehrs vorzuziehen sein. Auch heute gilt noch: Je weniger behördliche Maßnahmen, desto besser.

4. Die öffentlichen Sicherheitsvorschriften für den Betrieb von Kraftfahrzeugen.

Einer der wesentlichsten Nachteile des Kraftwagenverkehrs ist die mit ihm verbundene Unfallgefahr. Jedes Jahr fordert der Kraftwagenverkehr viele Menschenleben, eine große Zahl Verletzter und einen ganz beträchtlichen Sachschaden. Die Tabelle 74 enthält die Anzahl der

Tabelle 74. Zahl der durch den Kraftwagenverkehr verursachten Todesfälle und ihr Verhältnis zu der Zahl der verzeichneten Kraftfahrzeuge in den Jahren 1917 bis 1927[1].

Jahr	Zahl der Todesfälle	Zahl der registrierten Kraftfahrzeuge	Todesfälle auf 100 000 Kraftfahrzeuge
1917	9097	5104321	178
1918	9457	6146617	154
1919	9825	7565466	130
1920	11074	9231941	119
1921	12370	10463295	118
1922	13676	12238375	112
1923	16452	15092177	109
1924	17566	17593677	100
1925	19828	19954347	100
1926	20819	22001393	95
1927	22485	23127315	97

Todesfälle und ihr Verhältnis zu der Zahl der eingetragenen Kraftfahrzeuge für die Jahre 1917 bis 1927. Der Tabelle ist zu entnehmen, daß die Zahl der Todesfälle seit dem Jahre 1917 stetig zugenommen und im Jahre 1927 etwa das Zweiundeinhalbfache (22485) der des Jahres 1917 betragen hat. Im Verhältnis zur Zahl der eingetragenen Kraftfahrzeuge verminderten sich jedoch die Todesfälle ganz beträchtlich. Sie betrugen in den Jahren 1926/27 nahezu nur noch die Hälfte der des Jahres 1917. Zu diesen Verlustziffern treten aber noch die beim Kreuzen einer Eisenbahn eingetretenen Todesfälle hinzu, die etwa ein Zehntel der ersteren

[1] Fact and Figures a. a. O. 1928 Edition S. 72.

betragen (siehe Tabelle 75). Die stetige Beseitigung oder Vermeidung schienengleicher Übergänge[1] und der dauernde eindrucksvolle Hinweis

Tabelle 75. Bei schienengleichen Übergängen verursachte Todesfälle von Automobilreisenden in den Jahren 1920 bis 1928[2].

Jahr	Zahl der getöteten Automobilreisenden	Jahr	Zahl der getöteten Automobilreisenden
1920	1273	1925	1784
1921	1262	1926	2062
1922	1359	1927	1974
1923	1759	1928	2165
1924	1688		

tragen dazu bei, daß die Zahl der auf Übergängen verunglückten Kraftfahrzeugreisenden sich im Verhältnis zu der auf andere Weise verunglückten weniger erhöht hat. Werden die beiden Arten Unfälle zusammen genommen, so ergeben sich für das Jahr 1927 24559 im Zusammenhang mit dem Kraftwagenverkehr tödlich verunglückte Personen. Außerdem ist eine noch weit größere Zahl leichter oder schwerer verletzt worden; im Jahre 1925 sollen es 600000 Personen[3] gewesen sein. Mit den Verlusten an Leben, Gesundheit und Arbeitskraft war auch ein gewaltiger Sachschaden verbunden. Für den Gesamtverlust des Personen- und Sachschadens liegen für das Jahr 1925 Schätzungen von 600000000 bis 5720000000 Dollar vor[4].

Eine zweite, sehr nachteilige Begleiterscheinung des Kraftwagenverkehrs ist die durch die Zahl, das Gewicht und die Geschwindigkeit der Kraftfahrzeuge hervorgerufene starke Abnützung der Landstraßen. Die wichtigeren Maßnahmen der Staaten zum Schutze der Landstraßen und zur Verhütung von Kraftverkehrsunfällen sollen hier besprochen werden. Sie sind die von den Verwaltungsbehörden zu überwachenden Vorschriften über die Sicherheit im Kraftfahrzeugverkehr. Die Abnützung der Landstraßen durch den Kraftwagenverkehr wird im nächsten Abschnitt behandelt.

[1] Die Zahl der unbeschützten schienengleichen Übergänge ist in der Union immer noch sehr groß. Im Jahre 1927 betrug sie 207231 und die der beschützten 27927. Die unbeschützten Übergänge sind hauptsächlich in den dünn besiedelten Gebieten im Westen, wo den Eisenbahnen die Bewachung aller Übergänge finanziell schlechterdings nicht zugemutet werden kann. Im Osten waren 49884, im Süden 41561 und im Westen 115830 nicht bewacht.

[2] Fact and Figures a. a. O. 1929 Edition S. 84. Die Mitteilung spricht nur von Automobilreisenden; es dürften aber auch Omnibus- und Lastkraftwagenreisende dabei sein.

[3] Second National Conference on Street and Highway Safety, S. 7.

[4] Ebenda S. 13 und Permanent International Association of Road Congresses 1926, S. 24. Über Kraftverkehrsunfälle auf den Landstraßen siehe auch Proceedings of the Seventh Annual Meeting of the Highway Research Board, S. 43ff.

Als wichtigste Bestimmung für die Sicherheit im Kraftwagenverkehr könnte wohl die Beschränkung der Geschwindigkeit angesehen werden, denn hohe Geschwindigkeiten sind immer eine große Unfallgefahr. Sie wird aber häufig nicht eingehalten und auch nicht durchgeführt. Als Grundsatz vertreten alle Staaten, daß die Geschwindigkeit der Kraftfahrzeuge stets den Verhältnissen angemessen sein soll, und bestimmen, daß kein Kraftfahrzeug mit einer größeren als der den Umständen entsprechenden Geschwindigkeit gefahren werden soll, wobei insbesondere die Verkehrsdichte, die Art des Fahrzeuges und seine Bereifung, wie die Beschaffenheit der Straßen zu beachten sei. Da die Staaten von Anfang an mit möglichst günstiger Auslegung dieser allgemein gehaltenen Bestimmung durch die Automobilisten rechneten, wurden außerdem Geschwindigkeitshöchstgrenzen (abgestuft nach Orts-, Vororts- und Überlandverkehr) festgesetzt und damit also hauptsächlich die Verkehrsdichte berücksichtigt. Im Ortsverkehr sind im allgemeinen 15 bis 20, im Vorortsverkehr 20 bis 25 und im Überlandverkehr 35 bis 45 Meilen die Stunde zugelassen. Für schwere Fahrzeuge, insbesondere Lastkraftwagen, bestehen in vielen Staaten besondere Vorschriften, die u. a. insbesondere die Art der Bereifung berücksichtigen. So bestimmt beispielsweise der Staat Delaware[1]: Fahrzeuge mit einem Bruttogewicht von mehr als 3 Tonnen dürfen höchstens mit 30 Meilen Stundengeschwindigkeit fahren. Haben die Fahrzeuge Luftreifen, so sind zugelassen:

Höchstgeschwindigkeit in der Stunde		
bei einem Bruttogewicht des Fahrzeuges von	im Überlandverkehr	im Vorortsverkehr und in dicht besiedelt. Gebieten
3 Tonnen	35 Meilen	15 Meilen
4 „	25 „	15 „
6 „	25 „	15 „
8 „	25 „	15 „
10 „	22 „	12 „
11 „	20 „	12 „

Fahrzeuge mit Vollgummireifen dürfen fahren:

Höchstgeschwindigkeit in der Stunde			
bei einem Bruttogewicht des Fahrzeuges von	im Überlandverkehr	im Vorortsverkehr	in dicht besiedelten Gebieten
3 Tonnen	25 Meilen	15 Meilen	15 Meilen
4 „	20 „	15 „	12 „
6 „	18 „	15 „	12 „
8 „	16 „	15 „	12 „
11 „	15 „	15 „	12 „

[1] Die Vorschriften über die Sicherheit des Kraftwagenverkehrs sind, soweit nichts anderes gesagt wird, den State Restrictions on Motor Vehicle Sizes Weights and Speeds January 1927, 1928 entnommen.

Andere Staaten legen die Breite der Reifen der Geschwindigkeit der Fahrzeuge zugrunde. So bestimmt Oregon als Geschwindigkeit der Personenkraftwagen mit Luftreifen nicht mehr als 28 Zoll breit 30, mehr als 28 Zoll breit 20 Meilen die Stunde; für Lastkraftwagen und Anhänger mit Vollgummireifen

		bis	14	Zoll	breit	25	Meilen	die	Stunde,
über	14	„	16	„	„	20	„	„	„
„	16	„	22	„	„	18	„	„	„
„	22	„	30	„	„	16	„	„	„
„	30	„		„	„	12	„	„	„

und mit Luftreifen	22 bis 30	Zoll	breit	16	Meilen,
	mehr als 30	„	„	12	„

Bei Annäherung an schienengleiche Übergänge, Schulgebäude, Straßenkreuzungen, sowie in Straßenkurven und Straßensteigungen, fehlender Übersicht u. a. hat jedes Fahrzeug seine Geschwindigkeit meist auf 15 Meilen die Stunde zu vermindern.

Die Vorschriften der einzelnen Staaten zeigen eine große Mannigfaltigkeit in der Höhe der Geschwindigkeiten auf. Da außer den Staaten oft auch Grafschaften und Stadtgebiete nach ihrem Ermessen Geschwindigkeitsgrenzen festsetzen können und festsetzen, so entsteht eine so weite Verschiedenheit unter ihnen, daß es nicht möglich ist, alle Bestimmungen zu kennen und Überschreitungen zu vermeiden. Die Sicherheit des Kraftwagenverkehrs verlangt, insbesondere für den Durchgangsverkehr, möglichst kurze, klare und einheitliche Vorschriften. Einer für örtliche Verhältnisse unerläßlichen kleineren oder größeren Geschwindigkeit kann stattgegeben werden, wenn sie längs der Straßen (wie es schon geschehen) so deutlich angezeigt wird, daß auch ortsfremde Fahrer sie ohne Schwierigkeit wahrnehmen können. Abweichungen sollten aber auf ein Mindestmaß beschränkt werden und, wenn sie von lokalen Verwaltungsbehörden ausgehen, der Genehmigung der Staaten unterliegen, damit nicht lokale Interessen den Überlandverkehr hemmen. Unter dem Gesichtspunkt einer einheitlichen Verkehrsregelung haben die „National Conference on Street and Highway Safety" (siehe Seite 225) und das „Motor Vehicle Conference Committee[1]" allen Staaten eindringlich empfohlen folgende Geschwindigkeiten anzunehmen:

1. 15 Meilen in der Stunde, wenn ein Kraftfahrzeug sich bis auf 50 Fuß einem schienengleichen Übergang genähert hat und der Ausblick vom Fahrzeug so behindert ist, daß der Übergang auf 200 Fuß und die Eisenbahnlinie auf 400 Fuß nicht stets klar übersehen werden können.

2. 15 Meilen in der Stunde in der Nähe von Schulgebäuden, solange Schüler von und nach der Schule gehen.

---

[1] Eine Vereinigung einiger am Kraftwagenverkehr besonders interessierter Organisationen.

3. 15 Meilen in der Stunde in einer Entfernung von 50 Fuß vor einer Landstraßenkreuzung, die unübersichtlich ist, so daß die Kreuzung auf 50 Fuß und der Verkehr auf allen zu der Kreuzung führenden Straßen auf 200 Fuß nicht stets klar übersehen werden kann.

4. 15 Meilen in der Stunde beim Befahren von Kurven und in Steigungen, wenn die Sicht auf eine Entfernung von 100 Fuß behindert ist.

5. 20 Meilen in der Stunde in Geschäftsdistrikten, wenn der Verkehr durch Verkehrsbeamte oder stop and go-Signale geregelt wird.

6. 15 Meilen in der Stunde in Geschäftsdistrikten ohne Verkehrsregelung.

7. 25 Meilen in der Stunde in Wohndistrikten und in öffentlichen Anlagen (Parks), falls örtlich nicht eine andere Geschwindigkeit festgesetzt und deutlich sichtbar gemacht ist.

8. Sonst 35 Meilen in der Stunde.

Die sicherheitspolizeilichen Vorschriften erstrecken sich ferner auf die Größe und Schwere der Kraftfahrzeuge. Damit soll hauptsächlich einer außergewöhnlichen Abnutzung der Landstraßen vorgebeugt und der Bau von Fahrzeugen, die besonders breite und starke Fahrbahnen erfordern würden, verhindert werden[1]. Die meisten Staaten haben deshalb Grenzen für die Breite, Länge und Schwere der Kraftfahrzeuge, einige auch für die Höhe festgesetzt.

Die Breite der Fahrzeuge steht zwangsläufig in einem direkten Verhältnis zur Breite der Fahrbahn. Der Fahrverkehr benötigt so viel Raum, daß die Fahrzeuge ohne Gefahr aneinander vorüberfahren oder (siehe auch Abschnitt V, Kapitel 3b) überholen können. Andererseits ist es ein Gebot der Wirtschaftlichkeit, die Straßen nicht zu breit zu halten. Die Breite der Fahrzeuge einschließlich Ladung muß daher in angemessenen Grenzen bleiben. Die Länge der Fahrzeuge mit Last spielt in Straßenkrümmungen eine Rolle. Zu lange Fahrzeuge können hier die Fahrbahn anderer Fahrzeuge gefährden. Die Höhe der leeren und beladenen Fahrzeuge wird durch die Höhe der Unterführungen, Brücken, elektrische Leitungen u. a. beeinflußt. Zu hohe Fahrzeuge sind auch eine Gefahr für die Sicherheit des allgemeinen Straßenverkehrs.

Die Vorschriften über die Größe der Fahrzeuge sind in den einzelnen Staaten wieder sehr verschieden. Wesentliche Abweichungen dieser Art wirken im zwischenstaatlichen Verkehr ebenfalls verkehrshemmend. Werden in einem Staate mit breiten Straßen größere Fahrzeuge zugelassen, als in anderen Staaten mit weniger breiten Straßen zugelassen werden können, so ist u. U. ein Fahren auf den Straßen der anderen

[1] Ein Verlangen nach sehr großen Fahrzeugen besteht besonders bei Kraftverkehrsgesellschaften, die, dem wirtschaftlichen Größengesetz folgend, größtmöglichen Laderaum und entsprechend Ladungen wünschen.

Staaten überhaupt nicht möglich oder es würde dort die Sicherheit des Verkehrs gefährdet werden. Einige Beispiele verschiedener Größenmaße (je einschließlich Last): Die Breite der Kraftfahrzeuge ist in Florida auf 84, in Arkansas auf 96, in Connecticut auf 102 und in Arizona auf 108 Zoll begrenzt. New Jersey beschränkt die Länge der Fahrzeuge auf 28, Arizona auf 30, Connecticut auf 40 Fuß. Nebraska läßt Fahrzeuge bis zu 12, Ohio bis zu 12,6 und Alabama bis zu 14,6 Fuß Höhe zu. Um die mit den Größenunterschieden der Kraftfahrzeuge verbundenen Nachteile zu vermeiden, haben auch hier die beiden schon genannten Organisationen (siehe Seite 219) einheitliche Größenmaße aufgestellt und den Staaten zur Annahme empfohlen. Je einschließlich Last haben sie vorgeschlagen: Für die Breite 8 Fuß (für landwirtschaftliche Zugmaschinen 9 Fuß), für die Länge 33 Fuß, bei einer Zusammenfassung mehrerer Fahrzeuge bis zu 85 Fuß und für die Höhe 14 Fuß 6 Zoll.

Sind die Größenbegrenzungen der Fahrzeuge für die Sicherheit des Kraftwagenverkehrs primär bedeutsam, so ist die nun zu besprechende Gewichtsbegrenzung besonders angetan, die Landstraßen vor außergewöhnlicher Abnützung zu schützen. Das Gewicht der Fahrzeuge, und zwar immer einschließlich Last, dem Bruttogewicht, steht zu der Widerstandsfähigkeit der Fahrbahn in einem bestimmten Verhältnis: Je nach dem Bruttogewicht der Fahrzeuge ist eine mehr oder weniger stark gebaute Fahrbahn notwendig, oder je nach der Widerstandsfähigkeit der Straßen können mehr oder weniger schwere Fahrzeuge darauf fahren (siehe Abschnitt V, Kapitel 3b). Da es nun wirtschaftlich nicht möglich wäre, alle Straßen so auszuführen, daß auch besonders schwere Fahrzeuge, ohne Schaden anzurichten, verkehren könnten, begrenzt der Gesetzgeber das Bruttogewicht der Fahrzeuge nach oben, um es den Straßen anzupassen und den Verkehr sehr schwerer Fahrzeuge zu unterbinden. Dies ist insbesondere in gewissen Zeiten des Jahres notwendig, wenn weniger widerstandsfähige Straßen durch Witterungseinflüsse, wie während der Zeit der Schneeschmelze, stark empfindlich sind. Die Verwaltungsbehörden können auf einzelnen Fahrbahnen besonders schwere Fahrzeuge oder einzelne schwere Fahrzeuge auf schwächeren Fahrbahnen zulassen. Ausnahmen müssen jedoch auch hier möglichst eingeschränkt werden, damit dem Gedanken der hier notwendigen Einheitlichkeit nicht entgegengearbeitet wird.

Verkehrstechnisch wäre es nicht möglich, für jeden Straßentyp eine besondere Gewichtsgrenze vorzuschreiben. Die Grenzen werden deshalb so bemessen, daß sie dem Hauptverkehr angepaßt sind und Fahrzeuge auch weniger widerstandsfähige Straßen ohne zu große Abnützung befahren können. Einige Staaten haben ihre Landstraßen in drei Gruppen eingeteilt: Fahrbahnen geringer, mittlerer und hoher Widerstandsfähigkeit und entsprechende Gewichtsgrenzen festgesetzt. Aber schon eine solche Differenzierung dürfte zu Schwierigkeiten im Verkehr führen. Allgemein wird jedoch bei der Festsetzung der Gewichtsgrenzen vor allem die Breite der Reifen berücksichtigt, weil von ihr der Grad der Abnützung der Straßen und die Belastung der Fahrzeuge abhängt und eine dementsprechende Begrenzung der Reifen technisch ohne weiteres durchführbar ist. Die zulässigen Belastungen der Fahrzeuge schwanken in den einzelnen Staaten für eine Zoll-Reifenbreite zwischen 500 und 800 Lbs, meist sind sie 600 oder 700 Lbs. Die meisten, höchst zulässigen Bruttogewichte der Fahrzeuge liegen zwischen 22000 und 28000 Lbs. Eine Anzahl Staaten berücksichtigt außerdem noch die Art der Bereifung, die Anzahl der Räder, die Achsbelastung und noch andere weniger wichtige Faktoren, auf die im einzelnen hier nicht eingegangen werden kann (siehe State Restrictions a. a. O.). In Jowa ist die Höchstgrenze der Bruttobelastung bei Luftreifen 28000 Lbs, bei Vollgummireifen 24000 Lbs. Hat ein Fahrzeug mehr als 4 Räder, so ist das Gewicht auf eine größere als die durchschnittliche Reifenfläche verteilt, weshalb auch eine höhere Belastung zugelassen werden kann. So ist in Missouri das Bruttogewicht der Fahrzeuge bei 4 Rädern auf 24000 Lbs und bei 6 auf 38000 Lbs begrenzt, in Ohio bei 4 Rädern auf 20000 Lbs, bei 6 auf 36000 Lbs. Um zu vermeiden, daß nicht die zulässige Höchstbelastung hauptsächlich nur auf einer Achse ruht und auf diese Weise die für die Fahrbahnen nachteiligen Folgen zu schwerer Fahrzeuge entstehen, wird auch eine Grenze für die Belastung der einzelnen Achsen bestimmt. In Missouri und Ohio sind es 16000 Lbs. Liegen die Achsen verhältnismäßig nahe zusammen, so lassen einige Staaten nur kleinere Achsbelastungen zu. So ist die Belastungsgrenze im Staate New York, wenn die Achsen 8 oder mehr Fuß voneinander entfernt sind, für ein Rad 11 200 Lbs, wenn der Achsabstand kleiner ist, 5600 Lbs. Das Motor Vehicle Conference Committee empfiehlt den Staaten folgende Grenzen im Bruttogewicht der Kraftfahrzeuge:

1. Bruttobelastung für Fahrzeuge mit 4 oder weniger Rädern 28000 Lbs, für Fahrzeuge mit mehr als 4 Rädern sei ein höheres Bruttogewicht zu gewähren.

2. Achsbelastung für Fahrzeuge mit 4 oder weniger Rädern und für Anhängewagen 22400 Lbs.

3. Belastung auf einen Zoll Reifenbreite (gemessen zwischen den Flanschen der Reifen) bei Vollgummireifen und einer Größe des Reifens von

	3	3,5	4	5	6	7	8	10	12	14 Zoll
eine Belastung für einen Zoll von	400	400	500	600	700	750	800	800	800	800 Lbs.[1]

[1] Über Luft- und Elastikreifen ist nichts gesagt.

Sind die Bestimmungen über die Größe und Schwere der Kraftfahrzeuge hauptsächlich für Omnibusse und Lastkraftwagen, so gibt es noch andere, die außer für Omnibusse und Lastkraftwagen auch für Automobile und ihre Lenker gelten. Die meisten Staaten verlangen für jeden Lenker eines Kraftfahrzeuges eine Fahrerlaubnis, deren Bewilligung mit einer Prüfung verbunden ist. Diese Prüfung ist wohl zum Teil nur Formalität. Von verschiedenen Seiten wird aber eine strenge Handhabung angestrebt. Es ist zweifelsohne zweckmäßig, die Erlaubnis, Kraftfahrzeuge zu fahren, von einer Prüfung abhängig zu machen, weil hiedurch manche ungeeignete Personen vom Lenken eines Kraftfahrzeuges abgehalten und infolgedessen auch Unfälle vermieden werden. In einer Anzahl Staaten wurde festgestellt, daß nach Einführung einer Prüfung die Zahl der Unfälle um 4—32% im Durchschnitt um 20% geringer als zuvor war[1]. Andererseits werden jedoch viele Kraftverkehrsunfälle gerade durch gute, mitunter aber fahrlässig handelnde Fahrer verursacht. Das Mindestalter für Lenker von Automobilen ist meist auf 16 Jahre, für Chauffeure auf 18 Jahre festgesetzt. Einige Staaten gewähren auch jüngeren Fahrerlaubnis. Für Omnibus- und Taxenführer ist meist ein Mindestalter von 21 Jahren vorgesehen, da diese durch den öffentlichen Charakter der Unternehmung und ihre für die Öffentlichkeit sich abwickelnde Tätigkeit eine größere und weitgehendere Verantwortung haben.

Wichtig sind ferner die Verhaltungsmaßregeln für die Lenker von Kraftfahrzeugen. Ein Lenker soll nicht verwegen, leichtfertig und unbekümmert um die Rechte anderer dahinfahren und die Sicherheitsvorschriften außer acht lassen. Streng verboten ist, ein Kraftfahrzeug unter dem Einfluß des Genusses alkoholischer Getränke oder narkotischer Arzneimittel zu lenken. Der Genuß sinnbetäubender Mittel muß unbedingt seine Grenze haben, wo Leben und Eigentum anderer Menschen gefährdet werden können. Als Fahrbahn ist immer die rechte Seite der Straße einzuhalten, insbesondere wenn Fahrzeuge sich begegnen oder überholt werden, bei Straßen- und Schienenkreuzungen, in Straßenkrümmungen, bei Steigungen und Gefällen. Verkehrsfördernd wirkt, wenn schwere und langsam fahrende Fahrzeuge auch bei sehr breiten Straßen immer ganz rechts halten. In scharfen Kurven, bei Annäherung an Höhenrücken, bei Straßenkreuzungen und schienengleichen Übergängen soll nicht überholt werden. Würden diese einfachen Gebote der Sicherheit immer befolgt werden, so dürfte die Zahl der Unfälle beträchtlich sinken. Hier wirkt sich der Wagemut des Amerikaners negativ aus. Seine, ihm besonders eigene Einstellung „to take a chance“ wird ihm beim Kraftwagenverkehr mitunter zum Verhängnis. Mag es

---

[1] Siehe The Uniform Vehicle Code and the Model Municipal Traffic Ordinance. Address by A. B. Barber. S. 7.

oft glücken, andere in tollster Fahrt zu überholen oder Schienen- und Straßenübergänge im letzten Augenblick noch zu überqueren, ein einziges, kürzestes Versagen wird hier zum Verhängnis. Die Omnibusgesellschaften machten es ihren Fahrzeugführern strengstens zur Pflicht, vor jedem Schienenübergang kurz anzuhalten, unbeschadet, ob ein Zug sich nähert oder die Fahrbahn frei ist.

Eine Reihe Vorschriften besteht auch über die Ausstattung der Fahrzeuge. Ihre Einhaltung wird in manchen Staaten unbedingt verlangt, in anderen nur empfohlen. So legen manche Staaten u. a. besonderen Wert auf wirksame Bremsen, auf Lichter bestimmter Art, auf Geschwindigkeitsmesser und Warnungszeichen, auf Suchspiegel und Windschutzscheibenreiniger, bei öffentlichen Omnibussen außerdem auf Ersatzreifen, Minimax-Apparate und Feuerlöschgeräte. In den Anordnungen der Verwaltungsbehörden wird immer wieder ausgesprochen, daß die Kraftverkehrsunternehmer ihren Verkehrsdienst sicher und zuverlässig auszuführen haben und bei Mängeln die Verwaltungsbehörde Abhilfe verlangen kann. Fahrzeuge im privaten und öffentlichen Transportdienst müssen in einem sicheren und hygienisch einwandfreien Zustand erhalten werden. Sie unterliegen zum Teil der Überwachung der Verwaltungsbehörden.

Bei Unfällen verpflichten manche Staaten, daß die Beteiligten sofort anzuhalten und bei einem Schaden von mehr als 50 Dollar unmittelbar, und zwar unverzüglich an die Verwaltungsbehörde zu berichten haben. Eine beschleunigte Ermittlung der Ursache der Unfälle erscheint geboten[1]. Die Ergebnisse können der Aufklärung dienen. Auf wiederholte gleichartige Unfälle oder wiederholte Unfälle an der gleichen Stelle wäre besonders aufmerksam zu machen[2].

---

[1] Die „Nationale Conference on Street and Highway Safety“ empfiehlt, die Verwaltungsbehörden mit der Untersuchung der Unfälle zu beauftragen. Sie schlägt folgendes Berichtschema vor:

a) Ort und Stelle.
b) Zeit (Stunde).
c) Art des Unfalles.
d) Wetter.
e) Straßenbedingungen.
f) Straßenbeleuchtung.
g) Physischer Zustand der beteiligten Personen.
h) Erfahrung des Lenkers.
i) Alter u. Geschlecht des Lenkers.
j) Verhältnis des Lenkers zum Fahrzeugbesitzer.
k) Geistiger Zustand des Lenkers.
l) Was hat der Lenker getan.
m) Zustand des Kraftwagens oder der Kraftwagen zur Zeit des Unfalles.
n) Geschwindigkeit des Kraftwagens oder der Kraftwagen.
o) Primäre Ursache des Unfalles.
p) Beeinflussende Ursachen oder Umstände des Unfalles.
q) Verletzung der Verkehrsverordnungen oder Verkehrsgesetze.
r) Alter und Geschlecht der Verletzten.
s) Art und Umfang der Verletzungen.
t) Art und Betrag des Sachschadens.
u) Zu empfehlende Verhütungsmaßregeln.

[2] Einige Staaten fertigen graphische Unfallkarten an. Ohio errichtet an den

Nicht ohne Erfolg scheint die seit Jahren planmäßige Bekämpfung von Unfällen zu sein. Durch Kino und Radio, in Zeitungen und Zeitschriften, in Schulen und Universitäten, in Kirchen und Automobilklubs, bei politischen und gesellschaftlichen Zusammenkünften, in Massenversammlungen und besonders dafür einberufenen Versammlungen werden immer wieder die Unfallgefahren anschaulich und kraß aufgezeigt und bekämpft. Allen voran in diesem Kampfe steht die im Jahre 1924 unter dem Vorsitz des damaligen Secretary of Commerce Hoover, dem jetzigen Präsidenten der Union, gegründete „National Conference on Street and Highway Safety", die, unterstützt von den wichtigsten Verkehrsorganisationen, durch besondere Kommissionen alle Probleme der Sicherheit des Kraftwagenverkehrs beobachtet, erforscht und untersucht und eine einheitliche gesetzliche Regelung des Kraftwagenverkehrs in allen Staaten der Union anstrebt und vertritt. Aber soviel auch die besten Kräfte des Landes sich voll Hingabe um die Sicherheit des Kraftwagenverkehrs mühen und sosehr auch die Bevölkerung die Bestrebungen begrüßt und mit ihnen einverstanden ist, sobald der „richtige" (regular guy) Amerikaner fährt, sind ihm alle Mahnungen Schall und Rauch. Die Kraftverkehrsgesellschaften haben durch eingehende und ständige Unterweisung ihrer Kraftwagenführer, durch besondere Belohnungen und Verleihung von Ehrenzeichen für große Sicherheitsziffern beachtenswerte Erfolge in ihren Bemühungen, Unfälle im Kraftwagenverkehr zu vermeiden und zu vermindern.

Die Straßenbauämter versuchen, Gefahrstellen höheren Grades zu beseitigen oder wenigstens recht auffällig zu kennzeichnen. Die Sicherheit des Kraftwagenverkehrs wurde dadurch wesentlich erhöht[1]. Es ist jedoch unmöglich, Landstraßen ohne irgendeine Gefahrenquelle zu bauen. Krümmungen, Steigungen und Gefälle sind meist nicht zu vermeiden und wirtschaftliche Gründe ziehen die Grenzen der Aufwendungen zur Verhütung von Unfällen. Schienengleiche Übergänge bilden stets eine Gefahr; sie zu beseitigen, verursacht Kosten, die nur nach und nach aufgebracht werden können. Außerdem darf nicht außer acht gelassen werden, daß dem Kraftwagenverkehr an und für sich hohe Gefahrenmomente innewohnen.

Personen, die den Bestimmungen über die Sicherheit des Kraftwagenverkehrs zuwiderhandeln, machen sich strafbar. Im allgemeinen sind Geldstrafen bis zu 100 Dollar und Gefängnis bis zu 10 Tagen vorgesehen. Bei wiederholten Vergehen und beim Fahren unter dem Einfluß von

---

Unfallstellen kleine weiße Kreuze, etwas drastische, aber sehr eindringliche Gedenksteine.

[1] Die Landstraßen sind so deutlich markiert worden, daß bei einer Kenntnis der Nummern der Landstraßen ohne Landkarten die Staaten von Osten nach Westen und von Norden nach Süden durchquert werden können.

Alkohol oder narkotischen Arzneimitteln können Geldstrafen bis zu 1000 Dollar und Gefängnis bis zu einem Jahre oder beide Strafen zugleich verhängt werden.

Die Bedeutung der sicherheitspolizeilichen Regelung des Kraftwagenverkehrs tritt klar zutage, wenn Unfallstatistiken der Staaten mit mehr oder weniger umfangreicher gesetzlicher Regelung betrachtet werden. In den Jahren 1920 bis 1926 wurde eine Zunahme der Automobilunfälle von 64% in den nordatlantischen Staaten von Maine bis Maryland, von 100% in Staaten des mittleren Westens von Ohio bis Nebraska und von 230% in den Südstaaten von Virginia bis Louisiana festgestellt[1]. Der Stand der sicherheitspolizeilichen Vorschriften dieser Staaten zeigt, daß die Zahl der Unfälle umgekehrt proportional zu dem Umfange der gesetzlichen Regelung ist. In den nordatlantischen Staaten ist der Kraftwagenverkehr weitgehend, in den Südstaaten aber nur wenig geregelt, die Staaten des mittleren Westens stehen zwischen diesen beiden Gruppen. Mr. Cox berechnete, daß Massachusetts mit seinen umfassenden und zweckmäßigen Gesetzen über den Kraftwagenverkehr einen um 16 Millionen Dollar kleineren Schaden durch Automobilunfälle hat, als nach den Verlusten anderer Staaten erwartet werden würde[2].

Da es offensichtlich wurde, daß auch beste und achtsamste Fahrzeuglenker durch mutwilliges Fahren Unverantwortlicher in Automobilunfälle verstrickt werden können, wurde von verschiedenen Seiten für eine Art Zwangsversicherung eingetreten, um eine Entschädigung von Personen, die durch Verschulden anderer körperlich und materiell geschädigt werden, sicherzustellen. Hiernach sollte jeder Automobilist, bevor er die Berechtigung zum Fahren erhält, eine Versicherung gegen Schäden, die er Dritten zufügt, einzugehen oder eine Sicherheit zur Deckung solcher Schäden zu hinterlegen gezwungen sein. Gegen derartige Vorschläge wurde jedoch eingewendet, die Häufigkeit oder Schwere der Unfälle würde dadurch nicht vermindert, sondern eher erhöht werden. Insbesondere mutwillige Lenker würden veranlaßt, noch weniger achtsam zu fahren und so vielleicht die Unfälle vermehren. Schäden Dritter, die ohne ihr Verschulden in Unfälle hineingezogen werden, würden aber durch Zwangsversicherungen gedeckt sein. Von diesem Gesichtspunkt wäre ihre Einführung auch zu begrüßen. Gegen eine Zwangsversicherung wurde ferner eingewendet, eine Versicherung gegen Personen- und Sachschäden Dritter würde jährlich durchschnittlich etwa 50 Dollar an Prämien kosten[3] und es wäre ungerecht, alle Automobilisten der Unverantwortlichen wegen zu dieser Ausgabe zu ver-

---

[1] Shall we go all the way? Address by A. B. Barber. S. 3.

[2] Ebenda, S. 4.

[3] Die Höhe der Prämie hängt insbesondere von dem zu deckenden Risiko, der Größe des Fahrzeuges und der Verkehrsdichte ab.

pflichten. Solange jedoch die jährlichen Kosten des Betriebes eines Automobiles viele hundert Dollar verschlingen und die Zahl der Unglücksfälle so groß ist, erscheint ein weiterer Aufwand von 50 Dollar für Prämie nicht unbillig, zumal nahezu jeder mit einem Unfall, wenn auch nicht schweren, rechnen kann. Für den kleinen Mann sind 50 Dollar für eine Versicherung zweifelsohne viel, aber gerade für ihn wäre es um so notwendiger, im Falle eines Unfalles versichert zu sein. Könnte der fahrlässige und mutwillige Lenker in jedem einzelnen Falle einer strafbaren Handlung überführt und bestraft werden[1], könnte Mißständen so entgegengewirkt werden. Meist ist es aber nicht möglich. Auch gibt es Unfälle ohne ein Verschulden der Beteiligten. Gegner einer allgemeinen Zwangsversicherung waren aus diesen Gründen nicht abgeneigt, auf andere Weise Dritte gegen Automobilunfälle zu schützen oder fahrlässig handelnde Automobilisten zu bestrafen. Zu erwähnen ist besonders ein Vorschlag, der in einigen Staaten schon verwirklicht ist und sonst auch kräftig unterstützt wird. Bei grober Verletzung der Sicherheitsvorschriften soll die Fahrerlaubnis solange entzogen werden, bis Sicherheiten zur Bezahlung von Schäden für etwa künftig eintretende Unfälle hinterlegt sind. So kann in Connecticut die Verwaltungsbehörde verlangen, daß Automobilisten, die durch einen Unfall einen Schaden von mehr als 100 Dollar verursachten, eine Sicherheitsleistung für etwaige spätere Unfälle beibringen müssen, um damit Ansprüche wegen körperlicher Schäden eines Menschen bis zu 5000 Dollar oder mehrerer Personen bis zu 10000 Dollar und für Sachschäden bis zu 1000 Dollar befriedigen zu können. Eine ähnliche Regelung besteht in Maine, Vermont und Minnesota.

In Massachusetts, dem einzigen Staat, der eine Zwangsversicherung eingeführt hat, ist eine Versicherung einzugehen oder eine dem Versicherungsschutz gleichkommende Sicherheit zu stellen, daß bei Verletzung oder Tod Dritter eine Entschädigungssumme von mindestens 5000 Dollar für eine Person und von 10000 Dollar für mehr Personen in ein und demselben Unfall gewährt werden kann. Die Fahrerlaubnis wird dort erst erteilt, wenn die Versicherungsurkunden eingereicht sind[2].

Ein beträchtlicher Teil der Automobilisten, etwa 20%, hat freiwillig Versicherungen aufgenommen. In ländlichen Gebieten werden weniger Versicherungen eingegangen, in Städten mittlerer Größe sind etwa 35 bis 40% und in größeren Städten 60% und mehr der Zahl der Automobilisten versichert.

[1] Bei grober Verletzung der Sicherheitsvorschriften kann die Fahrerlaubnis entzogen, außerdem können die schon genannten Strafen verhängt werden.

[2] C. L. Mosher äußerte sich in einem Artikel in der New York Times vom 3. Februar 1929 über die Regelung in Massachusetts wie folgt: „Nach 2 Jahren Versuchszeit ist das Gesetz in Massachusetts nahezu allgemein verurteilt und als höchst unangemessen, ungerecht und verderblich betrachtet worden."

Die Kraftverkehrsunternehmungen wurden in den meisten Staaten im Interesse der Reisenden, der Versender und Empfänger von Gütern wie des Eigentums Dritter zum Abschluß von Versicherungen verpflichtet. Die Höhe der als notwendig gehaltenen Versicherungssummen unterscheidet sich in den einzelnen Staaten erheblich. Sie ist für Omnibusgesellschaften in den Staaten Minnesota und Oregon aus der Tabelle 76 ersichtlich.

Auch die Lastkraftwagenunternehmungen sind verpflichtet, sich gegen die Schäden aus Unfällen durch ihre Fahrzeuge zu versichern, so in Minnesota, unbeschadet der Größe der Fahrzeuge, für eine Person zu nicht weniger als 10000 Dollar und für je einen Unfall mit 20000 Dollar. Ferner haben Omnibus- und Lastkraftwagengesellschaften in beiden Staaten eine Sachschadenversicherung gegen Be-

Tabelle 76. Höhe der Versicherung von Omnibusgesellschaften gegen Personenschäden in den Staaten Minnesota und Oregon[1].

Fassungsraum des Fahrzeuges	Grenzen für 1 Person und je 1 Fahrzeug		Grenzen für mehrere Personen und je 1 Fahrzeug	
	in Minnesota Dollar	in Oregon Dollar	in Minnesota Dollar	in Oregon Dollar
12 Reisende od. weniger	10000	5000	20000	10000
13—20 Reisende . . .	10000	5000	50000	15000
21—30 „ . . .	10000	5000	75000	20000
mehr als 30 Reisende .	10000	5000	100000	20000

schädigung von Eigentum Dritter für je ein Fahrzeug in Höhe von 1000 Dollar aufzunehmen. Lastkraftwagenunternehmer sind auch verpflichtet, eine Frachtversicherung für Beschädigung, Minderung oder Verlust der zur Beförderung übergebenen Güter aufzunehmen; so in Minnesota für Fahrzeuge mit einem Fassungsraum von $1^1/_2$ oder weniger Tonnen in Höhe von 1000 Dollar und für Fahrzeuge von mehr als $1^1/_2$ Tonnen Fassungsraum in Höhe von 2000 Dollar und in Oregon für Fahrzeuge bis zu 1 Tonne 500 Dollar, mit mehr als 1 bis $3^1/_2$ Tonnen 750 Dollar und mit mehr als $3^1/_2$ Tonnen 1000 Dollar. Einige Staaten haben kleineren Gesellschaften niedere Versicherungssummen zugestanden. So bestimmt Oregon, daß Gesellschaften mit jährlichen Bruttoeinnahmen von 5000 oder weniger Dollar nur eine Sicherheit in Höhe von 1000 Dollar zur Deckung von Personen, Sach- und Frachtschäden zu übergeben haben.

Versicherungen vorgenannter Art mit den dafür aufzuwendenden, ganz beträchtlichen Prämien einzugehen, empfinden viele Kraftverkehrsgesellschaften nicht etwa als Zwang, obwohl die Betriebskosten sich da-

[1] Thirty-Ninth Report of the Railroad and Warehouse Commission of the State of Minnesota; Rules and Regulations in Oregon a. a. O.

durch erhöhen. Im Gegenteil, in vielen Staaten hatten sich Kraftverkehrsbetriebe schon vor der Verpflichtung durch den Staat freiwillig versichert, oder nach der Verpflichtung höhere Versicherungen als vorgeschrieben eingegangen. Verantwortungsbewußte Unternehmungen haben eben das Bedürfnis, sich in solcher Weise gegen die Gefahren ihres Betriebes zu schützen. Versicherungen der Betriebe tragen auch dazu bei, die Geschäftstätigkeit zu erhöhen, da Verkehrtreibende nur von zahlungsfähigen Unternehmern bedient sein wollen, um bei Unregelmäßigkeiten auf Schadenersatz rechnen zu können. Für eine entsprechende Bekanntmachung ihres Versicherungsschutzes sind die Gesellschaften besorgt.

Die Sicherheitsvorschriften für den Kraftwagenverkehr auf den Landstraßen sind hiemit kurz aufgezeigt. Ihre Aufgabe, die Sicherheit im Kraftwagenverkehr zu erhöhen, kann nicht hoch genug gewertet werden.

Literatur.

Dixon, F. H.: Railroads and Government, Chapter XVI, XVII, XX. New York 1922.

Edmonds, Ch. C.: The Function and Regulation of the Motor Vehicle. Diss. an der Universität Wisconsin Madison 1927.

George, J. J.: Motor Carrier Regulation in the U. S. A. Diss. an der Universität Michigan Ann Arbor 1928.

Gläser, M. G.: Outlines of Public Utility Economics, Chapter XI, XXXIII. New York 1927.

Haney, L. H.: The Business of Railway Transportation XXXI. New York 1924.

Jones, E.: Principles of Railway Transportation, Chapter X, XVI, XIX. New York 1927.

Ripley, W. Z.: Main Street and Wall Street. Boston 1927.

Sax, E.: Die Verkehrsmittel in Volks- und Staatswirtschaft. Bd 1. Allgemeine Verkehrslehre. 2. Aufl. S. 146—184. Berlin 1918. Bd 3: Die Eisenbahnen. 2. Aufl. S. 43—90. Berlin 1922.

Vanderblue, H. B., u. K. F. Burgess: Railroads — Rates Service Management, Chapter XXII—XXIV, XXVI. New York 1924.

A Compilation of the Laws affecting the Regulation of Auto Transportation Companics in Wisconsin effective 19. Juli 1927.

Act for regulation of motor common carriers State of Minnesota, Chapter 185 H. F. Nr 929.

Aera Juli 1927.

American Automobile Association 25th Annual Meeting Nov. 1926, Philadelphia.

Annual Report of the Auto Stage and Truck Department of the Railroad Commission of the State of California vom 1. Juli 1925 bis 30. Juni 1926.

A Primer on Compulsary Automobile Insurance.

Are we drifting back again — Fred W. Sargent.

Automotive Transportation and Railroads, Commission on Commerce and Marine American Bankers Association New York.

Auto Stage and Truck Transportation Act of the State of California, Chapter 213, Statutes 1917.

Bus Facts for 1928.
Bus Transportation Vol. 6 u. 7.
Chamber of Commerce of U. S. A. Referendum Nr 43 vom 22. März 1924.
Columbia Law Review Vol. 26, Nr 8.
Fact and Figures of the Automobile Industry 1928, 1929, Editions.
Government Relations to Railroad Transportation Report of the Special Committee I Appointed by the President of the Chamber of Commerce of the U. S. A. 9. Nov. 1923.
Hearings before the Committee on Interstate Commerce United States Senate 69. Congress, S. 1734.
Highway Transportation Report of Highway Transportation Committee American Section of International Chamber of Commerce Washington 1927.
Interstate Commerce Commission Hearing 18300.
Interstate Commerce Commission Report 18300.
Interstate Regulation of Motor Vehicles Address by C. C. Mc. Chord before the National Association of Railway and Public Utilities Commissioners 11. Nov. 1926.
Licensing Operators and Chauffeurs Explantory Notes on Act III of the Uniform Vehicle Code.
Minnesota Act providing for Supervision and Regulation of Transportation of Persons and Property for Hire as Common Carrier, Chapter 185 H. F. Nr 929.
Motor Bus and Truck Operation by C. S. Duncan.
National Conference on Street and Highway Safety, Report of Committee on Causes of Accidents, on Enforcement, on Insurance, on Traffic Control, Final Text of Uniform Vehicle Code, Model Municipal Traffic Ordinance.
New York Times 3. Februar 1929.
Parker Bill H. R. 12380.
Permanent International Association of Road Congresses Milan 1926. Census of Traffic Report by H. R. Trumbower.
Place of Train, Trolley, Truck and Bus in New England, New England Motor Transport Conference Boston 8.—9. Dezember 1924.
Proceedings of the First Annual Conference on Highway Transport University of Michigan 6.—8. Oktober 1927.
Proceedings of the Sixth Annual Meeting of the Highway Research Board 1927.
Public Roads 1924.
Public Utilities Act State of California.
Rail Leaders Predict Big Future for Truck Mid West Transportation Conference at Chicago 27.—28. Mai 1925.
Railway Age Motor Transportation Section Vol. 81. Recommended Motor Bus Specification Code Part. I N. A. C. C.
Regulation of Vehicle Operation on Highways Explanatory Notes on Act IV of the Uniform Vehicle Code.
Report of the Committee of American Engineering Council on Street Sings, Signals and Markings 1929.
Report of the Proceedings of the Committee of Twenty one on Automotive Carriers in the State of California Jan. 1927.
Rules and Regulations as provided for in Chapter 380 General Laws of Oregon P. S. C. Order 1432, effective 1. Januar 1927.
Rules and Regulations as provided for in Chapter 111 Session Laws of 1921 State of Washington.
Rules and Regulations governing the operation of motor vehicles under the provision of Chapter 194 of the Wisconsin Statutes.

Shall we go all the way Address by A. B. Barber.
Should the Truck and Bus be regulated by the Federal Government N. A. C. C.
State Regulation of Motor Vehicle Common Carrier Business 1928 Edition.
The Motor Carrier 1926, 1927.
The National Industrial Traffic League Circular 718 Nov. 1924.
The Relation of Highway Transportation to the Railway Address by R. Budd 14. April 1926.
The Uniform Vehicle Code and the Model Municipal Traffic Ordinance Address by A. B. Barber.
Thirty-Ninth Report of the Railroad and Warehouse Commission of the State of Minnesota.
Truck Facts for 1927.
Yale Law Journal Vol. 36, Nr 2.

V. Die Fahrbahn der Kraftfahrzeuge für den zwischenörtlichen Verkehr[1].

1. Die Entwicklung der Landstraßen.

Der Landstraßenbau war in der Union bis zum Aufkommen der Kraftfahrzeuge ziemlich vernachlässigt worden. Die ersten Ansiedler, Engländer, benutzten die von Indianern und Tieren, besonders von Büffeln, gebahnten Pfade. Als erste Landstraße wird die im Jahre 1711 gebaute Yorkstraße von New York City nach Philadelphia bezeichnet[2]. In der Mitte des 18. Jahrhunderts wurden auf Anregung von George Washington mehrere Straßen von Virginia nach dem Tal des Ohio ausgelegt, um die Kämpfe zur Vertreibung der französischen Ansiedler erfolgreich durchführen zu können. Gegen Ende des 18. Jahrhunderts, als Private Landstraßen bauten und für ihre Benutzung Wegegelder erheben konnten, belebte sich die Bautätigkeit etwas. Die erste Straße mit einer Unterlage aus Steinen wurde im Jahre 1792, und zwar von Philadelphia nach Lancaster (Pennsylvania) gebaut. Als bedeutendste Straße galt bis zur Mitte des 19. Jahrhunderts die von Washington D. C. nach St. Louis führende „Cumberland oder National Road“. Sie war die Hauptverkehrslinie für die Niederlassungen des Nordostens und hatte schon eine Breite von 20 Fuß und war an den Seiten 12 und in der Mitte 18 Zoll stark. Im allgemeinen war aber der Landstraßenbau in der Union bis zum Ende des 19. Jahrhunderts nur wenig entwickelt und um mehr als 100 Jahre hinter dem Straßenbau der größeren euro-

[1] Die Fahrbahn der Kraftfahrzeuge für den zwischenörtlichen Verkehr soll hier nur soweit, als sie für die Darstellung des Kraftwagenverkehrs selbst erforderlich, behandelt werden. Es darf deshalb keineswegs eine erschöpfende Beschreibung der „Landstraßen“ erwartet werden, insbesondere nicht nach der technischen Seite. Die Entwicklung und Verwaltung der Landstraßen — die beiden ersten Kapitel dieses Abschnittes — wird nur ganz kurz aufgezeigt.

[2] Siehe Blanchard u. Morrison: Elements of Highway Engineering. S. 14ff.

päischen Staaten zurück. Dieser Zustand war hauptsächlich durch das verhältnismäßig noch wenig entwickelte Wirtschaftsleben und teilweise wohl auch in der republikanischen Staatsform bedingt. Die amerikanischen Volksvertreter hatten nicht, wie die Herrscher europäischer Länder, ein so starkes Bedürfnis für große und prächtige Chausseen. Und mit der Erfindung der Dampfeisenbahn wurde in der Union in ihr sofort eine weit günstigere Verkehrsmöglichkeit als mit Zugtieren auf Landstraßen erkannt und an Stelle von Landstraßen Eisenbahnen gebaut. So kam es, daß weite Gebiete der Union mit Eisenbahnen und nicht mit Landstraßen erschlossen wurden und Dörfer und Städte hauptsächlich den Schienenstraßen entlang entstanden. Diese Entwicklung hielt den Straßenbau zurück, ja, die vorhandenen Landstraßen verloren sogar beträchtlich in ihrem Werte und sanken häufig zu lokaler Bedeutung herab.

Als in der zweiten Hälfte des 19. Jahrhunderts das Fahrrad sich einbürgerte und im Volke so beliebt wurde, erwachte ein Bedürfnis nach guten Landstraßen. Große Ausfahrten und Fahrradrennen förderten das Bedürfnis und das Verlangen nach besseren Fahrbahnen. Eine Auswirkung auf den Straßenbau war nicht zu verkennen. Grundlegend änderte er sich jedoch erst, als das Kraftfahrzeug kam und allmählich Gemeingut der Bevölkerung wurde und sich über das ganze Land mehr und mehr ausbreitete. Solange die Kraftfahrzeuge vorwiegend nur in den Städten und ihren Vororten verwendet wurden, reichten die hier für den verhältnismäßig starken Zugtierverkehr gebauten Fahrbahnen aus. Als aber im zweiten und dritten Jahrzehnt dieses Jahrhunderts der Kraftwagenverkehr emporschnellte und auch in ländlichen Bezirken stark zunahm, trat ein großes Mißverhältnis zwischen der Stärke des Kraftwagenverkehrs und der Beschaffenheit der Fahrbahnen ein. Insbesondere fand der während des Weltkrieges[1] stark zunehmende Lastkraftwagenverkehr ganz ungeeignete Fahrbahnen vor. Die schweren Fahrzeuge zerstörten die Landstraßen und machten sie nahezu unbrauchbar.

Eine mächtige Propaganda für bessere Landstraßen setzte ein. Organisationen aller Art, selbst an dem Kraftwagenverkehr nicht unmittelbar Beteiligte warben dafür. Auch wurden Organisationen lediglich zur Werbung und Förderung des Baues stärkerer Fahrbahnen gegründet. Unzählige Versammlungen und Konferenzen wurden abgehalten. Politiker, Geistliche u. a. beschäftigten sich mit dem neuen Problem. Die „Landstraße“ wurde zum allgemeinen Gesprächsstoff.

Die Entwicklung des Landstraßenbaues wurde ganz erheblich dadurch beeinflußt, daß in den 90er Jahren des letzten Jahrhunderts die Staaten und im zweiten Jahrzehnt dieses Jahrhunderts auch die Bundes-

[1] Der Krieg brachte einen Rückschlag, weil, wie überall, so auch in der Union Straßenbau und Straßenunterhaltung vernachlässigt wurden.

regierung begannen, am Ausbau und an der Verbesserung des Landstraßennetzes wirksam mitzuarbeiten (siehe auch nächstes Kapitel). Bis in die 90er Jahre war der Bau von Landstraßen nahezu ausschließlich in Händen nur lokal zuständiger Stellen, den Stadtgebieten und Grafschaften (townships and counties)[1], die vorwiegend eigene Interessen förderten und für durchgehende, dem großen Verkehr dienende Straßenzüge wenig übrig hatten. Die technische Ausbildung und das Verantwortungsgefühl der lokalen Stellen im Straßenbau ließen auch zu wünschen übrig. Erst als die Staaten den Bau, die Verwaltung und Finanzierung der Landstraßen zum Teil übernahmen, setzte eine großzügige, über das ganze Gebiet der Staaten sich ausdehnende und dem Verkehrsbedürfnis mehr entsprechende Straßenbaupolitik ein. Die Staaten konnten tüchtige Ingenieure beschäftigen, Versuche anstellen und wissenschaftlich zweckdienlich arbeiten. Die zunehmende Bedeutung des Kraftwagenverkehrs und der immer größer werdende Verkehrsbereich der Kraftfahrzeuge veranlaßten dann noch die Bundesregierung, den für die Entwicklung des ganzen Landes wichtigen und notwendigen Landstraßenbau zu unterstützen und zu fördern.

Der Aufschwung im Landstraßenwesen ist weniger durch eine Vergrößerung der Länge des Landstraßennetzes, als durch eine umfangreiche Erhöhung der Widerstandsfähigkeit der vorhandenen Fahrbahnen gekennzeichnet. Im Jahre 1904 wurden 2151379, 1914 2445761, 1921 2553534, 1926 3000190, 1927 2999693 und 1928 3016281 Meilen Landstraßen berichtet[2]. In dem Zeitabschnitt 1904 bis 1928 hat also das Landstraßennetz um etwa 40% zugenommen. Von allen Landstraßen waren im Jahre 1926 1822867 Meilen unverbesserte und 627259 Meilen verbesserte (planiert und entwässert) Erdstraßen. Mehr als $^4/_5$ aller Landstraßen waren also Erdstraßen und von diesen etwa $^3/_5$ unverbessert und nur etwa $^1/_5$ verbessert, also planiert und entwässert. Der Rest, das fehlende Fünftel, zugleich die wichtigsten Fahrbahnen, waren Straßen mit Fahrbahndecken. Art und Ausdehnung sind für einzelne Jahre des Zeitabschnittes 1914 bis 1928 (soweit Berichtsziffern vorliegen) in der Tabelle 77 enthalten. Hervorzuheben ist die starke Zunahme der Länge der Landstraßen mit Fahrbahn-

---

[1] Siehe Fußnote S. 190.

[2] Die Berichtsziffern über Landstraßen sind den Mitteilungen des Bureau of Public Roads, ferner einem Sonderdruck aus dem Jahrbuch des United States Department of Agriculture vom Jahre 1924, Nr 914, „Highways and Highway Transportation“ und der Zeitschrift „American Highways“ entnommen. Bei den Berichtsziffern ist zu beachten, daß die Ausdehnung der Landstraßen erst neuerdings genauer erfaßt wurde. Auf nicht genaue Erfassung dürfte u. a. zurückzuführen sein, daß für das Jahr 1927 weniger Landstraßen als für 1926 berichtet werden. Zu den Landstraßen gehören auch die Ortsstraßen in Gemeinden bis zu 2500 Einwohner.

Tabelle 77. Art und Ausdehnung — Meilenzahl — der Landstraßen mit Fahrbahndecken für Jahre des Zeitabschnittes 1914 bis 1926[1].

Art der Fahrbahndecke	1904	1914	1921	1924	1926	1928	1928 in %	
Sand-Lehm (Sandclay)	—	44155	63339	58116	81107	88061	14,1	
Kies (Gravel, chert, shale)	108233	116058	199899	203405	324810	370927	59,2	
Makadam, wassergebunden (Waterbound macadam) .	38622	64898	58036	58250	61160	64596	10,3	88,4
Makadam, bitumengebunden (Bituminous macadam) . .	—	10500	29573	23067	24578	30153	4,8	
Sand-Asphalt (Sheet asphalt)	—	—	1601	1489	2438	2970	0,5	
Bitumen mit Betonunterlage (Bituminous Concrete) . .	—	—	4978	4010	8422	9155	1,5	
Beton (Concrete) . .	—	2348	15611	13322	42341	55274	8,8	
Pflasterstraßen								
Ziegelstein (Brick-Block)	—		3333	1437		4514		
Großpflaster (Stone Block)	—		60			114		11,6
Holzpflaster (Wood Block)	—	1594	27	436	5208	34	0,8	
Asphaltpflaster (Asphalt Block) . . .	—		—	—		345		
Andere Pflasterstraßen	—		—	—		—		
Verschiedene andere Fahrbahndecken .	6807	17738	11303	10483	—	—		
	153662	257291	387760	374015	550064	626137	100	100

decken von 153662 Meilen im Jahre 1904 auf 626137 Meilen im Jahre 1928, also um mehr als das Vierfache. Unter den verschiedenen Fahrbahnen sind Kiesstraßen weitaus am meisten verbreitet. Die einzelnen Fahrbahndecken verteilten sich im Jahre 1928 wie Zusammenstellung S. 235 zeigt[2].

Es ist bemerkenswert, daß es nur verhältnismäßig wenig Beton- und noch weniger Bitumenstraßen mit Betonunterlage, auch Asphaltstraßen genannt, gibt. Auch im Jahre 1929 dürfte der Anteil der Betonstraßen an der Gesamtlänge der Fahrbahndecken 10% noch nicht überschritten haben; demgemäß wären im Jahre 1929 nur etwa 2% aller Landstraßen aus Beton gewesen. Betonstraßen wurden aber verhältnismäßig weit mehr als Straßen mit anderen Fahrbahndecken angelegt. Im

[1] Siehe Fußnote [2], S. 233.

[2] Über die Widerstandsfähigkeit der einzelnen Fahrbahndecken siehe Kapitel 3a dieses Abschnittes.

1. Kiesstraßen	59,2%
2. Sand-Lehmstraßen	14,1%
3. Wassergebundene Makadamstraßen	10,3%[1]
4. Betonstraßen	8,8%
5. Bitumgebundene Makadamstraßen	4,8%[2]
6. Bitumenstraßen mit Betonunterlage	1,5%
7. Pflasterstraßen	0,8%
8. Sand-Asphaltstraßen	0,5%
zusammen	100,0%

Jahre 1904 gab es noch keine, 1914 erst 2348 Meilen Betonstraßen, zwischen 1914 und 1928 trat aber eine mehr als zwanzigfache Steigerung ein. Werden die Straßen mit Sand-Lehm-, Kies- und Makadam-Decken als Fahrbahnen geringer Widerstandsfähigkeit und die mit Bitumen-, Zement- und Pflasterdecken als Fahrbahnen großer Widerstandsfähigkeit bezeichnet, so ist festzustellen, daß im Jahre 1928 von den Landstraßen mit Fahrbahndecken 88,4% eine geringe und 11,6% eine hohe Festigkeit aufwiesen.

Die Landstraßen mit Fahrbahndecken, insbesondere die hoher Widerstandsfähigkeit, sind die großen, von Staat zu Staat und von Verkehrsknotenpunkt zu Verkehrsknotenpunkt gehenden Verkehrswege, so daß auf diese Weise nahezu schon die ganze Union auf starken Fahrbahnen durchquert werden kann. So hatten im Jahre 1928 2907 Meilen von der 3133 Meilen langen, von Washington D. C. über St. Louis-Texarkana-El Paso nach San Diego führenden, transkontinentalen Straße eine Fahrbahndecke, 131 Meilen waren planiert und entwässert (Erdstraßen) und nur 95 Meilen unverbessert. Mehr als die Hälfte der Fahrbahndecken dieser Straße hatte eine bitumengebundene Makadam- oder noch stärkere Oberfläche, während der Rest Kiesstraßen waren[3]. Es dürfte nur eine Frage von wenigen Jahren sein, bis die ganze Union mit einem Netz widerstandsfähiger Fahrbahnen durchzogen sein wird, denn jeder Staat hat großzügige Straßenbauprogramme, nach deren Ausführung alle wichtigeren Verkehrsplätze auf Straßen hoher Festigkeit oder mindestens auf genügend widerstandsfähigen Fahrbahnen zu erreichen sein werden.

2. Die Verwaltung der Landstraßen.

Solange der Landstraßenverkehr sich innerhalb räumlich begrenzter Gebiete bewegte, war es naheliegend, daß auch lokale Verwaltungs-

[1] Die Oberfläche der meisten der wassergebundenen Makadamstraßen wird heute mit Kalzium-Chlorid, Öl oder Teer behandelt (siehe Kapitel 3a dieses Abschnittes).

[2] Bitumen ist ein Sammelname für Asphalt- und Teerprodukte. Unter der Zahl der bitumengebundenen Makadamstraßen dürften auch wassergebundene Makadamstraßen, deren Oberfläche nur mit Bitumen behandelt ist, enthalten sein.

[3] Report of the Chief of the Bureau of Public Roads vom 15. Oktober 1926, S. 3.

behörden, die Grafschaften und Stadtgebiete, Landstraßen bauten, unterhielten und beaufsichtigten. Als aber der Verkehr weit über das Hoheitsgebiet der lokalen Verwaltungsstellen hinaus ging, wurde es offensichtlich, daß diese Behörden nun nicht mehr, wenigstens nicht mehr allein, Fahrbahnen für diesen größeren Verkehr anlegen konnten. Meist hatten sie weder die Mittel noch die Werkzeuge und Kenntnisse dazu. Wohl bemühten sich einzelne örtliche Verwaltungskörper, den Anforderungen des neuen Verkehrs gerecht zu werden. Viele konnten aber nicht einmal tüchtige Ingenieure anstellen, von Untersuchungen, Materialprüfungen u. a. mußten sie ganz absehen. Technisch nicht geschulte Beamte leiteten und beaufsichtigten oft alle mit den Landstraßen zusammenhängenden Arbeiten. Der gesamte Straßenbau wurde meist unwirtschaftlich betrieben.

So kam es, daß die Staaten im öffentlichen Interesse es für geboten hielten, einzugreifen. Erst boten sie nur finanzielle Unterstützung und technisch-wirtschaftliche Beratung an, später bauten sie selbst. Wo öffentliche Gelder angenommen wurden, mußte die lokale Verwaltungsbehörde eine staatliche Überwachung des Straßenbaues bis zur Fertigstellung zulassen. Ein Teil der Staaten baute die durchgehenden Straßen, die Haupt- oder Staatsstraßen, gemeinsam mit den lokalen Verwaltungsbehörden. Bald erwies sich aber als zweckmäßig, daß die Staaten den Bau, die Unterhaltung, Überwachung und Finanzierung der wichtigeren Landstraßen selbst ausführten. Sie übernahmen deshalb mehr und mehr die bedeutenderen Landstraßen in eigene Verwaltung, so daß heute den Grafschaften und Stadtgebieten vorwiegend nur noch die Landstraßen von lokaler Bedeutung zugehören, die dem Verkehr innerhalb ihrer Gebiete dienen und zur Unterscheidung von den Staatsstraßen auch Bezirksstraßen genannt werden können. Die Staatsstraßen dienen hauptsächlich der Verbindung der Staaten untereinander und dem Verkehr von Grafschaft zu Grafschaft. Ursprünglich wurden sie angelegt, um die Sitze der Grafschaften untereinander und mit den größeren gewerblichen und landwirtschaftlichen Niederlassungen zu verbinden. Sie werden durch Gesetze oder durch die Landstraßenbauämter bestimmt. An Länge stehen sie hinter den Bezirksstraßen zurück. Von dem gesamten Landstraßennetz der Union in einer Ausdehnung von rund 3 Millionen Meilen entfielen im Jahre 1926 auf die Staaten (Staatsstraßen) rund 290000 Meilen oder nahezu $^1/_{10}$ und auf die Grafschaften und Stadtgebiete (Bezirksstraßen) rund 2710000 Meilen oder etwas mehr als $^9/_{10}$ der Gesamtlänge der Landstraßen. Die Fahrbahnen der Staaten sind verhältnismäßig stärker gebaut als die der Bezirksverwaltungen. Die Verteilung der Staats- und Bezirksstraßen nach Bauarten ist für das Jahr 1926 aus der Tabelle 78 zu entnehmen. Von den Staatsstraßen hatten damals etwa $^4/_7$ eine

Fahrbahndecke, etwa 3/7 waren verbesserte oder unverbesserte Erdstraßen. Von den Straßen der Grafschaften und Stadtgebiete, den Bezirksstraßen, hatten nur etwa 1/7 eine Fahrbahndecke und etwa 6/7 waren Erdstraßen. Die Fahrbahndecken der Staatsstraßen waren zu etwa 25% und die der Bezirksstraßen zu etwa 6,5% mit einer Decke hoher Widerstandsfähigkeit versehen. Die stärkere Bauart der Staatsstraßen entspricht der größeren Stärke und Bedeutung ihres Kraftwagenverkehrs.

Tabelle 78. Art und Umfang der Landstraßen der Staaten, Grafschaften und Stadtgebiete im Jahre 1926[1].

Art der Fahrbahnen	Staat Meilen		Grafschaften und Stadtgebiete Meilen	
Erdstraßen, unverbessert	96413		1726454	
Erdstraßen, verbessert	28456	124869	598803	2325257
Sand-Lehm	11396		69711	
Kies	79286		245524	
Makadam, wassergebunden	18428		42732	
Makadam, bitumengebunden	12927	122037	11651	369618
Sand-Asphalt	890		1548	
Bitumen mit Betonunterlage	4815		3607	
Beton	31936		10405	
Pflaster verschiedener Art	3381	41022	1827	17387
Gesamtlänge der Fahrbahndecken		163059		387005
Gesamtlänge aller Fahrbahnen		287928		2712262

Die Verwaltung der Landstraßen der Staaten geschieht durch Landstraßenbauämter (State Highway Departments). Das erste Landstraßenbauamt wurde im Jahre 1891 in New Jersey errichtet, andere folgten von Jahr zu Jahr, bis im Jahre 1917 sämtliche Staaten solche Behörden eingesetzt hatten[2]. Die Straßenbauämter haben die Aufgabe, die Landstraßen zu bauen, zu unterhalten und zu beaufsichtigen. Sie stellen die für den Verkehr ihres Staates geeignetste Art und beste Methode des Straßenbaues fest[3]. Einige pflegen auch Untersuchungen allgemeiner Art.

Als die Zahl der Kraftfahrzeuge wuchtig zunahm, ihr Verkehrsgebiet sich mehr und mehr weitete und der zwischenstaatliche Verkehr immer umfangreicher wurde, sah sich die Bundesregierung infolge ihrer Auf-

[1] Siehe Fußnote [2], S. 233.

[2] Highways and Highway Transportation Separate from Yearbook 1924, Nr 924, S. 97ff.

[3] Bei den Untersuchungen werden die Landstraßenbauämter wirksam von technischen Abteilungen der Hochschulen und auch von privaten Organisationen unterstützt.

gabe der Regelung des zwischenstaatlichen Handels schließlich auch genötigt, zum Wohle des ganzen Landes den Bau durchgehender Straßenzüge sowie die Verbesserung bestehender großer Verkehrsstraßen zu unterstützen. Straßen dieser Art können deshalb auch zwischenstaatliche oder Bundesverkehrsstraßen genannt werden[1]. Die Bundesregierung beteiligt sich aber nur am Bau und beschränkt sich in der Hauptsache auf eine finanzielle Unterstützung. Die Verwaltung bleibt nach wie vor bei den Staaten oder Bezirksverwaltungen, die sie auch unterhalten (siehe S. 241).

Die Bundesregierung hatte sich zwar schon beim Bau der Cumberlandstraße im Jahre 1833 finanziell beteiligt. Ihre Zuschüsse hörten jedoch im Jahre 1838 wieder auf. Von da ab bis 1893 unterblieb jede bundesstaatliche Beteiligung am Landstraßenbau. In diesem Jahre wurde dem Landwirtschaftsministerium (Department of Agriculture) ein Büro, das „Office of Road Inquiry“, mit einem Etat von jährlich 10000 Dollar und der Aufgabe angegliedert, den Straßenbau wissenschaftlich zu untersuchen und die Ergebnisse den Straßenbaubehörden bekanntzugeben. Finanziell unterstützte die Bundesregierung den Landstraßenbau unmittelbar wieder im Jahre 1912, als der Kongreß 500000 Dollar zur Verbesserung der dem Postdienst auf dem Lande dienenden Straßen bewilligte. Bald darauf setzte die über das ganze Land sich ausdehnende Bewegung für gute Landstraßen ein, die zu dem Bundesgesetz vom 11. Juli 1916, dem sogenannten Federal Aid Road Act, führte, nach dem der Landstraßenbau durch die Bundesregierung fünf Jahre lang finanziell zu unterstützen war. Seitdem wurde das Gesetz mehrmals verlängert und ergänzt. Die von der Bundesregierung in den Jahren 1917 bis 1929 bewilligten Beiträge mit insgesamt 840000000 Dollar enthält die Tabelle 79.

Tabelle 79. Beiträge der Bundesregierung für den Landstraßenbau in den Jahren 1917 bis 1929[2].

Steuerjahr 1. 7. bis 30. 6.	Beitrag Dollar	Steuerjahr 1. 7. bis 30. 6.	Beitrag Dallar
1917	5000000	1924	65000000
1918	10000000	1925	75000000
1919	65000000	1926	75000000
1920	95000000	1927	75000000
1921	100000000	1928	75000000
1922	75000000	1929	75000000
1923	50000000		

[1] Da zwischenstaatliche Landstraßen durch Staaten wie durch Stadtgebiete und Grafschaften führen, werden sie natürlich auch im lokalen Verkehr benützt.

[2] Siehe Agg und Brindley Highway Administration and Finance, S. 147 und 1927 Yearbook of Portland Cement Association, S. 6. Die obengenannten Bei-

Im Jahre 1917 hat die Bundesregierung außerdem 47000000 Dollar zur Verbesserung der Straßen in den bundesstaatlichen Wäldern und großen Parks ausgeworfen. Diese Straßen sind zum Teil Glieder des Landstraßensystems und für den Durchgangsverkehr wichtig und darum meist von allgemeiner Bedeutung. Außerdem erschließen sie prächtige, jedermann zugängliche Erholungsstätten. Besuchten doch im Jahre 1927 16748000 Automobilisten und insgesamt 18524000 Personen diese Wälder und Parks[1]. Die Länge ihrer Straßen betrug 13459 Meilen[2].

Das erwähnte Bundesgesetz von 1916 samt Ergänzungen bestimmte auch die Verteilung der Beiträge an die Staaten, von denen die wichtigeren, im Ergänzungsgesetz vom 9. Nov. 1921 festgesetzten, im einzelnen erwähnt werden sollen. Um ein einheitliches, über das ganze Land sich ausbreitendes Straßennetz zu erreichen, wurden die großen Staaten mit viel Überland-Poststraßen begünstigt. Die an Flächenausdehnung großen, aber meist um so dünner besiedelten Staaten konnten von sich aus nicht die Mittel aufbringen, die großen, hauptsächlich dem Durchgangsverkehr dienenden Straßenzüge zu verbessern. Die Beiträge werden deshalb zu je einem Drittel im Verhältnis a) der Flächenausdehnung, b) der Größe der Bevölkerung und c) des Umfanges der Poststraßen auf dem Lande eines Staates zu allen Staaten festgesetzt. Es werden bis zu 50% der Baukosten einer Straße zugeschossen, höchstens aber 15000 Dollar die Meile[3]. Dies bedeutet, daß Staaten, die in den Genuß von Bundesbeiträgen kommen wollen, Landstraßen bauen und die Hälfte der Baukosten aufbringen müssen. Nur in Staaten, in denen die Bundesregierung Land von mehr als 5% der Ausdehnung des Staates besitzt, ist ihr prozentualer Kostenbeitrag höher und wie folgt festgesetzt[4]:

Arizona	72,34%	Oklahoma	55,47%
California	60,05%	Oregon	62,25%
Colorado	56,08%	South Dakota	55,62%
Idaho	59,75%	Utah	78,90%
Montana	56,46%	Washington	54,38%
Nevada	87,72%	Wyoming	64,20%
New Mexico	63,43%		

Werden Landstraßen mit weniger Kosten als 30000 Dollar die Meile

träge der Bundesregierung sind die bewilligten; die tatsächlich ausbezahlten unterscheiden sich ein wenig davon.

[1] Fact and Figures a. a. O. 1928 Edition, S. 64.

[2] Report of the Chief of the Bureau of Public Roads vom 15. Oktober 1926, S. 30.

[3] Die Maximalbeiträge waren anfänglich 10000 Dollar, 1919 wurden sie auf 20000 Dollar erhöht, 1923 auf 16250 Dollar erniedrigt und von 1924 an betragen sie 15000 Dollar. Für Brücken mit einer Spannweite von mehr als 20 Fuß werden höhere Beiträge bewilligt.

[4] 1927 Yearbook of Portland Cement Association S. 7.

gebaut, so werden, da die Bundesregierung sich allgemein mit 50% beteiligt, nicht 15000 Dollar, sondern entsprechend niedere Beträge bewilligt. Dadurch sind die Beiträge zum Bau verbesserter Erd- oder sonstiger Straßen mit geringer Widerstandsfähigkeit, die erheblich weniger als 30000 Dollar die Meile kosten, weit geringer als der Höchstsatz von 15000 Dollar. Die Beiträge schwanken in den verschiedenen Staatengruppen durchschnittlich zwischen 7165 Dollar und 2475 Dollar und betragen im Durchschnitt aller Staaten 3680 Dollar die Meile[1]. Die einem Staate zukommenden Beiträge müssen kraft Gesetzes zu $^3/_7$ für zwischenstaatliche und zu $^4/_7$ für Landstraßen zur Verbindung der Grafschaften untereinander verwendet werden. Die Bundesregierung unterstützt im allgemeinen aber nur den Bau bedeutender und durchgehender Straßen. Zum Bau zwischenstaatlicher Landstraßen sind 60% der Beiträge solange bereitzustellen, bis dieses Straßennetz ausgebaut ist. Mit Einwilligung der Landstraßenbauämter können die Beiträge auch voll für zwischenstaatliche Landstraßen verwendet werden. Eine bundesstaatliche Unterstützung des Landstraßenbaues ist bis zu 7% der Länge aller Landstraßen der Union vorgesehen, was etwa 200000 Meilen entsprechen würde. Bis Ende 1927 waren 64210 Meilen Bundesverkehrsstraßen[2] fertiggestellt und 15592 Meilen im Bau begriffen. Der Anteil der einzelnen Landstraßenarten ist aus der Tabelle 80 zu ersehen. Der große Anteil der Kiesstraßen mit 30422 Meilen oder 38% der Gesamtlänge aller Straßen fällt auch hier auf. Nächst an Zahl reihen sich die Beton-

Tabelle 80.

Länge der fertiggestellten und im Bau begriffenen Bundesverkehrsstraßen am 31. Dezember 1927[3].

Art der Landstraße	Meilen
Erdstraßen verbessert	12087
Sand-Lehm	4587
Kies	30422
Makadam, wassergebunden	2314
Makadam, bitumengebunden	3739
Bitumen mit Betonunterlage	1578
Beton	19731
Pflaster	866
Verschiedene andere	1499
Insgesamt	79802

[1] Report of the Chief of the Bureau of Public Roads vom 15. Oktober 1926, S. 9.

[2] Bundesverkehrsstraßen bestehen aber, wie vorstehend auch zu entnehmen ist, nicht neben den Straßen der Staaten und Bezirksverwaltungen, sondern sind eben Straßen dieser Stellen.

[3] American Highways Vol. 8, Nr 2. In der Mitteilung liegt ein Irrtum, da die Summe der einzelnen Straßentypen nur eine Gesamtlänge von 76823 Meilen ergibt. Bis zum Abschluß der Abhandlung konnten Fehler nicht aufgeklärt werden.

straßen mit 19731 Meilen, dann die verbesserten Erdstraßen mit 12087 Meilen. Die gesamten Kosten der bis 30. Juni 1926 fertiggestellten 55902 Meilen Bundesverkehrsstraßen betrugen 1051403098,05 Dollar, die Beteiligung der Bundesregierung war 463554553,90 Dollar[1].

An die Gewährung von Beiträgen ist die Verpflichtung geknüpft, die Straßen nach festgesetzten Normen zu bauen[2] und ordnungsmäßig zu unterhalten. Wird hiegegen verstoßen, so kann die Bundesregierung den Bau oder die Unterhaltung ausführen, den betreffenden Staat mit den Kosten belasten und ihre Beiträge solange zurückhalten, bis der Kostenaufwand entrichtet ist. Bei späterer Bezahlung braucht dieser nicht zurückerstattet werden und er gewinnt dadurch den Charakter einer Konventionalstrafe. Staaten, die noch ohne Landstraßenbauämter waren, wurden verpflichtet, solche einzurichten. Außerdem mußten sie einen Plan über die Verbesserung ihrer Landstraßen über mehrere Jahre hin aufstellen, dessen Genehmigung dem Bureau of Public Roads zusteht, um die Gewähr eines planmäßigen Ausbaues des Straßennetzes zu haben.

Zur Ausführung des Bundeslandstraßengesetzes wurde im Jahre 1916 das Bureau of Road Inquiry in das „Bureau of Public Roads“ umgewandelt und mit einem Stab ausgezeichneter Ingenieure versehen. Für den Verkehr mit den Staaten und Bezirksverwaltungen wurden außerdem 12 Bundesdistrikte, besetzt mit Vertretern des Bureau of Public Roads, eingerichtet. Die hauptsächlichsten Aufgaben des Bureau of Public Roads sind, den Landstraßenbau zu durchforschen, ökonomische Fahrbahnen zu ermitteln, sowie die von der Bundesregierung unterstützten Straßenbauten zu überwachen. Von den Arbeiten dieser Behörde sind hervorzuheben: Die Untersuchungen über die Stoßwirkungen der Lastkraftwagen auf die Fahrbahnen, der Umfang der Abnützung der verschiedenen Straßenoberflächen durch Kraftfahrzeuge verschiedener Art und Beschaffenheit, die Eignung der verschiedenen Bodenarten als Untergrund der Landstraßen. Gemeinsam mit Straßenbauämtern einiger Staaten wurden Art und Umfang des Verkehrs auf den Landstraßen festgestellt, wobei hauptsächlich die Verkehrsdichte, die Art der verwendeten Fahrzeuge, ihre Tragfähigkeit, Besetzung, Belastung und Bereifung sowie der Zweck der Fahrten, Geschäfts- oder Vergnügungs-, ob Voll- oder Leerfahrten erfaßt wurden. Die Untersuchungen wurden sehr gründlich betrieben. So wurden bei einer vom Dezember 1924 bis November 1925 sich ausdehnenden und auf Straßen von 11000 Meilen Länge sich erstreckenden Untersuchung im Staate Ohio 1158 Beobachtungs- und Berichtsstationen errichtet. Auf 358 Stationen

[1] Report of the Chief of the Bureau of Public Roads vom 15. Oktober 1926, S. 21.

[2] Die Bundesverkehrsstraßen müssen beispielsweise mindestens 18 Fuß breit sein.

wurde je an einem Tage in je einem Monat und auf 800 Stationen an 3 Tagen während der Sommermonate der Landstraßenverkehr aufgenommen[1]. Dabei wurde versucht, die zeitlichen Schwankungen der Verkehrsstärke, den Durchschnitts-, den Minimal- und Maximalverkehr während der Tagesstunden, an Wochentagen und während der Monate möglichst genau zu erfassen. Die Kosten der Untersuchung stellten sich auf 14 Dollar die Meile des beobachteten Straßennetzes oder insgesamt auf 154000 Dollar. Wird dieser Betrag den Kosten einer Fahrbahndecke hoher Widerstandsfähigkeit, für die zwischen 30000 und 40000 Dollar die Meile anzusetzen sind, gegenübergestellt, so tritt das Zweckdienliche und wirtschaftlich Notwendige solch einer Untersuchung, auf Grund der eine Ersparnis in Bau- und Unterhaltung der Straße und in dem Betriebsaufwand der Fahrzeuge erzielt werden kann, in Erscheinung. Die Untersuchungen ermöglichen, ein Programm über den Ausbau des Straßennetzes eines Staates aufzustellen, die Fahrbahnen nach der Art und Stärke des Verkehrs anzulegen und von Anfang an wirtschaftlich zu verfahren.

Das Eingreifen der Bundesregierung in den Landstraßenbau regte allgemein an. Staaten und Bezirksverwaltungen wetteiferten, gute und wirtschaftliche Landstraßen bereitzustellen. Der Landstraßenbau wurde von nun an im Sinne einer geschäftstüchtigen privaten Unternehmung betrieben[2].

3. Die Ökonomik der Anlage und Unterhaltung der Landstraßen.

a) Kosten der Straßenanlage und Unterhaltung. Die Kosten der Landstraßen sind von großer wirtschaftlicher Bedeutung. Sie können

[1] Siehe Report of a Survey of Transportation on the State Highway System of Ohio 1927.

[2] Schädlich kann mitunter der Einfluß amerikanischer „Politik" sein. Wechselt in der Union die regierende Partei, so ist es möglich, daß auch die ersten Stellen in den Landstraßenbaumämtern jeweils neu besetzt werden. Lawrence Abbot bemerkte hiezu: „Wir bauten unsere Landstraßen nach dem Einfluß der Parteien. Kam in der Grafschaft, in der ich aufwuchs, eine demokratische Verwaltung, so hatten wir einen demokratischen Straßenkommissar, und kam eine republikanische Verwaltung, so hatten wir einen republikanischen Kommissar, und doch ist es für den gewöhnlichen Bürger gleichgültig, ob er auf einer demokratischen oder republikanischen Landstraße fährt." Siehe Highway Transport and its Relation to Public S. 30. Im Jahre 1926 hatte die Bevölkerung des Staates Arizona gleichzeitig die Wahl zwischen vier Bewerbern um den Posten des Gouverneurs und vier verschiedenen Landstraßenprogrammen. Associated Press, 10. August 1926. Im Gegensatz zu den Straßenbauämtern der Staaten und Bezirksverwaltungen ist der politische Einfluß bei dem Bureau of Public Roads weitgehendst ausgeschaltet und damit eine stetige Weiterentwicklung des Landstraßenbaues in den Grundzügen gewährleistet. Seit der Errichtung des Office of Road Inquiry im Jahre 1893 trat nur dreimal eine Änderung in der Person des Direktors ein. Siehe Blanchard und Morrison Elements of Highway Engineering S. 30/31.

als ein Teil der Betriebskosten der Kraftfahrzeuge betrachtet werden. Wenn auch die Abgaben der Kraftfahrzeugbesitzer an die Steuerverwaltung nicht unmittelbar von dem Aufwand des Landstraßenbaues abgeleitet werden, so hängen sie doch, wie noch aufgezeigt werden wird, mit den Kosten der Fahrbahn eng zusammen. Über die Abgaben der Fahrzeugbesitzer und den Betriebsaufwand der Fahrzeuge entsteht eine Verbindungslinie zu den Beförderungspreisen im Kraftwagenverkehr, und über diese zu den Preisen der allgemeinen Güter, an denen jedermann interessiert ist.

Die Kosten der Landstraßen bestehen im wesentlichen in dem Aufwand für den Bau- und die Unterhaltung der Fahrbahnen. Wichtig sind außerdem die Vermessungs-, Grunderwerbs- und Verwaltungskosten der Landstraßen. Die jährlichen Aufwendungen für den Bau der Landstraßen sind Kosten der Abschreibung und Verzinsung des gesamten Bauaufwandes. Die Höhe der einzelnen Abschreibungen hängt von der Höhe des Bauaufwandes, der wirtschaftlichen Gebrauchsdauer und dem Restwert einer Landstraße ab[1].

Die Höhe des Bauaufwandes wird hauptsächlich von der Art, der Breite und Stärke der Fahrbahndecke und des Unterbaues und den geologischen Verhältnissen bestimmt. Da die Landstraßen technisch so verschiedenartig ausgeführt werden, so unterscheidet sich die Höhe des Bauaufwandes für die einzelnen Landstraßen ganz erheblich. Die Tabelle 81 enthält Mittelwerte für verschiedene Fahrbahndecken von 20 Fuß Breite. Je nach den tatsächlichen Verhältnissen können

Tabelle 81. Mittelwerte für den Bauaufwand verschiedener Fahrbahndecken von 20 Fuß Breite.[2]

Art der Oberfläche	Aufwand für 1 Meile Dollar
Pflaster mit Betonunterlage	44000
Beton	32000
Bitumen mit Betonunterlage	30000
Makadam, bitumengebunden	18000
Makadam, wassergebunden	13000
Kies, geringe Qualität	2500
Kies, hohe Qualität	8000
Sand-Lehm	4000

[1] Da die Landstraßen stets angemessen unterhalten werden sollten, damit sie gleich leistungsfähig bleiben, werden sie zweckmäßig auch nach der gleichbleibenden Abschreibungsmethode getilgt. Hiefür spricht ohnehin das Bedürfnis, Mittelwerte zu erhalten.

[2] Die Kosten sind vom Verfasser auf Grund mehrerer Unterlagen festgesetzt worden. Sie sind von relativer Bedeutung und hauptsächlich wertvoll zum Vergleich verschiedener Fahrbahnen. Die Ziffern enthalten nicht die Aufwendungen für Planierung und Entwässerung der Straßen.

sie um einige tausend Dollar über- oder unterschritten werden. Die Kosten der einzelnen Straßenoberflächen entsprechen im allgemeinen der Größe ihrer Widerstandsfähigkeit. Je stärker die Fahrbahn, desto höher sind ihre Baukosten. Zu den Kosten für die Straßenoberfläche treten dann noch die Aufwendungen für Planierung und Entwässerung des Unterbaues, für die durchschnittlich 6000 Dollar die Meile genannt werden.

Die wirtschaftliche Gebrauchsdauer einer Landstraße hängt hauptsächlich von ihrer Widerstandsfähigkeit, der Sorgfalt ihrer Unterhaltung, der Dichte und Art des Verkehrs und den Einflüssen der Witterung ab. Hohe Festigkeit, sorgfältige Unterhaltung, geringe Verkehrsdichte, wenig schwere und vorwiegend luftbereifte Fahrzeuge und gemäßigte Temperaturen erhöhen das Alter der Straße, umgekehrt wird es verkürzt. Die wirtschaftliche Gebrauchsfähigkeit einer Straße ist zu Ende, wenn bei einem Umbau[1] der Gesamtjahresaufwand für die Fahrbahn und für die Betriebskosten der Fahrzeuge (siehe die beiden folgenden Kapitel) geringer ist als bei einer weiteren Unterhaltung der alten Fahrbahn. Als wirtschaftliche Gebrauchsdauer berechnete Prof. Agg 6 Jahre für wassergebundene und 7 Jahre für bitumengebundene Makadamstraßen, 15 Jahre für Sand-Asphalt- und Asphaltstraßen mit Betonunterlage, 20 Jahre für Betonstraßenund 30 Jahre für Ziegelsteinstraßen[2]. Diese Gebrauchsdauer wird je nach den äußeren Einwirkungen auf die Straße erheblich unter- oder überschritten werden. So kann eine bitumengebundene Makadamstraße bei einem starken Verkehr schwerer Lastkraftwagen und bei nachlässiger Unterhaltung schon in 2 bis 3 Jahren oder in noch kürzerer Zeit zusammengefahren sein. Die Bestimmung des wirtschaftlichen Alters für Fahrbahndecken hoher Festigkeit ist schwierig, weil diese Straßen im allgemeinen noch nicht lange genug im Gebrauch sind, um einen annähernd zuverlässigen Schluß zuzulassen. Die wirtschaftliche Gebrauchsdauer der Betonstraßen wird häufig auch mit 30 bis 40 Jahren, die der Kiesstraßen mit 5 Jahren bezeichnet.

Der Restwert einer Landstraße wird aus dem Unterschied der Kosten einer neuen und einer umgebauten Straße bestimmt, bei der die alte Fahrbahn für die neue Oberfläche verwendet werden kann. Er beeinflußt den Abschreibungsaufwand eines Jahres ganz wesentlich, weil je nach der Höhe des Restwertes die Tilgungssumme größer oder kleiner ist. Im übrigen ist der Restwert von der technischen Beschaffenheit

---

[1] Ein Umbau einer Straße liegt vor, wenn eine abgenützte Fahrbahn eine neue Oberfläche von gleicher oder verschiedener Stärke oder eine breitere Oberfläche erhält; ein Neubau, wenn eine Landstraße überhaupt erst angelegt wird oder wenn eine alte für einen Umbau untauglich geworden ist und neu gebaut werden muß.

[2] Agg und Carter Highway Transportation Costs Bulletin 69 S. 18.

der Landstraße abhängig. Straßen hoher Festigkeit werden meist einen großen Restwert haben, weil im allgemeinen die Unterlage und mitunter die ganze Fahrbahn für eine andere oder gleiche Oberfläche hoher Festigkeit verwendet werden kann. Auch Makadam- und andere Straßen geringerer Widerstandsfähigkeit können oft als Unterlage für den Umbau oder für eine Fahrbahn höherer Festigkeit weiterverwendet werden, wodurch auch für diese Fahrbahnen ein hoher Restwert entsteht. Es ist schwierig, die Höhe von Restwerten festzulegen, weil der noch junge neuzeitliche Straßenbau keine genügende Unterlagen dafür bietet. Die von Prof. Agg genannten Restwerte verschiedener Straßenoberflächen werden in der Tabelle 82 gemeinsam mit dem Bauaufwand

Tabelle 82. Restwert der Straßenoberflächen nach ihrem wirtschaftlichen Lebensalter je für 1 Meile und 20 Fuß Breite[1].

Art der Oberfläche	Bauaufwand der Oberfläche Dollar	Restwert der Oberfläche Dollar	Wirtschaftliches Lebensalter der Oberfläche Jahre
Beste Kiesstraße	4000	1000	—
Makadam, wassergebunden	14000	6000	6
Makadam, bitumengebunden	20000	8000	7
Sand-Asphalt und Asphalt mit Betonunterlage	36000	25000	15
Beton	33000	25000	20
Ziegelstein	44000	25000	30

der Oberflächen und der wirtschaftlichen Gebrauchsdauer der Straßen wiedergegeben, um die Restwerte in ihrer Bedeutung für die Kosten der Landstraßen erkennen zu lassen. Fahrbahnen geringerer Widerstandsfähigkeit haben verhältnismäßig viel geringere Restwerte als Fahrbahnen großer Widerstandsfähigkeit. So verbleibt bei der Kiesstraße ein Restwert von $^1/_4$, bei der Betonstraße von $^3/_4$ der Kosten der Straßenoberfläche.

Der Zinsenaufwand ist von der Höhe des für den Bau der Landstraße notwendigen Kapitals, dem wirtschaftlichen Lebensalter der Straße und von der Höhe des Zinsfußes abhängig.

Die Unterhaltungskosten der Landstraßen werden durch die mit ihrer Unterhaltung zusammenhängenden Arbeiten verursacht. Zur Unterhaltung der Landstraßen gehört u. a. auch die Entfernung von Schnee überall dort, wo der Nutzen einer schneefreien, befahrbaren Straße

[1] Agg u. Carter a. a. O. S. 18. Die Restwerte der Oberflächen für die Fahrbahndecken hoher Festigkeit scheinen dem Verfasser zu hoch zu sein. Einer Mitteilung von Prof. Agg dürfte wohl zu entnehmen sein, daß er neuerdings für Betonstraßen 20000 Dollar und für Asphaltstraßen mit Betonunterlage 14000 Dollar als Restwerte und als wirtschaftliches Lebensalter für Betonstraßen 25 Jahre betrachtet.

größer als der Aufwand hiefür ist[1]. Eine angemessene, ausreichende Unterhaltung der Landstraßen ist technisch und wirtschaftlich notwendig, um sie als Fahrbahn größtnützlich gebrauchen zu können, die Sicherheit des Verkehrs zu erhöhen und die Kapitalanlage möglichst lange zu erhalten. Bei mangelhaft unterhaltenen Straßen sind die Betriebskosten der Fahrzeuge meist höher, als sich die Aufwendungen für die Fahrbahnen durch weniger sorgfältige Unterhaltung vermindern.

Die Höhe des Unterhaltungsaufwandes der Landstraßen wird hauptsächlich von der Beschaffenheit und Größe der Fahrbahnen, der Dichte des Verkehrs, der Sorgfalt der Unterhaltung und den Einflüssen der Witterung bestimmt. Bei Fahrbahnen geringer Festigkeit, großer Verkehrsdichte, mangelhafter Unterhaltung und stark schädigender Witterung sind sie höher als bei Fahrbahnen hoher Festigkeit, geringer Verkehrsdichte, guter Unterhaltung und wenig schädigender Witterung. Dies hängt vor allem auch damit zusammen, daß Straßen großer Festigkeit und guter Unterhaltung den Einwirkungen der Fahrzeuge und der Witterung besser widerstehen als Straßen geringer Festigkeit und ungenügender Unterhaltung.

Fahrbahnen großer Widerstandsfähigkeit, besonders Beton- und Asphaltstraßen, haben bislang sehr niedere Unterhaltungskosten aufzuweisen. Sie entstanden meist nur als Aufwendungen für Reparaturen von Dehnungsrinnen, von Rissen und Sprüngen, für die Erneuerung der Mittellinien, der Reinigung der Wassergräben und für Arbeiten an den Böschungen wie Beseitigung von Unkraut. Mitunter wurde auch eine Fahrbahndecke, an mehreren Stellen eingedrückt, wodurch naturgemäß höhere Unterhaltungskosten entstehen. Die Mitteilung einen bestimmten Straßentyp kennzeichnende Unterhaltungskosten begegnet ebenfalls bei dem noch jungen neuzeitlichen Straßenbau und den vielen verschiedenartigen Einflüssen großen Schwierigkeiten. Selbst Fahrbahnen gleicher Art und gleicher Verkehrsdichte können sich durch verschiedene Konstruktion und Unterhaltung in den Unterhaltungskosten weit unterscheiden. Von der Wisconsin Highway Commission für verschiedene Straßenoberflächen im Jahre 1927 festgestellte Unterhaltungskosten sind aus der Tabelle 83 zu ersehen. Die Verkehrsdichte ist nur für die Sommermonate, also für die Hauptverkehrszeit bekannt. Zu erwähnen wäre, daß Kiesstraßen mit Bitumenbehandlung im Durchschnitt mit 322 Dollar die Meile die höchsten Unterhaltungskosten

[1] Einzelne Staaten haben in einem Winter einen Schneefall von 100 und mehr Zoll, In den 36 „Schneestaaten“ — Staaten mit regelmäßig starkem Schneefall — wurde der Schnee im Winter 1924/25 auf 62165 Meilen Landstraßen und im Winter 1925/26 auf 93000 Meilen beseitigt, wofür 1826000 Dollar und 3757660 Dollar ausgegeben wurden. Siehe Proceedings of the Annual Meetings of the Highway Research Board.

Tabelle 83. Unterhaltungskosten verschiedener Fahrbahnen im Staate Wisconsin für 1 Meile im Jahre 1927[1].

Art der Straße	Breite der Straße Fuß	Unterhaltungskosten der Straße Dollar	Unterhaltungskosten bei 28 Fuß[2] Breite Dollar	Unterhaltungskosten im Durchschnitt für eine Straßenart Dollar	Zahl der während der Sommermonate täglich verkehrenden Fahrzeuge	Verkehrsdichte im Durchschnitt für eine Straßenart
Kiesstraße	28	392,84			998	
„	28	216,57			591	
„	28	285,50			800	
„	28	257,64		288	548	739
Kiesstraße mit Bitumenbehandlung .	28	301,45			1725	
„	28	340,36			998	
„	28	325,09		322	1725	1382
Betonstraße	18	115,22	179		4691	
„	20	240,47	340		3262	
„	20	122,02	171		1939	
„	20	92,00	129	205	1020	2728

haben, ihnen folgen die gewöhnlichen Kiesstraßen mit 288 Dollar und dann die Betonstraßen mit 205 Dollar. Die Unterhaltungskosten der Kiesstraßen mit Bitumenbehandlung sind durchschnittlich etwa 12%, ihre Verkehrsstärke aber 54% größer als die der gewöhnlichen Kiesstraßen. Betonstraßen verlangen etwa 50% der Unterhaltungskosten der beiden anderen Straßentypen, trotzdem ihre Verkehrsstärke etwa dreieinhalbmal so groß wie die der gewöhnlichen Kiesstraßen und etwa zweimal so groß wie die der Kiesstraßen mit Bitumenbehandlung ist.

Durchschnittliche Unterhaltungskosten verschiedener Fahrbahnen im Staate New York werden für das Jahr 1925 in der Tabelle 84 genannt. Verkehrsdichte und Straßenbreite der Fahrbahnen sind nicht bekannt, weshalb die Kostenziffern geringere Bedeutung haben. Eine große Verkehrsdichte wird wohl vorausgesetzt

Tabelle 84. Unterhaltungskosten verschiedener Fahrbahnen im Staate New York, Mittelwerte für 1 Meile im Jahre 1925[3].

Art der Straße	Unterhaltungskosten d. Straße Dollar
Beton	410
Ziegel	564
Bitumen mit Betonunterlage . . .	597
Makadam, wassergebunden	1000
Makadam, bitumengebunden	1411
Kies	1619

[1] Persönliche Mitteilung von Mr. Bütow, Chief Ingineer der Highway Commission.

[2] Um einen Vergleichsmaßstab zu bekommen, wurden die Unterhaltungskosten der schmäleren Fahrbahnen im Verhältnis zu 28 Fuß Breite erhöht.

[3] Concrete Facts about Concrete Pavements 1927, S. 24.

werden können, weil der Staat New York allgemein einen starken Verkehr hat. Die Unterhaltungskosten der Kiesstraßen sind hier etwa viermal so groß wie die der Betonstraßen, etwa dreimal so groß wie die der Ziegelstein- und Bitumenstraßen mit Betonunterlage, etwa 60% höher als die der wassergebundenen und etwa 15% höher als die der bitumengebundenen Makadamstraßen.

Die Höhe der Unterhaltungskosten in den Tabellen 83 und 84 läßt große Unterschiede erkennen. Mitunter schwanken die Unterhaltungskosten sogar bei Fahrbahnen gleicher Art für 1 Meile um Hunderte von Dollars: in verschiedenen Staaten sogar um das Fünf- bis Zehnfache. So betragen beispielsweise in Massachusetts, wo sehr gute bitumengebundene Makadamstraßen angelegt worden sind, die Unterhaltungskosten solcher Straßen selbst bei sehr starkem Verkehr nur 120 bis 180 Dollar für 1 Meile jährlich, also nur etwa ein Zehntel des Aufwandes für gleiche Straßen im Staate New York.

Um den starken Einfluß der Verkehrsdichte auf die Höhe der Unterhaltungskosten noch besser erkennen zu lassen, wurden die Unterhaltungskosten für zwei der bedeutendsten Fahrbahnen der Union bei wechselnder Verkehrsdichte aber gleichen durchschnittlichen Bedingungen geschätzt. Die dafür aufgestellte Tabelle 85 enthält Mittelwerte für je eine 20 Fuß breite Beton- und Kiesstraße bei verschiedener Verkehrsstärke, guter Bauausführung, angemessener Unterhaltung und Witterungseinflüssen von durchschnittlicher Stärke. Bei der Ermittelung der Unterhaltungskosten der Betonstraße wurde davon ausgegangen, daß die Fahrbahn von der Verkehrsdichte nahezu unbeeinflußt bleibt. Sie erhöhen sich leicht, wenn die Zahl der täglich verkehrenden Fahrzeuge 1000 übersteigt. Es liegt also eine Kostendegression vor. Die Unterhaltungskosten der Betonstraßen dürften in etwa gleicher Abstufung auch auf andere Straßen mit Oberflächen hoher Festigkeit, den Pflaster- und Bitumenstraßen mit Betonunterlage, zutreffen.

Tabelle 85.

Mittelwerte in Unterhaltungskosten für je eine 20 Fuß breite Beton- und Kiesstraße bei wechselnder Verkehrsdichte je für 1 Meile u. 1 Jahr[1].

Verkehrsdichte, Zahl der täglich verkehrenden Fahrzeuge	Unterhaltungskosten der Betonstraße Dollar	Unterhaltungskosten der Kiesstraße Dollar
50	100	100
100	100	150
200	100	200
300	100	250
400	100	300
500	100	400
1000	150	1000
2000	200	2200
3000	250	4000
4000	300	—
5000	350	—

[1] Die Unterhaltungskosten wurden vom Verfasser an Hand mehrerer Unterlagen geschätzt.

Die Unterhaltungskosten der Kiesstraße lassen den großen Einfluß der Verkehrsdichte auf Fahrbahnen geringerer Festigkeit erkennen. Bei kleiner Verkehrsdichte sind hier die Unterhaltungskosten degressiv, bei mittlerer proportional und bei großer werden sie immer mehr progressiv. Diese Bewegung der Kosten ist bedingt durch die Größe der Widerstandsfähigkeit der Kies- und anderer Straßen ähnlicher Stärke, die eine bestimmte Zahl Kraftfahrzeuge ohne weiteres zu tragen vermögen, bei stärkerer Verkehrsdichte aber mehr und mehr angegriffen und abgenützt werden. Übersteigt die Zahl der täglich verkehrenden Fahrzeuge 1000 oder gar 2000, so können die Unterhaltungskosten eines Jahres höher als die Kosten eines Umbaues werden, ja, es besteht dann sogar die Gefahr einer Zerstörung der Unterlage der Fahrbahn.

Ein Vergleich der Unterhaltungskosten der Beton- und Kiesstraße zeigt, daß die der Kiesstraße (mit Ausnahme der Verkehrsdichte von 50 Fahrzeugen täglich) durchweg höher als die der Betonstraße sind, und der Unterschied in den Aufwendungen der beiden Straßen mit zunehmender Verkehrsdichte zum Nachteil der Kiesstraße größer und größer wird. Ähnlich bewegen sich auch die Unterhaltungskosten anderer Fahrbahnen geringerer und größerer Festigkeit.

Die wirksame Unterhaltung von Sand-, Kies-, Makadam- und anderen Fahrbahnen geringerer Festigkeit erfordert bei starkem Verkehr eine Behandlung ihrer Oberflächen mit Kalzium-Chlorid, Öl oder Teer. Für Sand- und auch für Kiesstraßen eignet sich besonders Kalzium-Chlorid, weil es die Feuchtigkeit der Luft aufnimmt und so als Bindemittel der oberen Bestandteile der Straßenoberfläche (Sand, Staub) und der eigentlichen Fahrbahndecke wirkt. Außerdem trägt es dazu bei, die Staubentwicklung in den Sommermonaten auf lockeren, trockenen Fahrbahnen zu vermindern. Die Oberfläche der Fahrbahn wird hiedurch auch glätter und die Sicht bei Nacht durch die salzartige Farbe des Kalzium-Chlorids erhöht. Kies- und insbesondere Makadamstraßen werden vorteilhaft mit leichten oder schweren Ölen oder mit Teer behandelt, wodurch ähnliche Wirkungen wie bei der Anwendung von Kalzium-Chlorid auf Sand- und Kiesstraßen (mit Ausnahme der erhöhten Sicht bei Nacht) erzielt werden. Bei der Verwendung schwerer, dicker Öle bildet sich eine von Jahr zu Jahr festere und widerstandsfähigere Oberfläche. Andererseits besteht hier die Gefahr, daß schnell fahrende Fahrzeuge Teile der Oberfläche aufreißen und mittragen und die Straße dadurch rauh und uneben wird. Die Oberflächenbehandlung der Landstraßen kostet für 1 Meile bis zu 2500 Dollar und noch mehr jährlich. Im allgemeinen liegen die Kosten zwischen 700 und 1500 Dollar die Meile im ersten Jahr und zwischen 300 und 1000 Dollar in den folgenden Jahren[1].

[1] Über Oberflächenbehandlungen und deren Kosten siehe insbesondere Proceedings of the Sixth Annual Meeting of the Highway Research Board S. 379ff.

Die Oberflächenbehandlung der Fahrbahnen ist heute, bei der so großen Nachfrage nach besseren Fahrbahnen, außerordentlich bedeutsam, insbesondere in Staaten ohne genügend Mittel, um entsprechend der Verkehrsstärke Straßen mit Fahrbahndecken höherer Festigkeit zu bauen. Eine zweckdienliche Behandlung der Oberfläche vermag die Widerstandsfähigkeit schwächerer Fahrbahnen ohne besonders hohe Kosten rasch zu erhöhen. In einigen Staaten haben sich mit Bitumen behandelte Straßen selbst bei sehr starkem Verkehr gut gehalten. Überschreiten die jährlichen Unterhaltungskosten der Fahrbahnen einschließlich Oberflächenbehandlung 800 Dollar, so ist sorgfältig zu prüfen, ob nicht der Bau einer harten Fahrbahndecke billiger und zugleich wirtschaftlicher wäre.

Die Vermessungskosten entstehen durch das Ausmessen der Fahrbahnen. In bergigen Gebieten können sie ganz erheblich sein. Wie schon früher erwähnt, ist nicht die geometrisch kürzeste Verbindung zweier Verkehrspunkte immer auch die wirtschaftlichste. Häufig mag es ökonomischer sein, eine Straße kilometrisch länger anzulegen, um Steigungen und Krümmungen zu vermindern, weil dadurch die Sicherheit des Verkehrs erhöht, die Geschwindigkeit der Fahrzeuge gesteigert und oft auch der Bauaufwand der Straße und der Betriebsaufwand der Fahrzeuge vermindert werden können. Anzustreben ist jene Straße, bei der die Bau- und Unterhaltungskosten der Fahrbahn und der Aufwand für den Betrieb der Fahrzeuge insgesamt am niedersten sind und die größte Sicherheit und Beständigkeit des Verkehrs gewährleistet ist. Die Vermessungskosten und die Aufwendungen für die Anfertigung von Plänen für eine Anzahl Landstraßen im Staate Kalifornien sind

Tabelle 86. Vermessungskosten und Aufwendungen für Pläne von Fahrbahnen im Staate Kalifornien[1].

Bezirk	Neuanlage				Umbau			
	Zahl der Projekte	Meilen	Kostenaufwand		Zahl der Projekte	Meilen	Kostenaufwand	
			Gesamt	für 1 Meile			Gesamt	für 1 Meile
I	6	73,30	64339,98	878	2	22,70	16596,42	731
II	9	44,31	31602,06	713	2	64,94	99113,06	1526
III	5	89,73	95699,48	1067	3	16,44	5702,42	347
IV	4	44,10	53789,14	1220	15	64,20	25426,63	396
V	3	20,71	14018,65	677	3	23,10	19602,49	849
VI	4	30,27	56132,45	1854	3	26,70	6839,60	256
VII	3	65,22	45034,88	691	12	118,31	45538,67	385
VIII	5	39,24	12614,62	321	8	86,05	42890,33	498
X	5	33,42	9277,88	278	2	7,16	2302,00	322
Gesamt und Durchschnitt		440,30	382509,14	869		429,60	264011,62	615

[1] Fifth Biennal Report of California Highway Commission S. 54.

aus der Tabelle 86 ersichtlich. Sie schwanken zwischen 256 und 1854 Dollar die Meile und betragen im Durchschnitt bei einer Neuanlage 869 Dollar, und bei einem Umbau 615 Dollar für 1 Meile. Die Vermessungskosten scheinen verhältnismäßig hoch zu sein. Werden sie aber den mit richtiger Straßenführung verbundenen Ersparnissen an Bau- und Unterhaltungskosten der Straße und an Betriebsaufwand der Fahrzeuge gegenübergestellt, so wird ihre Wirtschaftlichkeit offensichtlich. So führte eine Vermessung im Gebiete des Salt Creek Summit in Kalifornien zu dem Ergebnis, daß die Umlegung der über diesen Gipfel führenden Landstraße die Kosten ihres Umbaues um 40000 Dollar unterschreitet. Dazu treten noch weitere Ersparnisse an Unterhaltungskosten der Straße und an Betriebskosten der Fahrzeuge, weil die Länge der Fahrbahn von 8220 auf 6591 Fuß verkürzt, die Steigungen und Gefälle von 543 auf 421 Fuß vermindert worden sind. Schließlich dürfte auf der neuen Straße die Sicherheit des Verkehrs höher, die Geschwindigkeit der Fahrzeuge größer sein. Gegenüber solchen Ersparnissen und Vorteilen ist der Vermessungsaufwand von insgesamt 2000 Dollar gering[1].

Grunderwerbskosten fallen meist nur an, wenn neue Straßen gebaut oder alte ganz oder streckenweise verlegt oder breiter gemacht werden und neuer Grund und Boden erworben werden muß. Bei alten Landstraßen wurde der Grund und Boden den Grundbesitzern genommen und muß diesen bei einer Aufgabe der Straße wieder zurückgegeben werden. Prof. Agg nennt in einer Kostenaufstellung als Zinsaufwand für den Wert des Grund und Bodens 90 Dollar für 1 Fuß und 1 Meile, also 1800 Dollar für eine 20 Fuß breite und 1 Meile lange Straße[2].

Zu erwähnen sind noch die Verwaltungskosten der Landstraßen. Es sind Kosten für die mit dem Landstraßenwesen zusammenhängenden Verwaltungsarbeiten. Nach einer Mitteilung des Bureau of Public Roads betrugen sie im Jahre 1924 4,6% und nach Prof. Agg 5% der Gesamtausgaben des Landstraßenbaues[3].

Nach dieser Erörterung der Kosten der Straßen im allgemeinen, sollen sie im folgenden Kapitel in Kostenrechnungen zusammengefaßt und der Einfluß der Verkehrsdichte, der Größe und Schwere der Kraftfahrzeuge aufgezeigt werden.

b) Das Grundverhältnis der Straßenanlage und Verkehrsstärke. Zwischen Straßenanlage und Verkehrsstärke besteht ein ökonomisch technisches Grundverhältnis. Stärke und Breite der Straßen müssen dem Verkehr angepaßt werden. Verkehrsdichte und Schwere der Fahr-

[1] Fifth Biennal Report of California Highway Commission S. 54.

[2] Agg u. Carter a. a. O. S. 18.

[3] Mitteilungen des Bureau of Public Roads; Agg u. Carter a. a. O. S. 7.

zeuge bestimmen die Widerstandsfähigkeit, Verkehrsdichte und Größe der Fahrzeuge die Breite der Fahrbahnen. Im allgemeinen ist festzustellen:

Gewöhnliche, nicht verbesserte Erdstraßen können, sofern ihre Oberfläche trocken, nur von wenigen leichten Kraftfahrzeugen befahren werden. Sind Erdstraßen planiert, entwässert und sorgfältig unterhalten, so sind sie für einen leichten Automobilverkehr bis zu etwa 100 Fahrzeugen täglich, aber nicht für Omnibus- und Lastkraftwagenverkehr tauglich. Sand-Lehmstraßen sind gute und wirtschaftliche Fahrbahnen, besonders im Südosten, wo das Baumaterial in guter Qualität vorkommt. Fahrbahnen aus Sand und Lehmerde haben den Vorteil der Sandstraßen bei nassem, den der Lehmstraßen bei trockenem Wetter[1]. Sie genügen einem täglichen Verkehr bis zu etwa 300 leichten Kraftfahrzeugen. Kiesstraßen sind bei angemessener Unterhaltung einem Verkehr bis zu etwa 500 Automobilen täglich und auch einigen Omnibussen und Lastkraftwagen gewachsen. Schwere Lastkraftwagen vermögen sie nicht zu tragen. Werden sie mit Bitumen behandelt und sorgfältig unterhalten, so können sie einen Verkehr bis zu etwa 800 leichten Kraftfahrzeugen täglich aufnehmen. Wassergebundene Makadamstraßen werden von schnell fahrenden Kraftfahrzeugen stark angegriffen und sind während des Verkehrs schwierig zu unterhalten. Sie haben ihre große Bedeutung in der Zeit des Zugtiergespannes verloren und werden kaum mehr gebaut. Im Jahre 1914 wurden mehr wassergebundene Makadamstraßen als 1926 berichtet (1914 68898 Meilen, 1926 61110 Meilen[2]). Ihre Widerstandsfähigkeit entspricht etwa der guter Kiesstraßen. Bitumengebundene Makadamstraßen schwanken je nach ihrer Bauweise und Unterhaltung weitgehend in ihrer Widerstandsfähigkeit. In Massachusetts sind solche Fahrbahnen im Betrieb, über die täglich 9000 Kraftfahrzeuge, darunter bis zu 1300 Lastkraftwagen, fahren[3]. Die wirtschaftliche Grenze der Tragfähigkeit bitumengebundener Makadamstraßen dürfte aber im allgemeinen 2000 Kraftfahrzeuge täglich nicht überschreiten, die meisten werden sogar eine geringere Tragfähigkeit haben, insbesondere dürften nur wenige für den Verkehr schwerer Lastkraftwagen auf längere Zeit stark genug sein. Betonstraßen und Bitumenstraßen mit Betonunterlage reichen für die größte Verkehrsstärke aus. Bei umfangreichem Verkehr mit Lastkraftwagen von mehr als 3 Tonnen Bruttogewicht müssen sie aber eine mindestens 8 Zoll (im Durchschnitt) starke Decke haben, im übrigen

---

[1] Sandstraßen sind bei trockenem, Lehmstraßen bei nassem Wetter nur schwer befahrbar, weil sie der Fortbewegung der Fahrzeuge sehr großen Widerstand entgegensetzen.

[2] Siehe Fußnote[1] Kapitel 1, S. 235.

[3] The Asphalt Association Pointer Nr 29.

genügen 6 Zoll[1]. Wird die Festigkeit dieser Straßen dem Verkehr angepaßt, so werden sie durch Kraftfahrzeuge kaum abgenützt. Nur Witterungseinflüsse und besonders schwere Fahrzeuge können ihnen einen bemerkbaren Schaden anrichten. Im allgemeinen werden Beton- den Bitumenstraßen vorgezogen. Im Jahre 1926 gab es 42341 Meilen Betonstraßen und 8422 Meilen Bitumenstraßen mit Betonunterlage. Die wirtschaftliche Gebrauchsdauer der Betonstraßen ist meist höher und ihr jährlicher Gesamtaufwand meist niederer als bei Bitumenstraßen mit Betonunterlage. Ein weiterer Vorzug der Betonstraßen ist, daß sie das Sichtvermögen in der Dunkelheit durch ihre hellgraue Farbe erhöhen. Mitunter entscheidet das Vorkommen des einen oder anderen Straßenbaustoffes in der Nähe der Baustelle, ob eine Beton- oder Bitumenstraße gebaut wird. Die Widerstandsfähigkeit gepflasterter Straßen ist hauptsächlich von der Beschaffenheit der Unterlage abhängig. Wird das Pflaster nur auf Sand oder eine Steinvorlage gelegt, so sind sie für starken Automobil-, Omnibus- und leichten Lastkraftwagenverkehr, aber nicht für schwere Lastkraftwagen, zufriedenstellend. Pflaster auf Betonunterlage ist jedoch für stärksten Verkehr widerstandsfähig. Die Granitblock-Pflasterstraßen mit Betonunterlage gelten als die besten Straßen. Da aber ihre Baukosten, insbesondere wenn die Pflastersteine, die nur an wenigen Stellen der Union (Ohio, Virginia) vorkommen, zuvor weither befördert werden müssen, verhältnismäßig hoch sind, werden Pflasterstraßen vorwiegend nur im Stadt- und Vorortsverkehr, wo viele schwere Lastkraftwagen verkehren, gebaut. Holzpflaster- und Sandasphalt-(Standard-)Straßen sind nahezu nur in Städten zu finden[2].

Nachdem allgemein der Zusammenhang zwischen Straßenanlage und Kraftwagenverkehr dargetan wurde, soll nun das Grundverhältnis zwischen Straßenanlage und Verkehrsdichte im einzelnen besprochen werden. Die Beschaffenheit einer Fahrbahn wird durch ihren Aufwand und durch den der auf ihr verkehrenden Fahrzeuge im Vergleich zu anderen Fahrbahnen bestimmt. Nicht die Straße mit den niedersten Baukosten ist die wirtschaftlichste, sondern jene, die für den Bau, die Unterhaltung, die Vermessung, den Grunderwerb, die Verwaltung und den Betrieb der Fahrzeuge den niedersten Gesamtaufwand beansprucht. (Über Fahrbahn und Betriebskosten der Fahrzeuge siehe auch nächstes Kapitel.) An zwei verschiedenen Fahrbahnen soll dies erläutert werden. Die Tabelle 87 enthält die Kosten einer Kiesstraße und den Betriebsaufwand für Automobile bei wechselnder Verkehrsdichte. Tilgungs- und Zinsaufwand der Kiesstraße sind konstant, wenn das Baukapital nach

[1] Siehe S. 261 ff.

[2] Über die Widerstandsfähigkeit von Landstraßen siehe auch „Highways and Highway Transportation“ a. a. O. S. 118ff.

Tabelle 87.

Aufwand einer Kiesstraße und Betriebskosten von Automobilen auf dieser Straße bei verschiedener Verkehrsdichte für 1 Meile und 1 Jahr[1]

Baukosten der Fahrbahn 6000 Dollar, wirtschaftliche Gebrauchsdauer 5 Jahre, Restwert 1000 Dollar, Zinsfuß 5%, Unterhaltungskosten der Straße siehe S. 248, Breite der Straße 20 Fuß, Betriebskosten der Automobile für 1 Fahrzeugmeile bis 500 Fahrzeuge täglich 11 Cents, von 501—1000 Fahrzeuge 11,3 Cents, von 1001—2000 Fahrzeuge 12 Cents, von 2001—3000 Fahrzeuge 13 Cents[2], Zahl der jährlichen Betriebstage 360.

Verkehrsdichte Zahl der täglich verkehrenden Automobile	Tilgung der Baukosten (-Restwert) Dollar	Verzinsung der Baukosten Dollar	Unterhaltungskosten Dollar	Gesamtkosten der Straße Dollar	Gesamtkosten der Straße für 1 Fahrzeug Dollar	Gesamtkost. der Straße für 1 Fahrzeugmeile Cents	Betriebskosten aller Fahrzeuge Dollsr	Gesamtaufwand für Straße und Fahrzeuge Dollar	Gesamtaufwand für 1 Fahrzeugmeile (einschließl. Straßenaufw.) Cents
50	1000	180	100	1280	25,60	7,10	1980	3260	18,10
100	1000	180	150	1330	13,30	3,70	3960	5290	14,70
200	1000	180	200	1380	6,90	1,90	7920	9300	12,90
300	1000	180	250	1430	4,76	1,30	11880	13310	12,30
400	1000	180	300	1480	3,70	1,00	15840	17320	12,00
500	1000	180	400	1580	3,16	0,88	19800	21380	11,88
1000	1000	180	1000	2180	2,18	0,60	40680	42860	11,90
2000	1000	180	2200	3380	1,69	0,47	86400	89780	12,47
3000	1000	180	4000	5180	1,72	0,48	140400	145580	13,48

dem gleichbleibenden Abschreibungsverfahren getilgt, die wirtschaftliche Gebrauchsdauer der Straße von der Verkehrsdichte nicht beeinflußt und der Zinsaufwand auf die Betriebsjahre gleichmäßig verteilt wird (siehe Abschnitt II, Kapitel 1). Der Einfluß wechselnder Verkehrsdichte auf die Fahrbahn wird in verschieden hohen Unterhaltungskosten ausgedrückt, deren unterschiedliche Höhe auf Seite 248—49 im vorhergehenden Kapitel erörtert ist. Die Gesamtkosten der Kiesstraße erhöhen sich mit steigender Verkehrsdichte entsprechend den zunehmenden Unterhaltungskosten der Straße. Auf ein Fahrzeug abgestellt vermindern sie sich bis zu einer Verkehrsdichte von 2000 Fahrzeugen täglich; bei mehr Fahrzeugen tritt durch die starke Progression der Unterhal-

[1] Die Kostenberechnung der Kiesstraße und einer Betonstraße (siehe Tabelle 88) sind vom Verfasser an Hand von Unterlagen der Praxis festgestellt worden. Der Einfluß von Omnibussen und Lastkraftwagen wird hier nicht besonders berücksichtigt. Omnibusse und Lastkraftwagen bis zu 3 Tonnen Bruttogewicht können im Verhältnis zu ihrem Gewicht gegenüber dem von Automobilen in die Verkehrsdichte entsprechend eingerechnet werden. Über schwerere Fahrzeuge siehe S. 261ff. Vermessungs-, Grunderwerbs- und Verwaltungskosten sollen in den Zahlen der Tabelle enthalten sein. Sind besonders hohe Grunderwerbskosten zu verzinsen, so reichen die in der Tabelle angegebenen Werte nicht zu ihrer Deckung aus und wären dann noch zu berücksichtigen.

[2] Es wird angenommen, daß sich die Fahrbahn bei steigender Verkehrsdichte mehr und mehr verschlechtert und die Betriebskosten der Fahrzeuge sich demgemäß erhöhen. Siehe auch S. 270ff.

tungskosten eine Erhöhung ein[1]. Eine solch große Verkehrsdichte vermögen jedoch Kiesstraßen praktisch und wirtschaftlich nicht aufzunehmen. Die Gesamtkosten einer Meile Kiesstraße betragen in einem Jahre bei einer Verkehrsdichte von 500 Fahrzeugen täglich[2] für 1 Fahrzeug 3,16 Dollar und für 1 Fahrzeugmeile 0,88 Cents, die sich bei nur 50 Fahrzeugen täglich auf 25,60 Dollar und 7,1 Cents oder auf etwa das Achtfache der Kosten einer Verkehrsdichte von 500 steigern. Die Verkehrsdichte 400 beansprucht bei der Kiesstraße einen Aufwand von 1 Cent für 1 Fahrzeugmeile oder etwa 10% der Betriebskosten der Fahrzeuge.

Die Betriebskosten aller Fahrzeuge steigen bis zu einer Verkehrsdichte von 500 nach dem Einheitssatz von 11 Cents die Meile. Größere Verkehrsdichten nützen die Fahrbahn so stark ab, daß ihre Rauung und Unebenheit die Betriebskosten der Fahrzeuge den höheren Einheitssätzen entsprechend (11,3 Cents bei 1000, 12 Cents bei 2000 und 13 Cents bei 3000 Fahrzeugen täglich) progressiv erhöht. Die Betriebskosten der Fahrzeuge auf der Kiesstraße sind daher bis täglich 500 Fahrzeuge proportionale, bei mehr Fahrzeugen progressive Kosten. Der Gesamtaufwand für Straße und Fahrzeuge erhöht sich nach der Bewegung der Kosten der Straße und der des Betriebes der Fahrzeuge. Auf 1 Fahrzeugmeile abgestellt vermindert er sich bis zu einer Verkehrsdichte von 500 und erhöht sich von da an durch die progressiv wachsenden Unterhaltungskosten der Straße und durch die zunehmenden Betriebskosten der Fahrzeuge. Der Gesamtaufwand für die Kiesstraße und die Fahrzeuge ist also bis zu täglich 500 Fahrzeugen degressiv und bei mehr Fahrzeugen progressiv. Bei 400 Fahrzeugen täglich beträgt er 12 Cents, bei 50 Fahrzeugen 18,1 Cents die Fahrzeugmeile, oder etwa 50% mehr.

Wie für die Kiesstraße, werden in der Tabelle 88 die Aufwendungen für eine Betonstraße und die Betriebskosten von Automobilen auf einer solchen Straße bei wechselnder Verkehrsdichte dargestellt. Die stets gleichbleibenden Tilgungs- und Zinsenkosten der Betonstraße und ihre bis zur Verkehrsdichte von 500 gleichbleibenden Unterhaltungskosten ergeben bis zu dieser Verkehrsdichte konstante Gesamtkosten der Straße[3]. Dann steigen die Gesamtkosten in der Höhe der zunehmenden Unterhaltungskosten der Fahrbahn. (Über die Steigerung der Unterhal-

[1] Die Gesamtkosten der Kiesstraße sind bis 2000 Fahrzeuge täglich degressiv, bei mehr Fahrzeugen progressiv, ihre Unterhaltungskosten hingegen nur bis 300 Fahrzeuge täglich degressiv, zwischen 300 und 400 proportional, bei mehr progressiv.

[2] „Verkehrsdichte von x Fahrzeugen täglich“ soll künftig gekürzt ausgedrückt werden durch „Verkehrsdichte von x“ oder „Verkehrsdichte x“.

[3] Hier wird nur auf Besonderheiten der Kosten der Betonstraße hingewiesen. Über die allgemeine Bewegung der Kosten dieser Straße siehe die Ausführungen über die Kiesstraße.

Tabelle 88. **Aufwand einer Betonstraße und Betriebskosten von Automobilen auf dieser Straße bei verschiedener Verkehrsdichte je für 1 Meile und 1 Jahr**[1].

Baukosten der Fahrbahn 40000 Dollar, wirtschaftliche Gebrauchsdauer 20 Jahre, Restwert 20000 Dollar, Zinsfuß 5%, Unterhaltungskosten der Straße siehe S. 248, Breite der Straße 20 Fuß, Betriebskosten der Automobile für 1 Fahrzeugmeile 10 Cents, Zahl der Betriebstage 360.

Verkehrsdichte Zahl der täglich verkehrenden Automobile	Tilgung der Baukosten (-Restwert) Dollar	Verzinsung der Baukosten Dollar	Unterhaltungskosten Dollar	Gesamtkosten der Straße Dollar	Gesamtkosten der Straße für 1 Fahrzeug Dollar	Gesamtkost. der Straße für 1 Fahrzeugmeile Cents	Betriebskosten aller Fahrzeuge Dollar	Gesamtaufwand für Straße und Fahrzeuge Dollar	Gesamtaufwand für 1 Fahrzeugmeile (einschl. Straßenaufw.) Cents
50	1000	1050	100	2150	43,00	11,90	1800	3950	21,90
100	1000	1050	100	2150	21,50	6,00	3600	5750	16,00
200	1000	1050	100	2150	10,75	3,00	7200	9350	13,00
300	1000	1050	100	2150	7,16	2,00	10800	12950	12,00
400	1000	1050	100	2150	5,37	1,50	14400	16550	11,50
500	1000	1050	100	2150	4,30	1,20	18000	20150	11,20
1000	1000	1050	150	2200	2,20	0,61	36000	38200	10,61
2000	1000	1050	200	2250	1,12	0,31	72000	74250	10,31
3000	1000	1050	250	2300	0,76	0,21	108000	110300	10,21
4000	1000	1050	300	2350	0,58	0,16	144000	146350	10,16
5000	1000	1050	350	2400	0,48	0,13	180000	182400	10,13

tungskosten der Betonstraße siehe vorhergehendes Kapitel Seite 248—49.) Auf 1 Fahrzeug abgestellt sind sie bei jeder Verkehrsdichte degressiv. Sie betragen bei einem Verkehr von 500 Fahrzeugen täglich 4,30 Dollar für 1 Fahrzeug und 1,2 Cents für 1 Fahrzeugmeile, bei 5000 Fahrzeugen täglich 48 Cents für 1 Fahrzeug und 0,13 Cents für 1 Fahrzeugmeile oder nur etwa 11% der Kosten der Verkehrsdichte 500. Die Straßenkosten betragen bei einer Verkehrsdichte von 300 20% der Betriebskosten der Automobile, bei 5000 Fahrzeugen nur 1,3% dieser Kosten. Die Betriebskosten aller Fahrzeuge erhöhen sich bei der Betonstraße auf Grund des Einheitssatzes von 10 Cents die Meile bis zur Verkehrsdichte 5000 gleichmäßig. Im Gegensatz zur Kiesstraße sind hier die Betriebskosten der Fahrzeuge geringer und wachsen auch bei großer Verkehrsdichte nicht progressiv an (siehe nächstes Kapitel). Der Gesamtaufwand für Fahrbahn und Fahrzeuge erhöht sich entsprechend der Steigerung ihrer Kosten und vermindert sich für 1 Fahrzeug mit wachsender Verkehrsdichte. Er beträgt für 1 Fahrzeugmeile bei 50 Fahrzeugen täglich 21,9 Cents, bei 500 Fahrzeugen 11,2 Cents, bei 1000 Fahrzeugen 10,61 Cents und bei 5000 Fahrzeugen 10,13 Cents. Während er also bis 1000 Fahrzeuge täglich etwa um die Hälfte sinkt, vermindert er sich bei größerer Verkehrsdichte nur noch wenig.

Interessant ist nun, die Ökonomie der Kies- und Betonstraße bei ver-

[1] Siehe Fußnote[1] S. 254.

schiedener Verkehrsdichte zu vergleichen. Dazu werden in der Tabelle 89 die Aufwendungen für die Fahrbahnen und Fahrzeuge der beiden Land-

Tabelle 89. **Aufwand einer Kies- und Betonstraße und Betriebskosten von Automobilen auf diesen Straßen bei verschiedener Verkehrsdichte für 1 Meile und 1 Jahr.**

Verkehrsdichte Zahl der täglich verkehrenden Automobile	Gesamtkosten der Kiesstraße	Gesamtkosten der Betonstraße	Mehr- oder Minderkosten der Betonstraße	Gesamtkosten der Kiesstraße für 1 Fahrzeug	Gesamtkosten der Betonstraße für 1 Fahrzeug	Mehr- oder Minderkosten der Betonstraße f. 1 Fahrzeug	Gesamtkosten der Kiesstraße für 1 Fahrzeugmeile	Gesamtkosten der Betonstraße für 1 Fahrzeugmeile	Mehr- oder Minderkosten der Betonstraße für 1 Fahrzeugmeile
	Dollar	Dollar	Dollar	Dollar	Dollar	Dollar	Cents	Cents	Cents
50	1280	2150	+ 870	25,60	43,00	+17,40	7,10	11,90	+4,80
100	1330	2150	+ 820	13,30	21,50	+ 8,20	3,70	6,00	+2,30
200	1380	2150	+ 770	6,90	10,75	+ 3,85	1,90	3,00	+1,10
300	1430	2150	+ 720	4,76	7,16	+ 2,40	1,30	2,00	+0,70
400	1480	2150	+ 670	3,70	5,37	+ 1,67	1,00	1,5	+0,50
500	1580	2150	+ 570	3,16	4,30	+ 1,14	0,88	1,20	+0,32
1000	2180	2200	+ 20	2,18	2,20	+ 0,02	0,60	0,61	+0,01
2000	3380	2250	—1130	1,69	1,12	— 0,57	0,47	0,31	—0,16
3000	5180	2300	—2880	1,72	0,76	— 0,96	0,48	0,21	—0,27

Betriebskosten aller Fahrzeuge bei 360 Betriebstagen auf der Kiesstraße	Betriebskosten aller Fahrzeuge bei 360 Betriebstagen auf der Betonstraße	Minderkosten auf der Betonstraße	Gesamtaufwand für Fahrbahn und Fahrzeuge Kiesstraße	Gesamtaufwand für Fahrbahn und Fahrzeuge Betonstraße	Mehr- oder Minderaufwand der Betonstraße	Gesamtaufwand für 1 Fahrzeugmeile Kiesstraße	Gesamtaufwand für 1 Fahrzeugmeile Betonstraße	Mehr- oder Minderaufwand der Betonstraße für 1 Fahrzeugmeilen	Mehr- oder Minderaufwand der Betonstraße für 6000 Fahrzeugmeilen
Dollar	Dollar	Dollar	Dollar	Dollar	Dollar	Cents	Cents	Cents	Dollar
1980	1800	180	3260	3950	+ 690	18,10	21,90	+3,80	+228,00
3960	3600	360	5290	5750	+ 460	14,70	16,00	+1,30	+ 78,00
7920	7200	720	9300	9350	+ 50	12,90	13,00	+0,10	+ 6,00
11880	10800	1080	13310	12950	— 360	12,30	12,00	—0,30	— 18,00
15840	14400	1440	17320	16550	— 770	12,00	11,50	—0,50	— 30,00
19800	18000	1800	21380	20150	— 1230	11,88	11,20	—0,68	— 40,80
40680	36000	4680	42860	38200	— 4660	11,90	10,61	—1,29	— 77,40
86400	72000	14400	89780	74250	—15530	12,47	10,31	—2,16	—129,60
140400	108000	32400	145580	110300	—35280	13,48	10,21	—3,27	—196,20

straßen einander gegenübergestellt. Der Vergleich zeigt, daß die Gesamtkosten der Betonstraße bis zur Verkehrsdichte 1000 höher, bei größerer Verkehrsdichte niederer sind als die der Kiesstraße[1]. Der Mehraufwand ist bei der Betonstraße um so größer, je geringer die Verkehrsdichte, ihr Minderaufwand um so größer, je stärker die Verkehrsdichte. Die Mehrkosten der Betonstraße betragen bei einer Verkehrsdichte von 100 für 1 Fahrzeug 8,20 Dollar, für 1 Fahrzeugmeile 2,3 Cents, bei 1000 Fahrzeugen 0,02 Dollar für 1 Fahrzeug und 0,01 Cents für 1 Fahrzeugmeile und ihre Minderkosten bei 3000 Fahrzeugen 0,96 Dollar für 1 Fahrzeug und 0,27 Cents für 1 Fahrzeugmeile. Die Minderkosten für

[1] Je nach der Lage des Einzelfalles wird in der Praxis die Kostengleichheit früher oder später eintreten.

den Betrieb der Kraftfahrzeuge auf der Betonstraße wachsen bis 500 Fahrzeuge täglich proportional zur Verkehrsdichte, bei größerer Verkehrsstärke progressiv. Der Gesamtaufwand für Fahrbahn und Fahrzeuge ist für die Kiesstraße bis zu einer Verkehrsdichte von 200 niederer als für die Betonstraße, bei größerer Verkehrsdichte kehrt sich das Verhältnis um. Die Grenze der Wirtschaftlichkeit beider Fahrbahnen liegt also hier zwischen einer Verkehrsdichte von 200 und 300. Sie hat sich somit wesentlich zugunsten der Betonstraße verändert, denn als zuvor nur die Gesamtkosten der Fahrbahnen verglichen wurden, war die Kiesstraße bis zu einer Verkehrsdichte von 1000 kostenniederer als die Betonstraße. Dies ist durch die geringeren Betriebskosten der Kraftfahrzeuge auf der Betonstraße bedingt. Es kann somit festgestellt werden: Kostenhöhere Fahrbahnen werden zu kostenniedereren, wenn durch ihre Oberfläche die Betriebskosten der Fahrzeuge gegenüber anderen Fahrbahnen noch niederer sind als der geringere Aufwand einer weniger widerstandsfähigen Straße. Der Gesamtaufwand der Kiesstraße ist bei der Verkehrsdichte 50 für 1 Fahrzeugmeile um 3,8 Cents, bei der Verkehrsdichte 200 noch um 0,1 Cents niederer als der der Betonstraße; dann kehrt sich die Wirtschaftlichkeit, der Minderaufwand der Betonstraße für 1 Fahrzeugmeile erreicht bei einer Verkehrsdichte von 500 0,68 Cents, bei 1000 1,29 Cents, bei 3000 3,27 Cents, oder nahezu $^1/_3$ der Betriebskosten der Fahrzeuge. Auf 6000 Fahrzeugmeilen, der durchschnittlichen jährlichen Betriebsleistung von Automobilen, beträgt der Minderaufwand für 1 Fahrzeug auf der Kiesstraße bei einer Verkehrsdichte von 50 228 Dollar, bei einer Verkehrsdichte von 200 noch 6 Dollar, auf der Betonstraße bei einer Verkehrsdichte von 500 40,80 Dollar, bei 1000 77,40 Dollar und bei 3000 196,20 Dollar. Erreicht die Verkehrsdichte nur 1000 Fahrzeuge täglich, so könnten mit dem Minderaufwand der Betonstraße (4660 Dollar) gegenüber der Kiesstraße die Kapitalkosten der Betonstraße in weniger als 10 Jahren getilgt werden.

In diesem Zusammenhang dürfte es interessant sein, ein Urteil des Landstraßenbauamtes in Minnesota über Kies- und Betonstraßen zu hören:

„... Kiesstraßen sind viel wirtschaftlicher und in gewisser Beziehung bei mäßigem Verkehr ebenso befriedigend wie Fahrbahnen höherer Widerstandsfähigkeit. Werden sie regelmäßig und sorgfältig unterhalten, so können sie nahezu so glatt wie Straßen hoher Festigkeit (Beton-Asphaltstraßen) werden, und solange der Verkehr nicht zu groß wird, können sie selbst in langen Perioden schlechten Wetters hart und glatt erhalten werden. Aber sobald der Verkehr eine bestimmte Stärke übersteigt, werden Kiesstraßen bei nassem Wetter rauh und aufgerissen und bei trockenem staubig und zerrieben — washboardy —. Eine Verkehrsdichte von 500 mit kleinen Schwankungen bei mehr oder weniger starken Kiesstraßen ist gewöhnlich die größte Verkehrsdichte, die von einer Kiesstraße ohne Schaden für ihre Oberfläche getragen werden kann. Wird der Verkehr stärker, so muß sie ständig beschottert werden, weil sonst die Oberfläche bei trockenem Wetter weggeblasen und bei nassem weggewaschen würde. Die Unterhaltungskosten steigen dann sehr rasch, ohne je eine gute Fahrbahn zu haben. Der Aufwand für 1 Fahrzeugmeile ist auf einer Kiesstraße bei täglich 1000 Fahrzeugen größer als nur bei 500.

Bei Fahrbahnen hoher Widerstandsfähigkeit ist das Verhältnis umgekehrt. Die Aufwendungen für Verzinsung, Tilgung und Unterhaltung sind für eine Betonstraße bei einer durchschnittlichen Verkehrsdichte von 5000 nicht viel größer als bei einer Verkehrsdichte von durchschnittlich 500. Die Zahl der in Minnesota im Jahre 1926 auf den Landstraßen großer Festigkeit täglich verkehrenden Fahrzeuge betrug ungefähr 2220; die Kosten hiefür waren durchschnittlich für 1 Fahrzeugmeile $^1/_4$ Cent, die Kosten einer Kiesstraße hingegen $^1/_2$ Cent — steigend mit dem Verkehr —, so daß $^1/_4$ Cent für 1 Fahrzeugmeile auf stark befahrenen Fahrbahnen hoher Widerstandsfähigkeit direkt erspart wird. Diese Ersparnis bezieht sich nur auf den Aufwand für die Straße, ohne die Ersparnisse im Brennstoff- und Bereifungsverbrauch der Fahrzeuge und allgemeine Vorteile einer besseren Fahrbahn, wie angenehmeres Fahren, zu berücksichtigen[1]."

Die Ergebnisse von Untersuchungen des Jowa State College über Aufwendungen für Landstraßen und Kraftfahrzeuge bei verschiedener Verkehrsdichte im oberen Tal des Mississippi sollen noch in der Tabelle 90

Tabelle 90. Jährlich durchschnittlicher Gesamtaufwand für Landstraßen und Kraftfahrzeuge bei verschiedener Verkehrsdichte im oberen Tal des Mississippi, in Dollar für 1 Meile[2].

Durchschnittliche Zahl der täglich verkehrenden Fahrzeuge	100	250	500	750	1000	1500	2500
Durchschnittliche Zahl der täglich gefahrenen Tonnen	150	375	745	1120	1500	2250	3700
Gewöhnliche Erdstraßen	5320	12850	25580	—	—	—	—
Beste Erdstraßen	5100	12140	24000	35830	47840	—	—
Gewöhnliche Kiesstraßen	5350	12470	24350	36240	48140	71920	—
Beste Kiesstraßen	5190	11780	22800	33800	44900	66950	110980
Wassergebundene Makadamstraßen	6670	13680	24670	35850	47040	69380	114110
Bitumengebundene Makadamstraßen	6810	13270	24100	34920	47730	69180	109970
Sand-Asphaltstraßen	6090	12160	22400	32540	42750	62010	103670
Asphaltstraßen mit Betonunterlage	6080	12140	22360	32490	42680	62900	103480
Durchschnittliche Betonstraßen	5760	11840	21980	37130	42310	52570	103070
Beste Betonstraßen	5500	11190	20670	30160	39680	58630	96510
Ziegelsteinstraßen	6190	12230	22390	32530	42690	62980	103430

[1] Biennial Report of the Commissioner of Highways of Minnesota for 1925/26. S. 28/29.

[2] Agg u. Carter a. a. O. S. 20. Bei der Verkehrsdichte wurde angenommen, daß 90% der Fahrzeuge Automobile, 5% Lastkraftwagen mit Luftreifen und 5% Lastkraftwagen mit Vollgummireifen sind. Die Kostenziffern enthalten die Aufwendungen für Abschreibung, Verzinsung und Unterhaltung der Landstraßen, wie die Betriebskosten der Fahrzeuge. Eine Betrachtung der Kostenziffern erhebt

wiedergegeben werden. Bei einer Verkehrsdichte von 100 erscheinen als wirtschaftlichste Fahrbahnen die „besten Erdstraßen“ an erster, die „besten Kiesstraßen“ an zweiter und die „gewöhnlichen Erdstraßen“ an dritter Stelle. Sobald die Verkehrsdichte 250 erreicht, stehen die Straßen hoher Widerstandsfähigkeit — mit der einen Ausnahme, daß bei dieser Verkehrsdichte die „besten Kiesstraßen“ an zweiter Stelle sind — als wirtschaftliche Fahrbahnen immer voran, und zwar sind die Verkehrsdichte von 1500 ausgenommen die „besten Betonstraßen“ immer an erster Stelle, (siehe Fußnote). Es ist erstaunlich, daß auch bei mittleren Verkehrsstärken die Kosten der wasser- und bitumengebundenen Makadamstraßen so viel höher als die der Beton- und Asphaltstraßen sein sollen.

Die Kostenvergleiche machen es offensichtlich, daß je nach der Verkehrsdichte Fahrbahnen größerer oder kleinerer Widerstandsfähigkeit wirtschaftlich bedingt sind und daß es unwirtschaftlich ist, zu starke oder zu schwache Fahrbahnen zu bauen. Fahrbahnen von zu großer Widerstandsfähigkeit sind eine überschüssige, ungenützte Kapitalanlage, Fahrbahnen von zu geringer Festigkeit eine schlechte Kapitalanlage.

Straßen von zu hoher Widerstandsfähigkeit werden häufig in Gebieten geringer Verkehrsdichte gebaut, deren Straßenbauämter über reichliche Mittel verfügen und deren Bevölkerung aus Lokalpatriotismus sich mit Beton- und Asphaltstraßen rühmen will. Straßen von zu geringer Widerstandsfähigkeit werden hauptsächlich in Gebieten ohne ausreichende Straßenbaumittel oder bei mangelndem Verständnis für den wirtschaftlichen Wert guter Fahrbahnen gebaut. In beiden Fällen ist der Kostenaufwand verhältnismäßig zu hoch und verursacht eine indirekte Besteuerung der Bevölkerung, insbesondere der Kraftfahrzeugbesitzer. Dem Vergleich von Kies- und Betonstraße konnte entnommen werden, daß es wohl viel billiger ist, eine Kiesstraße als eine Betonstraße zu bauen, daß aber bei einer bestimmten Verkehrsdichte die einen höheren Bauaufwand verlangende Betonstraße wirtschaftlicher als eine Kiesstraße wird. Bei einer Verkehrsdichte von 500 würden die Gesamtkosten der Betonstraße (Tabelle 89) um 570 Dollar im Jahre höher als die der Kiesstraße sein; da aber durch die bessere Oberfläche der Betonstraße die Betriebskosten der Fahrzeuge um 1800 Dollar im Jahre nie-

zweifelsohne Widersprüche. So ist es nicht verständlich, warum die „besten Betonstraßen“ nicht auch bei einer Verkehrsdichte von 1500 die wirtschaftlichsten Fahrbahnen sein sollen, da ihnen diese Eigenschaft bei größerer und kleinerer Verkehrsdichte doch zugesprochen wird. Es kann dies nur so zu erklären sein, daß die Straßen technisch verschieden ausgeführt und verschieden lange im Gebrauch sind und Witterungseinflüsse mehr oder weniger eingewirkt haben.

derer sind als auf der Kiesstraße, ergibt sich für die Betonstraße ein um 1230 Dollar geringerer Gesamtaufwand, so daß also im Endergebnis die Betonstraße die wirtschaftlichere Fahrbahn ist. Mit zunehmender Verkehrsdichte wird das Verhältnis für die Betonstraße, wie früher gezeigt, immer günstiger. Es wird deshalb in der Union von vielen Seiten mit Recht verlangt, Geld ohne Rücksicht auf seine Herkunft und Rückzahlung flüssig zu machen und die Landstraßen, so rasch es die vorhandenen Arbeitskräfte und Materialien erlauben, zu verbessern[1].

Während der gegenwärtigen Entwicklungsperiode des Landstraßenbaues kann jedoch der Grundsatz der Wirtschaftlichkeit nicht immer streng befolgt werden. Der Bedarf an widerstandsfähigeren Landstraßen kam durch die rasche Zunahme des Kraftwagenverkehrs so plötzlich, daß die Festigkeit der Landstraßen nur allmählich dem stärkeren Kraftwagenverkehr angepaßt werden kann. Es wird oft nicht zu umgehen sein, daß vorerst billigere Fahrbahnen gebaut werden müssen, obwohl teuerere wirtschaftlicher wären. Ein Vertreter des Staates New Hampshire brachte beispielsweise zum Ausdruck:

„... beschränkte Mittel bestimmten unseren Landstraßenbau. Es war notwendig, den Landstraßen-Dollar über eine größtmögliche Landfläche zu verteilen, um den größten Nutzen für die Gesamtheit zu erzielen. Dies ist der Grund für die vielen Kiesstraßen auf den Hauptverkehrswegen in New Hampshire[2]."

Die Erhöhung der Widerstandsfähigkeit von Kiesstraßen und wassergebundenen Makadamstraßen durch Behandlung mit Bitumen oder anderen Stoffen oder die Verbreiterung von Makadamstraßen durch Anbau von Betonstreifen auf beiden Seiten der Fahrbahn (siehe Abb. 46) waren glückliche Notbehelfe und eine Möglichkeit, in kurzer Zeit viele Fahrbahnen dem immer mehr anschwellenden Kraftwagenverkehr teilweise anzupassen.

Bei der Anlage einer Straße ist ferner das Verhältnis von Straßenanlage und Gewicht der Fahrzeuge von Bedeutung. Grundlegend ist hier, die Fahrbahnen so widerstandsfähig auszuführen, daß sie das Bruttogewicht der den Hauptverkehr bildenden Fahrzeuge ohne allzu große Abnützung zu tragen vermögen[3]. Da die meisten Personenkraftwagen[4] und etwa 80% der Lastkraftwagen im zwischenörtlichen Verkehr ein Bruttogewicht von nicht mehr als 3 Tonnen aufweisen — die

---

[1] Siehe Highways and Highway Transportation a. a. O. S. 57.

[2] Proceedings of the Sixth Annual Meeting of the Highway Research Board S. 281.

[3] Über Gewicht der Fahrzeuge und Straßenstärke siehe auch Public Roads Vol. 7, Nr 2.

[4] Von den Omnibussen haben die meisten ein Bruttogewicht von mehr als 3 Tonnen; da aber ihre absolute Zahl im zwischenörtlichen Verkehr verhältnismäßig gering ist und sie mit guten, großen Luftreifen ausgestattet sind, sind sie hier weniger wichtig.

große Mehrzahl der Personenkraftwagen hat ein Bruttogewicht von weniger als 2 Tonnen — und nahezu alle Fahrzeuge mit Luftreifen ausgestattet sind und eine Höchstgeschwindigkeit im allgemeinen von 40 Meilen die Stunde haben, werden diese Fahrzeuge zur Grundlage einer Beurteilung der Widerstandsfähigkeit der Landstraßen. Je nach der Verkehrsdichte sind für sie, wie ausgeführt, Fahrbahnen geringerer oder stärkerer Festigkeit notwendig. Bei starkem Verkehr bedürfen Fahrzeuge bis zu 3 Tonnen Bruttogewicht einer Betonstraße mit einer Stärke von durchschnittlich 6 Zoll[1] oder einer der Widerstandsfähigkeit einer solchen Betonstraße gleichkommenden Fahrbahn. Für schwerere Fahrzeuge, insbesondere für Lastkraftwagen mit einem Bruttogewicht von mehr als 3 Tonnen, müssen Betonstraßen eine Stärke von durchschnittlich 8 Zoll, also eine um 2 Zoll stärkere Fahrbahndecke haben, für die der Mehraufwand ungefähr 10000 Dollar die Meile betragen soll[2]. Da die Kosten einer 8 Zoll starken Betonstraße mit 40000 Dollar die Meile angenommen werden können, wäre somit der durch die schweren Lastkraftwagen bedingte Mehraufwand etwa 25% der Gesamtkosten der Straße. Die im Verhältnis zu allen Kraftfahrzeugen sehr geringe Zahl schwerer Lastkraftwagen, die etwa 2,5% oder $^1/_{40}$ aller Kraftfahrzeuge beträgt, würde also ein Viertel des Aufwandes für Fahrbahnen sehr hoher Widerstandsfähigkeit notwendig machen. Wenn nun Thomas H. MacDonald für das Jahr 1924 berechnet, daß die schweren Lastkraftwagen ihren Anteil an den Kosten für Fahrbahnen großer Widerstandsfähigkeit durch höhere Abgaben (siehe nächster Abschnitt, Kapitel 2 und 3) tragen, so dürfte dies für die im Jahre 1924 vorhandenen 46000 Meilen solcher Straßen zutreffen. Es ist aber zu beachten, daß das Landstraßennetz der Union eine Ausdehnung von etwa 3000000 Meilen hat, die zwar in ihrer Mehrzahl nicht für einen allgemeinen schweren Lastkraftwagenverkehr in Frage kommen. Immerhin dürfte aber doch auf mindestens 250000 Meilen ein Bedürfnis für einen relativ umfangreichen Lastkraftwagenverkehr von mehr als 3 Tonnen Bruttogewicht vorhanden sein. Um die Mehrkosten für diese Fahrbahnen großer Widerstandsfähigkeit aufzubringen, würde aber, wenn die Abgaben wirtschaftlich erträglich be-

---

[1] Wird von der durchschnittlichen Stärke einer Straße gesprochen, so soll damit ausgedrückt werden, daß die Fahrbahndecke an den Rändern entweder stärker oder schwächer als in der Mitte ist. Ursprünglich wurden die Straßendecken an den Rändern schwächer als in der Mitte oder aber in der ganzen Breite gleichstark gebaut. Auf verschiedene Untersuchungen hin wurde die Bauweise geändert. Die meisten Straßen werden jetzt mit dickeren Außenflächen und dünneren Innenflächen angelegt, und zwar wird die Betondecke von Bundesverkehrsstraßen gegenwärtig an den Rändern meist 9 Zoll und in der Mitte 7 Zoll stark gehalten.

[2] Siehe MacDonald, Th. H.: Commercial Vehicles on Free Highways in The Journal of Land and Public Utility Economics u. Public Roads Vol. 7, Nr 2.

messen werden, die Zahl der schweren Fahrzeuge zu klein sein. Auf allen übrigen Landstraßen wären die schweren Fahrzeuge vom Verkehr auszuschließen, sofern nicht ein Teil der Fahrbahnen einzelne schwere Fahrzeuge ohne ungewöhnlich starke Abnützung zu tragen vermag. Eine stärkere steuerliche Belastung der schweren Fahrzeuge dürfte, nachdem sie im Jahre 1924 durchschnittlich schon das 6,3fache der leichten Lastkraftwagen bezahlt haben sollen[1] und im Durchschnitt nicht einmal die doppelte Nutzlast der leichten zu befördern vermögen, sich nicht empfehlen. Wenn auch in Zukunft die Zahl der schweren Lastkraftwagen noch beträchtlich zunehmen wird, so darf nach der bisherigen Entwicklung doch keine so große Steigerung erwartet werden, daß sie die Mehrkosten der Landstraßen hoher Widerstandsfähigkeit wirtschaftlich tragen könnten. Andererseits soll aber die Widerstandsfähigkeit von Fahrbahnen von mehr als 6 Zoll Stärke verhältnismäßig mehr als ihr größerer Aufwand oder mindestens in gleichem Maße erhöht und ihre wirtschaftliche Gebrauchsdauer verlängert werden[2], so daß der Aufwand, auf 1 Jahr verteilt, auch keine höheren Kosten für alle Fahrzeuge ergeben würde.

Eine noch größere Gefahr für die Fahrbahnen als schwere sind überlastete Fahrzeuge, wobei ihr Bruttogewicht nicht einmal die für die Fahrzeuge staatlich festgesetzte Höchstgewichtsgrenze[3] zu überschreiten braucht, um Schaden an den Fahrbahnen anzurichten. Bei überlasteten Fahrzeugen vermag die Federung Erschütterungen während der Fahrt nicht mehr aufzunehmen, wodurch ständig Stöße auf die Fahrbahndecke entstehen. Welchen Schaden überlastete Fahrzeuge anrichten können, ist aus der Höhe der Unterhaltungskosten einer auf die Einhaltung des zulässigen Ladegewichtes besonders überwachten, 5 Meilen langen Landstraßenstrecke zu entnehmen. In dem Jahre nach der Überwachung waren die Unterhaltungskosten für diese Strecke um 10000 Dollar, also um 2000 Dollar die Meile niederer als vorher[4]. Da der Aufwand der Straßen von der Allgemeinheit und von allen Kraftfahrzeugbesitzern aufgebracht werden muß, ist es nur billig, wenn gegen eine Überlastung der Fahrzeuge mit aller Schärfe vorgegangen und dadurch eine außergewöhnlich starke Abnützung der Fahrbahnen vermieden wird. Außerdem schaden sich Besitzer überlasteter Fahr-

---

[1] Nach der Aufstellung auf S. 295 mußte im Jahre 1924 für einen 5 Tonnen-Lastkraftwagen etwa das 4,5fache eines $1^1/_2$ Tonnen-Wagens bezahlt werden.

[2] Nach Mitteilung von Mr. Fairbanks würden die jährlichen durchschnittlichen Kosten einer 8 Zoll starken Betondecke geringer sein als die für eine 6 Zoll starke Decke.

[3] Zwei Arten von Überlastungen sind zu unterscheiden. Einmal kann die für die Fahrzeuge gesetzlich festgesetzte Höchstgewichtsgrenze der einzelnen Fahrzeuge überschritten werden oder aber ihre Tragfähigkeit.

[4] The Penny Wisdom of Overloading Motor Trucks by H. S. Fairbank-Cream Truck Journal Sept. 1923.

zeuge selbst, weil die Betriebskosten solcher Fahrzeuge ganz erheblich steigen.

Eine weitere wichtige Beziehung zwischen Straßenanlage und Kraftwagenverkehr ist das Verhältnis zwischen der Breite der Fahrbahnen und der Größe der Fahrzeuge. Grundlegend dafür ist eine Straßenbreite, auf der zwei Fahrzeuge unbehindert aneinander vorbeifahren können. Schmälere Straßen kommen nur zwischen Verkehrspunkten mit geringem, nur vereinzeltem Fahrzeugverkehr in Betracht. Hievon abgesehen müssen die Fahrbahnen mindestens 15 Fuß, bei Omnibus- und Lastkraftwagenverkehr 18 Fuß breit sein. Ist die Verkehrsdichte so groß, daß Fahrzeuge häufig sich unterwegs begegnen oder überholt werden, sind der Sicherheit des Verkehrs und der Annehmlichkeit des Fahrens wegen noch breitere Fahrbahnen erwünscht. Eine 18 Fuß breite Straße gilt als überladen, sobald mehr als 1000 Fahrzeuge täglich auf ihr verkehren[1]. Neuerdings werden für alle Straßen mit starkem Verkehr 20 Fuß breite Fahrbahnen verlangt, damit ein Fahrzeug ein Verkehrsfeld[2] von 10 Fuß Breite hat. Auf solchen Straßen können Fahrzeuge schnell und sicher fahren. Auch ist das Reisen für den Automobilisten weit angenehmer, da er sich von der ständigen Gefahr, mit anderen Fahrzeugen, insbesondere mit den breiten Omnibussen und Lastkraftwagen, zusammenzustoßen, befreit fühlt. Ein ökonomischer Vergleich von Fahrbahnen verschiedener Breite hätte deshalb auch die mit breiteren Straßen verbundene größere Geschwindigkeit, Sicherheit und Annehmlichkeit des Reisens zu berücksichtigen.

Als Fassungskraft einer 20 Fuß breiten Straße gilt eine Verkehrsdichte von 6000 und bei geringer Einbuße in der Geschwindigkeit eine von 10000 Fahrzeuge täglich. Eine größere Verkehrsdichte würde weitere Verkehrsfelder notwendig machen. Die Fahrbahnen brauchen zwar nicht immer gleich um 2 Verkehrsfelder oder 20 Fuß verbreitert werden, da sich der Hauptverkehr zu bestimmten Stunden häufig hauptsächlich nur in einer Richtung bewegt, in den Morgenstunden zur Stadt und nach Geschäftsschluß gegen die Außenbezirke, so daß $^2/_3$ der Straßenbreite je nach der Bewegung des Hauptverkehrs für die eine oder andere Richtung verwendet werden können. Bei einer Verkehrsdichte von beispielsweise 12000 Fahrzeugen täglich würden, wenn der Verkehr sich zu bestimmten Stunden in einer Richtung bewegt, 3 Verkehrsfelder, also eine 30 Fuß breite Straße ausreichen. Verteilt sich der Verkehr während der Stunden größter Dichte mehr oder weniger gleichmäßig in beiden

---

[1] Über die Fassungskraft von Fahrbahnen verschiedener Größe siehe Proceedings of Seventh Annual Meeting of the Highway Research Board S. 231ff.

[2] Unter einem Verkehrsfeld soll die rechts- oder linksseitige Fahrbahnfläche und bei Straßen, auf denen mehr als 2 Fahrzeuge gleichzeitig nebeneinander verkehren können, die weiteren Fahrbahnflächen verstanden sein.

Richtungen, würden 4 Verkehrsfelder oder eine 40 Fuß breite Straße notwendig sein.

Bei der Anlage von Straßen ist auch die je nach der Entfernung von den Städten ab- oder zunehmende Verkehrsdichte zu berücksichtigen. Die Fahrbahnen sind dementsprechend breiter oder schmäler anzulegen[1].

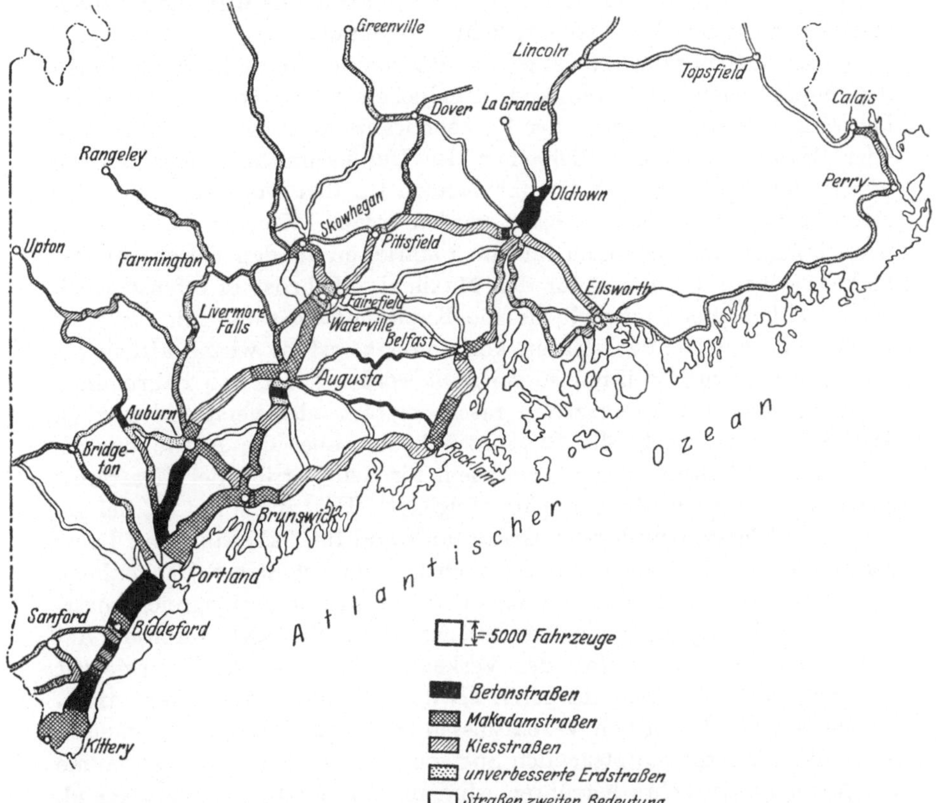

Abb. 17. Verkehrs- und Straßenstärke der Hauptstraßen des Staates Maine[2].

So ist die große Verkehrsstraße „Lincoln Highway" in der Nähe von Philadelphia 40 Fuß, in größerer Entfernung 30 Fuß und in den ländlichen Gebieten 18 Fuß breit. In der Nähe einiger großer Städte ist der Verkehr so stark, daß 80 Fuß und noch breitere Fahrbahnen gebaut werden mußten.

Die mit der Entfernung von den Städten wechselnde Verkehrsdichte bedingt auch eine dementsprechend größere oder schwächere Straßen-

[1] Landstraßen sind in große Städte so einzuführen, daß ihr Verkehr die Straßen der Städte nicht verstopft und nicht zu sehr gehemmt wird. Hier wären unter Umständen Gürtel- und Umgehungsstraßen anzulegen.

[2] Die Karte wurde der Zeitschrift Public Roads Vol. 6, Nr 3 entnommen.

stärke. Aus der Abb. 17 ist die wechselnde Verkehrs- und Straßenstärke der Hauptstraßen des Staates Maine ersichtlich. Die Karte zeigt stärkere Fahrbahnen und größere Verkehrsdichten in der Nähe großer Verkehrsplätze, schwächere Fahrbahnen und kleinere Verkehrsdichten in der weiteren Entfernung von Verkehrsplätzen. Nach dem vorliegenden Straßenbauprogramm des Staates Maine wird die Straßenstärke noch mehr der Verkehrsdichte angepaßt.

Wirtschaftlich schwierig ist es, die Stärke und Breite der Fahrbahnen den monatlichen, täglichen und stündlichen Schwankungen des Verkehrs anzupassen. Wächst der Verkehr während einiger Monate, Tage oder Stunden zu einem Vielfachen des Durchschnittsverkehrs an, so erhebt sich die Frage, ob die Fahrbahnen für den Durchschnitts- oder einen stärkeren Verkehr gebaut werden sollen. Können Fahrbahnen wirtschaftlich und technisch für einen stärkeren als den Durchschnittsverkehr gebaut werden — für den Maximalverkehr ist es offensichtlich wirtschaftlich nicht möglich, da die Kapitalanlage sonst nur für ganz kurze Zeit voll genützt werden könnte —, so ist es wirtschaftlich geboten, dies zu tun, weil nur so verhütet werden kann, daß Fahrbahnen während starker Verkehrszeiten rasch zerstört oder verstopft werden. Dadurch werden wohl die Baukosten höher, aber die Aufwendungen für die Unterhaltung der Fahrbahnen, für den Betrieb der Kraftfahrzeuge und oft auch für den später folgenden Umbau häufig so viel geringer, daß letzten Endes der Gesamtaufwand für Fahrbahn und Fahrzeuge niederer ist, als wenn schwächere und schmälere Fahrbahnen gebaut worden wären. Zu schwache Straßen müssen umfangreich unterhalten und häufig umgebaut werden, Nachteile, die noch durch die damit verbundene Hemmung des Verkehrs erhöht werden. Inwieweit eine Fahrbahn an einen stärkeren als den Durchschnittsverkehr anzupassen ist, hängt von den Verhältnissen des Einzelfalles ab. Verkehrsschwankungen, die hauptsächlich nur von einer angemessenen Zunahme des Automobilverkehrs herrühren, sind nicht besonders schwerwiegend, weil eine gut unterhaltene Straße von mittlerer Güte ohne erhebliche größere Abnützung einem stärkeren Automobilverkehr gewachsen ist. Erhöht sich aber auch der Omnibus- und Lastkraftwagenverkehr und insbesondere die Zahl der schweren Lastkraftwagen, so läßt sich der Bau einer stärkeren und breiteren Fahrbahn wirtschaftlich nicht länger hinausschieben, wenn nicht der Verkehr schwerer Fahrzeuge beschränkt wird. Ist der Sonntagsverkehr doppelt so stark oder noch stärker als der der Wochentage, so können meist nicht dieses einen Tages wegen Fahrbahnen gebaut werden, welche die größere Verkehrsdichte hemmungslos aufzunehmen vermögen. Die Straßen müssen aber mindestens so stark sein, um der erhöhten Beanspruchung durch die größere Zahl der Kraftfahrzeuge standzuhalten. Die Breite — oder

Zahl — der Fahrbahnen wird aber wirtschaftlich beschränkt bleiben müssen. Würden die Fahrbahnen auch doppelt so breit oder in doppelter Anzahl, als für den Verkehr der Wochentage notwendig, angelegt werden, so würden sie in den ersten Sonntagnachmittagstunden, jedenfalls in der Nähe der großen Städte, überladen sein, weil eben die meisten Amerikaner mit ihren Wagen um diese Zeit, wenn irgend möglich, ausfahren, solange auch nur halbwegs eine Fahrgelegenheit vorhanden ist. Nur die Kongestion setzt dem Überverkehr Grenzen.

Anders ist es mit den stündlichen Schwankungen des Verkehrs während der Wochentage, deren Ausmaß hauptsächlich vom Geschäftsverkehr und insbesondere vom Beginn und von der Beendigung der Arbeitszeit in den Geschäftsbetrieben herrührt. Hier besteht ein dringendes Bedürfnis nach flotter Abwicklung des Geschäftsverkehrs und rascher und sicherer Beförderung nach und von der Arbeitsstätte. Die Fahrbahnen sollten deshalb diesen Verkehr ohne zu große Stockungen aufnehmen können. In der Nähe großer Städte wird dies aber, selbst bei ausgedehnten Straßennetzen, immer nur beschränkt möglich sein. Nur Massenverkehrsmittel, wie Schnell- und Untergrundbahnen, können hier befriedigen.

Einige Beispiele aus der Praxis mögen die Verkehrsschwankungen aufzeigen. Der Abb. 18 sind die monatlichen Schwankungen des Personen- und Güterverkehrs auf den Landstraßen in den Staaten Pennsylvania und Connecticut in den Jahren 1922—1924 zu entnehmen. Der Personenverkehr ist naturgemäß in den Wintermonaten Dezember bis Februar am schwächsten, und zwar sank er in Pennsylvania im Februar 1924 auf etwa 52% und in Connecticut im Januar 1923 auf etwa 35% des Durchschnittes. Den Höchststand erreichten beide Staaten im Juli, Pennsylvania im Juli 1924 mit etwa 38% und Connecticut im Juli 1923 mit etwa 90% über dem Durchschnitt. Der Lastkraftwagenverkehr weist in beiden Staaten ähnliche Schwankungen auf, nur sind die Abweichungen vom Durchschnitt hier geringer als im Personenverkehr. Der Tiefstand wurde in Pennsylvania im Januar 1924 mit etwa 75% und in Connecticut im Februar 1923 mit etwa 70% des Durchschnittes erreicht, der Höchststand in Pennsylvania im Juli 1924[1] mit etwa 23% und in Connecticut im Oktober 1922 mit etwa 28% über dem Durchschnitt.

Bei den Tagesschwankungen weichen besonders die Sonntage weit vom Durchschnitt ab. In Pennsylvania war der Personenverkehr auf

[1] Der Maximalverkehr der Lastkraftwagen dürfte in Pennsylvania wie in Connecticut auch im Herbst sein. Die Berichtsziffern fehlen hier für die Monate August—Oktober. Der in Connecticut bedeutend stärkere Lastkraftwagenverkehr im November und Dezember 1922 ist auf den Streik der Eisenbahnarbeiter der New York New Haven and Hartford Eisenbahngesellschaft zurückzuführen.

den Landstraßen an Sonntagen um 88% und in Connecticut um 65% stärker als der Verkehr die Woche durch[1]. Der Verkehrsumfang an den einzelnen Tagen einer Woche war auf den Staatsstraßen in New Jersey im Jahre 1926 folgender[2]:

Durchschnitt	100%	Donnerstag	84%
Montag	82%	Freitag	89%
Dienstag	77%	Samstag	113%
Mittwoch	83%	Sonntag	172%.

Am schwächsten ist der Verkehr am Dienstag mit einer Stärke von etwa $^3/_4$ des Durchschnittverkehrs. Dann steigt er bis zum Freitag

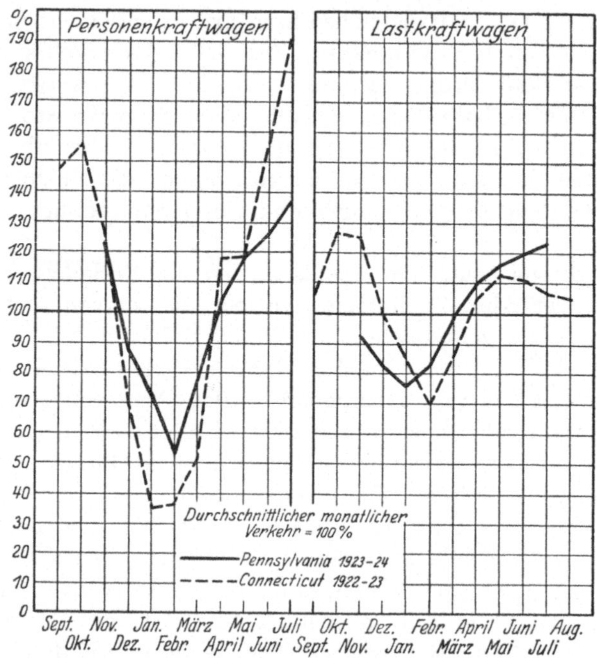

Abb. 18. Monatliche Schwankungen des Kraftwagenverkehrs in den Staaten Pennsylvania und Connecticut in den Jahren 1922—1924[3].

leicht an, wo er aber immer noch um 11% unter dem Durchschnitt bleibt. Samstags schnellt er empor und erreicht Sonntags einen Höchststand von 72% über dem Durchschnitt oder etwa die doppelte Stärke der Wochentage. Der Montag hat etwa dieselbe Verkehrsstärke wie der

[1] Highways and Highway Transportation a. a. O. S. 168.

[2] Proceedings of the Seventh Annual Meeting of the Highway Research Board, S. 260.

[3] Das Diagramm wurde Highways and Highway Transportation a. a. O., S. 164 entnommen.

Mittwoch und Donnerstag. In den Sommermonaten ist der Verkehr an Sonntagen noch erheblich stärker als der Jahresdurchschnitt dieses Tages. So wurden in Ohio an Sonntagen im August 1927 Verkehrsstärken von 130% über dem Wochendurchschnitt erreicht[1]. Bei besonderen Veranstaltungen, wie Sportwettkämpfen oder Ausstellungen, ist der Verkehr noch größer.

Die Verkehrsschwankungen während der Tagesstunden sind stärker als die der Monate und Wochentage. Die Stunden des Beginns und der Beendigung der Arbeitszeit in den Betrieben zwischen 8 und 10 Uhr morgens und 3 und 5 Uhr nachmittags haben den stärksten, die frühen Morgenstunden und die späten Abendstunden den schwächsten Verkehr. Die Abb. 19 zeigt die stündlichen Schwankungen des Kraftwagenverkehrs in den Staaten Pennsylvania und Connecticut in den Jahren 1922 bis 1924. In beiden Staaten bewegt sich der Verkehr zwischen 7 Uhr morgens und 5 Uhr nachmittags über dem Durchschnitt und zwischen 6 Uhr abends und 6 Uhr morgens unter dem Durchschnitt. In Pennsylvania ist der Hauptverkehr zwischen 9 und 11 Uhr vormittags mit einer Steigerung von 100—115% und in Connecticut zwischen 9 und 10 Uhr vormittags mit einer Steigerung von 90—95% des Durchschnittsverkehrs. Am Nachmittag erreicht Pennsylvania um 3 Uhr einen Höchststand mit 100%[3] und Connecticut um 4 Uhr mit etwa 82% über dem Durchschnitt. Der Tiefstand des Verkehrs liegt in Pennsylvania um Mitternacht, wo er

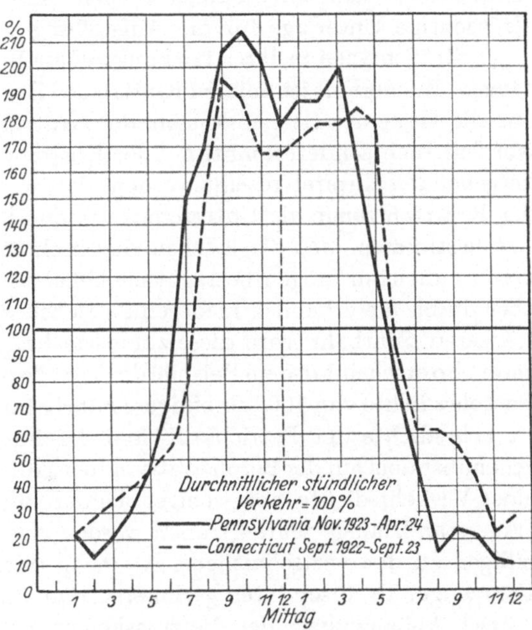

Abb. 19. Stündliche Schwankungen des Kraftwagenverkehrs in den Staaten Pennsylvania und Connecticut in den Jahren 1922—1924[2].

[1] Report on the State Highway System of Ohio 1927, S. 36.

[2] Das Diagramm wurde auch Highways and Highway Transportation a. a. O., S. 165, entnommen.

[3] Auffallend ist, daß in Pennsylvania der Maximalverkehr schon um 3 Uhr nachmittags eintreten soll, während er sonst allgemein erst um 4 Uhr einsetzt.

sich um 90%, und in Connecticut um 1 Uhr morgens, wo er sich um 80% unter den Durchschnitt senkt.

Es sei noch kurz darauf hingewiesen, daß es bei der Anlage von Landstraßen sehr wesentlich ist, die zukünftige Verkehrsdichte, insbesondere den voraussichtlichen Verkehrsumfang schwerer Fahrzeuge, zu berücksichtigen. Mindestens sollten die Straßen eine solch starke Unterlage erhalten, daß jederzeit eine Fahrbahndecke größerer Festigkeit aufgelegt werden kann. Fahrbahnen, die sich hiezu nicht eignen, sind eine unwirtschaftliche Kapitalanlage. Untersuchungen über die voraussichtliche Verkehrsentwicklung dienen den Straßenbaubehörden auch als wichtige Unterlage für die Aufstellung von Straßenbauplänen.

c) Straßentypen in ihrer Wirkung auf die Betriebskosten der Kraftfahrzeuge. Wiederholt ist auf den Einfluß der Beschaffenheit einer Fahrbahn auf die Höhe der Betriebskosten der Kraftfahrzeuge kurz hingewiesen worden. Insbesondere konnte mit den Kostenwerten der Tabelle 89 im vorhergehenden Kapitel gezeigt werden, daß weit mehr die Betriebskosten der Kraftfahrzeuge als Unterschiede in den Kosten einer Fahrbahn ihre Art bestimmen. Ja, die jährlich durchschnittlichen Kosten einer stärkeren Fahrbahn mögen beträchtlich höher als die einer schwächeren sein, aber durch die erheblich niederen Betriebskosten der Fahrzeuge auf der stärkeren Fahrbahn wird diese zur wirtschaftlicheren und zugleich billigeren. So erscheint in dem Beispiel der Tabelle 89 die Kiesstraße bis zu einer Verkehrsdichte von 1000 als billigere Fahrbahn. Da aber mit zunehmender Verkehrsdichte der Betriebsaufwand der Fahrzeuge auf der Kiesstraße gegenüber dem auf der Betonstraße immer größer wird, wird diese schon bei einer Verkehrsdichte von weniger als 300 zur wirtschaftlicheren Straße. Widerstandsfähige teure Straßen werden also gegenüber schwachen und billigen zu den wirtschaftlicheren, mehr durch die Betriebskosten der Fahrzeuge, als durch ihren geringeren Bau- und Unterhaltungsaufwand.

Die Abhängigkeit der Betriebskosten der Kraftfahrzeuge von der Beschaffenheit einer Fahrbahn ist in dem Reibungs-(Zug)-Widerstand der Straßenoberfläche bedingt. Hiezu treten insbesondere noch der Einfluß des Gewichts der Fahrzeuge, ihre Bereifung und der Widerstand der Luft (Windstärke). Je nachdem eine Fahrbahn der Fortbewegung der Fahrzeuge einen größeren oder kleineren Widerstand entgegensetzt, ist der Betriebsaufwand der Fahrzeuge größer oder kleiner, und zwar insbesondere der Verbrauch an Gasolin, Öl und Bereifung, der Aufwand für Reparaturen und die wirtschaftliche Gebrauchsdauer und damit der Tilgungsaufwand der Fahrzeuge[1]. Je rauher eine Fahrbahn, desto stär-

[1] Der Reibungswiderstand und seine Folgen wurden von Hochschulen und privaten und öffentlichen Organisationen verschiedener Länder untersucht. Ergebnisse solcher Untersuchungen werden nachstehend verwendet. Über den Einfluß der Fahrbahnen auf die Höhe der Betriebskosten der Fahrzeuge siehe auch Abschnitt II, Kapitel 1 und 2.

ker der Zugwiderstand und desto größer der Betriebsaufwand der Fahrzeuge; je glätter eine Fahrbahn, desto schwächer der Zugwiderstand und desto kleiner der Aufwand der Fahrzeuge. Prof. Ames in Jowa hat nach Untersuchungen der Jowa Engineering Experiment Station und des Michigan Highway Department den in der Tabelle 91 genannten Zugwiderstand und Gasolinverbrauch auf verschiedenen Fahrbahnen, bei verschiedenartiger Bereifung und verschiedener Geschwindigkeit

Tabelle 91. Durchschnittlicher Zugwiderstand und Gasolinverbrauch auf technisch verschiedenen Fahrbahnen bei verschiedenartiger Bereifung und verschiedener Geschwindigkeit[1]

Art der Fahrbahn	Zugwiderstand in Lbs. bei Vollgummireifen und Geschwindigkeit Meilen die Stunde		Zugwiderstand in Lbs. bei Luftreifen		Gasolinverbrauch bei Vollgummireifen und Geschwindigkeit Meilen die Stunde		Gasolinverbrauch bei Luftreifen	
	10	15	25	35	10	15	25	35
Mittelwerte für beste Fahrbahndecken hoher Festigkeit (Beton, Asphalt, Ziegelstein u. Holzpflaster)	30	22	27	37	1,00	0,89	0,96	1,09
teilweise abgenützte Fahrbahndecken hoher Festigkeit, aber noch in angemessenem durchschnittlichem Zustande	35	30	35	42	1,07	1,00	1,07	1,16
beste Kiesstraßen, wie auf Hauptverkehrswegen verwendet . . .	45	40	45	55	1,20	1,12	1,20	1,33
gewöhnliche Kiesstraßen, wie auf Wegen zweitens Ranges verwendet	55	50	55	65	1,33	1,27	1,33	1,47
beste Erdstraßen unter starkem Verkehr und gut unterhalten .	55	50	53	65	1,33	1,27	1,31	1,47
Erdstraßen zweiter Klasse, gut unterhalten	65	60	63	75	1,47	1,40	1,44	1,60

berechnet. Wie aus der Tabelle zu entnehmen ist, sind Zugwiderstand und Gasolinverbrauch um so geringer, je stärker die Fahrbahndecke und je kleiner die Geschwindigkeit und um so höher, je schwächer die Fahrbahndecke und je größer die Geschwindigkeit. Fahrzeuge mit Vollgummireifen haben einen größeren Zugwiderstand und Gasolinverbrauch als Fahrzeuge mit Luftreifen. Die Unterschiede des Zugwiderstandes betragen zwischen Fahrbahnen größter Widerstandsfähigkeit und Kiesstraßen im allgemeinen etwas mehr als 50%, zwischen Fahrbahnen größter und geringster Widerstandsfähigkeit etwas mehr als 100%; der Gasolinverbrauch schwankt zwischen 20 und 50%. Nur bei Fahrzeugen mit Luftreifen und 15 Meilen Stundengeschwindigkeit verändert sich der Unterschied zwischen Fahrbahnen größter und kleinster Widerstandsfähigkeit beträchtlich, im Zugwiderstand auf etwa 85 und 170%, im Gasolinverbrauch auf 25 und 57%.

[1] Agg u. Carter a. a. O. S. 19.

Ergebnisse einer anderen Untersuchung (von dem Agricultural Engineering Department der Universität Kalifornien) über die Stärke des Zugwiderstandes auf verschiedenartigen Fahrbahnen sind in der Tabelle 92 wiedergegeben. Geschwindigkeit und Art der Bereifung sind hier nicht berücksichtigt. Soweit die Ergebnisse dieser Untersuchung mit denen der Tabelle 91 vergleichbar sind, kann hier mit Ausnahme der Betonstraße mit glatter Oberfläche die Ermittlung eines weit stärkeren Zugwiderstandes festgestellt werden. Die hohen Werte bei dickschlammigen Erdstraßen und losen Kiesstraßen sind besonders beachtenswert.

Tabelle 92. Zugwiderstand auf technisch verschiedenen Straßenoberflächen bei einer Tonne Zuggewicht[1].

Art der Fahrbahn	Zugwiderstand Lbs.
Betonstraße glatt	27,6
Betonstraße mit einer $^3/_8$ Zoll starken Asphaltdecke	49,2
Wassergebundene Makadamstraße in gutem Zustand	64,3
Bitumengebundene Makadamstraße, neu	78,2
Kiesstraße, fest, in gutem Zustand	82,3
Erdstraße mit einer $^3/_4$—2 Zoll tiefen Staubdecke	99,3
Erdstraße, dick schlammig, darunter fest	218,0
Kiesstraße, lose, nicht gepackt	263,0

Die Beschaffenheit der Straßenoberfläche hat einen noch größeren Einfluß auf den Reifenverbrauch[2], der um so geringer ist, je glätter und fester die Straßenoberfläche, und um so größer ist, je rauher und loser die Oberfläche. Wird der Reifenverbrauch auf Betonstraßen mittlerer Beschaffenheit gleich 1 gesetzt, so beträgt er nach Untersuchungen des State College of Washington[3] auf Ziegelsteinstraßen 1,4, auf besten wassergebundenen Makadamstraßen 1,9, auf mittelwertigen 4,4 und auf losen 11, auf Kiesstraßen (typical Jowa) 2, auf besten bitumengebundenen Makadamstraßen 2,3 und auf schlechten 9,6. Nur Bitumenstraßen mit Betonunterlage verursachen einen um 5% geringeren Verschleiß als reine Betonstraßen. In den jährlichen Kosten für Bereifung wirkt sich die unterschiedliche Beanspruchung durch die verschiedenartigen Straßenoberflächen für ein Automobil mit einer Betriebsleistung von 6000 Fahrzeugmeilen wie folgt aus: Reifenkosten auf Betonstraßen von mittlerer Beschaffenheit 31,65 Dollar, auf Kiesstraßen (typical Jowa) 63,30 Dollar, auf Makadamstraßen von mittlerer Beschaffenheit 139,40 Dollar, auf schlechten bitumengebundenen Makadamstraßen 302 Dollar[4].

[1] White Percival a. a. O. S. 456.

[2] Siehe auch Abschnitt II, Kapitel 1 und 2.

[3] Proceedings of the Sixth Annual Meeting of the Highway Research Board S. 14.

[4] Ebenda.

Wie schon erwähnt, entstehen dann noch, je nach der Fahrbahnoberfläche, höhere oder niedere Aufwendungen für Öl, Reparaturen, Unterhaltung und Tilgung der Fahrzeuge. Alle diese Erscheinungen hat Prof. Agg in den in der Tabelle 93 genannten Betriebskosten für Kraftfahrzeuge auf verschiedenen Fahrbahnen eingerechnet. Der Einfluß verschieden beschaffener Fahrbahnoberflächen auf die Höhe der Betriebskosten von Kraftfahrzeugen ist daraus zu ersehen. Ist eine Fahrbahn mehr oder weniger glatt und fest, sind die Betriebskosten höher oder niederer. Sie sind in den Beispielen der Tabelle für Beton- und Asphaltstraßen mit Betonunterlage und mittlerer Beschaffenheit und für asphaltgebundene Ziegelsteinstraßen gleich hoch; auf bitumengebundenen Makadamstraßen 6—7%, auf wassergebundenen Makadamstraßen 8—11%, auf gewöhnlichen Kiesstraßen 12—18% und auf gewöhnlichen Erdstraßen 19—26% höher als auf den Straßen größter Widerstandsfähigkeit.

Tabelle 93. Betriebskosten von Kraftfahrzeugen auf technisch verschiedenen Fahrbahnen in Cents für 1 Tonnenmeile[1].

Art der Fahrbahn	Art des Kraftfahrzeuges u. Geschwindigkeit							
	Lastkraftwagen mit Vollgummireifen 10 Meilen die Stunde	%	Lastkraftwagen mit Luftreifen 15 Meilen die Stunde	%	Automobile mit Luftreifen 25—35 Meilen die Stunde	%	Omnibusse mit Luftreifen 25 Meilen die Stunde	%
Mittelwertige Betonstraßen, asphaltgebundene Ziegelsteinstraßen und durchschnittliche Asphaltstraßen mit Betonunterlage	8,00	100	8,30	100	10,00	100	24,00	100
Bitumengebundene Makadamstraßen, gut unterhalten	8,50	106	8,80	106	10,60	106	25,70	107
Wassergebundene Makadamstraßen, gut unterhalten	8,70	108	8,95	108	11,10	111	26,00	108
Gewöhnliche Kiesstraßen, Jahresdurchschnitt	9,00	112	9,40	113	11,80	118	27,80	116
Gewöhnliche Erdstraßen mit leichtem Verkehr, Jahresdurchschnitt	9,50	119	9,95	120	12,60	126	29,60	123

Ein Transportunternehmer, der Automobile vermietet, stellte, nachdem die Fahrzeuge etwa 12000 Meilen auf Erd- oder Betonstraßen gefahren worden sind, folgende Betriebskosten für 1 Meile fest[2]:

[1] Agg u. Carter a. a. O. S. 20. Es wurde nur ein Teil der Fahrbahnen aufgeführt. Um die Unterschiede in den Betriebskosten der Kraftfahrzeuge auf den verschiedenen Fahrbahnen besser hervortreten zu lassen, wurden die Kosten in Prozenten für Betonstraßen mittlerer Güte ausgedrückt.

[2] Concrete Highway Magazine vom 3. März 1924. Es war jedoch nicht zu vermeiden, daß Fahrzeuge, die vorwiegend auf Erdstraßen, gelegentlich auch über

Art des Fahrzeugs	Betriebskosten für 1 Meile auf Erdstraßen Cents	Betonstraßen Cents
Ford Touring	9,3	6,9
„ Coupe	9,4	7,0
„ Sedan	9,5	7,2
Dodge Touring	11,5	9,1

Die Betriebskosten der Fahrzeuge sind hier auf Betonstraßen bei Fordwagen um etwa $^1/_4$ und bei Dodge Touringwagen um etwa $^1/_5$ geringer als auf Erdstraßen.

Wird der geringere Betriebsaufwand der Kraftfahrzeuge auf glatten und harten Fahrbahndecken gegenüber weniger glatten und harten bei verschiedenen Verkehrsstärken und für die Dauer eines Jahres betrachtet, so tritt der hohe Wert guter Fahrbahnen noch mehr hervor. Dies soll folgende Aufstellung dartun:

Verkehrsdichte Zahl der täglich verkehrenden Fahrzeuge	Zahl der Betriebstage	Minderaufwand für 1 Fahrzeugmeile Cents	Minderaufwand in 1 Jahre Dollar
1000	360	1	3600
2000	360	1	7200
1000	360	2	7200
2000	360	2	14400

Der Minderaufwand des Betriebes der Kraftfahrzeuge auf 1 Meile Straßenlänge bewegt sich je nach Verkehrsstärke und Ersparnis auf 1 Fahrzeugmeile zwischen 3600 und 14400 Dollar im Jahre. Wird der in der Tabelle 88 für 1 Meile Betonstraße errechnete jährliche Gesamtaufwand in Höhe von 2200 Dollar bei einer Verkehrsdichte von 1000 und von 2250 Dollar bei einer Verkehrsdichte von 2000 gegenübergestellt, so ist zu erkennen, daß schon bei einer Verkehrsdichte von 1000 und einer Ersparnis von 1 Cent die Fahrzeugmeile der Aufwand der Betonstraße durch die Ersparnisse an Betriebskosten der Fahrzeuge nicht nur ausgeglichen, sondern um mehr als 50% überschritten wird. Die Ersparnisse an Betriebskosten der Fahrzeuge betragen bei der Betonstraße nach obiger Aufstellung bis zum 6fachen Betrag des jährlichen Aufwandes solcher Straßen. Dieser Vergleich macht es wiederum offensichtlich, daß es bei großer Verkehrsdichte wesentlich billiger und wirtschaftlicher ist gute Fahrbahnen anzulegen als sich mit alten, dem Verkehr nicht mehr gewachsenen zu behelfen.

Der große Unterschied in den Betriebskosten der Kraftfahrzeuge auf Fahrbahnen technisch verschiedener Art veranlaßte Transportunter-

Betonstraßen oder umgekehrt, Fahrzeuge, die vorwiegend auf Betonstraßen, gelegentlich auf Erdstraßen gefahren wurden.

nehmer, je nach der Fahrbahn verschieden hohe Beförderungspreise zu verlangen. So ist im Milchdistrikt Chikagos für die Beförderung von Milch auf nicht verbesserten Straßen 25—50% mehr als auf verbesserten zu bezahlen[1]. Innerhalb des Oregon Stages Systems wird für die Miete von Omnibussen zur Fahrt auf Makadamstraßen bei einfachen Fahrten ein etwa 45% und bei Doppelfahrten ein etwa 30% höherer Preis als auf Fahrbahnen hoher Widerstandsfähigkeit verlangt (s. Tabelle 37, S. 96).

Der hohe wirtschaftliche Nutzen guter Landstraßen ist an verschiedensten Beispielen aufgezeigt. Durch die Verbundenheit der Betriebskosten der Fahrzeuge und der Kosten der Fahrbahnen mit den Preisen der Güter greift er weit über die am Kraftwagenverkehr unmittelbar Interessierten hinaus. Grundlegend ist für jede Straße, wie im vorhergehenden Kapitel eingehend erörtert wurde, daß wirtschaftlich nur die Fahrbahn ist, deren Kosten zusammen mit den Betriebskosten der Fahrzeuge gegenüber anderen Fahrbahnen den niedersten Gesamtaufwand ergibt. Hiebei können noch andere als in Kostenziffern sich äußernde Einflüsse, wie Annehmlichkeit des Reisens, erhöhte Sicherheit, größere Geschwindigkeit, örtlicher Reichtum an Baustoffen, verfügbares Baukapital, Gesamtbedürfnis an Fahrbahnen sich zugunsten einer anderen als der rechnungmäßig billigeren Fahrbahn auswirken.

Literatur.

Agg, Th. R.: Construction of Roads and Pavements. New York 1924.

Agg, Th. R., and J. E. Brindley: Highway Administration and Finance. New York 1927.

Agg, Th. R., and H. S. Carter: Highway Transportation Costs, Jowa State College of Agriculture and Mechanic Arts, Official Publication Bulletin 69.

Blanchard, A. H., and R. L. Morrison: Elements of Highway Engineering. New York 1928.

Chatburn, G. R.: Highways and Highway Transportation New York.

Feilchenfeld, W.: Kraftverkehrswirtschaft, Kraftfahrzeugsteuern und Landstraßenfragen in USA. Berlin 1929.

James, E. W.: Highway Construction Administration and Finance. Washington D. C.

Peterson, G. S.: Highway Development as an Economic Problem Dissertation. University of Michigan 1927.

Sax, E.: Die Verkehrsmittel in Volks- und Staatswirtschaft. 2. Aufl. Bd 2. Land- und Wasserstraßen, Post, Telegraf, Telefon. S. 47—79. Berlin: Julius Springer 1920.

White, P.: Motor Transportation of Merchandise and Passengers. Chapter XVII, XXV—XXVII. New York 1923.

Wiley, C. C.: Principles of Highway Engineering. New York 1928.

American Highways Vol. VI, VII, VIII.

Biennial Report of the Commissioner of Highways of Minnesota for 1925/26.

Bus Transportation Vol. 6.

[1] Public Roads Vol. 6, Nr 3.

Commercial Vehicles on Free Highways by Thomas H. Mac Donald. The Journal of Land and Public Utility Economics Vol. 1, Nr 4.
Concrete Facts about Concrete Pavements 1927.
Concrete Highway Magazine vom 3. März 1924.
Economics of Highway Transportation by Henry R. Trumbower. J. Western Soc. Engs. Vol. 31, Nr 4.
Fact and Figures of the Automobile Industry 1928 Edition.
Fifth Report of the California Highway Commission.
Hearings before the Committee on Interstate Commerce United States Senate 69. Congress S. 1734.
Highways and Highway Transportation United States Department of Agriculture Separate from Yearbook 1924, Nr 914.
Highway Transportation, Report of Highway Transportation Committee, American Section International Chamber of Commerce 4. Mai 1927.
Interstate Commerce Commission Hearing 18300.
Interstate Commerce Commission Report 18300.
Proceedings of the Sixth, Seventh Annual Meeting of the Highway Research Board Washington D. C.
Public Roads Vol. 5, 6, 7.
Railway Age Motor Transportation Section vom 23. April 1927.
Roads Hearing before the Committee on Roads, House of Representatives Part. 1, 1928.
Report of a Study of Highway Traffic and the Highway System of Cook Connty Illinois 1925.
Report of a Study of the State Highway System of California 1925.
Report of a Survey of Transportation on the State Highways of New Hampshire 1927.
Report of a Survey of Transportation on the State Highways of Vermont 1927.
Report of a Survey of Transportation on the State Highway System of Connecticut 1926.
Report of a Survey of Transportation on the State Highway System of Ohio1927.
Report of the Chief of the Bureau of Public Roads Washington D. C. 15. Oktober 1926.
Snow Removal, Goodrich Travel and Transport Bureau.
The Asphalt Association Printer Nr 29.
The Penny Wisdom of Overloading Motor Trucks by H. S. Fairbanks Cream Truck Journal September 1923.
The 1927 Book of Concrete Facts about Concrete Pavements.
Truck Facts for 1927.
United States Department of Agriculture Department Bulletin Nr 1279.
Yearbook 1927 of Portland Cement Association.

VI. Die Finanzierung der Landstraßen.

1. Prinzipien der Finanzierung.

Bis zur zweiten Hälfte des 19. Jahrhunderts wurden die meisten großen Landstraßen in der Union von Privaten gebaut und unterhalten und mit Wegegeldern, die von den Straßenbenutzern erhoben wurden, finanziert. Auch der Aufwand für die meisten von den Bezirksverwaltungen gebauten Landstraßen wurde aus Wegegeldern bestritten. Nur

Landstraßen rein örtlicher Bedeutung sind vorwiegend aus Mitteln der allgemeinen Steuerfonds gebaut und unterhalten worden. Für einige Straßen von größerer, allgemeiner Bedeutung, wie die „Cumberlandroad" (siehe Abschnitt V, Kapitel 1 und 2), haben auch die Bundesregierung und die Staaten Bauzuschüsse gewährt.

Als gegen Ende des 19. und zu Beginn des 20. Jahrhunderts der Verkehr auf den Landstraßen immer stärker wurde und die Auffassung, die Landstraßen wären von allgemeinem Nutzen und sollten von den Staaten und Bezirksverwaltungen gebaut und unterhalten und durch allgemeine Steuern finanziert werden, sich immer mehr ausbreitete, sahen sich zuerst die Bezirksverwaltungen und später auch die Staaten veranlaßt, allgemeine Steuern zum Landstraßenbau heranzuziehen und selbst Straßen zu bauen und zu unterhalten. Zu dieser Wandlung hat auch das mehr und mehr unzuträglich gewordene System der Wegegelder viel beigetragen. Die privaten Gesellschaften verlangten sehr hohe Wegegelder und unterhielten die Straßen zum Teil mangelhaft. Außerdem empfanden es die Straßenbenutzer als lästig, zur Bezahlung der Wegegelder immer wieder anzuhalten.

Mit dem Übergang der Landstraßen auf die öffentlichen Verwaltungskörper wurden die Wegegelder nahezu allgemein aufgehoben. Nur an einigen wenigen Stellen, wie in den staatlichen und bundesstaatlichen Wäldern und Parks und bei einer Anzahl Brücken wurden sie noch beibehalten. Auch auf einzelnen von Privaten erbauten Straßen behielten die Erbauer das Recht, Wegegelder zu erheben, allerdings auf den Fall beschränkt, daß die Straße vom allgemeinen Verkehr nicht benützt zu werden braucht, wie bei Bergstraßen, die nur zu einem Gipfel führen und die Aussicht auf die Landschaft eröffnen[1]. Bei Brücken sind dagegen häufig noch Wegegebühren zu finden. Dies hängt damit zusammen, daß der rasche Aufschwung des Kraftwagenverkehrs plötzlich einen großen Bedarf an Kapitalien für den Landstraßenbau hervorrief und manche Verwaltungsbehörden nicht die Mittel für die meist teuren Brücken aufbringen konnten. Am 1. Oktober 1927 waren von 233 — allgemeine Landstraßen verbindenden — Zollbrücken 191 in Privat- und 42 in öffentlichem Besitz. Weitere 29 Zollbrücken waren im Bau, 20 von privaten Gesellschaften, 9 von Straßenbauämtern[2].

---

[1] So ist beispielsweise im Jahre 1916 von einer privaten Gesellschaft eine Straße auf den Pikes-Peak, einen etwa 4200 m hohen Berggipfel im Staate Kolorado, gebaut und der Gesellschaft das Recht verliehen worden, von jedem Benutzer bestimmte Wegegelder zu erheben, und zwar hat jede, die Straße benutzende Person, ob im Kraftfahrzeug fahrend oder zu Fuß gehend, 2 Dollar zu bezahlen. Im Jahre 1935 sei die Straße schuldenfrei an den Staat zu übergeben.

[2] American Highways Vol. VII, Nr 4. Für die Benutzung privater wie öffentlicher Zollbrücken sind im allgemeinen 50 Cents für ein Automobil zu bezahlen. Mitunter ist aber die Benutzungsgebühr privater Brücken erheblich höher, oder

Als aber der Bedarf an stärkeren Landstraßen in den letzten zwei Jahrzehnten so gewaltig stieg und der allgemeine Steuerfonds nicht mehr ausreichte, den Landstraßenbau zu finanzieren, sahen sich Staaten und Bezirksverwaltungen gezwungen, zum Teil zu dem früheren Prinzip des Nutzens, ohne sich jedoch wieder des Systems der Wegegelder zu bedienen, zurückzukehren, und den Straßenbenutzer unmittelbar zu belasten. Dies geschah durch einen immer größeren Ausbau der Gasolinsteuer und der Verwaltungsgebühren. Ohne auf die Zweckmäßigkeit der Gasolinsteuer und Verwaltungsgebühren zur Finanzierung von Landstraßen hier einzugehen[1], kann die Rückkehr zum Prinzip des Nutzens nur gutgeheißen werden. Die Landstraßen sind für den Kraftwagenverkehr als Fahrbahn so notwendig, wie der Bahnkörper für die Eisenbahnen, so daß es wirtschaftlich durchaus gerechtfertigt ist, daß die Kraftfahrzeugbesitzer den Nutzen, den die Landstraßen ihnen gewähren, auch entgelten. Heute können die Landstraßen nicht mehr, wie am Ende des 19. Jahrhunderts bei geringem Verkehr und geringem Aufwand, ausschließlich aus allgemeinen Steuern finanziert werden. Damals war der Nutzen der Landstraßen vorwiegend gemeinwirtschaftlich und der Gedanke freier Landstraßen vertretbar. Heute jedoch, wo der Nutzen der Landstraßen vorwiegend einer Bevölkerungsschicht, den Kraftfahrzeugbesitzern, zugute kommt, dürfte es nicht mehr im allgemeinen Interesse eines Landes sein, die Benutzung der Landstraßen freizugeben und die Allgemeinheit damit zu belasten. Wenn die Gegner des Prinzips des Nutzens Mittel für den Landstraßenbau nach dem Prinzip der Leistungsfähigkeit aus allgemeinen Steuern durch höhere Belastung der wohlhabenden Klassen bereitstellen wollen, so ist dem entgegenzuhalten, daß dieses Prinzip heute zur Finanzierung der Landstraßen in der Union nicht mehr verwendet werden kann. Eine Anwendung des Prinzips der Leistungsfähigkeit würde unter dem gegenwärtigen Steuersystem der Union auch gerade das Gegenteil von dem erreichen, was

---

die Leistung des Automobilisten ist in keinem Verhältnis zu dem Kostenaufwand der privaten Gesellschaft. So betrugen die Baukosten einer privaten Brücke 50000 Dollar und die Reineinnahmen aus ihrer Benutzung im Jahre 1926 allein 25910,51 Dollar, bei einer anderen die Baukosten 60000 Dollar und die Reineinnahmen im Jahre 1925 38000 Dollar (American Highways Vol. 6, Nr 2), so daß das Baukapital sich mit über 50 und 60% verzinste. Solche Verhältnisse wurden bekannt und führten zur Ablehnung privater Zollbrücken. Es wurde geltend gemacht, daß, wenn die Abgaben für die Benutzung von Brücken nicht ganz beseitigt werden könnten, Zollbrücken entweder nur in Händen öffentlicher Körperschaften zuzulassen, oder sie staatlich zu beaufsichtigen, weil nur so angemessene Gebühren gewährleistet wären. Angestrebt sollte werden, daß die staatlichen Verwaltungsbehörden alle dem allgemeinen Verkehr dienenden privaten Brücken übernehmen und jede Benutzungsgebühr abschaffen.

[1] Gasolinsteuer und Verwaltungsgebühren werden im einzelnen in den nächsten Kapiteln besprochen.

angestrebt werden soll, weil zur Erhöhung der Mittel für den Straßenbau die allgemeinen Vermögensbesitzsteuern (property taxes) erhöht werden müßten, die kleine Vermögenseinheiten (in der Praxis) aber stärker als große belasten sollen[1]. Außerdem würde zweifelsohne ein großer Teil der auferlegten Steuern in höheren Preisen, Wohnungsmieten u. a., auf die Massen der Bevölkerung überwälzt werden, was zwar auch bei einer anderen Besteuerungsart, wenigstens soweit Kraftverkehrsunternehmer in Frage stehen, sich nicht vermeiden lassen wird. Abgesehen hievon kämen freie Landstraßen doch vor allem den wirtschaftlich besser gestellten Kreisen zugute, denn es besitzt auch in der Union noch nicht jedermann ein Automobil, und auch in der Union finden sich unter den ärmeren Schichten verhältnismäßig weniger Automobile als unter den reicheren. Auch fahren die wohlhabenden Kreise meist große, schwere Fahrzeuge, die Fahrbahnen mehr abnützen, als die Fahrzeuge im Besitz der weniger Bemittelten. All dies müßte gerade den Anhängern des Prinzips der Leistungsfähigkeit nicht zusagen. Dann werden heute die Landstraßen ganz beträchtlich rein gewerbsmäßig benützt. Den Kraftverkehrsunternehmern sind sie ein Bestandteil ihrer Betriebe, denn ohne Fahrbahnen könnten sie keine Verkehrsleistungen ausführen. Es wäre insbesondere hier unverständlich, wenn diese Unternehmer nicht einen Teil des Aufwandes der Straßen aufbringen müßten.

Gegen das Prinzip des Nutzens wird immer wieder eingewendet, daß den Kraftfahrzeugbesitzern schon deshalb nicht zugemutet werden kann, die gesamten „Kosten“ der Landstraßen zu tragen, weil die Landstraßen in ihrer Entwicklung im Verhältnis zum Bedarf an guten und widerstandsfähigen Fahrbahndecken weit zurück und im Umbau und in der Anpassung an den Verkehr seien und dadurch verhältnismäßig hohe Ausgaben verursachen. Solche Einwendungen verkennen, daß die Kosten einer Landstraße sich hauptsächlich aus dem Aufwand für Verzinsung und Tilgung des Baukapitals, den Unterhaltungs- und Verwaltungskosten und nicht aus den Jahresausgaben zusammensetzen. Werden für den Bau einer Straße in einem Jahre 500000 Dollar ausgegeben, so ist nicht dieser Betrag der Kostenaufwand der Straße jenes Jahres, sondern nur der Teil davon, der bei Berücksichtigung der wirtschaftlichen Gebrauchsdauer der Straße von dem Baukapital, den Unterhaltungs-, Verwaltungs- und anderen Ausgaben auf 1 Gebrauchsjahr entfällt. Immer wieder werden die Ausgaben für die Landstraßen in einem Jahre den von den Kraftfahrzeugbesitzern erhobenen Abgaben in jenem Jahre gegenübergestellt und dann der Schluß gezogen, daß von den Kraftfahrzeugbesitzern entweder zu niedere oder zu hohe Abgaben verlangt würden. Reicht das Aufkommen aus der Belastung des Kraftwagenverkehrs nicht aus, um die Ausgaben für den Straßenbau

[1] Siehe The Problems of Highway Finance.

in einem Jahre zu decken, so bedeutet dies noch keinesfalls, daß die Höhe der einzelnen Abgaben zu nieder ist, sondern es mögen die Ausgaben nicht auf das wirtschaftliche Lebensalter der Landstraßen verteilt worden sein. Wie im Wirtschaftsleben Ausgabe nicht Aufwand und Aufwand nicht Ausgabe ist, so sind auch im Landstraßenbau die Ausgaben kein Aufwand.

Wird hier das Prinzip des Nutzens als das zur Finanzierung der Landstraßen geeignete vertreten, so soll damit noch nicht gesagt sein, daß die Kraftfahrzeuge[1] den gesamten Aufwand der Landstraßen übernehmen sollen. Eine Landstraße bringt nicht nur den Straßenbenützern Nutzen, sondern auch den Besitzern von Grund und Boden, sowie den gewerblichen und landwirtschaftlichen Niederlassungen, deren Wert in der Nähe guter Verkehrswege steigt und deren Absatz- und Bezugsmöglichkeiten verbilligt und erleichtert werden. Ferner sind Landstraßen für vorhandene Verkehrsbetriebe dort von Wert, wo sie Verkehr zubringen. Landstraßen haben aber auch einen großen allgemeinen Nutzen, als beispielsweise der Schulunterricht, der Postdienst und die ärztliche Hilfe in ländlichen Bezirken gefördert, die nationale Verteidigung, der Polizei- und Feuerschutz erhöht und insbesondere Möglichkeiten zur körperlichen und geistigen Erholung erschlossen werden. Während aber ein Wertzuwachs für Grund und Boden, für gewerblichen und landwirtschaftlichen Besitz noch verhältnismäßig einfach zu ermitteln ist, bestehen Schwierigkeiten, den allgemeinen Nutzen der Landstraßen in Geldeinheiten auszudrücken. Ist ein hiefür angemessener Grundbetrag festgesetzt und um die erwähnten Wertsteigerungen erhöht und dem Werte der Landstraßen für die Kraftfahrzeuge gegenübergestellt worden, so kann hieraus der Kostenaufwand der Landstraßen, den die Kraftfahrzeuge aufzubringen hätten, ermittelt werden.

Es ist aber zu beachten, daß hierher nur Landstraßen des allgemeinen öffentlichen Verkehrs und nicht auch lokale, nur einem kleinen Personenkreise dienende Straßen gehören. Ihr Nutzen, der meist nicht über die örtliche Gemeinschaft und einzelne Gewerbe hinausreicht, begründet ihre Finanzierung aus allgemeinen Steuererträgen oder durch besondere Besteuerung der die Straßen verhältnismäßig mehr Benutzenden.

Einige zur Finanzierung öffentlicher Landstraßen in der Union häufig gemachten Vorschläge sollen kurz erwähnt und besprochen werden. Nach einem nur wenig unterstützten Vorschlag sollen die Kraftfahrzeuge die gesamten Kosten der Landstraßen aufbringen. Da die Kraftfahrzeugbesitzer nicht allein Nutznießer der Landstraßen sind, wäre es unbillig, sie ausschließlich zu den gesamten Kosten zu verpflichten.

---

[1] Von den vereinzelten, die Landstraßen benützenden Fuhrgespannen soll hier abgesehen werden. Sie sind für die Frage der Finanzierung der Landstraßen ohne Bedeutung.

Vorgeschlagen wird ferner, den Bau der Landstraßen aus allgemeinen Steuern, ihre Unterhaltung aus dem Ertrag von Abgaben, wie Gasolinsteuer und Verwaltungsgebühren, zu finanzieren. Es ist nicht einzusehen und praktisch auch nicht durchführbar, die Kosten des Straßenbaues und die Kosten der Straßenunterhaltung bei der Finanzierung auseinander zu halten. Es soll nur darauf hingewiesen werden, daß je nach der technischen Ausführung — Qualität — der Straße ihre Unterhaltungskosten höher oder niederer sind. Ein dritter Vorschlag geht dahin, auf die Kraftfahrzeugbesitzer einen angemessenen — fair — Betrag als Abgabe für die Straßenbenutzung und Straßenabnützung umzulegen und ihn an die Steuerverwaltung abzuführen. Das Aufkommen aus der Abgabe soll den Aufwand für die öffentlichen Landstraßen des betreffenden Staates nicht überschreiten. Mit dem Aufkommen sollen zuerst die Unterhaltungskosten der Landstraßen gedeckt und mit dem Rest andere Aufwendungen für Landstraßen ausgeglichen werden. Dieser Vorschlag, der am meisten unterstützt wird und als Grundlage für die Kraftfahrzeugbesteuerung vieler Staaten und Bezirksverwaltungen dient, hat den Mangel, daß der Begriff der „angemessenen" Abgabe unbestimmt ist und die Höhe der Abgabe mit dem Aufwand der Landstraßen nicht unmittelbar verbunden ist.

Das Prinzip des Nutzens schließt eine Unterstützung des Landstraßenbaues durch die Staaten nicht aus. Das plötzliche massenhafte Auftreten der Kraftfahrzeuge hat, wie wiederholt schon ausgeführt, den Bedarf an Fahrbahnen größerer Widerstandsfähigkeit unvermittelt so gesteigert, daß es nicht als unbillig erscheint, von den Staaten zu verlangen, die technische Anlage der Landstraßen mit den Anforderungen des Verkehrs übereinzustimmen; dies um so mehr, als bis nach Beendigung des Weltkrieges und insbesondere durch den Krieg die Landstraßen in ihrer Festigkeit hinter den Erfordernissen des Kraftwagenverkehrs weit zurückblieben. Zu schwache Fahrbahnen verursachen auch außerordentlich hohe Aufwendungen für ihre Unterhaltung und für den Betrieb der Kraftfahrzeuge (siehe Kapitel 3b des vorhergehenden Abschnittes), wodurch Kraftfahrzeugbesitzer und andere Steuerzahler weit mehr belastet werden, als wenn die Fahrbahnen technisch-wirtschaftlich den Anforderungen des Verkehrs entsprechen würden. Auch wird durch unzulängliche Fahrbahnen die Entfaltung des wirtschaftlichen und sozialen Lebens aufgehalten. Während der Umstellungszeit, dem Übergang von der Erd- zur Kiesstraße und von der Kies- zur Beton- und Asphaltstraße, erscheint eine Unterstützung durch die Staaten, um aus der Progression der Straßenkosten möglichst rasch herauszukommen[1], wirtschaftlich nicht nur

[1] Daß es sich hier um gewaltige Summen handelt, ist in dem Kapitel 3b des vorhergehenden Abschnittes ausgeführt.

erwünscht, sondern notwendig. Fahrbahnen von größerer als der unmittelbar notwendigen Widerstandsfähigkeit sind wirtschaftlich aber nur dann zu rechtfertigen, wenn in nächster Zukunft der Verkehr so steigt, daß die stärkeren Fahrbahnen auch wirtschaftlich ausgenützt werden.

2. Die Gasolinsteuer.

Die „gasoline tax" wird als Steuer bezeichnet, obwohl ihr nicht das dem Begriff Steuer innewohnende Prinzip des „generellen Entgelts" beigemessen werden kann. Sie ist vom Gasolinverbrauch — einem Maßstab für den Umfang der Straßenbenutzung und auch Straßenabnützung[1] — zu entrichten und erhält so die Eigenschaft einer besonderen Leistung für die Benutzung und Abnützung der Straßen. Außerdem wird sie unmittelbar für den Straßenbau und nicht für allgemeine Staatszwecke erhoben. Die gasoline tax ist aber auch keine Gebühr, da ihr das Gebühren Eigentümliche, „Entgelte für Handlungen öffentlich rechtlicher Art" zu sein, fehlt, noch ist sie eine Aufwandsteuer, da es nicht die Absicht des Gesetzgebers ist, durch die Besteuerung des Aufwandes an Gasolin das „Einkommen des Kraftfahrzeugbesitzers heranzuziehen". Sachlich stellt sie eine teilweise Vergütung für wirtschaftliche Leistungen des Staates und anderer öffentlicher Organe, der Bereitstellung von Straßen, dar. Sie könnte darum am ehesten als ein „Beitrag" zum Straßenbau bezeichnet werden. Da aber die gasoline tax allgemein eine Steuer genannt wird, soll dieser Sprachgebrauch hier beibehalten werden.

Während des Weltkrieges versuchte die Bundesregierung, allerdings vergeblich, den Gasolinverbrauch zu besteuern, um Mittel für allgemeine Staatszwecke zu erhalten. Nach dem Kriege nahmen die Staaten der Union den Gedanken auf, um Mittel für den Landstraßenbau zu gewinnen. Zu diesem Zwecke konnte die Gasolinsteuer innerhalb weniger Jahre in den meisten Staaten eingeführt werden. Im Jahre 1929 kamen die drei letzten noch ausstehenden Staaten — New York, Massachusetts und Illinois — hinzu. Mitunter beantragten Automobilisten eines Staates selbst, diese Steuer einzuführen, um eben Mittel und so verbesserte Landstraßen zu erhalten. Dies hängt mit dem Verständnis eines großen Teils der amerikanischen Automobilisten für den Wert guter Fahrbahnen zusammen. Sie betrachten die Gasolinsteuer, sofern ihr Aufkommen für die Landstraßen verwendet wird, als eine wirtschaftliche Geldanlage, die sich für sie hauptsächlich in geringeren Betriebskosten der Fahrzeuge hoch verzinst. Bemerkenswert ist, daß gerade in dem Staat, der als erster die Gasolinsteuer einführte, nämlich Oregon im Februar 1919, die Anregung zur Einführung der Steuer vom Volke ausging. Als die anderen Staaten sahen, wie reibungslos die Steuer eingeführt werden kann und

[1] Siehe Abschnitt II, Kapitel 1.

Tabelle 94. **Einführung und Änderung der Gasolinsteuer und ihre Höhe in den Staaten der Union in Cents für 1 Gallone in den Jahren 1919—1929**[1].

Staat	1919	1920	1921	1922	1923	1924	1925	1926	1927	1928	1929
Alabama	—	—	—	—	2	2	2	2	4	4	4
Arizona	—	—	—	1	3	3	3	3	4	4	4
Arkansas	—	—	1	1	3	4	4	4	5	5	5
California	—	—	—	—	2	2	2	2	3	3	3
Colorado	1	1	1	1	2	2	2	2	3	3	3
Connecticut	—	—	1	1	1	1	2	2	2	2	2
Delaware	—	—	—	—	1	2	2	2	3	3	3
Florida	—	—	1	1	3	3	4	4	5	5	5
Georgia	—	—	1	1	3	3	3½	3½	4	4	4
Idaho	—	—	—	—	2	2	3	3	4	4	4
Illinois	—	—	—	—	—	—	—	—	2	—	3[2]
Indiana	—	—	—	—	2	2	3	3	3	3	4[2]
Iowa	—	—	—	—	—	—	2	2	3	3	3
Kansas	—	—	—	—	—	—	2	2	2	2	2
Kentucky	—	1	1	1	1	3	3	5	5	5	5
Louisiana	—	—	—	1	1	2	2	2	2	2	4[2]
Maine	—	—	—	—	1	1	3	3	4	4	4
Maryland	—	—	—	1	1	2	2	2	4	4	4
Massachusetts	—	—	—	—	—	—	—	—	—	—	2
Michigan	—	—	—	—	—	—	2	2	3	3	3
Minnesota	—	—	—	—	—	—	2	2	2	2	2
Mississippi	—	—	—	1	1	3	3	4	4	5	5
Missouri	—	—	—	—	—	—	2	2	2	2	2
Montana	—	—	1	1	2	2	2	2	3	3	5[2]
Nebraska	—	—	—	—	—	—	2	2	2	2	4[2]
Nevada	—	—	—	—	2	2	4	4	4	4	4
New Hampshire	—	—	—	—	1	2	2	2	4	4	4
New Jersey	—	—	—	—	—	—	—	—	2	2	2
New Mexico	—	—	1	1	1	1	3	3	5	5	5
New York	—	—	—	—	—	—	—	—	—	—	2[2]
North Carolina	—	—	1	1	3	3	4	4	4	4	5[2]
North Dakota	1	1	1	1	1	1	1	2	2	2	3[2]
Ohio	—	—	—	—	—	—	2	2	3	3	4[2]
Oklahoma	—	—	—	—	1	2½	3	3	3	3	4[2]
Oregon	1	1	2	2	3	3	3	3	3	3	4[2]
Pennsylvania	—	—	1	1	2	2	2	2	3	3	3
Rhode Island	—	—	—	—	—	—	1	1	2	2	2
South Carolina	—	—	—	2	3	3	5	5	5	5	6[2]
South Dakota	—	—	—	1	2	2	3	3	4	4	4
Tennessee	—	—	—	—	2	2	3	3	3	3	3
Texas	—	—	—	—	1	1	1	1	3	2	2
Utah	—	—	—	—	2½	2½	3½	3½	3½	3½	3½
Vermont	—	—	—	—	1	1	2	2	3	3	4[2]
Virginia	—	—	—	—	3	3	3	4½	4½	5	5

[1] Fact and Figures a. a. O. 1929 Edition, S. 83.

[2] Die Steuersätze wurden zwischen 1. Januar und 15. April 1929 — Zeit der Aufstellung der Tabelle — geändert. In Wirkung treten sie aber erst im Laufe des Jahres 1929.

Staat	1919	1920	1921	1922	1923	1924	1925	1926	1927	1928	1929
Washington	—	—	1	1	1	2	2	2	2	2	3[1]
West Virginia	—	—	—	—	2	2	$3^1/_2$	$3^1/_2$	4	4	4
Wisconsin	—	—	—	—	—	—	2	2	2	2	2
Wyoming	—	—	—	—	1	1	$2^1/_2$	$2^1/_2$	3	3	4[1]
District of Columbia .	—	—	—	—	—	2	2	2	2	2	2

wie groß ihre Vorzüge sind, drängten auch sie mehr oder weniger rasch, sie einzuführen. Der Tabelle 94 ist der Zeitpunkt der Einführung der Gasolinsteuer und die Änderung der Steuersätze wie ihre Höhe in den Staaten der Union zu entnehmen. Die Steuersätze wurden in den meisten Staaten im Laufe der Jahre immer wieder erhöht. Nur in Texas wurde die Steuer im Jahre 1928 von 3 auf 2 Cents ermäßigt. Zu Beginn des Jahres 1929 betrug der Steuersatz für 1 Gallone in 10 Staaten und dem Distrikt Columbia 2 Cents, in weiteren 10 Staaten 3 Cents, in 1 Staat 3,5 Cents, in 18 Staaten 4 Cents, in 8 Staaten 5 Cents und in 1 Staat 6 Cents[2]. Nach dem gewogenen arithmetischen Mittel hatte der Steuersatz zu diesem Zeitpunkt eine Höhe von etwa 3,7 Cents die Gallone. Da der durchschnittliche Gasolinpreis am 30. Juni 1928 in der Union für 1 Gallone 18,3 Cents (einschließlich Steuer) hoch war[3], betrug der durchschnittliche Steuersatz etwa ein Fünftel des Gasolinpreises vom Juni 1928, also eine an und für sich ganz beträchtliche Steuerbelastung. Die Tabelle 95 enthält den Ertrag der Gasolinsteuer von den Kraftfahrzeugen in den Jahren 1919 bis 1928. Die gewaltige Steigerung der Steuer ist hauptsächlich in ihrer allmählichen Einführung in den verschiedenen Staaten, in der Erhöhung der Steuersätze und in der Vermehrung der Kraftfahrzeuge begründet. Außer der allgemeinen Gasolinsteuer wurde im Jahre 1929 in einigen Grafschaften der Staaten Alabama, Arkansas, Mississippi, New York, Ohio und Washington und ferner in einigen Städten der Staaten Alabama, Louisiana, Missouri und Nevada eine Gasolinsondersteuer in Höhe bis zu 3 Cents die Gallone erhoben. Die Gasolinsondersteuern werden stark bekämpft, da die Kraftfahrzeugbesitzer durch sie eine ungebührliche und untragbare Belastung erwarten.

Die von dem einzelnen Kraftfahrzeughalter zu zahlende Gasolinsteuer hängt von dem Umfang des Gebrauchs des Fahrzeuges, der Höhe des Steuersatzes und des Gasolinverbrauchs des Fahrzeuges für 1 Meile ab. Je größer die Zahl der Betriebsleistungen, je höher der Steuersatz und je stärker der Gasolinverbrauch des Fahrzeuges, desto mehr Steuer ist zu entrichten. In der Tabelle 96 sind die jährlichen Steuerbeträge

[1] Siehe Fußnote [2] S. 283.

[2] Die amerikanischen Werte für 1 Gallone in Cents entsprechen etwa den gleichen deutschen Werten für 1 Liter und Reichspfennige. So entspricht einer Belastung 1 Gallone mit 4 Cents eine Belastung 1 Liters mit 4 Rpf.

[3] Fact and Figures a. a. O. 1929 Edition, S. 81.

für Gasolin eines Automobils mit einem Verzehr von 1 Gallone Gasolin auf 15 Meilen bei verschiedenen Betriebsleistungsmengen und verschiedenen Steuersätzen aufgeführt[1]. Die Steuerbeträge steigen proportional zur Höhe des Steuersatzes und zur Zahl der jährlichen Betriebsleistungen. Bei einer jährlichen Betriebsleistungsmenge von 6000 Fahrzeugmeilen und Steuersätzen von 2, 3, 4, 5 und 6 Cents beträgt die Steuer 8, 12, 16, 20 und 24 Dollar und für eine Reise von 100 Meilen 13,3, 20, 26,6, 33,3, und 40 Cents. Tritt auch die Gasolinsteuer für den Kraftfahrzeughalter durch Einrechnung in den Gasolinpreis nicht direkt zutage, so ist durch ihren Einfluß auf den Gasolinpreis doch auch ein Grenzkäufer vorhanden. Grundsätzlich sollte der Steuersatz nicht so hoch gehalten werden, daß dadurch erheblich weniger Gasolin gekauft wird und der Gesamtertrag an Gasolinsteuer dadurch kleiner als bei niederem Steuersatz werden würde[3]. Als vorteilhafte Höhe des Gasolinsteuersatzes gilt in der Union im allgemeinen 3 bis 5 Cents die Gallone.

Tabelle 95.
Einnahmen aus der Gasolinsteuer von den Kraftfahrzeugen in den Jahren 1919 bis 1928[2].

Jahr	Betrag Dollar	Jahr	Betrag Dollar
1919	1022514	1924	79734490
1920	1475136	1925	146028940
1921	5302259	1926	187603231
1922	11923442	1927	258838813
1923	36813939	1928	304871766

Tabelle 96. Gasolinsteuer für 1 Automobil mit einem Verbrauch von 1 Gallone Gasolin auf 15 Meilen bei verschiedenen Betriebsleistungsmengen und verschiedenen Steuersätzen.

Zahl der Betriebsleistungen Fahrzeugmeilen	Steuersatz in Cents: 2	3	4	5	6
	Steuerbetrag in Dollar				
3000	4	6	8	10	12
6000	8	12	16	20	24
9000	12	18	24	30	36
12000	16	24	32	40	48
18000	24	36	48	60	72
Für 1 Meile in Cents . . .	0,133	0,2	0,266	0,333	0,4
Für 100 Meilen in Cents .	13,3	20	26,6	33,3	40

Die jährlichen Gasolinsteuerbeträge für Omnibusse und Lastkraftwagen mit einem Gasolinverbrauch von 1 Gallone auf 7 Meilen werden

[1] Näheres über den Gasolinverbrauch siehe Abschnitt II, Kapitel 2.

[2] Proceedings of the Sixth Annual Meeting of the Highway Research Board S. 282, und Fact and Figures a. a. O. 1926—1929 Editions.

[3] Von dem noch größeren Einfluß des Preises von Gasolin auf dessen Absatzmengen und damit auf den Gasolinsteuerertrag soll hier abgesehen werden.

für verschiedene Betriebsleistungsmengen und für verschiedene Steuersätze in der Tabelle 97 dargestellt. Auch hier steigen die Steuer-

Tabelle 97. Gasolinsteuer für Omnibusse und Lastkraftwagen mit einem Gasolinverbrauch von 1 Gallone auf 7 Meilen bei verschiedenen Betriebsleistungsmengen und verschiedenen Steuersätzen.

Zahl der Betriebsleistungen	Steuersatz in Cents				
	2	3	4	5	6
Fahrzeugmeilen	Steuerbetrag in Dollar				
10000	28,56	42,84	57,12	71,40	85,68
20000	57,14	85,71	114,28	142,85	171,42
30000	85,70	128,55	171,40	214,25	257,10
60000	171,42	257,13	342,84	428,55	514,26
100000	285,70	428,55	571,40	714,25	857,10

beträge proportional zur Zahl der Betriebsleistungen und zur Höhe der Steuersätze. Es ist offensichtlich, daß es für die Betriebskosten der Fahrzeuge bedeutsam ist, ob die Steuerlast für 1 Fahrzeug nur 28,56 Dollar (bei 10000 Fahrzeugmeilen und 2 Cents) oder 857,10 Dollar (bei 100000 Fahrzeugmeilen und 6 Cents) also 30mal höher ist.

Die Gasolinsteuer kann mit den Wegegeldern des 19. Jahrhunderts insofern verglichen werden, als an Stelle des Zollhäuschens heute die Tankstelle tritt, die, wenn auch verdeckt, ebenfalls nichts anderes als ein Entgelt für die Straßenbenutzung erhebt. Die meisten Automobilisten sind sich nicht bewußt, daß sie mit dem Gasolinpreis auch eine Steuer bezahlen. Außerdem ist die Steuer lange nicht so hoch wie die Wegegebühren es waren. So wurden in Virginia und Maryland für eine Entfernung von 187,5 Meilen 5,05 Dollar an Wegegeldern im letzten Jahrhundert erhoben[1]. Bei einem Gasolinverbrauch von 1 Gallone auf 15 Meilen wäre für diese Entfernung

bei Steuersätzen von . .	2	3	4	5	6 Cents
ein Steuerbetrag von .	25	37	50	62,5	75 Cents

fällig. Die Gasolinsteuer ist also erheblich niederer als die Wegegebühren. Um zu einem Steuerbetrag von 5,05 Dollar für 187,5 Meilen zu kommen, müßte der Steuersatz 40,4 Cents die Gallone betragen. Nicht unberücksichtigt bleiben darf jedoch hier, daß heute außer der Gasolinsteuer noch Verwaltungsgebühren eingezogen werden (siehe nächstes Kapitel).

Steuerpflichtig sind gegenüber den Staaten und Bezirksverwaltungen die Produzenten, Großhändler oder Kleinhändler. Von den 44 Staaten der Union, die im Jahre 1925 eine Gasolinsteuer eingeführt hatten, erhoben die meisten die Steuer von dem Großhändler, einige von dem Brennstoff-Produzenten oder von dem das Gasolin an die einzelnen Automobilisten absetzenden Kleinhändler[2]. Jetzt erhebt nur noch Pennsyl-

[1] American Automobile Blue Book Vol. 3. 1919.

[2] Proceedings of the Sixth Annual Meeting of the Highway Research Board.

vanien die Steuer vom Kleinhändler und auch hier wird erwogen, den Großhändler steuerpflichtig zu machen. Die Kleinhändler erhöhen in allen Staaten den Gasolin-Kleinverkaufspreis um die Steuer. Die Kraftfahrzeughalter werden auf diese Weise zum Steuerträger und, da sie nach Absicht des Gesetzgebers die Steuer auch tragen sollen, sind sie auch Steuerdestinatar. Kraftverkehrsunternehmer werden wohl die Gasolinsteuer auf ihre Kunden überwälzen und sie so zum Steuerträger machen.

Ein Teil der Staaten besteuert nur den Gasolinverbrauch der Kraftfahrzeuge, der andere Teil auch noch das in der Industrie und Landwirtschaft, von Flugzeugen, Motorbooten u. a. verbrauchte Gasolin. So wurde im Jahre 1925 in 28 von 44 Staaten nur der Gasolinverbrauch des Kraftwagenverkehrs und in 16 Staaten jeglicher Gasolinverbrauch zur Steuer herangezogen[1]. In den Staaten, die nur das Gasolin als Betriebsstoff des Kraftfahrzeuges besteuern, wird die Steuer ebenfalls von jedem einzelnen Gasolinverkauf erhoben, auf Antrag aber der Steuerbetrag für das Gasolin, das nicht als Betriebsstoff im Kraftwagenverkehr verwendet wurde, zurückerstattet. Da der Gasolinverbrauch für andere Zwecke als des Kraftwagenverkehrs verhältnismäßig gering ist, wird dies für vorteilhafter gehalten, als so verwendetes Gasolin sofort steuerfrei zu lassen. In Connecticut und New Jersey kann nicht für Kraftfahrzeuge bestimmtes Gasolin sofort steuerfrei bezogen werden. In den 28 Staaten, die nur den Gasolinverbrauch des Kraftwagenverkehrs besteuern, sind im Jahre 1925 durchschnittlich 4,1% der Gasolinsteuereinnahmen zurückerstattet worden. Die Rückvergütungen schwanken in den einzelnen Staaten zwischen 17,3 und 0,1% des Steuereingangs; meist bleiben sie unter 6%, nur in 4 Staaten erreichten sie Prozentsätze über 6 bis 17,3, so in Arizona und South Dakota (17,3 und 12,9%)[2].

Rückvergütungen werden nur gegen eidesstattliche Erklärungen über die Verwendung des Gasolins gewährt. Unberechtigte Steuerrückforderungen schließt dies nicht aus. Ihre Zahl und ihr Betrag werden jedoch geringfügig bleiben, weil sich bei Kleinverbrauchern das Risiko eine falschen Mitteilung nicht lohnt und die wenigen Großverbraucher überwacht werden können. Die Rückvergütung von Gasolinsteuer dürfte also nur wenig mißbraucht werden. Viele Kleinverbraucher, die Gasolin für andere Zwecke als den Betrieb von Kraftfahrzeugen verwenden, sich aber nicht der Mühe eines Nachweises der Verwendung unterziehen wollen, machen des geringen Betrages wegen keinen Anspruch auf Rückvergütung geltend. Mit der Erhöhung der Gasolinsteuersätze mehren sich jedoch neuerdings nicht unerheblich die Ansprüche auf Rückvergütung.

---

[1] Proceedings of the Sixth Annual Meeting of the Highway Research Board.
[2] Ebenda.

Für die Beurteilung der Gasolinsteuer als Steuer ist das Verhältnis zwischen Erhebungskosten und Steuerertrag von besonderer Bedeutung. Da Großhändler und Produzenten meist die Steuer entrichten und deren Zahl verhältnismäßig klein ist, benötigt die Verwaltung der Steuer nur wenig Schreibwerk und Kontrolle. Im Jahre 1927 betrugen die Erhebungskosten der Gasolinsteuer in 26 Staaten, die sie besonders ausgewiesen hatten, im Durchschnitt nur etwa 0,33% des reinen Gasolinsteuerertrages[1], ein im Vergleich zu den Erhebungskosten anderer Steuern sehr niederer Anteil. In Staaten mit hohen Steuersätzen ist der Prozentsatz im allgemeinen kleiner als in Staaten mit niederen Steuersätzen, da hohe Steuersätze nicht mehr Verwaltungsarbeit beanspruchen als niedere. Die Erhebungskosten dürften wohl noch etwas höher als angegeben sein, weil manche Staaten in die Kostenrechnung nur Ausgaben aufgenommen haben, die durch hauptamtlich beschäftigte Beamte entstehen, und nicht auch die Ausgaben für andere, nur teilweise mit der Verwaltung der Gasolinsteuer beschäftigte Beamte. Wesentlich höher dürfte der Kostensatz jedoch auch dann nicht werden. Wirtschaftlich bedeutungsvoll ist, daß die Erhebung der Steuer von den Kraftfahrzeugbesitzern und ihre Bezahlung an die Steuerbehörde durch die Klein- und Großhändler und Produzenten auch nur einen geringen Aufwand verlangt.

Der Ertrag der Gasolinsteuer wird verschiedenartig verwendet; ein Teil geht an die Bezirksverwaltungen, die ja auch Landstraßen bauen und unterhalten, auf denen Gasolin verbraucht wird und Steuer anfällt[2]. Die Verteilung des Gasolinsteuerertrages im Jahre 1928 ist aus der Tabelle 98 zu ersehen. Zum Bau und zur Unterhaltung der Landstraßen der Staaten wurden 69,2%, für die Landstraßen der Bezirksverwaltungen 18,8%, zur Verzinsung und Tilgung von Landstraßenanleihen der Staaten und Bezirksverwaltungen 5,8%, zu anderen Zwecken als den Landstraßenbau 6% und für Erhebungs- und Verwaltungskosten 0,2% des Gasolinsteuerertrages verwendet. Es wurden also 93,8% des Gasolinsteuerertrages des Jahres 1928 den Landstraßen zugeführt. Von den 6% zu „verschiedenen Zwecken“ wurden in 5 Staaten insgesamt etwa 7,8 Millionen Dollar den Städten und der Gesamtbetrag des Distriktes Columbia in Höhe von 1263148 Dollar der Stadt Washington zur Verbesserung der städtischen Straßen zugewiesen. Daß nur geringe Beträge

[1] Nach Mitteilungen des Bureau of Public Roads berechnet. Die Rückvergütungen sind von den Gasolinsteuereingängen vor der Berechnung des Prozentsatzes abgezogen worden.

[2] Die Steuer wird im Verhältnis zu den bei den Staaten und Bezirksverwaltungen eingegangenen Steuererträgen oder zur Zahl der registrierten Kraftfahrzeuge oder zur Ausdehnung der Landstraßen in den Staaten und Bezirksverwaltungen verteilt, oder es wird eine dieser Möglichkeiten mit einer anderen verbunden.

Tabelle 98. Verteilung der Gasolinsteuer im Jahre 1928[1].

	Dollar	%
Bau und Unterhaltung von Landstraßen der Staaten	211046591	69,2
Bau und Unterhaltung von lokalen Landstraßen . .	57380901	18,8
Verzinsung und Tilgung von Obligationen der Staaten und Bezirksverwaltungen	17619995	5,8
Verschiedene andere Zwecke	18491754	6,0
Erhebungs- und Verwaltungskosten	694601	0,2
	305233842	100,0

der Gasolinsteuer den Städten zufließen, trotzdem ein großer Teil des Gasolins auf Straßen innerhalb der Städte verbraucht wird, läßt eine Bevorzugung der Landstraßen zugunsten der Stadtstraßen erkennen.

Unter den „verschiedenen Verwendungszwecken" der Gasolinsteuer sind Überweisungen an öffentliche Schulen, ferner zur Unterhaltung von Fischzuchtanstalten, oder zur Tilgung von Staats- und Bezirksverwaltungsanleihen — nicht für den Straßenbau — und für sonstige Aufwendungen öffentlicher Art. So machten Florida, Georgia und Texas Überweisungen an freie öffentliche Schulen, Mississippi zum Bau und zur Unterhaltung von Deichanlagen, und New York versucht die notleidenden Farmer damit zu unterstützen. Einsprachen der Kraftfahrzeugbesitzer und insbesondere der gewichtigen, anerkannten Vertretung der Automobilisten, der „American Automobile Association" veranlaßten die Staaten, den Gasolinsteuerertrag mehr und mehr dem Landstraßenbau zuzuführen. Die ausschließliche Bereitstellung des Gasolinsteuerertrages für den Straßenbau ist wirtschaftlich zu begrüßen,zugleich aber auch ein Erfordernis, da die Gasolinsteuer eine Sonderbesteuerung der Kraftfahrzeugbesitzer ist. Das unmittelbare Verhältnis zwischen Straßenbeanspruchung und Gasolinverbrauch wurde früher schon betont. Der Gasolinverbrauch und damit der Steueraufwand sind ein gewisser Maßstab der Straßenbenutzung und Straßenabnützung, so daß die Gasolinsteuer zu einem Entgelt wird und damit praktischen Notwendigkeiten entspricht und dem Prinzip des Nutzens weit gerecht wird.

Die Gasolinsteuer hat auch als Vorzug, daß der Ertrag meist den Staaten zufließt, deren Straßen benutzt werden, wodurch die Schwierigkeit einer Verteilung vermieden wird. Automobilisten, die in einem anderen als in ihrem Heimatstaate fahren und Gasolin fassen, bezahlen dort mit dem Gasolinpreis die gleiche Steuer wie einheimische Kraftfahrzeugbesitzer. Der Gasolintank eines Kraftfahrzeuges kann wohl vor dem Übergang in einen anderen Staat gefüllt werden, womit hier

[1] Nach Mitteilungen des Bureau of Public Roads. Das eigentliche Steueraufkommen wird mit 304871766 Dollar angegeben. Der Unterschied in Höhe von 362076 Dollar setzt sich aus verschiedenen anderen Einnahmen auf Grund der Gasolinsteuergesetze zusammen.

die Steuer entrichtet, dort aber die Fahrbahnen benutzt werden. Dies beruht aber auf Gegenseitigkeit und wird im allgemeinen nur bei erheblichen Unterschieden im Gasolinpreis geschehen. Kleine Staaten mit hohen Gasolinpreisen und große Staaten mit starkem Grenzverkehr können, wenn das Gasolin zur Hin- und Rückfahrt ausreicht, zwar dadurch beachtenswerte Steuerausfälle haben. Tankstellen an der Grenze von Staaten mit hohen Gasolinpreisen versäumen auch nicht, auf die höheren Preise im Nachbarstaat aufmerksam zu machen. Beträchtliche Unterschiede in dem Preise von Gasolin riefen da und dort einen regen Schmuggel von Gasolin über die Grenzen der Staaten mit hohen Preisen hervor. Die Steuerbehörde in Kentucky sah sich durch umfangreichen Schmuggel von Gasolin durch Großhändler gezwungen, bekannt zu machen, daß gegen den Gasolinschmuggel — bootlegging of gasoline — ebenso streng, wie gegen den Handel mit alkoholischen Getränken vorgegangen werde[1]. Solche Mißbräuche bleiben aber Ausnahmen.

Außerordentlich günstig für die Gasolinsteuer wirkt ihre Entrichtung in kleinen Beträgen, jeweils beim Kaufe des Brennstoffes. Die Steuer tritt dadurch nicht hervor und wird den meisten Automobilisten überhaupt nicht bewußt, zumal sie als Teil des Gasolinpreises eingezogen und vom Verkäufer des Gasolins im allgemeinen nicht darauf hingewiesen wird. Nur in den wenigen Staaten, wo die Gasolinsteuer durch gesetzliche Vorschrift getrennt vom Gasolinpreis angegeben werden muß oder wo Tankstellen eine Ausscheidung der Steuer für vorteilhaft halten, tritt sie für den Automobilisten offensichtlich zutage. Das hohe Einkommen des Amerikaners bringt es mit sich, daß er sich über so kleine Beträge auch nicht aufhält, eine Erscheinung, die noch durch die große Vorliebe des Amerikaners für Automobil und Autofahrten unterstützt wird[2]. Die Nachfrage nach Gasolin würde wohl zurückgehen, wenn die Gasolinsteuer von den Kraftfahrzeugbesitzern in einer Jahressumme zu entrichten wäre.

Zusammenfassend wäre zu bemerken, daß die Gasolinsteuer durch die leichte und mit geringen Kosten verbundene Erhebung und Verwaltung, durch die hohen, mit einer umfangreichen Benutzung der Kraftfahrzeuge verbundenen Steuererträge, durch die verhältnismäßig kleinen jeweils mit dem Gasolinpreis zu entrichtenden Steuerbeträge und die nahezu ausschließliche Verwendung der Steuererträge zu Landstraßenzwecken für Steuerbehörde und Kraftfahrzeugbesitzer, für Volk und Staat im allgemeinen hohe Vorzüge hat. Da die Kraftfahrzeugbesitzer, wie feststeht, die Gasolinsteuer bis zu einem Steuersatz von 3, 4 und auch noch 5 Cents meist widerspruchslos tragen, ja, ihre Einführung

[1] The Gasoline Tax by the American Automobile Association S. 13.

[2] Durch dauernde Erhöhung der Gasolinsteuersätze in vielen Staaten ertönen nun neuerdings Stimmen, die sich gegen hohe Steuersätze wenden.

schon selbst verlangten, um Mittel zur Erhöhung der Widerstandsfähigkeit der Straßen zu erhalten, wird sie in der Union als eine ideale, ja selbst volkstümliche Steuer bezeichnet[1]. Die Nachteile der Gasolinsteuer sind so gering, daß sie hinter den Vorzügen weit zurücktreten.

3. Die Verwaltungsgebühren.

Die Verwaltungsgebühren — „registration and license fees" — wurden ursprünglich für die mit der Registrierung der Kraftfahrzeuge und Erteilung der Fahrerlaubnis verbundene Tätigkeit der Verwaltungsbehörden eingeführt. Sie waren Entschädigungen des Aufwandes der öffentlichen Organe für diese Tätigkeit und so gering, daß sie als „Gebühren" im finanzwissenschaftlichen Sinne bezeichnet werden konnten. Als sie aber im Laufe der Jahre ständig erhöht wurden und nicht nur die durch die Verwaltung der Kraftfahrzeuge entstehenden Kosten deckten, sondern auch noch einen beträchtlichen Überschuß abwarfen, der zum Teil für den Straßenbau und zum Teil für allgemeine Staatszwecke verwendet wurde, waren sie nicht länger Gebühren, sondern konnten als eine besondere Steuer bezeichnet werden. Heute, nachdem diese Einnahmen nahezu ausschließlich für die Landstraßen verwendet und die Leistungen in den meisten Staaten so festgesetzt werden, daß sie in ein Verhältnis zur Abnützung und Benutzung der Landstraßen treten, stehen auch sie wie die Gasolinsteuer dem Begriff „Beiträge" am nächsten. Da aber die registration und license fees allgemein Gebühren genannt werden, soll auch diese Bezeichnung hier beibehalten werden.

Die erste Verwaltungsgebühr im Zusammenhang mit Kraftfahrzeugen hat im Jahre 1901 der Staat New York für die Zulassung von Automobilen erhoben. Andere Staaten folgten, und schon im Jahre 1913 erhoben sämtliche Staaten Gebühren für die Verwaltung von Kraftfahrzeugen.

Die Verwaltungsgebühren sind von den Kraftfahrzeugbesitzern an die Steuerbehörde zu entrichten und da nach Absicht des Gesetzgebers die Kraftfahrzeugbesitzer die Gebühren auch tragen sollen, sind sie Steuerträger und Steuerdestinatar. Kraftverkehrsunternehmer werden versuchen, die Gebühren auf ihre Kunden zu überwälzen, so daß diese zu Steuerträgern werden.

Bei der Berechnung der Verwaltungsgebühren wird von den verschiedensten Gesichtspunkten ausgegangen. Angestrebt wird immer, die Gebühren in ein Verhältnis zur Straßenbenutzung und Straßen-

[1] Auch dies weist darauf hin, daß die Gasolinsteuer keine Steuer im eigentlichen Sinne ist, denn im allgemeinen sind Steuern noch nie und nirgends volkstümlich gewesen. Siehe S. 282.

abnützung durch die Kraftfahrzeuge zu bringen, gleichzeitig aber ihre Berechnung so einfach wie möglich zu halten. Über den Weg, dieses Ziel zu erreichen, ist die Auffassung in den einzelnen Staaten geteilt, weshalb es auch die verschiedensten Bemessungsgrundlagen gibt.

Den Gebühren für private Automobile werden in den meisten Staaten die Pferdekräfte oder das Gewicht (Tara) der Fahrzeuge zugrunde gelegt. Einige Staaten erheben eine runde Pauschalsumme, andere gehen von dem Wert — bei neuen Fahrzeugen dem Anschaffungswert, bei gebrauchten dürfen bestimmte Beträge als Abschreibungen vom Anschaffungswerte abgezogen werden — der Fahrzeuge aus. Schließlich verbinden manche Staaten zwei oder noch mehr solcher Bemessungsgrundlagen miteinander, wie Pferdekraft und Gewicht, oder Gewicht und Wert, oder Pauschalsumme und Gewicht der Fahrzeuge.

Pferdekräfte oder Gewicht der Fahrzeuge haben als Bemessungsgrundlage den Vorteil, daß sie zum Teil der Abnützung der Fahrbahnen gerecht werden und die Berechnung der Gebühren verhältnismäßig vereinfachen. Die Gebührensätze werden proportional, degressiv oder progressiv zur Zahl der Pferdekräfte oder zur Höhe des Gewichtes aufgebaut. Die verschiedenen Methoden des Aufbaues der Gebührensätze bekunden den Unterschied der Auffassung der Staaten über das Verhältnis zwischen Fahrzeugen und Straßenabnützung. Für Pferdekräfte und Gewicht der Fahrzeuge als Maßstäbe der Gebührenberechnung sei je ein Beispiel gegeben. Im Staate North Carolina, der nach Pferdekräften rechnet, betragen die Gebühren für Automobile[1]:

bis zu 25 PS	12,50 Dollar
über 25 bis 30 PS	20,00 „
„ 30 „ 35 PS	30,00 „
„ 35 PS	40,00 „

In Wisconsin, wo vom Gewicht der Fahrzeuge ausgegangen wird, betragen die Gebühren:

bis zu 1600 Lbs	10 Dollar	über 3200 Lbs bis 3600 Lbs	18 Dollar
über 1600 „ bis 1800 Lbs.	11 „	„ 3600 „ „ 4000 „	20 „
„ 1800 „ „ 2000 „ .	12 „	„ 4000 „ „ 4500 „	22 „
„ 2000 „ „ 2400 „ .	13 „	„ 4500 „ „ 5000 „	24 „
„ 2400 „ „ 2800 „ .	14 „	„ 5000 „	26 „
„ 2800 „ „ 3200 „ .	16 „		

Pauschalsummen und Wert der Fahrzeuge erscheinen als weniger geeignete Maßstäbe. Pauschalsummen haben wohl den Vorteil, daß sie sehr einfach festzusetzen sind. Die Abnützung der Fahrbahnen durch kleinste und größte Fahrzeuge ist jedoch so verschieden, daß nicht der einfachen Gebührenberechnung wegen der erhebliche Unterschied in der Abnützung der Straßen unberücksichtigt bleiben kann.

[1] Soweit nichts anderes vermerkt wird, sind alle Gebührensätze dieses Kapitels der „Special Taxation for Motor Vehicles 1928 Edition" entnommen.

Arizona erhebt für jedes Automobil eine Pauschalsumme von jährlich 3,50 Dollar, Kalifornien eine von 3 Dollar. Solch niedere Pauschalsummen, die nur die reinen Verwaltungskosten der Behörden decken, sind als Gebühren zu bezeichnen. Der Wert der Automobile würde dem Prinzip der Leistungsfähigkeit der Kraftfahrzeugbesitzer und zum Teil auch der Abnützung der Fahrbahnen insofern entsprechen, als der Wert kleiner und leichter Fahrzeuge im allgemeinen geringer als der großer und schwerer Fahrzeuge ist. Da aber Pferdekräfte und Gewicht der Fahrzeuge als Bemessungsgrundlagen mehr als der Fahrzeugwert der Abnützung der Fahrbahnen nahekommen, sind sie als Maßstäbe vorzuziehen. Außerdem wird es immer schwierig sein, den Wert gebrauchter Fahrzeuge zufriedenstellend zu ermitteln. Die Gebühr dürfte hier nur so festgesetzt werden können, daß ganz allgemein bestimmte Sätze entsprechend der Gebrauchszeit der Fahrzeuge abgestuft werden. In Minnesota beträgt die jährliche Gebühr 2,4% des Anschaffungswertes der Automobile; nach Ablauf des ersten Gebrauchsjahres der Fahrzeuge können für jedes folgende bis zum siebenten Jahre 10% und im achten und den darauf folgenden Jahren 70% des jeweiligen Buchwertes abgeschrieben werden; die Gebühren werden hierdurch immer kleiner.

Werden zur Festsetzung der Gebühren verschiedene Maßstäbe miteinander verbunden, so kann hiedurch ein noch engeres Verhältnis zur Straßenabnützung als bei der Verwendung nur einer Grundlage gewonnen werden. Es ist dabei nur zu beachten, ob auch der Mehraufwand einer kombinierten Berechnung ihren größeren Nutzen aufwiegt. Im Staate Mississippi sind Pferdekräfte und Gewicht der Fahrzeuge als Bemessungsgrundlagen verbunden. Erhoben werden für je 1 PS 10 Cents und für je 100 Lbs Gewicht des Fahrzeuges 40 Cents. Im Staate Kansas ist eine Pauschalsumme von 8 Dollar und für Fahrzeuge mit einem Gewicht von mehr als 2000 Lbs 50 Cents für je 100 Lbs zu entrichten; es sind also Pauschalsumme und Gewicht der Fahrzeuge verbunden. Über weitere Gebührensätze siehe Special Taxation for Motor Vehicles.

Die Lastkraftwagen im Werkverkehr werden in den meisten Staaten nach der Tragfähigkeit, ihrem Tara- oder Bruttogewicht besteuert. Dient das Bruttogewicht als Maßstab, so wird als Gewicht der Ladung — Nettogewicht — die Tragfähigkeit der Fahrzeuge zugrunde gelegt, da die jeweils tatsächliche Belastung nicht bekannt ist. Das Bruttogewicht ist hier also eine Verbindung von Tragfähigkeit und Nettogewicht des Fahrzeuges. Die Gebühren sind auch hier, um eine Beziehung zur Straßenabnützung herzustellen, im Verhältnis zur Tragfähigkeit, zum Tara- oder Bruttogewicht der Fahrzeuge in den verschiedenen Staaten entweder proportional, degressiv oder progressiv, also auch ungleichmäßig aufgebaut. Je ein praktisches Beispiel soll die drei genannten Bemessungsgrundlagen aufzeigen. Im Staate Mississippi dient die Tragfähigkeit der Fahrzeuge als Maßstab; die Gebühren betragen für Lastkraftwagen mit einer Tragfähigkeit

bis zu 1 Tonne	10,00 Dollar	von $3^1/_2$ Tonnen	112,50 Dollar
von $1^1/_2$ Tonnen	20,00 „	„ 4 „	172,50 „
„ 2 „	40,00 „	„ $4^1/_2$ „	225,00 „
„ $2^1/_2$ „	50,00 „	„ 5 „	300,00 „
„ 3 „	82,50 „	„ 6 „	400,00 „

Als Beispiel der Verwendung des Taragewichtes der Lastkraftwagen seien die Gebührensätze des Staates Ohio genannt; sie betragen für je 100 Lbs für Fahrzeuge

bis zu einem Gewichte von 2500 Lbs	70 Cents
von mehr als 2500 bis zu 6000 „	90 „
„ „ „ 6000 „ „ 9000 „	100 „
über 9000 Lbs	115 „

Und als Beispiel einer Verwendung des Bruttogewichtes der Lastkraftwagen mögen die Gebühren von Illinois dienen. Sie betragen für Lastkraftwagen

bis zu einem Gewichte von 5000 Lbs	12,00 Dollar
von mehr als 5000 bis zu 12000 „	22,50 „
„ „ „ 12000 „ „ 16000 „	75,00 „
„ „ „ 16000 „ „ 20000 „	100,00 „
über 20000 Lbs	150,00 „

Weitere, aber nur vereinzelt gebrauchte Bemessungsgrundlagen der Gebühren für private Lastkraftwagen sind: Pauschalsumme, Pferdekraft, Wert der Fahrzeuge, Gewicht des Fahrgestells und Breite der Gummireifen. Verbunden werden Pferdekraft mit Tragfähigkeit, Pferdekraft mit Bruttogewicht, Pauschalsumme mit Nettogewicht der Fahrzeuge.

Bei allen Gebührenberechnungsarten wird häufig gleichzeitig auch die Art der Bereifung irgendwie berücksichtigt. So gelten die für den Staat Mississippi genannten Gebühren nur für Fahrzeuge mit Luftreifen. Haben Fahrzeuge 2 oder mehr Elastikreifen, so erhöhen sich die Gebühren für alle Fahrzeuge mit mehr als 1 Tonne Tragfähigkeit um 25% und bei Vollgummireifen für alle Fahrzeuge mit mehr als $1^1/_2$ Tonnen Tragfähigkeit um 50%[1].

Die Gebühren wurden im Laufe der Jahre immer wieder erhöht, die der schweren Fahrzeuge verhältnismäßig weit mehr als die der leichteren. Dies zeigt für die Jahre 1914, 1921 und 1924 folgende Aufstellung der durchschnittlichen Gebühren aller Staaten für Lastkraftwagen mit einer Tragfähigkeit von $1^1/_2$, $3^1/_2$ und 5 Tonnen[2]:

[1] Über die Bereifung der Fahrzeuge und die Fahrbahnen siehe auch Abschnitt II, Kapitel 1, Abschnitt IV, Kapitel 4 und Abschnitt V, Kapitel 3a.

[2] Public Roads 1924 (Vol. 5), S. 4.

Tragfähigkeit der Lastkraftwagen	Gebühren 1914 Dollar	1921 Dollar	1924 Dollar
$1^1/_2$ Tonnen	6,43	27,55	31,15
$3^1/_2$ „	8,36	64,05	85,75
5 „	8,80	96,52	139,39

Während sich in der Zeitspanne 1914—1924 die Gebühren der $1^1/_2$ Tonnen-Wagen etwa um das Fünffache, die der $3^1/_2$ Tonnen-Wagen etwa um das Zehnfache erhöht haben, sind die der 5 Tonnen-Wagen nahezu um das Sechzehnfache gestiegen.

Die Gebühren für Lastkraftwagenanhänger werden hauptsächlich nach dem Brutto- und dem Ladegewicht dieser Fahrzeuge berechnet. Sie sind zum Teil gleich hoch wie für Zugwagen, meist aber erheblich niederer. In einigen Staaten sind Anhänger gebührenfrei.

Für Lastkraftwagen und Omnibusse privater und öffentlicher Kraftverkehrsunternehmer werden außer den für Lastkraftwagen im Werkverkehr schon genannten noch einige andere Bemessungsgrundlagen[1], wie Bruttoeinnahmen, Betriebs- und Verkehrsleistungen, herangezogen. Die Gebühren für Fahrzeuge der Kraftverkehrsunternehmer sind meist höher als für die im Werkverkehr verwendeten. So haben im Staate Arkansas die privaten und öffentlichen Lastkraftwagenunternehmer die $1^1/_2$fachen Gebühren der Lastkraftwagen im Werkverkehr zuzüglich 2% ihrer Bruttoeinnahmen zu entrichten. Der Staat Arizona erhebt von privaten Lastkraftwagenunternehmern die gleichen Gebühren wie von den Fahrzeugen im Werkverkehr, von öffentlichen Lastkraftwagenunternehmern hingegen außerdem noch $2^1/_2$% ihrer Bruttoeinnahmen. Im Staate Kolorado werden die Gebühren für Fahrzeuge der öffentlichen Lastkraftwagenunternehmer aus den Betriebsleistungen nach einem Satz von 0,5 Cents für 1 Tonnenmeile berechnet. Die öffentlichen Omnibusgesellschaften Kaliforniens haben außer einer Pauschalsumme von 3 Dollar für 1 Fahrzeug $4^1/_4$% ihrer Bruttoeinnahmen und die in Kolorado 0,1% der Einnahmen für 1 Personenmeile zu bezahlen. Bruttoeinnahmen, Betriebs- und Verkehrsleistungen sind als Gebührenberechnungsgrundlagen bei Kraftverkehrsunternehmungen durch ihre Verpflichtung zur Abgabe eingehender Betriebsberichte möglich.

Bruttoeinnahmen, Verkehrs- und Betriebsleistungen haben als Bemessungsgrundlagen den Vorzug, daß sie dem Umfang der Benutzung der Fahrbahnen, wie auch dem der Abnützung mehr als andere Maßstäbe entsprechen. Werden die Gebühren nach Tragfähigkeit und Gewicht der Kraftfahrzeuge berechnet, wird bei einer Betriebsleistung der Fahrzeuge von jährlich 100 Personen- oder Tonnenmeilen dieselbe

[1] Bei Omnibussen tritt an die Stelle der Tragfähigkeit die Zahl der Sitzplätze.

Gebühr wie bei einer Leistung von jährlich 500000 Personen- oder Tonnenmeilen fällig. Andererseits kann aber bei den Maßstäben Bruttoeinnahmen, Verkehrs- und Betriebsleistungen die außergewöhnlich starke Abnützung der Fahrbahnen durch schwere Fahrzeuge, insbesondere schwere Lastkraftwagen, nicht genügend erfaßt werden. Betriebsleistungen haben als Bemessungsgrundlage den Nachteil, daß sie bei geringer Verkehrsdichte oder allgemein schwachem Verkehr, wo Fahrzeuge nur wenig ausgelastet sind, im Verhältnis zu den Einnahmen der Kraftfahrzeuge zu sehr hohen Gebühren führen. Gegenüber den Verkehrsleistungen haben sie den Vorteil, daß sie sich weit zuverlässiger und einfacher feststellen lassen. Verkehrsleistungen und Betriebsleistungen zeigen die Benutzung und Abnützung der Fahrbahnen meist genauer als Bruttoeinnahmen an. Allgemein können sie als beste Bemessungsgrundlage der Gebühren bezeichnet werden. Wieweit eine der genannten Bemessungsgrundlagen im einzelnen mehr oder weniger geeignet ist, kann jeweils nur nach genauer

Tabelle 99. Gebühren eines Automobils für 5 Personen mit 3000 Lbs Taragewicht, 24 PS, einem Anschaffungswerte von 1075 Dollar und einem jährlichen Gasolinverbrauch von 400 Gallonen in den Staaten der Union im Jahre 1926.

Staat	Gebühr Dollar	Staat	Gebühr Dollar
Alabama	11,25	Nevada	10,87
Arizona	5,00	New Hampshire	13,12
Arkansas	22,93	New Jersey	9,60
California	3,00	New Mexico	12,00
Colorado	5,37	New York	15,00
Connecticut	16,96	North Carolina	12,50
Delaware	14,50	North Dakota	19,15
Florida	15,00	Ohio	4,00
Georgia	14,40	Oklahoma	21,12
Idaho	22,00	Oregon	40,00
Illinois	8,00	Pennsylvania	9,60
Indiana	7,00	Rhode Island	15,37
Iowa	22,75	South Carolina	15,00
Kansas	13,00	South Dakota	20,00
Kentucky	18,00	Tennessee	12,00
Louisiana	16,32	Texas	19,20
Maine	13,50	Utah	5,00
Maryland	7,68	Vermont	25,80
Massachusetts	10,00	Virginia	16,80
Michigan	16,50	Washington	19,00
Minnesota	25,80	West Virginia	19,00
Mississippi	14,40	Wisconsin	16,00
Missouri	16,50	Wyoming	12,00
Montana	15,00	District of Columbia	1,00
Nebraska	13,00	Durchschnitt	14,50

Kenntnis der besonderen Verhältnisse und der verschiedenen Voraussetzungen beurteilt werden.

Die Bemessungsgrundlagen sind ebenso wie die Höhe der Gebühren der Kraftverkehrsunternehmer mit wenigen Ausnahmen — nur Fassungskraft oder Bruttogewicht werden öfter verwendet — nahezu in allen Staaten der Union verschieden.

Die Auswirkung von Bemessungsgrundlagen und Gebührensätzen auf die Höhe der Gebühren in 1 Jahre soll nun für einige Kraftfahrzeugtypen in den Staaten der Union in der Tabelle 99 für das Jahr 1926 aufgezeigt werden[1]; die Tabelle enthält die Gebühren eines Automobils für 5 Personen mit 3000 Lbs Taragewicht, 24 Pferdekräften, einem Anschaffungswert von 1075 Dollar und einem jährlichen Gasolinverbrauch von 400 Gallonen[2]. Aus der Tabelle sind beträchtliche Unterschiede in der Höhe der Gebühren der einzelnen Staaten zu ersehen. Die niederste Gebühr hat der Distrikt Columbia mit 1 Dollar, die höchste der Staat Oregon mit 40 Dollar. Werden die Gebühren in Gruppen zusammengefaßt, so ergibt sich — der Distrikt Columbia als Staat eingerechnet — folgende Verteilung:

5 Staaten mit Gebühren bis zu	5 Dollar
7 „ „ „ von	5,01—10 „
30 „ „ „ „	10,01—20 „
6 „ „ „ „	20,01—30 „
und 1 Staat mit einer Gebühr von	40 „

Die Mehrzahl der Staaten, etwa 60%, erhebt Gebühren zwischen 10 und 20 Dollar, der Durchschnitt beträgt 14,50 Dollar. Wird den Gebühren noch der durchschnittliche Betrag der Gasolinsteuer in Höhe von 9,92 Dollar zugezählt, so war im Jahre 1926 ein Automobil der in der Tabelle genannten Art insgesamt durchschnittlich mit 24,42 Dollar belastet. Die Gesamtbelastung im Jahre 1929 dürfte hauptsächlich infolge einer Steigerung der Gasolinsteuer um etwa 30% höher sein, also etwa 32 Dollar betragen. Auf 1 Fahrzeugmeile kämen sonach bei dem erwähnten Automobiltyp bei einem Gasolinverbrauch von 1 Gallone auf 15 Meilen als Gesamtbelastung im Jahre 1926 0,4 Cents und 1929 etwa 0,53 Cents.

Die Gebühren für einen Omnibus einer öffentlichen Kraftverkehrsgesellschaft mit 20 Sitzplätzen, Luftreifen, 9000 Lbs Taragewicht, 30

[1] Wiedergegeben werden die von Prof. Trumbower nach Bemessungsgrundlagen und Gebührensätzen des Jahres 1926 berechneten Gebühren. Siehe Proceedings of the First Annual Meeting Motor Bus Division S. 83ff. Da die Bemessungsgrundlagen und Gebührensätze des Jahres 1927 sich gegenüber 1926 nur wenig verändert haben, besteht eine weitgehende Übereinstimmung mit der Höhe der Gebühren des Jahres 1927, das als Grundlage vorstehender Erörterungen gedient hat.

[2] Der Gasolinverbrauch entspricht etwa der durchschnittlichen jährlichen Leistungsfähigkeit von 6000 Fahrzeugmeilen.

Pferdekräften, einer jährlichen Bruttoeinnahme von 12 000 Dollar, einem jährlichen Gasolinverbrauch von 7142 Gallonen, einem Anschaffungswert von 8000 Dollar und jährlichen Betriebsleistungen von 50 000 Fahrzeugmeilen werden in der Tabelle 100 für die Staaten der Union im Jahre 1926 dargestellt. Wiederum sind ganz erhebliche Unterschiede in der

Tabelle 100.

Gebühren für einen Omnibus einer öffentlichen Kraftverkehrsgesellschaft mit 20 Sitzplätzen, Luftreifen, 9000 Lbs Taragewicht, 30 PS, einer jährlichen Bruttoeinnahme von 12000 Dollar, einem jährlichen Gasolinverbrauch von 7142 Gallonen, einem Anschaffungswert von 8000 Dollar und einer jährlichen Betriebsleistungsmenge von 50000 Fahrzeugmeilen in den Staaten der Union im Jahre 1926[1].

Staat	Gebühr Dollar	Staat	Gebühr Dollar
Alabama	60,00	Nevada	480,00
Arizona	500,00	New Hampshire	42,00
Arkansas	117,00	New Jersey	30,00
California	510,00	New Mexico	85,00
Colorado	71,00	New York	52,00
Connecticut	421,32	North Carolina	720,00
Delaware	46,00	North Dakota	326,00
Florida	435,00	Ohio	180,00
Georgia	75,00	Oklahoma	225,00
Idaho	600,00	Oregon	847,00
Illinois	127,00	Pennsylvania	50,00
Indiana	120,00	Rhode Island	75,00
Iowa	866,00	South Carolina	200,00
Kansas	223,00	South Dakota	360,00
Kentucky	315,00	Tennessee	70,00
Louisiana	96,40	Texas	750,00
Maine	60,00	Utah	152,75
Maryland	1428,57	Vermont	120,00
Massachusetts	100,00	Virginia	291,66
Michigan	202,50	Washington	130,00
Minnesota	800,00	West Virginia	666,66
Mississippi	119,00	Wisconsin	243,75
Missouri	10,50	Wyoming	25,00
Montana	25,00	District of Columbia	12,00
Nebraska	165,00	Durchschnitt	278,10

Höhe der Gebühren in den einzelnen Staaten zu bemerken. Die höchste Gebühr erhebt Maryland mit 1428,57 Dollar, die niederste Missouri mit 10,50 Dollar. Von den 48 Staaten und dem Distrikt Columbia haben 28 Staaten — Distrikt Columbia als Staat eingerechnet — Gebühren bis zu 200 Dollar und 21 Staaten höhere Gebühren. In Gruppen zusammengefaßt ergibt sich hier folgende Verteilung:

[1] Siehe Fußnote [1] S. 299.

8 Staaten mit Gebühren bis zu	50	Dollar
10 „ „ „ von	51— 100	„
10 „ „ „ „	101— 200	„
5 „ „ „ „	201— 300	„
3 „ „ „ „	301— 400	„
4 „ „ „ „	401— 500	„
5 „ „ „ „	501— 750	„
3 „ „ „ „	751—1000	„
und 1 Staat mit einer Gebühr von	1428,57	„

Das arithmetische Mittel ist 278,10 Dollar. Wird auch hiezu noch das für Gasolinsteuern in Höhe von 175,75 Dollar hinzugerechnet, so ergibt sich für das Jahr 1926 als durchschnittliche Gesamtbelastung eines Omnibusses genannter Art ein Betrag von 453,85 Dollar[1]. Wird auch hier für 1929 eine 30%ige Steigerung gegenüber 1926 angenommen, so wäre die durchschnittliche Gesamtbelastung des genannten Omnibusses für 1929 590 Dollar. Auf eine Fahrzeugmeile wäre die Gesamtbelastung im Jahre 1926 0,91 Cents und 1929 1,18 Cents.

Nun seien noch die Gebühren für Lastkraftwagen im Besitze eines öffentlichen und eines privaten Transportunternehmers aufgezeigt. Im allgemeinen sind die Gebühren für die Lastkraftwagen im Werkverkehr denen der privaten Transportunternehmer gleich, sonst niederer. Als Beispiel dient ein Lastkraftwagen mit Luftreifen und ein anderer mit Vollgummireifen, je mit 7000 Lbs Taragewicht, 30 Pferdekräften, einer Tragfähigkeit von 6000 Lbs, einem Bruttogewicht von 1300 Lbs, einem Anschaffungswerte von 4500 Dollar, einer Gesamtbreite der Vollgummireifen von 30 Zoll und der Luftreifen von 42 Zoll, einer jährlichen Betriebsleistungsmenge des Fahrzeuges des privaten Transportunternehmers von 10000 Fahrzeugmeilen und des Fahrzeuges des öffentlichen Unternehmers von 25000 Fahrzeugmeilen, einem jährlichen Gasolinverbrauch des Fahrzeuges des privaten Unternehmers von 2500 und des Fahrzeuges des öffentlichen Unternehmers von 5000 Gallonen und einer jährlichen Bruttoeinnahme des öffentlichen Unternehmers von 15000 Dollar für das Fahrzeug. Mittelwerte der Gebühren und der Gasolinsteuer für die Union nach den Bemessungsgrundlagen, Gebühren- und Steuersätzen des Jahres 1928 enthält die Tabelle 101. Ein Vergleich zeigt, daß die durchschnittlichen Gebühren für Fahrzeuge öffentlicher Transportunternehmer mehr als dreimal so hoch sind wie die für Fahrzeuge privater Unternehmer[2]. Die Gasolinsteuer öffentlicher Unternehmer ist infolge des durch höhere Betriebsleistungen bedingten größeren Gasolinverbrauches doppelt so hoch wie die privater. Öffent-

[1] Für einen etwas größeren Omnibus wurde von anderer Seite für das Jahr 1928 (wohl Mitte 1928) eine durchschnittliche Gesamtbelastung von etwa 500 Dollar errechnet. Fact and Figures a. a. O. 1929 Edition, S. 78.

[2] Mit der stärkeren Belastung der Fahrzeuge der öffentlichen Transportunternehmer will ein Teil der Staaten eine besondere Gewerbesteuer erheben.

Tabelle 101. Mittelwerte der Gebühren und der Gasolinsteuer für je einen Lastkraftwagen im Besitze eines öffentlichen und eines privaten Transportunternehmers mit Luft- und mit Vollgummireifen und der vorstehend näher beschriebenen Art[1].

A. Mittelwerte der Gebühren und der Gasolinsteuer öffentlicher Transportunternehmer:

bei Vollgummireifen	bei Luftreifen	Gasolinsteuer	Gesamtbelastung bei		Gesamtbelastung bei für 1 Fahrzeugmeile	
			Vollgummireifen	Luftreifen	Vollgummireifen	Luftreifen
Dollar	Dollar	Dollar	Dollar	Dollar	Cents	Cents
251,50	210,90	162,22	413,72	373,12	1,65	1,49

B. Mittelwerte der Gebühren und der Gasolinsteuer privater Transportunternehmer:

bei Vollgummireifen	bei Luftreifen	Gasolinsteuer	Gesamtbelastung bei Vollgummireifen	Gesamtbelastung bei Luftreifen	für 1 Fahrzeugmeile Vollgummireifen	für 1 Fahrzeugmeile Luftreifen
80,50	66,80	81,11	161,61	147,91	1,61	1,47

liche Transportunternehmer sind insgesamt etwa zweieinhalbmal stärker als private belastet. Für eine Fahrzeugmeile ist die Gesamtbelastung der Fahrzeuge beider Unternehmerarten nahezu gleich, weil die gegenüber privaten Unternehmern zweieinhalbmal größeren Betriebsleistungen der öffentlichen Unternehmer ausgleichen. Die Gebühren für öffentliche und private Transportunternehmer schwanken in den einzelnen Staaten weitgehendst. Sie steigen bis zum zehnfachen Betrag der Gebühren privater Unternehmer an. Kalifornien hat in den Gebühren der privaten und öffentlichen Transportunternehmer für Fahrzeuge mit Luftreifen sogar einen mehr als vierzigfachen Unterschied — die Gebühr für Fahrzeuge privater Kraftverkehrsunternehmer beträgt dort 18 Dollar, die der öffentlichen 750 Dollar. Ist für Fahrzeuge öffentlicher Kraftverkehrsunternehmer infolge ihrer meist stärkeren Beanspruchung der Fahrbahnen auch eine höhere Gebühr als für Fahrzeuge privater Unternehmer gerechtfertigt, so sollte der Unterschied doch nicht höher sein als er der stärkeren Beanspruchung der Straßen entspricht. In Staaten, deren Straßen von Fahrzeugen öffentlicher Kraftverkehrsunternehmer erheblich umfangreicher als von anderen Fahrzeugen benützt werden, sollten als Bemessungsgrundlage für ihre Gebühren die Verkehrs- oder Betriebsleistungen oder die Bruttoeinnahmen der Unternehmer gewählt werden, damit nicht einzelne Unternehmer mit geringem Geschäftsumfang oder öffentliche Kraftverkehrsunternehmer mit einer kleinen Zahl Betriebsleistungen zu stark belastet werden. Die wirtschaftlich beste Gebühr ist jene, die Fahrzeuge gleicher Größe von öffentlichen und privaten Unternehmern für eine Personen- oder Tonnenmeile oder für eine Fahrzeugmeile gleich belastet, wie es zufällig in der Tabelle 101 der Fall ist, denn der Nutzen der Fahrbahnen wie ihre Abnützung sind bei gleicher Benutzung für beide Arten Unternehmer gleich.

[1] Siehe Fact and Figures a. a. O. 1929 Edition, S. 79.

Wie beim Automobil und Omnibus, so schwanken auch hier die Gebühren der Staaten weitgehend, und zwar für Fahrzeuge der privaten Transportunternehmer zwischen 18 und 260 Dollar und für Fahrzeuge der öffentlichen Unternehmer zwischen 18 und 900 Dollar. Zu erwähnen wäre noch, daß die Gebühren für Fahrzeuge mit Vollgummireifen bei öffentlichen wie privaten Kraftverkehrsunternehmern etwa 20% und die Gesamtbelastungen — Gasolinsteuer und Gebühren — solcher Fahrzeuge etwa 10% höher sind als die für Fahrzeuge mit Luftreifen.

Tabelle 102. Gesamtertrag der Verwaltungsgebühren und Bestand an Kraftfahrzeugen in der Union in den Jahren 1901 bis 1928[1].

Jahr	Zahl der eingetragenen Kraftfahrzeuge	Gesamtertrag der Gebühren Dollar	Durchschnittlicher Ertrag für 1 Fahrzeug Dollar
1901	—	954	—
1902	—	1082	—
1903	—	26865	—
1904	—	33411	—
1905	—	62500	—
1906	—	192706	—
1907	—	334916	—
1908	—	484277	—
1909	—	938860	—
1910	—	2227434	—
1911	—	3967475	—
1912	—	5638878	—
1913	1258062	8192253	6,50
1914	1711339	12382031	7,20
1915	2445666	18245711	7,45
1916	3512996	25865369	7,35
1917	4983340	37501233	7,55
1918	6146617	51477419	8,35
1919	7566446	64697255	8,55
1920	9231941	102546212	11,10
1921	10463295	122478654	11,70
1922	12238375	152047823	12,50
1923	15092177	188970992	12,50
1924	17593677	225492252	12,90
1925	19851255	260328414	13,11
1926	21889896	287716040	13,14
1927	23015635	306783235	13,28
1928	24493124	322630025	13,17

Der Ertrag der Verwaltungsgebühren der Staaten der Union in den Jahren 1901—1928 wird in der Tabelle 102 aufgeführt und der Zahl der eingetragenen Kraftfahrzeuge der Jahre 1913 bis 1928 gegenübergestellt. Die Tabelle zeigt eine gewaltige Zunahme der Verwaltungsgebühren, die auf die Vermehrung der Kraftfahrzeuge und die Erhöhung der Gebührensätze zurückzuführen ist. Bis zum Jahre 1913, dem Jahre, von dem an alle Staaten Verwaltungsgebühren erhoben, ist die Zunahme hauptsächlich durch die allmähliche Einführung der Gebühren in den einzelnen Staaten bedingt. Der Gesamtjahresertrag hat sich zwischen 1913

[1] Bis 1927 Public Roads 1924 (Vol. 5), und Mitteilungen des Bureau of Public Roads. Die Zahlenwerte stimmen mit den von der National Automobile Chamber of Commerce in Fact and Figures genannten nicht überein. Da die Zahlenwerte von dem Bureau of Public Roads festgestellt werden, sind dessen Veröffentlichungen auch maßgebend. Für 1928 Fact and Figures a. a. O. 1929 Edition, S. 77.

und 1928 von 8192253 auf 322630025 Dollar, also nahezu um das Vierzigfache erhöht. Die durchschnittliche Gebühr für ein Kraftfahrzeug hat sich in diesen Jahren etwas mehr als verdoppelt, nämlich von 6,50 auf 13,17 Dollar. Diese verhältnismäßige geringe Erhöhung der Verwaltungsgebühren für ein Kraftfahrzeug und die vierzigfache Zunahme des Gesamtertrages innerhalb 15 Jahren zeigt, wie vorteilhaft ein großer Bestand an Kraftfahrzeugen für ein Land zur Gewinnung von Mitteln für den Straßenbau ist. Ohne den einzelnen Kraftfahrzeugbesitzer zu sehr zu belasten, werden durch eine große Zahl Kraftfahrzeuge dennoch reichlich Mittel zur Verbesserung der Fahrbahnen erzielt.

Unter dem Gesamtertrag der Verwaltungsgebühren befinden sich außer den hier behandelten Gebühren noch Beträge aus Verkehrsstrafen, Gebühren für die Zulassung von Krafträdern und für eine Erneuerung der Registrierung von Kraftfahrzeugen, ferner Leistungen der Automobilhändler für den Gebrauch von Fahrzeugen zu Probe- und Überführungsfahrten — Probefahrtkennzeichen — u. a. Diese Gebühren erreichten, soweit von den Staaten darüber berichtet wurde, im Jahre 1926 eine Höhe 33713023 Dollar oder etwa ein Zehntel des erwähnten Gesamtertrages[1].

Der Aufwand für die Erhebung der Verwaltungsgebühren ist naturgemäß weit höher als der für die Gasolinsteuer. Die Berechnung der Gebühren ist zum Teil sehr umständlich und sie einzuziehen zeitraubend, da die Verwaltungsbehörden sie von jedem einzelnen Kraftfahrzeugbesitzer selbst erheben müssen. Ein Vergleich der Erhebungskosten der Verwaltungsgebühren der Kraftfahrzeuge mit dem Aufwand für die Erhebung anderer Gebühren oder Steuern ist nicht möglich, weil manche Staaten den Aufwand für die eigentliche Verwaltung der Kraftfahrzeuge, wie Eintragen der Fahrzeuge, Abnahme von Fahrprüfungen, Aushändigung von Führerscheinen, Verkehrsregelung in den Straßen, in die Kosten der Erhebung der Verwaltungsgebühren mit einrechnen, andere wieder nur die reinen Erhebungskosten ausweisen und dadurch die Zusammensetzung der Aufwendungen im einzelnen verschieden und außerdem nicht bekannt ist.

Der Ertrag an Gebühren wird vorwiegend auch für die Landstraßen der Staaten und Bezirksverwaltungen verwendet. Über die Einnahmen des Jahres 1928 in Höhe von 322630025 Dollar wurde, wie auf S. 303 folgt, verfügt[2]. Der Posten „Verschiedenes“ enthält u. a. eine Überweisung von rund 600000 Dollar an Stadtverwaltungen für Straßen der Städte[3].

---

[1] Mitteilungen des Bureau of Public Roads.

[2] Fact and Figures a. a. O. 1929 Edition, S. 77.

[3] Seit einigen Jahren bemühen sich die Städte, bei der Zuweisung von Abgaben der Kraftfahrzeuge mehr berücksichtigt zu werden.

Landstraßen der Staaten	208880272	Dollar
Landstraßen der Bezirksverwaltungen	60399109	„
Tilgung und Verzinsung von Obligationen der Staaten und Bezirksverwaltungen	31825911	„
Verschiedenes	6390734	„
Erhebungs- und Verwaltungskosten	15133999	„
	322630025	Dollar

Auch hier ist zu erwähnen, daß die statistischen Mitteilungen lückenhaft sind und über die Verwendung der Gebühren noch nicht genau berichtet wird.

Die Ausführungen über Gasolinsteuer und Verwaltungsgebühren lassen erkennen, daß die Verwaltungsgebühren nicht die großen wirtschaftlichen Vorzüge der Gasolinsteuer haben. Dies beweist insbesondere eine Gegenüberstellung der Erhebung und Entrichtung beider Abgaben. Es ist wesentlich einfacher und billiger, Gasolinsteuern als Verwaltungsgebühren zu erheben. Die in den meisten Staaten übliche Bezahlung der Verwaltungsgebühren im voraus in einer Summe für ein ganzes Jahr ist für die Kraftfahrzeugbesitzer, besonders für weniger bemittelte und für kleine Kraftverkehrsunternehmer, im allgemeinen weit schwerer und belastender als die Verteilung der Leistung in kleinen Beträgen über das ganze Jahr, wie es bei der Gasolinsteuer geschieht. Die Gasolinsteuer wird auch der Abnützung und Benutzung der Fahrbahnen weit mehr gerecht als die Verwaltungsgebühren, insbesondere dann, wenn Bruttoeinnahmen, Verkehrs- und Betriebsleistungen nicht Bemessungsgrundlage der Gebühren sind. Ein allerdings wesentlicher Vorteil der Gebühren liegt in der Möglichkeit, eine außergewöhnlich starke Abnützung der Fahrbahnen durch besonders schwere und mit Vollgummi- und Elastikreifen versehene Fahrzeuge mit entsprechend hohen Gebühren entgelten zu können. Wenn auch schwere und mit Vollgummi- oder Elastikreifen ausgestattete Kraftfahrzeuge mehr Gasolin verbrauchen und so höhere Gasolinsteuerbeträge als leichte und luftbereifte Fahrzeuge einbringen, so wird dadurch doch nicht die verhältnismäßig weit größere Abnützung der Straßen ausgeglichen. Hier einen Ausgleich zu schaffen, sind die Gebühren geeignet. Im allgemeinen hat aber die Gasolinsteuer größere Vorzüge als die Verwaltungsgebühren. Dies veranlaßte die Staaten, als immer umfangreichere Mittel für die Finanzierung der Landstraßen aufgebracht werden mußten, sich mehr und mehr der Gasolinsteuer als Einnahmequelle zu bedienen, was die Tabelle 103 über Eingänge aus Gasolinsteuern und Verwaltungsgebühren in den Jahren 1919—1928 bestätigt. Während die Gasolinsteuererträge sich zwischen 1919 und 1928 um etwa das Dreihundertfache steigerten, nahmen die Verwaltungsgebühren nur etwa um das Fünffache zu. Am Gesamtertrag war im Jahre 1919 die Gasolinsteuer mit 1,7 und die Verwaltungsgebühren mit 98,3% beteiligt, im Jahre 1928 die Gasolinsteuer mit 49, die Verwaltungsgebühren dagegen nur noch mit 51%. Durch die weiteren erheblichen Erhöhungen der Gasolinsteuersätze in den Jahren 1928 und 1929 dürften nunmehr die Einnahmen aus der Gasolinsteuer die aus Verwaltungsgebühren überwiegen.

Tabelle 103. Einnahmen aus der Gasolinsteuer und den Verwaltungsgebühren in den Jahren 1919 bis 1928.

Jahr	Einnahmen aus der Gasolinsteuer Dollar	Einnahmen aus den Verwaltungsgebühren Dollar	Gesamteinnahmen aus Gasolinsteuer u. Verwaltungsgebühren (Dollar)	Gesamteinnahmen	
				der Gasolinsteuer %	der Verwaltungsgebühren %
1919	1022514	64697255	65719769	1,7	98,3
1920	1475136	102546212	104021348	1,4	98,6
1921	5302259	122478654	127780913	4	96
1922	11923442	152047823	163971265	7	93
1923	36813939	188970992	225784931	16	84
1924	79734490	225492252	305226742	26	74
1925	146028940	260328414	406357354	36	64
1926	187603231	287716040	475319271	39	61
1927	258838813	306783235	565622048	46	54
1928	304871766	322630025	627501791	49	51

4. Special Assessments.

„Special Assessments“ sind zwangsweise Beitragsleistungen der Eigentümer von Grund und Boden an eine öffentliche Körperschaft bei Wertsteigerungen ihrer Grundstücke anläßlich der Anlage von Verkehrswegen. Sie kommen dem deutschen finanzwissenschaftlichen Begriff „Beitrag“ nahe und unterscheiden sich von ihm hauptsächlich darin, daß bei „Special Assessments“ der Wertzuwachs jeweils in Geldeinheiten genau erfaßbar sein muß. Gerichtshöfe der Staaten der Union haben sich wiederholt mit der Definition der „Special Assessments“ beschäftigt und entschieden, „Special Assessments“ sind nach Auslegung und Absicht der Verfassung keine Steuern, sondern zwangsweise Leistungen, die an den Zahlungspflichtigen in Form erhöhter Eigentumswerte zurückfließen müssen[1].

Die „Special Assessments“ sind in der Union schon lange eingeführt. Erstmals sind sie im Jahre 1691 in New York City erhoben worden. Seit Ende des letzten Jahrhunderts werden sie häufig zur Finanzierung von Untergrund-, Hoch- und Schnellbahnen, Stadt- und Vorortsstraßen verfügt und eingezogen, selten jedoch bei den gerade hier besonders interessierenden Landstraßen. Da sie aber mitunter zur Finanzierung von Landstraßen herangezogen werden, ist kurz darauf einzugehen.

Mit „Special Assessments“ werden vorwiegend nur Grundstücke, die an lokale Straßen angrenzen, belegt. Der Nutzen großer durchgehender

[1] Agg and Brindley a. a. O. S. 205.

Straßenzüge fließt hauptsächlich Kraftfahrzeugbesitzern und der Allgemeinheit eben durch das Vorhandensein der Straßen als Fahrbahnen zu. Nur im Verkehrsbereich der Städte, wo Dauer und Kosten des Transportes eine unmittelbare Verbindung mit der Stadt zulassen, werden auch landwirtschaftlich, gewerblich oder sonstwie genutzte Grundstücke zu „Special Assessments" herangezogen.

Bei der Feststellung der Wertsteigerung der einzelnen Grundstücksparzellen ist der für sie zu erzielende Kaufpreis (Marktpreis) maßgebend. Für die Höhe der Beitragsleistungen ist der Nutzen des Einzelnen aus dem Wertzuwachs im Verhältnis zum Gesamtnutzen und den Kosten der Fahrbahn bestimmend. Da sich der Nutzen einer Fahrbahn mit zunehmender Entfernung von dem Grundeigentum progressiv vermindert[1], werden auch die Beitragsleistungen entsprechend abgestuft. Die Grenze der Belastung von Grund und Boden soll im allgemeinen 50% seines Wertes nicht überschreiten.

Die Beitragsleistungen werden auf verschiedene Weise auf die Grundstücke verteilt, so nach der Größe der Ausdehnung der Grundstücke entlang des Verkehrsweges oder der Gesamtfläche des Nutzbereiches. Ist die Gesamtfläche Verteilungsgrundlage, so wird sie meist in Zonen gleichlaufend zur Straße eingeteilt und jede Zone im Verhältnis ihres Nutzens zum gesamten Nutzen mit einem entsprechenden Anteil der aufzubringenden Summe belastet. Auf diese Weise wurde beispielsweise in der Grafschaft Black Hawk in Iowa bei der Finanzierung einer 12,5 Meilen langen Landstraße hoher Widerstandsfähigkeit verfahren. Das Grundeigentum auf beiden Seiten der Straße wurde in einer Tiefe von 1,5 Meilen mit 12,5% der Kosten der Straßendecke belastet. Die Beitragsleistungen der einzelnen Grundstückseigentümer schwankten zwischen dem Mindestbetrag von 0,43 Dollar und dem Höchstbetrag von 3,77 Dollar für 1 Acre; der Durchschnitt war 1,93 Dollar für 1 Acre, die Gesamtbelastung 44347,51 Dollar.

Über den Umfang von „Special Assessments" in den Staaten der Union liegen keine statistischen Mitteilungen vor. Zweifelsohne ist, wie erwähnt, ihre Verwendung für Landstraßen sehr selten. Sie werden von den Beitragspflichtigen im allgemeinen streng abgelehnt und als ungerechte Belastung empfunden, weil andere Gebiete verbesserte Fahrbahnen ohne besondere Beiträge der Anlieger erhalten haben. In einem Distrikt im Staate Arkansas zogen die durch auferlegte „Special Assessments" aufgebrachten Farmer während einer Sitzung in den Gerichtssaal und erzwangen mit vorgehaltenen Schußwaffen den Rücktritt der Straßenkommissare, die für die „Special Assessments" verantwortlich waren[2].

---

[1] Es wurde häufig festgestellt, daß sich der Nutzen für Grund und Boden in der zweiten Potenz der Entfernung von den Straßen vermindert.

[2] Commercial and Financial Chronicle vom 2. April 1921.

5. Die Aufnahme von Anleihen.

Aus früheren Ausführungen ist bekannt, daß das massenhafte Erscheinen der Kraftfahrzeuge eine große Nachfrage nach widerstandsfähigeren Landstraßen und einen damit verbundenen großen Bedarf an Baukapitalien zur Verbesserung des Landstraßennetzes hervorgerufen hat. Die Ausgaben für den Landstraßenbau sind dadurch so gewachsen, daß sie meist nicht mehr aus laufenden Einnahmen der Besteuerung der Kraftfahrzeuge und des Kraftwagenverkehrs und aus allgemeinen Steuern gedeckt werden können, ohne die Kraftfahrzeugbesitzer und andere Steuerzahler allzu hoch zu belasten. Andererseits wäre es unwirtschaftlich gewesen, die Landstraßen nur so weit zu verbessern, wie die verfügbaren Mittel es erlaubten. Ein Gebot der Ökonomie verlangte dringend, die Landstraßen den Anforderungen des neuen Verkehrs anzupassen (siehe Abschnitt V, Kapitel 3b). Das Bedürfnis nach besseren Landstraßen war und ist so intensiv, daß die Staaten sich bemühen, den Wünschen der Kraftfahrzeugbesitzer, die ihrer großen Zahl nach einen allgemeinen öffentlichen Wunsch zum Ausdruck bringen, so weit und so rasch wie möglich entgegenzukommen. Da aber die laufenden Einnahmen wie erwähnt im Verhältnis zu den notwendigen Ausgaben viel zu nieder waren, mußten Kredite aufgenommen werden, was durch Aufnahme von Anleihen geschah. Auf diese Weise konnte die ökonomisch und technisch so notwendige Verbesserung der Landstraßen rasch fortgeführt werden. Es wäre auch keineswegs gerechtfertigt, die Kraftfahrzeugbesitzer und andere Steuerzahler von heute, selbst wenn sie es finanziell könnten, mit den gesamten Ausgaben des Umbaues des Landstraßennetzes zu belasten. Die wirtschaftliche Gebrauchsdauer der Fahrbahnen hoher Widerstandsfähigkeit, wie Beton- und Asphaltstraßen, ist so groß, daß Kraftfahrzeugbesitzer und andere Personen noch in 10, 20, 30 und noch mehr Jahren einen Vorteil davon haben. Ja, große Teile der Ausgaben für den Landstraßenbau sind einmalige Ausgaben und können als dauernde oder wenigstens als eine Kapitalanlage auf unabsehbare Zeit betrachtet werden. Es werden also Werte geschaffen, die noch in Jahrzehnten nützlich sein werden. Hiezu gehören die Aufwendungen für die Vermessung und den Grunderwerb, für das Ebnen und Entwässern der Fahrbahnen.

Die Frage nach dem Umfang der Deckung der jährlichen Ausgaben für Landstraßen aus laufenden Einnahmen kann allgemein, wenn das Prinzip des Nutzens angewendet wird, nur dahin beantwortet werden, daß der den jährlichen Aufwand übersteigende Ausgabebetrag den Jahren zuzuteilen ist, wo er zum Aufwand wird[1]. Solange der Mehrbetrag nicht

---

[1] Die gesamten Ausgaben einer Fahrbahn wären also, wie dies im Abschnitt V, Kapitel 3 b geschehen ist, gleichmäßig auf die wirtschaftliche Gebrauchsdauer

Aufwand ist, könnte er durch Obligationen oder Inanspruchnahme anderen Kredits gedeckt werden. Damit soll aber nicht gesagt sein, daß ein für allemal nur die die jährlichen Kosten der Landstraßen überschreitenden Ausgaben durch Kredite gedeckt werden sollen. Manche Staaten und Bezirksverwaltungen mögen mitunter durch den hohen Kapitalbedarf nicht über genügend flüssige Mittel zur Deckung der gesamten Kosten aus laufenden Einnahmen verfügen und dadurch zur Aufnahme von Krediten gezwungen sein. Dies trifft insbesondere auf die Zeit des Übergangs von Fahrbahnen geringerer auf Fahrbahnen höherer Festigkeit zu. Grundsätzlich sollte aber der jährliche Aufwand der Landstraßen mit laufenden Einnahmen ausgeglichen werden und die Mehrausgaben den Jahren, wo sie Aufwand sind, zugeteilt und jede Überbelastung der Gegenwart zugunsten der Zukunft oder der Zukunft zugunsten der Gegenwart vermieden werden. Betragen die Ausgaben für Landstraßen während ihrer Bau- und Umbauzeit drei Jahre lang je 50 Millionen Dollar und später 17 Jahre lang je 3 Millionen Dollar also insgesamt rund 200 Millionen Dollar, und die jährlichen Kosten der Straße 20 Jahre lang je 10 Millionen, also insgesamt auch 200 Millionen Dollar, so kann für die die Kosten übersteigenden Ausgaben eine Anleihe aufgenommen werden und die Ausgaben dem jährlichen Aufwand entsprechend gleichmäßig auf 20 Jahre verteilt werden[1].

Vorschläge zur Finanzierung der Landstraßen wie die folgenden sind nicht allgemein befriedigend und nur für Staaten geeignet, welche die jährlichen Kosten ihrer Landstraßen nicht genügend zu erfassen vermögen. So der Vorschlag, daß Staaten mit einem umfangreichen Bedarf an stärkeren Landstraßen für jenen Teil des Bauaufwandes der Fahrbahnen, der Kraftfahrzeugbesitzer und allgemeine Steuerzahler zu sehr belasten würde, Obligationen ausgeben sollten, oder der Vorschlag, daß Staaten, die ihre Landstraßen schon weitgehend an die Verkehrsstärke angepaßt haben, den normalen Aufwand für ihre Verbesserung und Unterhaltung aus laufenden Einnahmen und nur besondere Bauten mit Obligationen finanzieren sollten[2].

Der Nutzen der Kapitalbeschaffung durch Aufnahme von Anleihen liegt in der dadurch möglichen früheren Bereitstellung besserer Fahrbahnen und der damit verbundenen Verminderung ihres durchschnitt-

---

der Straße zu verteilen. Der so erzielte Betrag wäre der Aufwand der Fahrbahn eines Jahres. Natürlich bestehen praktische Schwierigkeiten, wie in der Festsetzung der wirtschaftlichen Gebrauchsdauer und dem Restwert der Fahrbahnen und damit in der Kostenermittlung. Aber immerhin dürfte eine Kostenrechnung als Grundlage der Kostenverteilung und Finanzierung der Landstraßen zu erstellen sein.

[1] Der Einfluß der Tilgungs- und Zinskosten u. a. auf die Zahlenwerte des Beispiels soll hier nicht berücksichtigt werden.

[2] Siehe Agg and Brindley: Highway Administration and Finance S. 168.

lichen jährlichen Aufwandes wie der Höhe der Betriebskosten der Kraftfahrzeuge. Das Verhältnis zwischen der Beschaffenheit der Fahrbahnen, der Höhe ihrer Kosten und dem Aufwand für den Betrieb der Kraftfahrzeuge wurde im allgemeinen im vorhergehenden Abschnitt Kapitel 3b und 3c behandelt. Ein Beispiel aus der Praxis im Zusammenhang mit der Aufnahme von Anleihen soll noch gegeben werden. Der Staat Missouri hatte im Jahre 1928 ein Staatsstraßennetz von ungefähr 76000 Meilen. Die Hälfte dieser Straßen war noch der Verkehrsstärke nach umzubauen, die für diese Straßen wenigstens 1000000000 Fahrzeugmeilen in einem Jahre betragen soll. Wird nun auf den noch nicht verbesserten Straßen als höhere Betriebskosten der Fahrzeuge durchschnittlich 2 Cents für eine Fahrzeugmeile angenommen, so errechnet sich allein dafür jährlich ein Mehraufwand von insgesamt 20000000 Dollar. Auf die Dauer von 10 Jahren, die notwendige Zeit, um die Straßen aus laufenden Einnahmen umzubauen, wäre der Mehraufwand für den Betrieb der Kraftfahrzeuge durchschnittlich 10000000 Dollar jährlich[1]. Durch Aufnahme von Anleihen könnten die Landstraßen schon in 4 anstatt in 10 Jahren umgebaut werden, wodurch 6 Jahre lang je 10000000 Dollar oder insgesamt 60000000 Dollar an Betriebskosten der Fahrzeuge erspart würden[2]. Dazu dürften hauptsächlich niederere Unterhaltungskosten der Straßen, ferner Vorteile eines rascheren, sicheren und angenehmeren Verkehrs und die mit guten Fahrbahnen verbundenen allgemein wirtschaftlichen und sozialen Vorteile treten.

Gegen die Aufnahme von Anleihen wird nun häufig eingewendet, die Verzinsung und Tilgung der Anleihen würde die Kosten der Straßen erhöhen. Dem ist entgegenzuhalten, daß auch die Abgaben der Kraftfahrzeugbesitzer oder die allgemeinen Steuern, die zur Finanzierung der Landstraßen notwendig sind, irgendwie angelegt, Zinsen bringen würden. Brauchen Kraftfahrzeugbesitzer und andere Steuerzahler weniger zum Straßenbau beizusteuern, so können sie höhere Beträge zu einem Zinsfuß von 6 und noch mehr Prozenten in eigenen oder fremden Betrieben anlegen oder sonstwie gewinnbringend verwenden, während öffentliche Körperschaften zu niedererem Zinsfuß Gelder aufnehmen können. Würden umgekehrt Kraftfahrzeugbesitzer und andere Steuerzahler die gesamten Ausgaben der Landstraßen sofort aufbringen, so würden allerdings die Zins- und Tilgungskosten für Anleihen wegfallen, dafür aber privates Geld gebunden, das anderswo besser verwertet werden könnte. Wird auch von einem Zinsaufwand bei der Finanzierung des Landstraßenbaues aus laufenden Einnahmen abgesehen, so ist es im allgemeinen dennoch wirtschaftlicher, Kredite aufzunehmen und die Fahrbahnen dadurch in

[1] Der durchschnittliche Jahresbetrag ist geringer, weil durch den Umbau der Straßen eine immer größere Zahl guter Fahrbahnen entsteht.

[2] Siehe Financing a State Road System by T. H. Cutler.

kürzerer Zeit auf die entsprechende Verkehrsstärke umzubauen als zuzuwarten, bis dies aus laufenden Einnahmen geschehen kann. So wäre es möglich, mit einer Anleihe von 100000000 Dollar etwa 3000 Meilen Fahrbahnen von einer geringen auf eine hohe Widerstandsfähigkeit umzubauen. Die Verzinsung und Tilgung solch einer Anleihe in 20 Jahren bei 4,5% — serial bonds — würde einen Aufwand von rund 50000000 Dollar erfordern. Wird auf diesen Fahrbahnen eine Verkehrsdichte von 1500 Fahrzeugen täglich und eine Verminderung der Betriebskosten der Kraftfahrzeuge in Höhe von durchschnittlich 1,5 Cents die Fahrzeugmeile angenommen, so würden jährlich insgesamt rund 24500000 Dollar erspart werden, wodurch der Aufwand der Anleihe in nahezu zwei Jahren gedeckt wäre. Würde der Umbau dieser Fahrbahnen aus laufenden Einnahmen 10 Jahre beanspruchen, so wäre der durchschnittliche Mehraufwand der auf ihnen verkehrenden Fahrzeuge jährlich etwa 12250000 Dollar, also insgesamt 122500000 Dollar oder nahezu das Zweiundeinhalbfache der Kosten der Anleihe. Dabei sind der geringere Jahresaufwand der Fahrbahnen, der raschere, sichere und angenehmere Verkehr und die allgemeinen wirtschaftlichen und sozialen Vorteile guter Landstraßen auch noch nicht berücksichtigt. Die Wirtschaftlichkeit der Aufnahme von Anleihen zur Beschleunigung des Umbaues der Landstraßen ist offensichtlich. Es ist viel billiger, die Landstraßen möglichst rasch der Verkehrsstärke anzupassen, als dies nicht zu tun.

Voraussetzung jeder Anleihe für den Neu- oder Umbau von Straßen ist aber, daß die Produktivität der Fahrbahnen dadurch gesteigert wird; die durchschnittlichen gesamten Aufwendungen für die Fahrbahnen und für den Betrieb der Fahrzeuge müssen bei neuen stärkeren Straßen insgesamt niederer sein als bei Fahrbahnen im früheren Zustand. Davon hängt die Größe des Nutzens der Verwendung von Anleihen zur Finanzierung von Landstraßen ab.

Als erster Staat der Union nahm Massachusetts eine Anleihe auf, um den Bau von Landstraßen zu finanzieren. Massachusetts erließ im Jahre 1894 ein Gesetz, nach dem Obligationen bis zur Höhe von 300000 Dollar insgesamt ausgegeben werden konnten[1]. New York folgte im Jahre 1905, dann kamen andere Staaten rasch hinzu. Die Höhe der einzelnen Obligationsausgaben wie der Gesamtbetrag aller ausstehenden Obligationen nahmen zu. Einzelne Staaten nahmen einmalige Anleihen bis zu 100 Millionen Dollar auf. So stimmte die Bevölkerung des Staates Illinois im November 1918 für eine Obligationsausgabe von 60000000 Dollar und im Jahre 1926 für eine weitere von 100000000 Dollar. Ende des Jahres 1914 war die Obligationenschuld der einzelnen Staaten und Bezirksverwaltungen 344763082,32 Dollar. Davon entfielen auf die Staaten 115324500 Dollar und auf die Bezirksverwal-

[1] Siehe Agg and Brindley a. a. O. S. 172ff.

tungen 229438582,32 Dollar[1]. Ende des Jahres 1921 war die Gesamtschuld schon auf 1222312000 Dollar angewachsen und 1927 betrug sie etwa das Doppelte von 1921. Die in den Jahren 1921 und 1924—1927 ausgegebenen Obligationen wie die Aufwendungen für Tilgung und Verzinsung der jeweils ausstehenden Obligationen enthält folgende Aufstellung[2]:

Jahr	Gesamthöhe d. von Staaten und Bezirksverwaltungen ausgegebenen Obligationen Dollar	Aufwand für Tilgung u. Verzinsung noch nicht eingelöster Obligationen Dollar
1921	438109273	89280946
1924	259190271	108942536
1925	285815138	177414986
1926	272421724	213324833
1927	272260720	244380511

Während die Gesamthöhe der jährlich ausgegebenen Obligationen seit 1924 keine größeren Änderungen aufweist, ist eine erhebliche Steigerung des Tilgungs- und Zinsendienstes der Obligationsschuld festzustellen, was eben durch die Zunahme der Gesamtschuld bedingt ist.

Für die Laufzeit von Anleihen ist die wirtschaftliche Gebrauchsdauer der Fahrbahnen bestimmend. Ist diese abgelaufen, sollten auch die für die Straßen aufgenommenen Anleihen getilgt sein. Bei Fahrbahnen mit 20, 30 und noch mehr Jahren voraussichtlicher wirtschaftlicher Gebrauchsdauer ist auch mit einer vorzeitigen Beendigung ihrer wirtschaftlichen Gebrauchsfähigkeit durch plötzliche Änderung verkehrstechnischer, wirtschaftlicher, politischer oder anderer Verhältnisse zu rechnen. Auch ist die Notwendigkeit einer Finanzierung anderer dringender großer Projekte zu berücksichtigen. Die Verwaltungskörper dürfen daher ihren Kredit nicht durch zu lang ausstehende oder zu hohe Anleiheschulden für Landstraßen lähmen. Wird dies beachtet und noch berücksichtigt, daß Käufer von Obligationen meist nicht geneigt sind, Schuldverschreibungen von zu langer Laufzeit zu erwerben, dürfte es ratsam sein, Obligationen im allgemeinen nicht mit einer längeren Laufzeit als 20 Jahre auszugeben.

6. Die Einnahmen und die Ausgaben für die Landstraßen.

Es ist naheliegend, am Schlusse dieses Abschnittes noch die gesamte Höhe und die Verteilung aller Einnahmen und Ausgaben für die Landstraßen der Union übersichtlich zusammenzufassen. Die Gesamteinnahmen und Gesamtausgaben für Jahre des Zeitabschnittes 1904 bis 1927 enthält die Tabelle 104. Einnahmen und Ausgaben haben sich

[1] Siehe Department Bulletin 1279, S. 80.

[2] Mitteilungen des Bureau of Public Roads und Fact and Figures a. a. O. 1928 Edition, S. 42

zwischen 1904 und 1927 nahezu je um das Zwanzigfache erhöht. Eine wesentliche Steigerung tritt aber erst nach dem Weltkriege und insbesondere erst vom Jahre 1921 an ein, als Amerika den Krieg überwunden und sich wieder friedlicher und produktiver Arbeit widmen konnte. Die Verteilung der Einnahmen und Ausgaben für die Jahre 1921 und 1927 nach Quellen ist aus der Tabelle 105 zu entnehmen[2]. Bei Betrachtung der Einnahmeposten des Jahres 1927 ist zu bemerken, daß die Abgaben des Kraftwagenverkehrs, die Gasolinsteuer und die Verwaltungsgebühren, mit 35,2% und die Zuweisungen aus der allgemeinen Vermögensbesitzsteuer (general property tax) mit 36%, also je mit etwas mehr als einem Drittel an den Gesamteinnahmen teilhaben. Aus dem Verkauf von Obligationen wurde je etwa die Hälfte — 18,6% — der Einnahmen aus Abgaben und Vermögensbesitzsteuern, aus Beiträgen der Bundesregierung 5,5% und aus verschiedenen kleineren Einnahme-

Tabelle 104. Gesamteinnahmen und Gesamtausgaben für die Landstraßen der Union in den Jahren des Zeitabschnittes 1904—1927[1].

Jahr	Einnahmen Dollar	Ausgaben Dollar
1904	79623617	79771417
1914	240263784	240284634
1921	1149430896	1036587772
1924	1157763987	1181521115
1925	1347442213	1288939707
1926	1448632112	1296744000
1927	1465076204	1412711423

Tabelle 105. Einnahmen und Ausgaben für die Landstraßen in den Jahren 1921 und 1927[3].

Einnahmen	1921 Dollar	%	1927 Dollar	%
Gasolinsteuer	3 683 460 } [4]	10,6	216 678 981 } [4]	35,2
Verwaltungsgebühren	118 942 706 }		299 513 810 }	
Beiträge der Bundesregierung	79 333 226	6,9	80 459 671	5,5
Erlös aus Obligationen	438 109 273	38,1	272 260 720	18,6
Zuweisungen aus der Vermögensbesitzsteuer	415 681 010	36,2	527 122 830	36,0
Verschiedene andere Quellen	93 681 221	8,2	69 040 192	4,7
Dollar	1 149 430 896	100%	1 465 076 204	100%

[1] Department Bulletin Nr 1279, Mitteilungen des Bureau of Public Roads und Fact and Figures a. a. O. 1926, 1928, 1929 Editions. Zu viel oder zu wenig vereinnahmte und verausgabte Beträge in einem Jahre wurden im folgenden Jahre ausgeglichen. Die Geldwertveränderung zwischen 1914 und 1921 von rund 58% wäre zu beachten.

[2] Über die Verteilung der Einnahmen und Ausgaben liegen Mitteilungen frühestens für das Jahr 1921 vor. Es wurde deshalb dieses Jahr dem Jahre 1927 gegenübergestellt.

[3] Aus Mitteilungen des Bureau of Public Roads von J. E. Walker zusammengestellt. Siehe Highway Tax Costs.

[4] Reineinnahmen, die Erhebungskosten und anderes sind ausgeschlossen.

Ausgaben	1921 Dollar	%	1927 Dollar	%
Bau von Landstraßen und Brücken................	626 965 373	60,5	689 512 823	48,8
Unterhaltung von Landstraßen und Brücken........	248 593 169	24,0	376 618 647	26,7
Tilgung und Verzinsung von Obligationen.............	89 280 946	8,6	244 380 551	17,3
Maschinen, Werkzeuge und Verwaltung.............	71 748 284	6,9	102 199 402	7,2
Dollar	1 036 587 772	100%	1 412 711 423	100%

quellen 4,7% erzielt. Werden die Einnahmen der Jahre 1927 und 1921 miteinander verglichen, so fallen die erheblich geringeren direkten Leistungen der Kraftfahrzeuge an Gasolinsteuern und Verwaltungsgebühren des Jahres 1921 auf, wo sie nur etwa ein Zehntel der Gesamteinnahmen und weniger als ein Drittel der gleichen Abgaben des Jahres 1927 betragen. Außerdem ist der weit größere Anteil der Obligationen im Jahre 1921 zu erwähnen.

Bei den Ausgabeposten ist festzustellen, daß im Jahre 1927 etwa die Hälfte — 48,8% — der Ausgaben auf den Neu- und Umbau von Landstraßen und Brücken und etwa ein Viertel — 26,7% — auf ihre Unterhaltung entfallen. Für Verzinsung und Tilgung von Obligationen wurden 17,3%, für Maschinen, Werkzeuge und Verwaltung 7,2% ausgegeben. Ein Vergleich der Ausgabeposten von 1921 und 1927 zeigt für den Bau von Landstraßen und Brücken im Jahre 1927 einen geringeren Anteil an den Gesamtausgaben und einen größeren für ihre Unterhaltung. Bemerkenswert ist noch, daß der Tilgungs- und Zinsendienst für Obligationen 1921 nur halb so groß als 1927 ist, was mit der inzwischen gestiegenen Obligationenschuld erklärt werden kann.

Werden die Ausgaben zur Zahl der Kraftfahrzeuge in Beziehung gesetzt, so ist zu bemerken, daß im Jahre 1921 für ein Kraftfahrzeug rund 100 Dollar, im Jahre 1927 rund 60 Dollar, also 40% weniger, ausgegeben wurden, obwohl die Gesamtausgaben nahezu um 40% gestiegen sind. Dies ist auf die verhältnismäßig stärkere Zunahme der Kraftfahrzeuge zurückzuführen.

Als besonders wesentlich stellt sich bei Betrachtung der Tabelle 105 heraus, daß die Kraftfahrzeuge im Jahre 1927 durch Abgaben an die Steuerverwaltung 35,2% der Gesamteinnahmen[1] selbst bestritten haben. Als Leistung der Kraftfahrzeugbesitzer können aber auch die Beiträge der Bundesregierung angesehen werden, weil sie aus dem Ertrage der

[1] Werden die einzelnen Einnahmeposten auf die Gesamtausgaben bezogen, so ergeben sich für sie keine erheblich verschiedene Anteile, weil der Unterschied zwischen Gesamteinnahmen und Gesamtausgaben nicht bedeutend ist.

Aufwandsteuer der Kraftfahrzeuge fließen[1]. Wenn auch die Aufwandsteuer der Kraftfahrzeuge mit dem Ablauf des Steuerjahres 1928 aufgehoben ist, so können die Beiträge, wenn sie in der Höhe von 75000000 Dollar — bewilligter Betrag in den letzten Jahren, siehe Tabelle 79 — weiter bewilligt werden, auch dann noch für etwa weitere vier Jahre als Leistung der Kraftfahrzeugbesitzer betrachtet werden, weil die Beiträge bislang viel niederer — bis zum Jahre 1926 insgesamt um rund 330000000 Dollar — als der Gesamtertrag der Aufwandsteuer waren. Wird nun noch zu den Abgaben der Kraftfahrzeugbesitzer und zu den Beiträgen der Bundesregierung der Erlös aus dem Verkauf von Obligationen, der eben wie die Kreditnahme eines jeden Betriebes zu betrachten ist, hinzugerechnet, so ergibt sich für 1927 eine Einnahme, die 59,3% der Gesamteinnahmen dieses Jahres entspricht, so daß nur noch 40,7% für fremde Gelder verbleiben. Aber auch die Zuweisungen aus der Vermögensbesitzsteuer[2] und die Einnahmen aus verschiedenen anderen

[1] Die Aufwandsteuer von Kraftfahrzeugen (Federal Excise Tax) wurde während des Weltkrieges unter der Emergency War Revenue Act eingeführt. Sie trat am 4. Oktober 1917 in Kraft und betrug 3% des Großhandelspreises der Personen- und Lastkraftwagen. Im Februar 1919 wurde der Steuersatz für die Personenkraftwagen auf 5% erhöht und die Steuer in derselben Höhe auf Gummireifen, Automobilteile und Zubehör ausgedehnt. Diese wurde jedoch wieder im Juli 1924 auf $2^1/_2$% ermäßigt und gleichzeitig die Fahrgestelle für Lastkraftwagen mit einem Großhandelspreis von 1000 oder weniger Dollar, sowie die Karosserien der Lastkraftwagen mit einem Großhandelspreis von 200 oder weniger Dollar von der Steuer befreit. Im Februar 1926 wurden die Lastkraftwagen und Gummireifen, Die Fahrzeug- und Zubehörteile von der Steuer ganz ausgenommen und im März desselben Jahres der Steuersatz für die Personenkraftwagen auf 3% ermäßigt und mit dem Ablauf des Steuerjahres 1928 wurde auch dieser aufgehoben, so daß nunmehr überhaupt keine Aufwandsteuer von Kraftfahrzeugen mehr besteht. Steuerzahler waren die Automobilfabrikanten, Steuerträger und Steuerdestinatar die Käufer der Kraftfahrzeuge. Der Steuerertrag betrug bis zum Jahre 1926 — 30. Juni 1926 — insgesamt 1001865483,67 Dollar. Siehe Discriminatory War Tax S. 14.

[2] Die Zuweisungen aus der Vermögensbesitzsteuer betragen etwa 10% ihres Gesamtertrages. Da die Steuern der Eisenbahngesellschaften in den allgemeinen Steuerfonds, der aus Vermögensbesitz- und anderen Steuern besteht, fließen, können deshalb die an die Landstraßen zurückfließenden Beträge als zum Teil von den Eisenbahnen geleistet betrachtet werden. Ihr Anteil war aber im Jahre 1927 nur 2,4% der Gesamtausgaben. Siehe Walker, J. E.: Highway Tax Costs. Die Vermögensbesitzsteuer auf Kraftfahrzeuge wird natürlich von den Kraftwagenbesitzern aufgebracht. Die National Automobile Chamber of Commerce schätzte diese für die Jahre 1926 und 1927 auf je 125000000 Dollar. Da aber hier der Vermögensbesitz „Kraftfahrzeug" wie viele andere Gegenstände und nicht das Verkehrsmittel Kraftfahrzeug besteuert wird, kann auch der Ertrag hieraus nicht als eine Belastung zugunsten der Finanzierung der Landstraßen betrachtet werden. In diesem Zusammenhang soll auch erwähnt werden, daß in einer Anzahl Staaten Gemeindeverwaltungen kleinere Abgaben von den Kraftfahrzeugbesitzern, wie die sogenannten „Wheeltax" erheben, die für Parken der Fahrzeuge und andere Zwecke zu entrichten ist. Die National Automobile Chamber of Commerce schätzte

Quellen sind nicht ohne weiteres eine fremde Unterstützung des Kraftwagenverkehrs. Im vorhergehenden Abschnitt wurde kurz darauf hingewiesen, daß die Landstraßen nicht nur dem Kraftwagenverkehr, sondern auch dem Volksganzen dienen und nützen und außerdem vielen Eigentümern von Grund und Boden, gewerblicher und landwirtschaftlicher Betriebe aller Art einen Wertzuwachs ihrer Grundstücke bringen. Fahrbahnen von rein lokaler Bedeutung, die für den allgemeinen Verkehr nicht in Betracht kommen, wären, wie früher schon bemerkt, sogar ausschließlich aus dem Ertrage der Vermögensbesitzsteuer oder anderen, nur örtlich erhobenen Steuern zu finanzieren. Andererseits sind aber die Ausgaben für die städtischen Straßen nicht in der Aufstellung der Tabelle 105 enthalten, wohl aber der auf die Städte entfallende Teil der Abgaben der Kraftfahrzeugbesitzer, auf den die Städte auf Grund der Benutzung der Stadtstraßen durch Kraftfahrzeuge einen Anspruch hätten[1]. Da aber weder die Höhe der auf die Städte entfallenden Abgaben, noch die Ausgaben für städtische Straßen bekannt sind, können auch keine Schlüsse daraus gezogen werden. Wird der mit guten Landstraßen für andere Personen als Kraftwagenbesitzer verbundene allgemeine und besondere Nutzen zahlenmäßig mit dem den Städten zustehenden Anteil an den Abgaben der Kraftfahrzeuge aufgewogen, so würde für das Jahr 1927 als Einnahmen aus dem Kraftwagenverkehr und dem Verkauf von Obligationen die schon genannte Summe von etwa 60% der Gesamtausgaben für die Landstraßen verbleiben. Nun wurden in den Jahren 1928 und 1929 die Abgaben für die einzelnen Kraftfahrzeuge, insbesondere die Gasolinsteuersätze, erhöht, die Gasolinsteuer in den drei großen Staaten New York, Massachusetts und Illinois eingeführt, und außerdem stieg die Zahl der Kraftfahrzeuge, wodurch sich das Aufkommen aus den Abgaben und die Deckung der Ausgaben — weil diese nicht mehr beträchtlich zugenommen haben dürften — steigerten. Wenn nicht alle Anzeichen trügen, kann wohl angenommen werden, daß im Jahre 1929 die Einnahmen aus dem Kraftwagenverkehr und dem Verkaufe von Obligationen wohl 70—75% der Ausgaben für die Landstraßen erreicht haben. Wird noch berücksichtigt, daß die Ausgaben für Landstraßen ihre Kosten in diesen Jahren beträchtlich überschreiten, so ist daraus

---

die Höhe dieser Abgaben für die Jahre 1926 und 1927 auf je 15000000 Dollar. Siehe Special Taxation for Motor Vehicles a. a. O. Da von den Abgaben der Kraftfahrzeugbesitzer an kommunale Körperschaften zu wenig bekannt ist und sie vielfach für besondere Leistungen der Städte erhoben werden dürften, für die kein unmittelbarer Zusammenhang mit der Finanzierung der Landstraßen besteht, sollen sie nicht weiter berücksichtigt werden.

[1] Nur ein geringer, im gesamten nicht beträchtlicher Teil der Abgaben wurde den Städten überwiesen. Siehe Kapitel 2 und 3 dieses Abschnittes. Es ist aber zu beachten, daß der Landstraßenverkehr vorwiegend auf Fahrzeuge aus den Städten zurückzuführen ist.

zu erkennen, daß nur noch eine kleine Erhöhung der Abgaben genügen wird, um den vollen Kostenanteil der Kraftfahrzeugbesitzer an den Landstraßen erreicht zu haben.

Die Frage, ob die Kraftfahrzeugbesitzer die zur vollen Kostendeckung der Landstraßen notwendigen Abgaben ohne Überlastung aufzubringen vermögen, kann, je nach dem Verhältnis zur Frage, verschieden beantwortet werden. Wird der Minderaufwand für den Betrieb von Kraftfahrzeugen auf guten Fahrbahnen gegenüber weniger guten im Durchschnitt für ein Automobil mit 1 Cent, für einen Lastkraftwagen mit 2,5 Cents und für einen Omnibus mit 3 Cents angenommen (siehe Tabelle 93), Ersparnisse, die nicht hoch gegriffen sind, so errechnet sich bei jährlichen Betriebsleistungsmengen eines Automobils von 6000, eines Lastkraftwagens von 20000 und eines Omnibusses von 50000 Fahrzeugmeilen — Mittelwerte — ein jährlicher Minderaufwand an Betriebskosten von 60 Dollar für ein Automobil, von 500 Dollar für einen Lastkraftwagen und von 1500 Dollar für einen Omnibus. Im Vergleich mit der in Kapitel 3 dieses Abschnittes festgestellten durchschnittlichen Gesamtbelastung von 24,42 Dollar für ein Automobil, von 155 Dollar für einen Lastkraftwagen eines privaten Transportunternehmers, von 393 Dollar für einen Lastkraftwagen eines öffentlichen Transportunternehmers und von 453,85 Dollar für einen Omnibus[1] sind die Ersparnisse an Betriebskosten der Fahrzeuge auf guten Fahrbahnen bis über dreimal höher als ihre Gesamtbelastung mit Abgaben. Sind auch die Abgaben der Kraftfahrzeugbesitzer in den Jahren 1927—1929 wiederum erhöht worden, so daß nunmehr die Belastung ungefähr für das Automobil 32 Dollar, für den Omnibus 590 Dollar und für den Lastkraftwagen des öffentlichen Transportunternehmers 432 Dollar und des privaten 170 Dollar sein dürfte[2], so wird dadurch das Verhältnis von Kostenersparnis der Kraftfahrzeuge auf guten Fahrbahnen und der Höhe der Abgaben auch im Jahre 1929 noch nicht wesentlich verändert. Hieraus kann geschlossen werden, daß die Kraftfahrzeugbesitzer diese Abgaben nicht nur zu tragen vermögen, sondern daß es für sie sogar von Vorteil ist, Abgaben in dieser Höhe zu leisten, wenn dadurch die Fahrbahnen verbessert werden. Auch hier wäre noch auf die anderen Vorteile guter Fahrbahnen hinzuweisen, wie höhere Sicherheit des Verkehrs, größere Geschwindigkeit, angenehmeres Fahren. Gute Fahrbahnen geben also den Kraftfahrzeugbesitzern durch Verminderung der Betriebskosten der Fahrzeuge mehr zurück, als was sie an

[1] Für das Automobil und den Omnibus sind es die auf S. 297 und 299 errechneten Werte und für die Lastkraftwagen Mittelwerte für Fahrzeuge mit Luft- und Vollgummireifen für das Jahr 1928, siehe S. 300.

[2] Bei dem Automobil und Omnibus wurden die Abgaben von 1926 um 30% und bei dem Lastkraftwagen der Mittelwert für Luft- und Vollgummireifen von 1928 um 10% erhöht.

Abgaben an die Steuerverwaltung entrichten. Dies spricht wiederum für die in der Union von Sachverständigen vertretene Auffassung:

„Wir haben für Landstraßen zu bezahlen, ob wir gute oder schlechte haben, wir haben aber weniger zu bezahlen, wenn wir gute Straßen haben.“

Werden die Abgaben der Automobile, Omnibusse und Lastkraftwagen (öffentliche) im Jahre 1929 in Höhe von 32, 590 und 432 Dollar den Betriebskosten dieser Fahrzeuge in Höhe von 754, 15 771,60 und 6398 Dollar gegenübergestellt[1], so ist ihr prozentualer Anteil an dem Betriebsaufwand des Automobils 4,2%, des Omnibusses 3,9% und des Lastkraftwagens 6,8%, oder in anderen Worten, die Kosten der Fahrbahnen der Kraftfahrzeuge bewegen sich zwischen 3,9 und 6,8% des gesamten Betriebsaufwandes der Fahrzeuge. Auch wenn die Ersparnisse an Betriebskosten der Kraftfahrzeuge auf guten Fahrbahnen nicht in Rechnung gestellt werden, dürften die Kraftfahrzeugbesitzer diese Aufwendungen aufzubringen vermögen. Bei all diesen Feststellungen ist stets zu beachten, daß sie auf errechneten Mittelwerten bestimmter, als Typen herausgestellter Fahrzeuge beruhen und sich auf das ganze Verkehrsgebiet der Union beziehen. Staaten mit stark vom Durchschnitt abweichenden Verhältnissen, sei es in der Entwicklung oder Ausdehnung des Landstraßennetzes, der Höhe der Abgaben, der Zahl der Kraftfahrzeuge u. a., weichen auch dabei vom Durchschnitt ab.

Die Bezahlung der zur Deckung der Kosten der Landstraßen benötigten Abgaben dürfte aber für die Kraftfahrzeugbesitzer nicht nur möglich, sondern auch notwendig sein, damit nicht die Ausdehnung und Entwicklung eines Verkehrsmittels im Verhältnis zu anderen künstlich über die Grenze seiner Wirtschaftlichkeit hinausgetrieben wird. Jede Unterstützung eines Verkehrsmittels zugunsten anderer hat zur Folge, daß dieses Verkehrsmittel Beförderungsleistungen, die andere Verkehrsmittel wirtschaftlicher befriedigen könnten, an sich zu ziehen vermag. Dies ist für die dadurch geschädigten Verkehrsmittel wie für die Volkswirtschaft nachteilig, weil sich hiedurch der Verkehr nicht nach dem ökonomischen Prinzip abwickelt. Eine zu weitgehende Unterstützung eines Verkehrsmittels mit öffentlichen Mitteln kann auch den allgemeinen Steuerzahler ungebührlich belasten und dem Staate Gelder für andere Aufgaben entziehen. Damit soll aber nicht gesagt sein, wie wiederholt betont wurde, daß ein Verkehrsmittel aus wirtschaftlichen Gründen — solange es notwendig und zweckdienlich erscheint — für kürzere oder längere Zeit nicht irgendwie staatlich unterstützt werden soll.

---

[1] Siehe Abschnitt II, Kapitel 2; die Höhe der hier verwendeten Abgaben stimmt mit den Abgaben der Betriebskostenrechnungen weitgehend überein.

Literatur.

Agg, Th. R., and J. E. Brindley: Highway Administration and Finance. New York 1927.

Bullock, Ch. J.: Selected Readings in Public Finance Boston (1906).

Feilchenfeld, W.: Kraftverkehrswirtschaft, Kraftfahrzeugsteuern und Landstraßenfragen in USA. Denkschrift. Berlin 1929.

Sax, E.: Die Verkehrsmittel in Volks- und Staatswirtschaft. 2. Aufl. Bd 2. Land- und Wasserstraßen, Post, Telegraph, Telephon. Berlin: Julius Springer 1920.

American Automobile Bluebook.

American Highways Vol. 6, 7, 8.

Commercial Vehicles on Free Highways by Th. H. Mac Donald in The Journal of Land and Public Utility Economics Vol. 1, Nr 4.

Economics of Highway Transportation by H. R. Trumbower Journal of the Western Society of Engineers Vol. 31, Nr 4.

Fact and Figures of the Automobile Industry 1926/29 Editions.

Fifth Biennial Report of the California Highway Commission.

Financing a State Road System with Bonds by T. H. Cutler.

Hearings before the Committee on Interstate Commerce United States Senate 69. Congress, S. 1734.

Highway Bonds, United States Department of Agriculture Bulletin Nr 136. Washington D. C. 1917.

Highway Construction Administration and Finance by E. W. James Highway Education Board Washington D. C.

Highways as a Dividend Paying Public Investment by A. J. Brosseau.

Highways and Highway Transportation, United States Department of Agriculture, Separate from Yearbook 1924, Nr 914.

Highway Tax Costs by J. E. Walker.

Organized Motorists of America Ask Repeal of Excise Taxes on Automobiles, Parts, Tires and Accessories.

Proceedings of the First Annual Meeting of Motor Bus Division AAA.

Proceedings of the Sixth Annual Meeting of the Highway Research Board Washington D. C.

Public Roads Vol. 5—7.

Report of a Study of the State Highway System of California 1925.

Report of the Chief of the Bureau of Public Roads Washington 15. Oktober 1926.

Report of the North Jersey Transit Commission 1927.

Roads Hearing before the Committee on Roads, House of Representatives Part 1, 1928.

Rural Highway Mileage, Income and Expenditure 1921 und 1922. United States Department of Agriculture Department Bulletin Nr 1279.

Special Taxation for Motor Vehicles 1927, 1928 Edition Motor Vehicle Conference Committee.

The Discriminatory War Motor Excise Tax.

The Financing of Highways by T. H. Mac Donald, The Annals of the American Academy of Political and Social Science November 1924.

The Gasoline Tax by the American Automobile Association.

The Pay — as — you — go Plan of Highway Financing by J. T. Donahey.

The Problems of Highway Finance Report of Committee of the National Tax Association.

Wisconsin Highway Commission Sixth Biennial Report of State Highway Activities.

VII. Kraftwagenverkehr und Wandlungen des wirtschaftlichen, kulturellen und sozialen Lebens unter besonderer Berücksichtigung des Einflusses auf die Landwirtschaft.

1. Der Einfluß des Kraftfahrzeuges im allgemeinen[1].

Die Einwirkungen des Kraftfahrzeuges auf das wirtschaftliche, kulturelle und soziale Leben der Union sind unverkennbar und mannigfach. Ihr Verlauf läßt sich meist nur allgemein feststellen und erkennen, da gleichzeitig Einflüsse verschiedenster Art ausströmten. Allen voran wäre der Neubau und Umbau der Landstraßen zu nennen, ohne die, wie früher erwähnt, die Vermehrung der Kraftfahrzeuge und die Entwicklung des Kraftwagenverkehrs nie, so wie geschehen, hätten eintreten können. Ferner sei an die Einwirkungen erinnert, ausgehend von der Entwicklung der Eisenbahnen zum Massenverkehrsmittel, die gewaltige allgemeine Produktions- und Konsumtionssteigerung, die Herstellung unzähliger neuer Gebrauchsgegenstände, Werkzeuge und Maschinen auf allen Gebieten, die Ausdehnung des amerikanischen Handels in allen Weltteilen, die Gewinnung von Reichtum in bisher unbekannter Höhe, die umfassende Förderung und Ausbreitung von Erziehung und Bildung und noch vieles andere. Unmittelbar von größtem Einfluß war das Kraftfahrzeug auf die Ortsveränderung von Personen und Gütern. Es hat den durch die Eisenbahnen so sehr verbesserten Transport weiter vervollkommnet. Beweglich, anpassungsfähig, freizügig und rasch kann das Kraftfahrzeug Verkehrsbedürfnisse des 20. Jahrhunderts auf kurze und mittlere und auch auf weite Entfernungen oft besser befriedigen als die an Schienen gebundenen Eisenbahnen. Es erleichtert das Reisen von Ort zu Ort und den Austausch der Güter in vielen Verkehrsbeziehungen. Insbesondere können ländliche Gebiete reichlicher mit Gütern aller Art versorgt und landwirtschaftliche Erzeugnisse besser auf den Markt gebracht werden. Betriebe, die bislang auf das Pferdefuhrwerk angewiesen waren, wurden leistungsfähiger. Lastkraftwagen bewegen selbst schwere und voluminöse Güter rasch und zuverlässig. (S. Abb. 21, 32 u. 33.) Vorräte und Lager können nun knapper gehalten werden, da sie mit Kraftfahrzeugen jederzeit aufgefüllt werden können. Fernmündliche Bestellungen am Morgen können selbst auf ganz beträchtliche Entfernungen noch am gleichen Tage oder spätestens am folgenden ausgeführt werden. Wenn die Eisenbahn die Güterannahme geschlossen hat, nehmen Lastkraftwagenunternehmer oft noch lange Aufträge an und führen sie zum Teil auch noch aus. Das Kraftfahrzeug beschleunigt den Umsatz, verkürzt den Zinsenlauf und

[1] Es sollen hier in großen Zügen die allgemeinen Einflüsse der Kraftfahrzeuge aufgezeigt werden.

vermindert das Risiko eines Geschäftsbetriebes. Manche Verarbeitungsstätten von Rohstoffen und Halbfabrikaten und Verteilungsplätze von Fertigfabrikaten haben durch die vom Kraftfahrzeug hervorgerufene Veränderung im Transport der Personen und Güter in ihrer Bedeutung als Standort verloren. Bei der Wahl des Standortes können mehr als bisher andere günstige Bedingungen berücksichtigt werden. Weiter entfernt gelegene Gebiete, etwa des billigen Grund und Bodens oder der Arbeitskräfte wegen, können aufgesucht werden. Die ökonomischen Kräfte werden dort allseits gesteigert, denn alle großen Industrie- und Handelsplätze verdanken ihren Aufschwung zu einem wesentlichen Teil Verkehrsmitteln. Die Zusammenarbeit von Kraftfahrzeug und anderen Verkehrsmitteln erleichterte und förderte den Verkehr im allgemeinen. Omnibusse fahren vor den Bahnhöfen der Eisenbahngesellschaften und an den Piers der Schiffahrtsgesellschaften vor, und der Reisende kann von einem Verkehrsmittel unmittelbar auf ein anderes übergehen und seine Reise rasch und bequem fortsetzen. Lastkraftwagen unterstützen die Eisenbahnen in der Verkehrsbedienung der Knotenpunkte und des Linienverkehrs und machen den Verkehr wirtschaftlicher und flüssiger. Für viele Berufe ist der individuelle, angenehme und zeitsparende Verkehrsdienst des Automobils von besonderem Werte. So sind Geschäftsreisende jetzt nicht mehr an die Eisenbahn gebunden und gezwungen, über ihr Ziel hinauszufahren und die Wege von und nach den Bahnhöfen zu Fuß oder mit einem anderen Verkehrsmittel zu machen. Mit dem Automobil reisen sie nunmehr unmittelbar von Kunde zu Kunde und führen ihr Gepäck, jederzeit zur Hand, mit sich[1]. Der ärztliche Dienst konnte, insbesondere auf dem Lande, verbessert werden. Innerhalb kürzester Zeit können die Ärzte vermöge des Kraftfahrzeuges Hilfe leisten. Die Landbevölkerung kann nun auch gute Ärzte in Städten oder sonstwo aufsuchen und sich fachärztlich beraten und behandeln lassen[2].

Haben die Eisenbahnen eine Zentralisierung der Wohn- und Arbeitsstätten gefördert, so sind die Kraftfahrzeuge einer Dezentralisierung, wenigstens für Wohnstätten, dienstbar. Der Besitz eines Automobils ermöglicht es, außerhalb der Städte und ihrem Lärm in Licht, Luft und Sonne zu wohnen und der Gesundheit zu pflegen. Es entstanden Orte wie Pallos Verdes (Kalifornien) und Corral Gabel (Florida) und viele andere, wie in schöne Parks gebaute Siedlungen (siehe Bilder 36 u. 37). Die Kraftfahrzeuge unterstützen also nicht nur die Abwicklung des

[1] Viele Firmen unterstützen den Gebrauch von Automobilen durch ihre Reisenden, indem sie die gesamten oder einen Teil der Betriebskosten der Fahrzeuge übernehmen.

[2] Früher mußten viele Operationen auf einfachste, unhygienischste Art, oft auf dem Tisch einer dunklen Küche, ausgeführt werden.

Verkehrs der Wirtschaft, sondern dienen auch den Menschen in Wirtschaft und Staat (siehe auch Kapitel 4 dieses Abschnittes).

2. Der Einfluß des Kraftfahrzeuges auf die Landwirtschaft[1].

Der Einfluß des Kraftfahrzeuges auf die Landwirtschaft geht sehr weit. Es verbilligte die Beförderungskosten, verkürzte die Transportdauer und dehnte den Absatzbereich der landwirtschaftlichen Erzeugnisse aus. Einige Beispiele mögen das aufzeigen.

Im Staate New York wurden für eine Anzahl Farmen als durchschnittliche Beförderungskosten einer Tonnenmeile für Lastkraftwagen 21,5 Cents[2] und für Pferdefuhrwerke 40,3 Cents ermittelt[3]. Die Lastkraftwagenbeförderung beansprucht also hier nur die Hälfte der Kosten des Pferdetransports. In einer anderen Untersuchung waren die Beförderungskosten für eine Tonnenmeile mit Pferdefuhrwerken für Weizen 30, für Mais 33 und für Baumwolle 48 Cents, mit Lastkraftwagen 15 Cents für Weizen und Mais und 18 Cents für Baumwolle[4], also Unterschiede zugunsten des Lastkraftwagens bei Weizen von 50%, bei Mais von 45% und bei Baumwolle von 37%. Durch die Verminderung der Beförderungskosten ist die Transportfähigkeit der Güter bedeutend gesteigert worden.

Die kürzere Transportdauer der Lastkraftwagen gegenüber den Pferdefuhrwerken beruht auf der größeren Leistungsfähigkeit der Kraftfahrzeuge und diese ist wiederum bedingt in der Zugkraft und Größe der Fahrzeuge, der Länge des Transportes, der Beschaffenheit der Straßen und der Art der Transportgüter. Als Leitsatz für das Verhältnis der Leistungsfähigkeit zwischen Lastkraftwagen und Pferdefuhrwerk gilt: Je größer die Zugkraft der Lastkraftwagen, je länger die Transportentfernungen, je besser die Fahrbahnen, je schwerer die Transportgüter und je geringer ihre Haltbarkeit, desto überlegener der Lastkraftwagen gegenüber dem Pferdefuhrwerk. Ergebnisse mehrerer Untersuchungen zeigten als Mittelwerte für Lastkraftwagen eine um 60—65% kürzere Beförderungsdauer (einschl. Belade- und Entladezeiten). Für kleine Lastkraftwagen war die Beförderungsdauer nur um etwa 50%, für große bis zu 80% kürzer. Die Überlegenheit kleiner Lastkraftwagen über

---

[1] Der Einfluß des Kraftfahrzeuges auf die Landwirtschaft wird etwas ausführlicher behandelt, weil er im einzelnen genauer festgestellt werden kann und im Abschnitt III die Landwirtschaft im Gegensatz zum Gewerbe nur wenig berücksichtigt worden ist.

[2] Nach der Betriebskostenrechnung der Tabelle 33 S. 74 ist der Aufwand eines 2,5 Tonnen-Lastkraftwagens bei mittlerer Leistungsmenge 31,99 Cents die Fahrzeugmeile.

[3] Siehe Farm Motor Trucks in New York v. V. B. Hart, S. 46.

[4] Transportation, Report of the Joint Commission of Agricultural Inquiry S. 348.

Pferdefuhrwerke ist also nicht so groß wie die großer. Dies ist nicht auf die Geschwindigkeit, sondern auf die größere Tragfähigkeit der großen Fahrzeuge zurückzuführen. Die verhältnismäßig noch günstige Stellung des Pferdefuhrwerks kann dieses aber nur auf kurze Entfernungen behaupten. Eine Beförderungsleistung von 40—50 Meilen (Hin- und Rückfahrt), die der Lastkraftwagen je nach der Fahrbahn in $1^1/_2$ bis 3 Stunden zurücklegt, ist für ein Pferdefuhrwerk schon eine große Tagesleistung. Gute Fahrbahnen begünstigen die Verwendung des Lastkraftwagens, schlechte sind ihm im Wege, ja sie können, wie häufig bei Feldwegen der Fall, seine Verwendung ganz unmöglich machen. Farmer verschiedener Distrikte bezeichneten in einer Rundfrage über die Verwendung des Lastkraftwagens in der Landwirtschaft in überwiegender Mehrzahl als Hauptvorteil des Lastkraftwagens seine hohe Geschwindigkeit und als Hauptnachteil die Unmöglichkeit seiner Verwendung auf schlechten Wegen.

Die große Leistungsfähigkeit der Lastkraftwagen hat in beträchtlichem Umfange auf die Absatzmärkte der Farmen eingewirkt. So haben im Gebiete der New England und Central Atlantic States 27% der Farmer, die Lastkraftwagen verwendeten und Rundfragen über Marktveränderungen durch Kraftfahrzeuge beantworteten, mit dem Einsatz von Lastkraftwagen an Stelle von Pferdefuhrwerken zum Teil weiter entfernte Orte aufgesucht. Vor der Verwendung von Lastkraftwagen betrug die durchschnittliche Entfernung zwischen Farm und Absatzmärkten 8,9 Meilen[1], die sich unter dem Einfluß des Lastkraftwagens wenige Jahre später schon auf 15,7 Meilen[2] oder um 76% erhöhte. Die durchschnittliche Entfernungsweite vor und nach der Verwendung von Lastkraftwagen ist für verschiedene Arten von Farmen in mehreren Staaten aus der Tabelle 106 ersichtlich. Der größte Einfluß des Lastkraftwagens ist bei „Crop" Farmen festzustellen. Bei mehr als einem Drittel dieser Farmen in dem Untersuchungsgebiet ist die durchschnittliche Entfernung ihrer Marktorte von 7 auf 17 Meilen erweitert worden. Auch in den Staaten des Corn Belt[3] haben etwas mehr als ein Viertel der Farmer ihre Märkte seit der Anschaffung von Lastkraftwagen geändert, und zwar von einer durchschnittlichen früheren Entfernung von 7 Meilen auf 18 Meilen[4]. Das Aufsuchen neuer Marktorte größerer

---

[1] Die durchschnittliche Entfernung der Märkte aller Farmen war in den Untersuchungsgebieten etwas weniger als 5 Meilen.

[2] Farm Motor Truck Operation in the New England and Central Atlantic States von L. M. Church, S. 11.

[3] Zum Corn Belt gehören die Staaten Illinois, Indiana, Iowa, Eastern Kansas, Southern Minnesota, Missouri, Eastern Nebraska, Southeastern South Dakota und Southern Wisconsin.

[4] Corn Belt Farmers' Experience with Motor Trucks v. H. R. Tolley und L. M. Church, Assistent in Agricultural Engineering, S. 1.

Tabelle 106. Durchschnittliche Marktentfernung verschiedener Arten von Farmen vor und nach der Verwendung von Lastkraftwagen[1].

Art der Farm[1]	Lastkraftwagenbesitzer, die Marktveränderungen berichteten %	durchschnittl. Marktentfernung vor der Verwendung von Lastkraftwagen Meilen	nach der Verwendung von Lastkraftwagen Meilen
Dairy..........	24	5,3	11,0
Truck	25	8,6	15,6
General........	26	10,8	17,8
Fruit	33	8,3	14,2
Crop	35	7,0	17,0
Mittelwerte	27	8,9	15,7

Entfernung, die wirtschaftlicher als die früheren sind und sein müssen, weil sonst der Marktort nicht geändert worden wäre, und die damit verbundene Steigerung der Absatzfähigkeit der Farmprodukte sind vorwiegend ein Ergebnis der billigeren und rascheren Beförderung und der größeren Leistungsfähigkeit der Lastkraftwagen gegenüber den Pferdefuhrwerken und zum Teil auch gegenüber den Eisenbahnen. Hievon hatten nicht nur die Farmer Nutzen, sondern auch die Märkte mit ihren Konsumenten, die dadurch reichlicher und zum Teil auch billiger versorgt werden konnten. Obst- und Gemüsehändler in Minneapolis berichteten, ihr Geschäftsumfang in den umliegenden Städten habe infolge der rascheren Beförderung durch den Lastkraftwagen um 75% zugenommen. Der Gemüsehandel der Stadt Flint (Michigan) soll sich durch die Verwendung von Lastkraftwagen innerhalb 7 Jahren um 330% gesteigert haben[2].

Früher konnten viele leicht verderbliche Güter nur in der Nähe von Marktorten und Eisenbahnstationen, von denen sie rasch und billig zur Stadt gebracht werden konnten, angebaut werden. Nunmehr ist, nachdem Lastkraftwagen 100 und noch mehr Meilen in einem Tage zurücklegen, der Anbau vieler solcher Produkte nicht mehr so nahe an den Verbrauchsort gebunden. Auch Farmen in größerer Entfernung von den Städten bauen nun Gemüse an, verlegen sich auf Obst, Beeren und Geflügelzucht und pflegen mehr der Milchwirtschaft, weil sie nunmehr ihre Erzeugnisse mit Lastkraftwagen rasch auf den Markt bringen können. Der Kraftwagenverkehr hat die landwirtschaftlichen Anbauflächen[3], wie die Eisenbahnen vor 100 Jahren, teilweise geändert. Ins-

[1] Farm Motor Truck Operation a. a. O. S. 11. Die „Dairy“ Farmen verlegen sich hauptsächlich auf die Gewinnung von Milch, Butter, Käse und Eier. Die „Truck“ Farmen pflanzen vorwiegend Gemüse an. „General“ Farmen sind allgemeine Farmen; sie verlegen sich auf alle möglichen Produkte. Die „Crop“ Farmen bauen hauptsächlich Mais, Weizen, Gerste an.

[2] Interstate Commerce Commission Report 18300, S. 24.

[3] Thünen, J. H. v.: Der isolierte Staat. Bd 1. 1. Aufl. 1826.

besondere hat er die erste Zone der freien Wirtschaft, den Garten- und Gemüsebau und die Milchwirtschaft wesentlich erweitert. Die Städte mit ihren in den letzten drei Jahrzehnten entstandenen Vororten und Sportplätzen hatten die erste Zone ohnehin schon zurückgedrängt. Das Pferdefuhrwerk allein wäre nicht mehr fähig, die ausgedehnten Städte zu versorgen. Mit Kraftfahrzeugen und dem Bau guter Straßen konnten auch neue Farmgebiete erschlossen werden. Nahe dem städtischen Versorgungsgebiet gelegene Farmen konnten zu intensiverer Bewirtschaftung übergehen.

Der Einzug des Lastkraftwagens auf den Farmen verminderte die Zahl der Arbeitskräfte und Zugtiere, jedoch nicht in dem Umfange, als Lastkraftwagen eingestellt wurden. Infolge intensiverer Betriebsführung wurden häufig weder Zugtiere noch Arbeitskräfte frei oder aber nur wenige. Pferde wurden nach wie vor zu Feldarbeiten und als Zugtiere auf schlechten Fahrwegen benötigt[1]. Aber auch bei dem Transport von Farmprodukten zum Verbrauchsorte und der Versorgung der Farm mit Gütern aus der Stadt konnten bei den im Bereich der Farmen überall zahlreich zu findenden Erdstraßen[2], die im Winter und insbesondere bei der Schneeschmelze im Frühjahr für Kraftfahrzeuge häufig unbefahrbar sind, nicht viele Pferde erübrigt werden. Von den Cornbelt Farmern berichteten 78% im Jahre 1920, daß sie, seit sie Lastkraftwagen verwenden, Arbeitskräfte ersparen konnten. Nur 43% dieser Farmer konnten aber Pferde entbehren, und zwar 25% 1 oder 2, 14% 3—4 und 4% 5 und mehr. Auf einigen größeren Farmen wurden über zwanzig Pferde frei. Alle Cornbelt Farmen zusammen hatten bis zum Jahre 1920 die Zahl ihrer Pferde nur um 12% vermindert, was einem Verhältnis von 1,2 Pferden auf einen Lastkraftwagen entspricht[3]. Da sich die Zahl der Lastkraftwagen auf den Farmen zwischen 1920 und 1928 etwa um das 3,5fache steigerte, dürfte die Zahl der Pferde inzwischen auch wieder zurückgegangen sein. Die Farmen der Union hielten sich im Jahre 1928 aber immer noch 14,5 Millionen Pferde gegenüber 21,5 Millionen im Jahre 1918 und 15 Millionen im Jahre 1890[4]. Die Zahl der

---

[1] Bei der Anschaffung der zur Feldbestellung geeigneten Zugmaschinen wurden mehr Pferde eingespart.

[2] Von den Landstraßen im Farmgebiet sind 43,1% unverbesserte und 31,3% verbesserte Erdstraßen, 14,9% Kiesstraßen, 5% Makadamstraßen, 2,5% Straßen mit hoher Festigkeit und 3,2% Straßen verschiedener Bauart. Nahezu drei Viertel aller Landstraßen im Farmgebiet sind also Erdstraßen. Siehe Fact and Figures a. a. O. 1928 Edition, S. 69.

[3] Corn Belt Farmers' a. a. O. S. 30/2.

[4] The World 1929 Almanac and Bork of Facts. Die Zahl der nicht auf Farmen verwendeten Pferde verminderte sich in der Zeitspanne von 1900 bis 1920 von 2936801 auf 1705611, also um 58%. Seitdem dürfte ihre Zahl weiter beträchtlich zurückgegangen sein. Der verhältnismäßig noch große Bestand an Pferden in Städten ist auf ihre wirtschaftliche Eignung für gewisse Transportdienste zurück-

Automobile auf den Farmen erhöhte sich von 2146512 im Jahre 1919 auf 4729600 im Jahre 1928, also etwa um das 2,3fache und die Zahl der Lastkraftwagen in den genannten Jahren von 139169 auf 697300, also etwa um das Fünffache[1].

Zur wirtschaftlichen Verwendung von Lastkraftwagen übernehmen Farmer, die ihre Fahrzeuge allein nicht ausreichend beschäftigen können, Transportdienste für Dritte. Etwa 40% der Cornbelt Farmer — die Lastkraftwagen gebrauchten und darüber Auskunft gaben — leisteten solche Transportdienste und vereinnahmten dafür durchschnittlich 132 Dollar jährlich[2]. Außerdem übernehmen die Farmer, um Leerfahrten zu vermeiden, Rückfrachten aller Art. Eine Anzahl Farmer berichtete, daß sie für ein Viertel bis ein Drittel ihrer Stadtfahrten Rückfrachten hatte.

Der Einfluß der Lastkraftwagen auf die Beförderung von landwirtschaftlichen Erzeugnissen soll im einzelnen noch an einigen Gütern gezeigt werden. Bevor die Farmen über Lastkraftwagen verfügten, wurde die Milch mit Pferdefuhrwerken von den Farmen in der Nähe der Verbrauchsorte und mit der Eisenbahn von den weiter entfernten, aber in der Nähe von Bahnhöfen gelegenen Farmen in die Städte gebracht. Der Lastkraftwagen übernahm nicht nur einen ganz erheblichen Teil des Milchtransportes der Eisenbahnen und Pferdefuhrwerke, sondern bezog auch neue Versorgungsgebiete ein, die bislang zu weit von einem Verbrauchsorte und einer Eisenbahnstation entfernt waren. Die Städte St. Paul-Minneapolis, Milwaukee, Cincinnati, Indianapolis und Detroit erhielten im Jahre 1924 nahezu ihren gesamten Milchbedarf durch Lastkraftwagen, und zwar betrugen die durch Lastkraftwagen diesen Städten zugeführten Mengen in der genannten Reihenfolge etwa 98, 97, 96, 93 und 89% der Gesamtzufuhr. Der Anteil des Lastkraftwagens an der Milchbeförderung nach Baltimore war etwa 45%, nach Chikago 32% und nach Philadelphia 20%[3]. Die verhältnismäßig geringe Milchzufuhr

---

zuführen, so insbesondere für die Verteilung und Sammlung von Gütern in der Nähe der Güterbahnhöfe großer Städte. New York City besaß im Jahre 1924 noch 50053 und Chicago 30000 Pferde. Auf den harten Landstraßen sind aber Pferdefuhrwerke nahezu verschwunden. So hatten die Pferdefuhrwerke auf den Staatsstraßen in Massachusetts folgende Anteile am Gesamtverkehr dieser Straßen: 1909 58%, 1912 33%, 1915 17%, 1921 $2^1/_2$%, 1924 0%. Wenn auch im Jahre 1924 noch einzelne Pferdefuhrwerke auf diesen Straßen verkehrten, so waren es so wenige, daß sie nicht mehr nachgewiesen wurden. Im Staate Louisiana wurden im Sommer 1925 95,2% Kraftfahrzeuge und 4,8% Pferdefuhrwerke ermittelt. Die meisten Staaten dürften aber diesen Prozentsatz nicht erreichen, insbesondere heute nicht mehr. Siehe Economics of Highway Transportation a. a. O. S. 3.

[1] Fact and Figures a. a. O. 1929 Edition, S. 72.

[2] Corn Belt Farmers' a. a. O. S. 16.

[3] Die Unterlagen für diese Ausführungen wurden aus einer Anzahl im Jahre 1924 und 1925 in der Zeitschrift Public Roads erschienenen Artikel entnommen.

durch Lastkraftwagen nach Baltimore, Chikago und Philadelphia rührt von dem außerordentlich großen Milchbedarf dieser gewaltigen Städte mit ihren vielen Industrievororten her, so daß die Milch aus weit entfernten Farmen herangeholt werden muß und hier wirtschaftlicher mit der Eisenbahn befördert wird. Der steigende Anteil der Kraftfahrzeuge an der Milchzufuhr Baltimores ist aus der Tabelle 107 zu ersehen.

Tabelle 107. Milchtransporte nach Baltimore durch Eisenbahn, Pferdefuhrwerk und Lastkraftwagen in den Jahren 1912 bis 1923.

Jahr	Eisenbahn		Pferdefuhrwerk		Lastkraftwagen		Gesamtmengen
	Menge für 1 Jahr Gallonen	% der Gesamtzufuhr	Menge für 1 Jahr Gallonen	% der Gesamtzufuhr	Menge für 1 Jahr Gallonen	% der Gesamtzufuhr	
1912	8862868	80	2190000	20	—	—	11052868
1913	9345860	81	2190000	19	—	—	11535860
1914	9723718	84	1825000	16	—	—	11548718
1915	9525707	76	2190000	17	751990	7	12467697
1916	9305778	73	1825000	14	1649225	13	12780003
1917	8990850	72	1825000	14	1748847	14	12564697
1918	10146237	73	1825000	14	1747370	13	13718607
1919	10866692	70	1825000	12	2798540	18	15490232
1920	12002655	65	1825000	10	4507612	25	18335267
1921	12219462	68	—	—	5573325	32	17792787
1922	12055906	64	—	—	6736675	36	18792581
1923	10940107	55	—	—	8944285	45	19884392

Bis zum Jahre 1914 wurde der gesamte Milchbedarf Baltimores von Pferdefuhrwerken und Eisenbahnen bewältigt. Vom Jahre 1915 an beteiligte sich der Lastkraftwagen von Jahr zu Jahr stärker, Pferdefuhrwerk und Eisenbahn hingegen immer schwächer und schon im Jahre 1921 ist das Pferdefuhrwerk überhaupt ausgeschieden. Für die Riesenstadt Chikago sind Mitteilungen über den Milchtransport in den Jahren 1910 und 1924 verfügbar und in folgender Aufstellung dargestellt:

Milchzufuhr nach Chikago in den Jahren 1910 und 1924.

Verkehrsmittel	1910 Zahl der Milchkannen (Inhalt 8 Gallonen)	% der Gesamtzufuhr	1924 Zahl der Milchkannen (Inhalt 8 Gallonen)	% der Gesamtzufuhr
Dampfeisenbahnen	29400	94	29904	68
Elektrische Eisenbahnen.....	600	2	—	—
Pferdefuhrwerke	1245	4	—	—
Lastkraftwagen	—	—	14090	32
Gesamt:	31245	100%	43994	100%

Während im Jahre 1910 die Lastkraftwagen an der Milchzufuhr Chikagos noch keinen Anteil hatten und die Milch zu 96% mit Eisenbahnen und zu 4% mit Pferdefuhrwerken befördert wurde, ist im Jahre 1924 der Anteil der Eisenbahnen auf 68% gesunken, das Pferdefuhrwerk ausgeschieden, der Lastkraftwagen dagegen schon mit 32% beteiligt.

Die Entfernungen zwischen Erzeugungs- und Verbrauchsort, in denen Lastkraftwagen bei der Milchzufuhr der Städte Philadelphia, Detroit, Baltimore, St. Paul-Minneapolis, Milwaukee, Cincinnati, Indianapolis im Jahre 1924 eingesetzt waren, zeigt nebenstehende Aufstellung. Aus ihr ist zu ersehen, daß der Lastkraftwagen vorwiegend die kürzeren Verkehrsbeziehungen bedient, und zwar kommt Milch mit ihm in die Städte der Union hauptsächlich aus Entfernungen von 20 bis 49 Meilen. Nur für einzelne große Städte des Ostens und für Riesenstädte muß auf noch weiter entfernte Farmen zurückgegriffen werden. So geschah die Belieferung Chikagos mit Milch durch Lastkraftwagen im Jahre 1924 aus nebenstehenden Entfernungszonen.

Entfernung	Anteil der eingesetzten[1] Lastkraftwagen
bis 29 Meilen	65,6%
30 bis 49 „	27,6%
über 50 „	6,8%

Zonen	Zahl der eingesetzten Lastkraftwagen	Prozentsatz der Gesamtzahl der eingesetzten Lastkraftwagen
0 bis 9	1	0,7
10 „ 19	7	4,9
20 „ 29	47	33,3
30 „ 39	39	27,6
40 „ 49	26	18,4
50 „ 59	17	12,0
60 „ 59	2	1,4
70 „ 79	2	1,4
	141	100 (99,7)

Die Beförderungspreise für Milch mit Kraftfahrzeugen sind sehr verschieden. Auf Entfernungen von 20 bis 29 Meilen, der Zone innerhalb der im allgemeinen die größte Milchmenge mit Lastkraftwagen zugeführt wird, werden meist etwa 30 Cents für 100 Lbs erhoben. Gehen die Transporte über unverbesserte Straßen, so sind die Beförderungspreise häufig um etwa 5 Cents für 100 Lbs höher. Ein solcher Zuschlag wird auch zuweilen während der Wintermonate verlangt, wenn die Versendungsmengen geringer und die Betriebskosten für 1 Gallone höher sind. Die in der Umgebung von Cincinnati im Jahre 1924 erhobenen Beförderungspreise für Milch mit Lastkraftwagen zeigt obige Aufstellung.

Entfernungszone	Frachtsatz in Cents für 100 Lbs	Ungefährer Frachtsatz in Cents für 1 Gallone
10 bis 19	25	2,1
20 „ 29	30	2,5
30 „ 39	35	3,0 bis 3,4
40 „ 49	40	3,4 „ 3,8
50 „ 59	50	4,3

Die Beförderungspreise für Milch mit Lastkraftwagen sind oft gleich hoch wie die Frachten der Eisenbahn oder etwas höher. Zu berücksichtigen ist dabei aber, daß bei dem Transport mit der Eisenbahn die

[1] Insgesamt waren für diese Städte 633 Lastkraftwagen eingesetzt.

Milch am Erzeugungs- wie am Verbrauchsorte vor und nach dem Eisenbahntransport auf Land- und Stadtstraßen befördert werden muß, was außer der Eisenbahnfracht weitere Transportkosten verursacht. Der Lastkraftwagen hingegen bringt die Milch vom Erzeuger unmittelbar zum Verbraucher. Neuerdings werden jedoch auch beim Lastkraftwagen durch Einführung neuer Beförderungssysteme zu Beginn und manchmal auch am Ende der Überlandbeförderung weitere Bewegungen notwendig, deren Aufwand oft neben dem Beförderungspreis entrichtet werden muß.

So ist eine neue Art der Beförderung: Mancherorts sind den Landstraßen entlang Verladerampen (milk platforms) errichtet worden, wo der Farmer seine Milch abliefert und der zur Stadt fahrende Lastkraftwagen sie mitnimmt. Die schweren, dazu verwendeten Milchtransportwagen könnten auch nicht an jeder Farm vorfahren, da viele der nach den Farmen führenden Straßen mit diesen Wagen, insbesondere bei schlechtem Wetter, nicht befahrbar sind. Außerdem wäre es nicht wirtschaftlich, die Milch mit Wagen großer Tragfähigkeit bei den Farmern einzeln einzusammeln. Eine andere Einrichtung sind die Milchsammelstellen — receiving stations — auf dem Lande, welche die Milch in Empfang nehmen, kühlen und in Flaschen oder Kannen oder Kesselwagen abgefüllt in die Stadt fahren[1]. Dadurch wird insbesondere verhindert, daß die Milch manchmal für Stunden auf den Verladerampen der Eisenbahnen der Sonne ausgesetzt wird. Ein weiterer besonderer Vorteil der Milchbeförderung mit Lastkraftwagen soll auch ein weit geringerer Verlust an Milchkannen als bei der Eisenbahnbeförderung sein.

Der Lastkraftwagen erwies sich auch bei der Beförderung von lebenden Tieren von großem Nutzen. Er förderte u. a. den Absatz der Schlachttiere. Er ermöglichte, daß Tiere, sobald sie marktreif werden und geschlachtet werden sollten, auf den Markt gebracht werden können. Bei dem Versand mit der Eisenbahn muß in der Regel zugewartet werden, bis so viele Tiere vorhanden sind, um einen Wagen abrichten zu können; andernfalls sind die hohen Frachten des Transportes einzelner Tiere zu bezahlen. Die kleine Betriebseinheit des Lastkraftwagens ermöglicht selbst einzelne Tiere rasch und billig zu befördern. Vermieden wird dadurch auch das oft als Tierquälerei empfundene enge Zusammenladen des Viehes, ferner das Kennzeichnen der einzelnen Stücke und das Trennen der Tiere durch Gitter und ähnliche auf der Eisenbahn notwendige Verlademaßnahmen. Durch die schnelle Beförderung mit Lastkraftwagen können die Farmer leichter Preisschwankungen an den Viehmärkten ausnützen. Mit Radio oder Telephon vermögen sich die Farmer über die Preise bei Eröffnung des Marktes

[1] Für Kleinsendungen ist die Kesselwagenbeförderung nicht geeignet, da Milch von zuviel Farmen zusammengegossen werden müßte.

zu unterrichten. Sind die Preise günstig, so können die Tiere oft noch vor Beendigung des Marktes mit Lastkraftwagen dorthin verbracht werden[1]. Die Schienenbeförderung ist nicht so anpassungsfähig. Bei der Eisenbahn muß zuerst ein Wagen zur Viehbeförderung bestellt und dann der Versandstation meist erst zugeleitet oder für einzelne kleinere Stücke ein Zug abgewartet werden. Abbefördert werden die Viehwagen mit fahrplanmäßigen Zügen. Dadurch verzögert sich der Abgang der Wagen, die Beförderungsdauer wird erhöht und damit auch der Gewichtsverlust der Tiere während des Transports. Der Gewichtsschwund wird auf der Eisenbahn außerdem noch dadurch gesteigert, daß die Tiere häufig in den warmen Tagesstunden verladen und abbefördert werden. Die Lastkraftwagen können sich ganz den Verhältnissen anpassen und die Tiere während der warmen Sommermonate in den kühlen Nachtstunden auf den Markt bringen. So wurde berichtet:

„Der Gewichtsverlust bei der Beförderung lebender Tiere mit Lastkraftwagen ist nicht halb so groß als beim Eisenbahntransport, weil hier die Tiere nicht wie auf der Schiene um die warme Mittagszeit zur Stadt gefahren werden müssen[2]."

Die Fracht für lebende Tiere ist beim Lastkraftwagen je nach den Transportmengen höher oder niederer als bei der Eisenbahn. Kann ein Eisenbahnwagen ausgelastet werden, so ist die Bahnfracht niederer, manchmal ganz erheblich niederer als die der Lastkraftwagenbeförderung. Sonst ist es aber billiger, Tiere mit Kraftwagen zu versenden. Die Tabelle 108 enthält die Beförderungspreise für Schweine

Tabelle 108.
Fracht für Schweine mit Lastkraftwagen, Dampf- und elektrischen Eisenbahnen von verschiedenen Versendungsorten nach Indianapolis.

Versandstation	Entfernung Meilen	Frachtsatz für 100 Lbs in Cents: Lastkraftwagen	Dampfeisenbahn: einbödige Wagen	Dampfeisenbahn: zweibödige Wagen	Elektrische Eisenbahn: einbödige Wagen	Elektrische Eisenbahn: zweibödige Wagen
Danville	20	20	14	12	13	11
Franklin	21	20	14 1/2	12 1/2	13 1/2	—
Lebanon	27	25	15	13	14 1/2	12
Thorntown . . .	30	30	16 1/2	14 1/2	14 1/2	12
Martinsville . .	30	30	16 1/2	14 1/2	14 1/2	12
Columbus . . .	41	40	18	16	17	—
Crawfordsville .	45	45	18 1/2	16	17	14
Greensburg . .	48	50	18 1/2	16	18	—
La Fayette . .	68	70	—	—	19	18

mit Lastkraftwagen, Dampf- und elektrischen Eisenbahnen von verschiedenen Versendungsorten nach Indianapolis. Die Frachtsätze der

[1] Es ist hier nur an die Zufuhr einzelner Tiere gedacht.
[2] Interstate Commerce Commission Hearing 18300, S. 740.

Lastkraftwagenbeförderung sind gegenüber der Eisenbahnbeförderung hier durchweg bedeutend höher, manchmal um mehr als das Dreifache. Da jedoch die Eisenbahnfrachtsätze für Wagenladungen an Mindestgewichte gebunden sind und kleinere Farmen oft nicht so viel Vieh zu gleicher Zeit zu versenden haben, um diese Mindestgewichte zu erreichen, sind die niedereren Frachtsätze der Eisenbahn meist nur für die größeren Farmen von Nutzen. Bei kleineren Sendungen ist es, wie schon erwähnt, meist billiger, Lastkraftwagen zu benützen. Beispielsweise würde der Versand von 20 Schweinen mit einem Gewicht von insgesamt 6000 Lbs auf der elektrischen Eisenbahn von Lebanon nach Indianapolis, die in ihrem Tarif ein Mindestgewicht von 17000 Lbs vorschreibt, 24,65 Dollar kosten. Hiezu kommen für den Transport der Tiere zum Versandbahnhof und vom Bestimmungsbahnhof zum Empfänger 5 bis 8 Dollar, die bei der Lastkraftwagenbeförderung in der Regel wegfallen, so daß sich für die Eisenbahnbeförderung insgesamt ein Frachtaufwand von etwa 30 Dollar ergibt, während der Beförderungspreis des Lastkraftwagens für die gleiche Sendung und die gleiche Strecke nur 15,50 Dollar, also nur etwa die Hälfte beträgt.

Die Vorteile des Lastkraftwagens bei der Beförderung von lebenden Tieren erhöhten im Laufe der Jahre immer mehr seinen Anteil am Gesamttransport von Tieren, insbesondere auf kurze Entfernungen. Die Tabelle 109 zeigt den Umfang der Viehzufuhr mit Lastkraftwagen nach

Tabelle 109. Viehzufuhr mit Lastkraftwagen nach den hauptsächlichsten Märkten der Union und Gesamtbelieferung dieser Märkte in den Jahren 1926 und 1927[1].

Stadt	Zahl der mit Lastkraftwagen zugeführten Stücke		Gesamtbelieferung der Märkte (Stückzahl)	
	1926	1927	1926	1927
Bufallo	89261	106480	2133411	2206590
Chicago	173484	253443	15509689	15136359
Cincinnati	429634	536954	1486623	1702322
Cleveland	150225	207496	1334922	1446035
Evansville	195962	265017	231322	353581
Fort Worth	163572	246225	1846992	2069036
Indianapolis	989169	1158597	2533037	2544981
Kansas City	444717	548893	6414234	5989567
St. Louis	273129	376622	5697864	5732863
Peoria	484382	421418	691975	602026
Sioux City	1068315	1167240	3892508	3657782
Gesamt	4461850	5288385	41772577	41441142

den hauptsächlichsten Märkten der Union, wie die Gesamtbelieferung dieser Märkte mit Vieh in den Jahren 1926 und 1927. Im Jahre 1927 sind diesen Märkten mehr als 5 Millionen Stück Vieh mit Last-

[1] Fact and Figures a. a. O. 1928 Edition, S. 32.

kraftwagen zugeführt worden, und der Anteil des Lastkraftwagens an der Gesamtzufuhr war im Jahre 1926 etwa 10% und im Jahre 1927 etwa 12%. Bei einzelnen Märkten ist der Anteil des Lastkraftwagens weit größer. So beträgt er in Indianapolis nahezu 50%. In einem Umkreis von 50 Meilen um Indianapolis sind 90% aller Schweine mit Lastkraftwagen auf den Markt gebracht worden.

Auch bei dem Transport anderer landwirtschaftlicher Erzeugnisse gewinnt der Lastkraftwagen einen immer größeren Anteil. Er befördert immer mehr Güter und aus immer größeren Entfernungen in die Städte. Selbst von dem Riesenbedarf der Stadt New York an frischen Früchten wird ein großer Teil mit Lastkraftwagen angeführt, und zwar 1927 ein Drittel des Pfirsich-, ein Viertel des Tomaten- und ein Fünftel des Äpfelbedarfs. Während der Haupterntezeit dieser Früchte kamen in einer Woche (wohl 1927) 58% der Pfirsich-, 78% der Äpfel- und 52% der Tomatenzufuhr auf Lastkraftwagen nach New York City[1]. Dabei muß infolge des um New York City sich herumziehenden breiten Industriegürtels das Obst von weit entfernten Gewinnungsstätten hergeholt werden. In Kalifornien sollen 75% aller Farmprodukte mit Lastkraftwagen befördert werden[2].

Die wesentlichsten Vorteile des Lastkraftwagens und guter Straßen für die Landwirtschaft sind demnach: Die Farmer konnten neue und ertragreichere Märkte aufsuchen und sie reichlicher, rascher und billiger mit ihren Erzeugnissen beliefern. Viele Güter kommen unversehrter und besonders frischer auf den Markt. Die Versand- und Transportfähigkeit der Güter wurde erhöht, ihre Absatzfähigkeit gesteigert. Die Farmer konnten zur intensiveren Bewirtschaftung übergehen und gleichzeitig Arbeitskräfte und Pferde ersparen.

3. Das Kraftfahrzeug und der Schulunterricht auf dem Lande.

Der Schulunterricht auf dem Lande war in der Union jahrzehntelang in besonderem Maße von der Bevölkerungsdichte abhängig. Die zerstreuten Ansiedlungen und kleinen Dörfer mit ihrer verhältnismäßig armen Bevölkerung konnten sich nur kleine Schulhäuser („little red school house“, siehe Abb. 48) mit nur einem Lehrer für alle Schüler und den ganzen Lehrstoff halten. Größere Schulen mit mehreren Lehrkräften waren nicht möglich, zumal der Unterrichtsort von dem Schüler zu Fuß erreichbar sein mußte — within walking distance —, wodurch auf jeder zweiten oder dritten Quadratmeile ein kleines Schulhaus hatte erstellt werden müssen. Als in der zweiten Hälfte des 19. Jahrhunderts auch in der Union der Zug vom Dorf nach der Stadt einsetzte, ging die

[1] Public Roads Vol. 9, Nr 6.

[2] Siehe auch Abschnitt IV, Kapitel 3.

Zahl der Schüler der Dorfschulen noch mehr zurück, und die Unterrichtskosten für eine Familie wurden noch höher. Für viele kleinen Dörfer war es billiger, die Kosten für die Beförderung ihrer Schüler nach einer benachbarten Dorf- oder Stadtschule aufzubringen, als eine eigene Schule zu unterhalten. Viele der kleinen Schulen wurden zusammengelegt und die Schüler, wenn der Weg zwischen Wohnort und Schule zu groß war, mit Pferdegespannen hin und her befördert. Greenfield Mass. begann mit der Zusammenlegung von Schulen und dem Fahren der Schüler im Jahre 1869[1]. Solange aber die Schüler mit Pferdegespannen und auf schlechten Straßen befördert werden mußten, konnten wiederum mit Rücksicht auf die Entfernungen nur wenige Schulen in einer großen Schule zusammengefaßt werden, weil lange Fahrten mit Pferdefuhrwerken die Schüler zu sehr ermüden und ihre Aufnahmefähigkeit vermindern. Erst als das Kraftfahrzeug als Verkehrsmittel verfügbar war und die Landstraßen verbessert wurden, konnten kleine Schulen auf dem Lande in größerem Umfange zusammengelegt werden. (Siehe Abb. 49—51.) Mit komfortablen Omnibussen können nun die Schüler auf 10, 20 und noch mehr Meilen ohne zu große Anstrengung und zugleich rascher und billiger als mit Pferdegespannen, mit denen schon eine Reise von 5 bis 10 Meilen ermüdet, zur Schule gebracht werden. Das Massachusetts Department of Education berichtete, daß die Omnibusse eine 50% höhere Meilenzahl zurücklegen und mehr als zweimal so viel Kinder nur zur Hälfte der Kosten für 1 Schüler und für 1 Meile als Pferdegespanne befördern[2]. Eine Zusammenlegung von Schulen schien der Ausbildung der Schüler wegen, wie auch finanziell, in größerem Ausmaße geboten. Die Zahl der Einzimmer-Schulen (One Room Schools) und die Zahl zusammengelegter Schulen (Consolidated Schools) in den Jahren 1917 bis 1924 zeigt die Tabelle 110. Die Zahl der Einzimmer-Schulen hat sich von 195400 im Jahre 1918 auf 166504 im

Tabelle 110. Zahl der Einzimmer- und der zusammengelegten Schulen in den Jahren 1917 bis 1924[3].

Einzimmer-Schulen			
1918	1920	1922	1924
195 400	187 951	(a) 179 450	166 504

Zusammengelegte Schulen			
1917	1920	1922	1924
(b) 5349	(c) 11 890	(d) 12 310	(e) 14 944

[1] School Life November 1923.

[2] Bus Transportation Vol. 6, Nr 2.

[3] School Buses Graham Brothers S. 6. (a) geschätzt, (b) Data für 27 Staaten, (c) Data für 41 Staaten, (d) Data für 43 Staaten, (e) Data für 48 Staaten, für 5 Staaten sind die Zahlen für 1922.

Jahre 1924[1], also um etwa 15% vermindert und die Zahl der zusammengelegten Schulen von 5349 im Jahre 1917 auf 14944 im Jahre 1924, also um etwa 180% erhöht. In einzelnen Staaten wurden verhältnismäßig weit mehr Einzimmer-Schulen zusammengelegt, so in Texas innerhalb 5 Jahren ein Drittel solcher Schulen[2].

Ausgeführt und organisiert wird die Zusammenlegung der Schulen und der Transport der Schüler im allgemeinen von den Grafschaften. Der Schultransportdienst wurde zu einem wichtigen Bestandteil des Schulsystems der Union, so daß nun besondere Kurse in den Schulen und Colleges gegeben werden, um die Lehrer hierin auszubilden.

Im Jahre 1927 wurden an jedem Schultag 1981240 Schüler in Kraftfahrzeugen nach und von Unterrichtsstätten befördert und 24659598 Dollar öffentliche Gelder dafür verausgabt. Insgesamt waren damals 358670 oder etwa zwei Fünftel aller Omnibusse der Union im Schuldienst verwendet und die an jedem Schultag von den Omnibussen zurückzulegenden Strecken waren insgesamt 352892 Meilen lang[3].

Die Bedeutung des Kraftwagens im Dienste des Schulunterrichts tritt noch mehr aus Mitteilungen von Schulen und einzelnen Staaten hervor. Eine Erhebung des Bureau of Education in Washington D. C. für etwa 200 zusammengelegte Schulen im Schuljahr 1922/23 ergab: von dem Sitz der einzelnen Schulen aus wurden durchschnittlich 5 Verkehrslinien mit einer Länge von 4,7 Meilen und einer Beförderungszeit von 35 Minuten für einen Weg unterhalten und täglich 110 Schüler oder 43% aller eingeschriebenen zu einem Kostensatz von 3,8 Cents für 1 Schüler und 1 Meile befördert. Der Bereich einzelner zusammengelegter Schulen hatte eine Ausdehnung von über 100 Quadratmeilen; der Medianwert war 36 Quadratmeilen[4]. In Nebraska wurden täglich durchschnittlich 50 Schüler oder 50,5% der eingeschriebenen befördert. In Oklahoma betrugen im Jahre 1922 die Kosten für den Transport von Schülern 2116 Dollar oder 37% der insgesamt 6750 Dollar hohen Gehälter der Lehrer. Die Staaten Ohio, Indiana und Iowa gaben im Jahre 1922 je über 2 Millionen Dollar für die Beförderung von Schülern gleich 2,87, 5,32 und 5,01% der Gesamtausgaben dieser Schulen aus. Die durchschnittlichen jährlichen Transportkosten für 1 Schüler waren im Jahre 1922 in 22 Staaten 32,55 Dollar; den Höchstbetrag hatte Montana

[1] Da es im Schuljahr 1923/24 insgesamt 263280 Schulen auf dem Lande gab, war die Zahl der Einzimmer-Schulen in diesem Jahre etwa 64% der Gesamtzahl. Siehe Rural School Circular Nr 16 vom April 1926. United States Department of the Interior. Bureau of Education.

[2] Recent Data on Consolidation of Schools and Transportation of Pupils by J. F. Abel Bulletin 1925, Nr 22.

[3] Bus Transportation Vol. 6, Nr 2.

[4] A Study of 260 School Consolidations by J. F. Abel Bulletin 1924, Nr 32.

mit 82,18 Dollar und den niedersten Georgia mit 9,36 Dollar[1]. Auch hier ist für die Kostenhöhe die Verkehrsdichte, hier die Zahl der zu befördernden Schüler, die Länge des Schulweges und die Beschaffenheit der Straßen von grundlegender Bedeutung. Montana, dünn bevölkert, mit langen, kalten Wintern und verhältnismäßig schlechten Straßen, hat infolgedessen höhere Transportkosten für 1 Schüler und 1 Meile als dichter besiedelte Staaten mit guten Straßen wie im Süden, wo es nahezu überhaupt keinen Winter gibt.

Da die Zusammenlegung von Schulen hauptsächlich durch die Dauer und die Kosten des Transportes der Schüler begrenzt ist, werden in dünn besiedelten Gebieten Einzimmer-Schulen noch jahrzehntelang beibehalten werden müssen. So berichtete der Superintendent der öffentlichen Schulen in Maine:

„In Maine könnten noch viele Schulen zusammengeschlossen werden, aber in abgelegenen Gebieten wird es, vielleicht noch für Generationen, bei der Einlehrerschule bleiben müssen[2]."

In solchen Gebieten muß versucht werden, den Unterricht sonstwie zu verbessern. Vielleicht können Schulen in Gruppen zusammengefaßt werden und Lehrer von Schule zu Schule reisen und ihren Fachunterricht geben. An Stelle vieler Schüler wären dann nur einzelne Lehrer auf der Fahrt. Wo aber kleine Schulen zusammengeschlossen und dadurch der Unterricht und die Ausbildung der Schüler verbessert werden können, sollte dies der Kinder und des ganzen Volkes wegen geschehen, denn die Erziehung muß die vornehmste Aufgabe eines Staates sein.

Die Ausführungen dieses Kapitels lassen wiederum die große Bedeutung der Kraftfahrzeuge erkennen. Ohne Kraftfahrzeuge wäre es nicht möglich gewesen, die kleinen Schulen auf dem Lande so zahlreich zusammenzulegen, den Unterricht auszubauen und die Ausbildung der Jugend zu fördern. Auch die Verwaltung der Schulen und der Unterricht selbst konnten mit Hilfe des Kraftfahrzeuges vereinfacht, verbessert und verbilligt werden.

4. Die Amerikaner, eine Nation auf Rädern.

Der Einfluß des Automobils, des Omnibusses und des Lastkraftwagens auf die Bevölkerung der Union im allgemeinen kann wohl kaum hoch genug eingeschätzt werden. Haben im 19. Jahrhundert die Eisenbahnen das wirtschaftliche, soziale und kulturelle Leben Amerikas umgestaltet, so sind es im 20. Jahrhundert bislang die Kraftfahrzeuge, die den Ausdruck einer neuen Zeit prägen. Ohne Automobil fühlt der Amerikaner sich beengt, seinen Drang nach Betätigung gehemmt. Leben

[1] Recent Data on Consolidation of Schools and Transportation of Pupils a. a. O. S. 8—16.

[2] Ebenda S. 23.

und Bildung werden durch die nun mögliche raschere Ortsveränderung und die vermehrte Berührung mit Natur und Menschen belebt, erweitert und bereichert. Andererseits bedroht und vernichtet das rasche Tempo viel tiefsinnig Veranlagte. Gesellschaftlicher Verkehr wurde gesteigert, das Dorf der Stadt, die Stadt dem Dorfe genähert und der Farmer aus seiner Einsamkeit erlöst[1]. Verwandte und Bekannte in Dorf und Stadt, sportliche, gesellschaftliche und kulturelle Veranstaltungen werden mit dem Automobil besucht. Selbst zwischen Orten, lange schon durch Eisenbahnen verbunden, wurde der Verkehr reger, weil das Reisen im Automobil als angenehmer und die Freude am Reisen als erhöht empfunden wird. Abends nach der Arbeit und Sonntags fährt der Amerikaner aus, Erholung, Zerstreuung, Anregung und Geselligkeit zu finden[2]. Dann kommt von Zeit zu Zeit das Bedürfnis nach großen Fahrten, tausend und noch mehr Meilen weit in das Land hinauszufahren, tage-, wochen- und monatelange Wanderfahrten. Hier zieht der amerikanische Automobilist wie der deutsche Wandervogel mit dem Nötigsten auf Fahrt, von Dorf zu Dorf und von Stadt zu Stadt. Gegen Abend wird in einem nahezu überall zu findenden Automobilpark[3] gehalten, ein Zelt auf-

---

[1] In der Union soll es noch 45 000 Siedlungen mit einer Einwohnerzahl von etwa 10% der Gesamtbevölkerung der Union ohne Anschluß an eine Eisenbahn geben. In einem Umkreis von 75 Meilen um Indianapolis, einer Stadt mit etwa 400 000 Einwohnern sollen 185 000 Menschen ohne direkte Eisenbahnverbindung mit dieser Stadt wohnen, und in Kalifornien sollen 855 Dörfer ausschließlich auf den Kraftwagenverkehr angewiesen sein. Siehe Interstate Commerce Commission Report S. 29.

[2] Wehe aber dem Fußgänger, der nach des Tages Arbeit auf Spaziergängen in frischer Luft sich erholen und neue Kräfte sammeln will. Nahezu keinen Weg gibt es mehr, auf dem ihn nicht vorüberfahrende Kraftfahrzeuge stören. Dem Verfasser schien es eine Tragikomödie zu sein, als er am Abend oft vergebens nach einsamen Wegen suchte, dem Gegenstand seiner täglichen Beschäftigung, dem Kraftfahrzeug, zu entrinnen. Wege, teilweise abseits der Fahrbahnen des Kraftwagenverkehrs, wie entlang dem Charles River in Cambridge (Mass.) oder dem Hudson River in New York City, wo Automobile streckenweise ganz der Sicht des Fußgängers entrückt oder wenigstens hundert oder zweihundert Meter vom Wege entfernt sind und abends wie ein nicht endenwollender, ferner Fackelzug vorüberflackern, erschienen ihm als Oasen und als unauslöschliche Erinnerung an das Land der Automobile. Und alle jene, deren Leben und Arbeit Stunden der Ruhe in frischer Luft notwendig machen, wissen sicherlich solch einsame Pfade ebenso sehr, vielleicht mehr als die besten Betonstraßen der Union zu schätzen.

[3] Nach den hohen Ansprüchen der Amerikaner an die Lebenshaltung sind viele der Automobilparks mit allem möglichen Komfort ausgestattet, wie elektrische Kochapparate, Bade- und Waschgelegenheiten, Verkaufsstellen, Schreib- und Lesezimmer u. a. Die Parks werden von den Gemeinden oder Privaten errichtet und dazu meist eine schöne Wald- oder Wiesenfläche am Rande des Dorfes oder der Stadt verwendet. Die Benutzung der Automobilparks ist zum Teil unentgeltlich, zum Teil werden 50 Cents für ein Automobil oder 50 Cents für eine Person erhoben. In den Parks der großen Städte und der staatlichen und bundes-

geschlagen, und an Lagerfeuern werden alte amerikanische Volksgesänge — folk songs — gesungen. Hier lagert ein Automobilist aus dem Staate New York und neben ihm einer aus dem mehr als 3000 Meilen entfernten Staate Kalifornien, dort steht ein Wagen von Vermont, hier einer von Florida. Ost, West, Nord und Süd finden sich in den Automobilparks zusammen. Manche kampieren am gleichen Platze tage- und wochenlang, die meisten brechen aber am Morgen ab und fahren 100, 200 oder 300 Meilen weiter, um am Abend ihr Zelt in einem anderen Kamp, im Kreise anderer Menschen aufzuschlagen. Ein ungebundenes, urwüchsiges und naturverbundenes Leben und Treiben. Es gibt zwar auch Automobilisten, die solche Wanderfahrten „zivilisierter" zu machen pflegen und auf Koch- und Schlafausrichtung verzichten, in Restaurants essen und in Hotels schlafen.

Wanderfahrten im Automobil sind in der Union bei Unbemittelten nicht weniger beliebt und üblich als bei Bemittelten. Für wenige Dollar wird ein alter Ford oder sonst ein billiger Wagen erworben, die Wohnung aufgegeben und dann unbeschwert mit Sorgen um die Zukunft ins Blaue hin durch das Land gereist und billiger gelebt, als bei festem Wohnsitz und Wohnungsmiete. Es wird kampiert, sich durchgebettelt und, wenn nicht zu umgehen, das Brot und auch das Futter für den Motor durch einige Stunden Arbeit verdient.

Sommers sind es Millionen und aber Millionen, die mit Automobilen wie fahrendes Volk durch das weite Land ziehen. Die Amerikaner sind ein fahrendes Volk, ein Volk in Automobilen geworden. Der Pioniergeist der Vorfahren ist wieder wach, die Tage der Eroberung des amerikanischen Kontinents erleben eine Wiedergeburt.

Und wer einmal monatelang im Automobil von Staat zu Staat, durch blühende Städte und Dörfer, zwischen üppigen Getreide- und reifen Obstfeldern, über weite Prärien und stolze Berge, durch tiefe Schluchten und dichte Wälder gefahren ist und Tag für Tag im Zelte nächtigte, in einsamem Kamp an der pazifischen Küste von Jahrtausende alten, ehrwürdigen Bäumen in den Schlaf gewiegt wurde, die blühenden Orangen Floridas sah, in die lachenden Augen der College girls der Universität Wisconsin schaute und die Gastfreundschaft Kaliforniens genießen durfte, weiß Land und Leute der stolzen Union, das Automobil und gute Fahrbahnen zu schätzen und zu lieben.

Literatur.

Epstein, R. C.: The Automobile Industry Chicago-New York 1928, S. 3—22.

Grupp, G. W.: Economics of Motor Transportation New York-London 1923. Chapter II, S. 17—39.

staatlichen Wälder sind während der Sommermonate oft jeden Tag Hunderte von Automobilisten aus nahezu allen Staaten der Union anzutreffen. Dann gibt es auch Parks an entlegenen Orten, wo ein Automobilist allein sein kann.

Thünen, J. H. v.: Der isolierte Staat. 1. Aufl. Bd 1. 1826.

White, P.: Motor Transportation of Merchandise and Passengers. Chapter XI bis XIV. New York 1923.

A Study of 260 School Consolidations by J. F. Abel Department of the Interior Bulletin 1924, Nr 32.

Bus Facts for 1928, Motor Bus Division-American Automobile Association Washington D. C.

Bus Transportation Vol. 6 und 7.

Corn-Belt Farmers' Experience with Motor Trucks by H. R. Tolley und L. M. Church, United States Department of Agriculture Bulletin Nr 931.

Economics of Highway Transportation by H. R. Trumbower Journal of the Western Society of Engineers Vol. 31, Nr 4.

Exhibit 57 Interstate Commerce Commission Docket 18300 by J. G. Mc. Kay.

Fact and Figures of the Automobile Industry 1926/29 Editions.

Farm Motor Trucks in New York by V. B. Hart Cornell University Ithaca, New York.

Farm Motor Truck Operation in the New England and Central Atlantic States by L. M. Church United States Department of Agriculture Bulletin Nr 1254.

Highways and Highway Transportation, United States Department of Agriculture Separate from Yearbook 1924, Nr 1914.

Highway Transportation and its Relation to the Public. Disenssion 1. März 1922. National Automobile Chamber of Commerce.

Highway Transportation Report of Highway Transport Committee, American Section International Chamber of Commerce. Washington 1927.

Interstate Commerce Commission Hearing and Report 18300.

Lectures about Motor Trucks delivered by P. W. Fenn at Michigan University Ann Arbor.

Motor Trucks on Corn Belt Farms U. S. Department of Agriculture Bulletin Nr 1314.

Motor Trucks on Eastern Farms by H. R. Tolley und L. M. Church U. S. Department of Agriculture Bulletin 1201.

Public Roads Vol. 5—9.

Recent Data on Consolidation of Schools and Transportation of Pupils by J. F. Abel Department of the Interior Bulletin 1925, Nr 22.

Rural School Circular Nr 16. Consolidation of Schools and Transportation of Pupils by Timon Covert.

School Buses, Rural Education and the School Bus by Timon Covert und Economy of School Bus Operation by Graham Brothers, Transportation Engineering Department.

School Life November 1923.

The Motor Carrier December 1926.

The World 1929 Almanac and Book of Facts.

Transportation Costs in Minnesota Consolidated Schools by Geo. S. Solke Department of the Interior Leaflet Nr 29.

Transportation Report of the Joint Commission of Agricultural Inquiry Part III. Washington 1922.

Truck Facts for 1927.

Anhang.

Anlage 1. **Kleinverkaufspreise für Automobile am Produktionsort**[1].

Zahl der Sitzplätze	Name der Fabrik	Preis Dollar
	Auburn.	
	6-80—120 Zoll[2].	
5	Sport Sedan	995
2	Cabriolet	1095
5	Sedan	1095
4	Victoria	1095
	8-90—125 Zoll.	
5	Sport Sedan	1395
2	Speedster	1495
2	Cabriolet	1495
5	Sedan	1495
4	Victoria	1495
7	Sedan	1595
5	Phaeton Sedan	1695
	120—130 Zoll.	
5	Sport Sedan	1795
2	Cabriolet	1895
2	Speedster	1895
5	Sedan	1895
4	Victoria	1895
5	Phaeton Sedan	2095
	Buick.	
	116—116 Zoll.	
2	Business Coupe	1195
5	Sedan, 2-Door	1220
5	Phaeton	1225
4	Special Coupe	1250
5	Sedan	1320
	121—121 Zoll.	
4	Sport Roadster	1325
2	Business Coupe	1395
4	Special Coupe	1450
5	Close Coupled Sedan . . .	1450
5	Sedan	1520
	129—129 Zoll.	
5	Phaeton	1525
7	Touring	1550
5	Coupe	1865
5	Close Coupled Sedan . . .	1875
4	Convertible Coupe	1875
5	Sedan	1935
7	Sedan	2045
7	Limousine	2145
	Cadillac.	
	Custom—140 Zoll.	
2	Coupe	3295
2	Roadster	3350
7	Touring	3450
4	Phaeton	3450
5	Town Sedan	3495
2	Convertible Coupe	3595
5	Coupe	3595
5	Sedan	3695
7	Sedan	3795
4	Sport Phaeton	3950
7	Imperial	3995
	Fleetwood.	
5	Sedan	4195
5	Sedan Cabriolet	4195
7	Sedan	4295
5	Imperial	4345
5	Imperial Cabriolet	4345
5	Club Cabriolet	4395
7	Imperial	4545
5	Town Cabriolet Convertible	5250

[1] Official Handbook of Automobiles 1929, S. 169ff.

[2] Diese Zahlen beziehen sich auf Zylinderzahl, Klassifikation und Größe des Radstandes.

Zahl der Sitzplätze	Name der Fabrik	Preis Dollar
7	Town Cabriolet Convertible	5500
7	Limousine Brougham . .	5500
5	Phaeton Sedan	5750
5	Imperial Phaeton Sedan .	5995
	Chandler.	
	65.	
3	Coupe	875
5	Touring	895
5	Sedan	895
4	Coupe	955
5	Sportster	995
5	De Luxe Sedan	995
3	Cabriolet	1075
	Royal 75.	
5	Brougham	1295
4	Coupe	1295
5	Sedan	1395
5	De Luxe Sedan	1495
	Big Six.	
5	Metropolitan Sedan . . .	1525
3	Country Club Coupe . . .	1725
4	Coupe	1725
7	Touring	1725
5	Cabriolet	1825
7	Sedan	1925
7	Berline Sedan	2025
	Royal 85.	
5	Sedan	1795
3	Country Club Coupe . . .	1925
4	Coupe	1925
7	Touring	1995
5	Sedan De Luxe	1995
4	Cabriolet	2095
7	Sedan	2195
7	Berline Sedan	2295
	Chevrolet	
	107 Zoll.	
5	Touring	525
2	Roadster	525
5	Coach	595
2	Coupe	595
5	Sedan	675
4	Sport Cabriolet	695
5	Convertible Landau . . .	725

Zahl der Sitzplätze	Name der Fabrik	Preis Dollar
	Chrysler.	
	65.	
2	Business Coupe	1040
4	Roadster	1065
5	Sedan, 2-Door	1065
5	Touring	1075
4	Coupe	1145
5	Sedan	1145
	75.	
4	Coupe	1535
5	Royal Sedan	1535
4	Roadster	1555
5	Town Sedan	1655
5	Crown Sedan	1655
4	Convertible Coupe	1695
5	Phaeton	1795
5	Phaeton Tonneau Cowl .	1835
7	Phaeton	1865
5	Convertible Sedan	2245
	Imperial 80.	
4	Roadster	2675
5	Town Coupe	2895
5	Sedan	2975
5	Town Sedan	2975
5	Convertible Coupe	2995
7	Phaeton	3095
7	Sedan	3095
7	Sedan-Limousine	3475
	Cunningham.	
	132 Zoll.	
2	Roadster	7000
4	Touring	7000
2	Special Speed Roadster .	7750
2	Coupe	8500
4	Petit Cabriolet	8500
	142 Zoll.	
6	Touring	7000
7	Touring	7000
4	Special Speed Roadster . .	7750
5	Town Car	8500
4	Cabriolet	8500
4	Enclosed Drive	8500
6	Limousine	8500
	De Soto.	
5	Phaeton	845
2	Business Coupe	845

Zahl der Sitzplätze	Name der Fabrik	Preis Dollar
2	Roadster	845
5	Sedan, 2-Door	845
5	Sedan	885
3	Coupe De Lux	885
5	Sedan De Luxe	955
	Diana.	
	125 1/2 Zoll.	
5	Touring	1695
5	Royal Roadster	1795
5	Sedan, 2-Door	1795
5	Palm Beach Roadster . .	1895
5	Sedan	2095
5	Collapsible Club Roadster.	2195
	135 Zoll.	
7	Touring	1795
	Dodge Brothers.	
	Standard Six.	
2	Coupe	725
5	Sedan	765
5	Cabriolet	775
4	Sport Cabriolet	795
5	De Luxe Sedan	795
	Victory Six.	
2	Coupe	845
5	Sedan	895
4	De Luxe Coupe	945
5	De Luxe Sedan	945
5	Touring	995
4	Roadster	995
4	Sport Roadster	995
5	Sport Sedan	1045
	Senior.	
5	Victoria Brougham . . .	1575
4	Coupe	1675
5	Sedan	1675
4	Sport Coupe	1795
5	Sport Sedan	1795
4	Sport Roadster	1815
5	Landau Sedan	1845
	Dupont.	
	E—125 Zoll.	
5	Touring	2800
4	Roadster	2800
4	Coupe	3200
4	Convertible Coupe	3400

Zahl der Sitzplätze	Name der Fabrik	Preis Dollar
5	Sedan	3400
5	Convertible Sedan	3750
	Durant.	
	107 Zoll.	
4	Sport Roadster	595
5	Touring	595
2	Coupe	595
5	Sedan, 2-Door	595
4	De Luxe Roadster	675
5	Sedan	695
5	De Luxe Sedan	775
	60—109 Zoll.	
5	Touring	725
2	Sport Roadster	755
2	Coupe	755
5	Sedan, 2-Door	765
5	Sedan	845
4	De Luxe Roadster	845
2	De Luxe Cabriolet	895
5	De Luxe Sedan	935
	65—110 Zoll.	
5	Touring	795
4	Coupe	975
5	Sedan, 2-Door	975
4	Sport Roadster	1025
4	Cabriolet	1045
5	Sedan	1075
5	Brougham	1175
	75—119 Zoll.	
5	Sedan	1385
5	Brougham	1550
	Elcar.	
	6-75—117 Zoll.	
2	Roadster	995
5	Touring	1075
5	Club Sedan	1095
4	Roadster	1145
4	Coupe	1165
4	Landau Roadster	1165
5	Sedan	1195
	6-70—117 Zoll.	
5	Brougham	1295
5	Sedan	1295
5	Touring	1295
4	Roadster	1295

Zahl der Sitzplätze	Name der Fabrik	Preis Dollar
	8-78—123 Zoll.	
4	Roadster	1395
5	Touring	1395
4	Coupe	1395
5	Sedan	1395
5	Royal Touring	1495
5	Royal Sedan	1495
4	Royal Coupe	1495
4	Royal Roadster	1495
	8-95—123 Zoll.	
2	Roadster	1295
5	Club Sedan	1395
4	Roadster	1435
4	Roadster	1465
4	Coupe	1465
5	Sedan	1495
5	Touring	1495
	120—127 Zoll.	
4	Roadster	1995
5	Princess Sedan	2295
5	Princess Brougham . . .	2295
4	Coupe	2295
	120—134 Zoll.	
5	Sedan	2465
5	Touring	2465
7	Sedan	2565
	Erskine.	
	109 Zoll.	
5	Tourer	835
5	Club Sedan, 2-Door . . .	860
2	Cabriolet	875
5	Sedan	945
4	Cabriolet (Royal)	995
5	Sedan (Royal)	1045
	Essex.	
	110 1/2 Zoll.	
5	Coach 2-Door	695
2	Coupe	695
5	Phaeton	695
4	Coupe	725
5	Sedan	795
5	Town Sedan	850
2	Roadster	850
2	Convertible Coupe	895

Zahl der Sitzplätze	Name der Fabrik	Preis Dollar
	Falcon.	
	110 Zoll.	
2	Coupe	1045
5	Sedan, 2-Door	1095
5	Sedan	1195
4	Sport Roadster	1195
	Ford	
2	Roadster	385
5	Phaeton	395
3	Coupe	495
5	Sedan, 2-Door	495
4	Sport Coupe	550
2	Coupe (Standard)	550
5	Sedan	625
	Franklin.	
	119 Zoll.	
3	Coupe	2625
4	Victoria Brougham . . .	2760
5	Sedan	2790
5	Oxford Sedan	2790
3	Convertible Coupe	2850
4	Sport Sedan	2910
	128 Zoll.	
2	Sport Roadster	2975
5	Sport Touring	2975
7	Sedan	2980
7	Oxford Sedan	2980
7	Touring	3060
7	Limousine	3080
	Gardner.	
	120—120 Zoll.	
5	Sport Sedan	1295
4	Roadster	1395
5	Coupe	1495
5	Sedan	1595
	125—125 Zoll.	
4	Roadster	1695
5	Coupe	1795
5	Brougham	1875
5	Sedan	1895
5	Victoria	1895
	130—130 Zoll.	
4	Roadster	2195
5	Coupe	2295

Zahl der Sitzplätze	Name der Fabrik	Preis Dollar
5	Brougham	2375
5	Sedan	2395
5	Victoria	2395
	Graham-Paige.	
	610—111 Zoll.	
2	Coupe	860
5	Sedan	875
	614—114 Zoll.	
4	Coupe	1275
5	Sedan	1295
5	Sport Phaeton	1295
	619—119 Zoll.	
4	Coupe	1575
5	Sedan	1595
5	Sport Phaeton	1595
	629—129 Zoll.	
5	Sedan	1985
5	Town Sedan	2085
5	Coupe	2085
7	Sedan	2110
4	Cabriolet	2185
2	Coupe	2185
	835—135 Zoll.	
5	Sedan	2285
5	Town Sedan	2385
5	Coupe	2385
7	Sedan	2410
4	Cabriolet	2485
2	Coupe	2485
	Hudson.	
	122 1/2 Zoll.	
5	Coach, 2-Door	1095
5	Sedan	1175
2	Coupe	1195
2	Roadster	1250
5	Phaeton	1350
5	Town Sedan	1375
2	Convertible Coupe	1450
5	Landau Sedan	1500
5	Victoria	1500
	139 Zoll	
5	Club Sedan	1850
7	Sedan	2000
7	Limousine	2100

Zahl der Sitzplätze	Name der Fabrik	Preis Dollar
	Hupmobile.	
	A—114 Zoll.	
5	Sedan	1395
5	Sedan, 2-Door—6 Disc Wheels	1450
4	Coupe—6 Disc Wheels	1490
5	Touring 6 Wire Wheels	1575
4	Roadster—6 Demountable Wood Wheels	1605
2	Cabriolet—6 Wire Wheels	1625
	M—120 Zoll.	
5	Sedan, 2-Door	1825
5	Sedan, 5 Wire Wheels	1935
4	Coupe, 6 Wood Wheels	2035
5	Touring, 6 Wire Wheels	2055
4	Roadster, 6 Disc Wheels	2020
4	Cabriolet, Disc Wheels	2060
	M—130 Zoll.	
7	Sedan 5 Wire Wheels	2385
7	Sedan 6 Disc Wheels	2430
7	Sedan 6 Demountable Wood Wheels	2495
7	Sedan Limousine 5 Wire Wheels	2515
7	Sedan Limousine 6 Disc Wheels	2560
7	Sedan Limousine 6 Demountable Wood Wheels	2625
	Jordan.	
	RE—107 Zoll.	
4	Sport Four	1295
5	Sedan	1395
4	Tomboy	1395
4	Blueboy	1495
	JE—116 Zoll.	
5	Sedan	1995
5	Victoria, 2-Door	1995
4	Collapsible Coupe	1995
	Kissel.	
	White Eagle—6—117 Zoll.	
5	Brougham	1595
5	Sedan	1695
4	Coupe Roadster	1695
4	Coupe	1695
	White Eagle—8-95—125 Z.	
5	Brougham	1995
5	Sedan	2095

Zahl der Sitzplätze	Name der Fabrik	Preis Dollar
4	Coupe Roadster	2095
4	Coupe	2095
4	Speedster	2195
5	Brougham	2595
	132 Zoll.	
7	Touring	2095
4	Tourster	2195
7	Sedan	2595
	White Eagle–8-126–132 Z.	
5	Brougham	3185
4	Victoria	3185
4	Speedster	3275
	139 Zoll.	
4	Coupe Roadster De Luxe .	3185
4	Coupe	3185
4	Tourster	3275
5	Brougham Sedan	3275
7	Sedan	3785
7	Berline Sedan	3885
	La Salle.	
	125 Zoll.	
4	Phaeton	2295
2	Roadster	2345
4	Sport Phaeton	2875
	Fleetwood	
5	Town Cabriolet Convertible	4800
	134 Zoll.	
5	Family Sedan	2450
2	Coupe	2495
2	Convertible Coupe	2595
5	Sedan	2625
5	Town Sedan	2675
5	Convertible Landau Cabriolet	2725
7	Sedan	2775
7	Imperial	2875
	Fleetwood.	
5	Town Cabriolet	4900
	Lincoln.	
	136 Zoll.	
4	Coupe, 2-Door	4600
2	Roadster	4600
4	Sport Phaeton	4600
7	Sport Touring	4600
2	Club Roadster	4600
4	Sedan	4800
2	Coupe	5000

Zahl der Sitzplätze	Name der Fabrik	Preis Dollar
7	Limousine	5200
4	Berline	5500
7	Limousine	6000
7	Brougham	6500
6	Berline Landaulet	6500
7	Cabriolet	6600
7	Le Baron Cabriolet . . .	7000
7	Holbrook Cabriolet . . .	7200
7	Collapsible Cabriolet . . .	7300
	Locomobile.	
	8-70—122 Zoll.	
4	Coupe	1995
5	Sedan	1995
5	Brougham	1995
5	De Luxe Sedan	2445
5	De Luxe Brougham . . .	2445
	8-88—130 Zoll.	
5	Sedan	2650
4	Victoria Coupe	2650
5	Brougham	3000
4	Collapsible Coupe	3150
4	Phaeton	3300
7	Sedan	3300
7	Suburban	3500
7	Cabriolet	7250
	90—138 Zoll.	
4	Sportif	5900
4	Roadster	5900
7	Touring	6000
5	Victoria Sedan	7300
5	Divided Victoria Sedan . .	7450
7	Cabriolet	7500
5	Town Brougham	7500
7	Suburban	7500
7	Semi-Collapsible Cabriolet	7750
	48—142 Zoll.	
4	Sportif	9600
7	Touring	9600
4	Roadster	11000
7	Touring Limousine . . .	12500
7	Brougham	12500
5	Victoria Sedan	12500
7	Enclosed Drive Limousine .	12500
7	Cabriolet	12500
	Marmon.	
	68—114 Zoll.	
4	Coupe	1465
5	Sedan	1465

Zahl der Sitzplätze	Name der Fabrik	Preis Dollar
5	Victoria Coupe	1520
4	Roadster	1565
4	Collapsible Coupe	1565
6	Touring Speedster	1625
	78—120 Zoll.	
4	Roadster	1965
4	Coupe	1965
5	Sedan	1965
5	Victoria Coupe	2065
4	Collapsible Coupe	2065
6	Phaeton	2065
	Moon.	
	6-72—120 Zoll.	
5	Roadster	1295
5	Special Sedan	1395
5	Royal Roadster	1395
5	Collapsible Cabriolet	1445
5	Sedan	1445
5	Sedan, 2-Door	1445
5	Royal Cabriolet Roadster	1495
5	Royal Sedan	1595
4	Victoria Brougham	1695
	8-80—125 Zoll.	
4	Cabriolet Roadster	2095
5	Petite Sedan	2195
5	Sedan	2195
4	Victoria Brougham	2195
	137 Zoll.	
7	Sedan	2395
	Nash.	
	Standard—112 1/4 Zoll.	
2	Coupe	885
5	Sedan, 2-Door	885
5	Phaeton	935
5	Sedan	955
4	Cabriolet	955
5	De Luxe Sedan	995
	Special—116 Zoll.	
2	Coupe	1245
5	Phaeton	1250
5	Sedan, 2-Door	1260
4	Coupe	1315
4	Cabriolet	1345
4	Victoria Coupe	1345
5	Sedan	1345

Zahl der Sitzplätze	Name der Fabrik	Preis Dollar
	Advanced—121 Zoll.	
5	Sedan, 2-Door	1480
5	Sedan	1550
	130 Zoll	
7	Phaeton	1550
4	Cabriolet	1660
4	Coupe	1775
5	Ambassador	1925
7	Sedan	1990
7	Limousine	2190
	Oakland.	
	117 Zoll.	
5	Sedan, 2-Door	1145
3	Coupe	1145
4	Sport Roadster	1145
5	Sport Phaeton	1145
5	Sedan	1245
4	Convertible Cabriolet	1265
5	Landaulet Sedan	1375
	Oldsmobile.	
	113 1/2 Zoll.	
2	Coupe	925
5	Sedan, 2-Door	925
5	Sport Phaeton	995
4	Sport Roadster	995
2	Sport Coupe	995
5	Sedan	1025
5	Landau	1085
	De Luxe.	
4	Roadster	1145
4	Coupe	1145
5	Phaeton	1145
5	Sedan	1175
5	Landau	1235
	Packard.	
	6-26—126 1/2 Zoll.	
5	Sedan	2435
2	Coupe	2510
2	Convertible Coupe	2585
	6-33—133 1/2 Zoll.	
2	Runabout	2535
5	Phaeton	2535
7	Touring	2635
7	Sedan	2735
4	Coupe	2735

Zahl der Sitzplätze	Name der Fabrik	Preis Dollar
5	Club Sedan	2735
7	Sedan Limousine	2835
	6-40—140 $^1/_2$ Zoll.	
5	Phaeton	3175
2	Runabout	3175
2	Coupe	3250
7	Touring	3275
2	Convertible Coupe	3350
4	Coupe	3750
5	Club Sedan	3750
7	Sedan	3750
7	Sedan Limousine	3850
	6-45—145 Zoll.	
2	Runabout	4585
5	Phaeton	4585
7	Touring	4585
5	Sport Phaeton	4935
2	Coupe	5385
5	Coupe	5735
5	Club Sedan	5785
7	Sedan	5785
7	Sedan Limousine	5985
	Peerless.	
	6-81—116 Zoll.	
5	Phaeton	1545
4	Coupe	1595
4	Victoria	1595
5	Sedan	1595
	6-91—120 Zoll.	
2	Coupe	1895
5	Sedan	1895
4	Victoria	1895
	128 Zoll.	
7	Sedan	1995
	69—126 $^1/_2$ Zoll.	
5	Coupe	2345
5	Sedan	2345
	133 $^1/_2$ Zoll.	
4	Roadster	2245
7	Sedan	2545
7	Berline Limousine	2645
	Pierce-Arrow.	
	133 Zoll.	
5	Club Brougham	2775
2	Sport Roadster	2875
4	Coupe	2875

Zahl der Sitzplätze	Name der Fabrik	Preis Dollar
4	Sport Phaeton	2975
5	Sedan	2975
5	Club Sedan	3150
7	Sedan	3150
7	Enclosed Limousine . . .	3350
	143 Zoll.	
7	Touring	3750
4	Convertible Cabriolet . .	3750
7	Sedan	3975
7	Enclosed Drive Limousine .	4250
5	All Weather Town Car .	5750
	Plymouth.	
4	Roadster	670
2	Coupe	670
5	Sedan, 2-Door	690
5	Touring	695
4	De Luxe Coupe	720
5	Sedan	725
	Pontiac.	
	110 Zoll.	
4	Sport Roadster	745
5	Sedan, 2-Door	745
2	Coupe	745
5	Phaeton	775
4	Sport Cabriolet	795
5	Sedan	825
5	Sport Sedan	875
	Reo.	
	Flying Cloud Mate—115 Z.	
2	Coupe	1375
5	Sedan	1395
	Flying Cloud—121 Zoll.	
4	Coupe	1625
5	Brougham, 2-Door . . .	1645
4	Roadster	1685
4	Victoria	1795
5	Sedan	1845
	Roamer.	
	136 Zoll.	
4	Tourer	2495
5	Sport Tourer	2750
2	Speedster	2985
4	Roadster	2985
5	Sedan	2985
7	Sedan	3285

Zahl der Sitzplätze	Name der Fabrik	Preis Dollar
	Stearns-Knight.	
	M-6-80—126 Zoll.	
4	Cabriolet Roadster . . .	2195
5	Close Coupled Sedan . . .	2195
5	Sedan	2195
	134 Zoll.	
5	Coupe	2345
7	Sedan	2545
7	Limousine	2645
	J-8-90—137 Zoll.	
5	Coupe	5500
2	Coupe	5500
4	Roadster	5500
4	Cabriolet Roadster	5500
5	Sedan	5500
	J-8-90—145 Zoll.	
4	Touring	5500
7	Sedan	5600
7	Limousine	5800
	Studebaker.	
	Dictator—113 Zoll.	
5	Tourer	1265
2	Coupe	1265
5	Sedan	1265
7	Touring	1325
4	Victoria (Royal)	1345
4	Cabriolet (Royal)	1395
5	Sedan (Royal)	1395
	Commander—121 Zoll.	
5	Sedan	1495
4	Victoria (Regal)	1625
5	Sedan (Regal)	1665
	President 8—121 Zoll.	
5	Sedan	1685
5	Sedan (State)	1850
4	Victoria (State)	1850
4	Cabriolet (State)	1850
4	Roadster (State)	1850
	131 Zoll.	
7	Sedan	2085
4	Cabriolet (State)	2250
5	Sedan (State)	2250
7	Sedan (State)	2350
7	Limousine	2450
7	Touring (State)	2485

Zahl der Sitzplätze	Name der Fabrik	Preis Dollar
	Stutz	
	BB—131 Zoll.	
2	Speedster	3495
2	Coupe	3495
4	Victoria Coupe	3495
5	Coupe	3545
5	Sedan	3570
5	Brougham	3570
4	Speedster	3595
2	Cabriolet Coupe	3695
4	Speedster	3845
4	Weymann Deauville Sedan	4120
5	Chantilly Sedan	4120
4	Monaco Coupe	4120
2	Blackhawk Speedster . .	4895
4	Blackhawk Speedster . .	4945
	145 Zoll.	
7	Speedster	3895
7	Sedan	3895
5	Collapsible Sedan	3995
7	Sedan Limousine	3995
5	Collapsible Limousine . .	4095
7	Collapsible Limousine . .	4195
5	Biarritz Sedan	4495
7	Southampton Limousine .	4595
5	Chamonix Sedan	4595
7	Fontainebleau Sedan . .	4745
7	Aix-Les Bains Limousine .	4995
7	Versailles Landau Limousine	5295
5	Prince of Wales LeBaron .	6345
7	Prince of Wales LeBaron .	6345
7	Town Car Fleetwood . .	6895
	Velie.	
	6-55—118 Zoll.	
5	Coupe	1195
3	Coupe	1195
5	Royal Sedan	1195
5	Special Sedan	1195
	6-68—118 Zoll.	
5	Touring	1195
5	Sport Touring	1265
3	Coupe	1265
5	Coupe	1265
5	Special Sedan	1265
5	Royal Sedan	1265

Zahl der Sitzplätze	Name der Fabrik	Preis Dollar
	6-78—118 Zoll.	
5	Touring	1515
5	Sport Touring	1585
3	Coupe	1585
5	Coupe	1585
5	Special Sedan	1585
5	Royal Sedan	1585
	8-90—125 Zoll.	
5	Touring	2025
5	Sport Touring	2095
3	Coupe	2095
5	Coupe	2095
5	Special Sedan	2095
5	Royal Sedan	2095
	Whippet.	
	Four—96.	
5	Touring	455
4	Roadster	525
5	Coach	535
2	Coupe	535
4	Cabriolet Coupe	595
5	Sedan	610
	Six—98.	
5	Touring	615
2	Roadster	685
5	Coach, 2-Door	695
2	Coupe	695
5	Sedan	770

Zahl der Sitzplätze	Name der Fabrik	Preis Dollar
	Willys-Knight.	
	Standard Six—109 1/2 Zoll.	
5	Touring	995
2	Roadster	995
5	Coach, 2-Door	995
4	Coupe	1045
5	Sedan	1095
	Special Six—113 1/2 Zoll.	
5	Touring	1295
2	Coupe	1295
5	Coach	1295
4	Roadster	1350
4	Cabriolet Coupe	1495
5	Sedan	1495
	Great Six—126 Zoll.	
5	Touring	1850
4	Roadster	1850
4	Cabriolet Coupe	1995
5	Sedan	1995
4	Foursome	2195
	135 Zoll.	
7	Touring	2285
5	Coupe	2295
7	Sedan	2595
7	Limousine	2695

Anlage 2. **Ausschnitt aus dem Gütertarif der Washington Motor Freight Association (No 1—D) vom 14. August 1926.**

Station Nr	Zwischen	und	Frachtsätze in Cents für 100 Lbs. Klasse 1	2	3	4	Mindestfrachtsätze bis 100 Lbs.	über 100 Lbs.
5	Blaine	Bellingham	35	30	27	25	25	35
		Everett	79	67	56	51	60	75
		Seattle	105	90	77	65	90	100
10	Birch Bay	Bellingham	35	30	27	25	25	35
		Everett	79	67	56	51	60	75
		Seattle	105	90	77	65	90	100
15	Pleasant Valley	Bellingham	35	30	27	25	25	35
		Everett	79	67	56	51	60	75
		Seattle	105	90	77	65	90	100

Station Nr	Zwischen	und	Frachtsätze in Cents für 100 Lbs. Klasse 1	2	3	4	Mindestfrachtsätze bis 100 Lbs.	über 100 Lbs.
20	Custer	Bellingham	35	30	27	25	25	35
		Everett	79	67	56	51	60	75
		Seattle	105	90	77	65	90	100
25	Mountain View	Bellingham	30	25	22	20	25	35
		Ferndale	20	15	12	10	25	35
		Everett	72	60	50	44	60	75
		Seattle	100	85	72	60	90	100
30	Ferndale	Blaine	30	25	22	20	25	35
		Bellingham	25	20	17	15	25	35
		Everett	68	56	46	40	60	75
		Seattle	95	80	67	55	90	100
35	Lynden	Bellingham	30	25	22	20	25	35
		Everett	72	60	50	44	60	75
		Seattle	100	85	72	60	90	100

Anlage 3. **Ausschnitt aus dem Local Passenger Tariff No 6 vom 1. Oktober 1926 der California Transit Company.**

Index-Nummern			1	2	3	4	5	6	7
Index-Nummer	Zwischen . . . und . . .	Art der Fahrkarte	San Franzisko Dollar	Oakland Dollar	Hayward Dollar	Canyon Inn Dollar	Dublin Dollar	Santa Rita Dollar	Livermore Dollar
213	Buhach . . .	OW[1]	4,30	4,05	3,60	3,45	3,25	3,15	2,90
214	Merced . . .	OW	4,40	4,15	3,75	3,55	3,40	3,30	3,05
		RT[2]	7,00	6,50	—	—	—	—	4,75
215	Athlone . . .	OW	4,65	4,40	4,00	3,80	3,65	3,55	3,30
216	Minturn . . .	OW	4,90	4,65	4,25	4,05	3,90	3,80	3,55
		RT	7,90	7,40	—	—	—	—	5,65
217	Chowchilla . .	OW	4,90	4,65	4,25	4,05	3,90	3,80	3,55
		RT	7,90	7,40	—	—	—	—	5,65
218	Fairmead . .	OW	5,05	4,80	4,40	4,20	4,05	3,95	3,70
219	Berenda . . .	OW	5,15	4,90	4,50	4,30	4,15	4,05	3,80
		RT	8,35	7,85	—	—	—	—	6,10
220	Madera . . .	OW	5,40	5,15	4,75	4,55	4,40	4,30	4,05
		RT	8,75	8,25	—	—	—	—	6,50
221	Borden . . .	OW	5,65	5,40	5,00	4,80	4,65	4,55	4,30
222	Irrigosa . . .	OW	5,80	5,55	5,15	4,95	4,80	4,70	4,45
223	Herndon . . .	OW	5,80	5,65	5,25	5,05	4,90	4,80	4,55
224	Biola Junction	OW	5,80	5,75	5,35	5,15	5,00	4,90	4,65
225	Fresno . . .	OW	5,80	5,80	5,40	5,20	5,05	4,95	4,70
		RT	9,50	9,50	—	—	—	—	7,75

[1] OW = Einfache Fahrkarten.
[2] RT = Doppelkarten.

Anlage 4.

Kraftwagenbahnhöfe.

A. Omnibusbahnhöfe.

Steigerungen des Verkehrs der Omnibusgesellschaften und der Kongestion in den Straßen führten hauptsächlich zum Bau von Omnibusbahnhöfen. Als der Verkehr der Omnibuslinien immer größer wurde, lag es im Interesse der Gesellschaften, Zentralstellen einzurichten, an denen die Reisenden abgefertigt werden können, die Fahrzeuge abfahren und ankommen. Die Omnibusbahnhöfe wirkten auch zu einer weiteren Verkehrssteigerung mit. Es ist zweifelsohne dem Geschäft nicht dienlich, wenn die Reisenden auf die Fahrzeuge an den Straßenecken warten müssen und Wind und Wetter ausgesetzt sind. Auch ist es ermüdend und schwierig, Zeit und Ort der Abfahrt in den Straßen festzustellen und oft gefährlich, sich durch das Gewühl des Verkehrs durchzuarbeiten, um zu einer Haltestelle zu gelangen. Außerdem ist es nicht vertrauenerweckend, Dienstleistungen wie ein fliegender Händler in den Straßen anzubieten. Die zunehmende Kongestion in den Straßen zwang schließlich die Aufsichtsbehörden, die Zeitdauer des Parkens in den Verkehrsstraßen zu beschränken und gegen die Benützung der öffentlichen Straßen als Bahnhöfe einzuschreiten. So verordnete der Polizeikommissar von New York City am 12. Mai 1927, daß alle Omnibusgesellschaften mit zwischenörtlichen Verkehrslinien bis 1. August 1927 private Parkplätze für das Ein- und Aussteigen der Reisenden zu beschaffen hätten[1]. Die Bahnhöfe wurden, wie die Fahrzeuge, ein notwendiger Bestandteil der Verkehrslinien.

Bei der Errichtung von Abfertigungsstellen und Omnibusbahnhöfen verfuhren die Unternehmer der Omnibusgesellschaften nach bewährten amerikanischen Geschäftsmethoden. Ohne viel zu überlegen, wurden geeignet erscheinende Räume und Gebäude in Abfertigungsstellen und Bahnhöfe umgewandelt. In den Städten wurde mit Hotelbesitzern vereinbart, ihre Lobby (Vorraum) oder einen anderen geeigneten Raum im Erdgeschoß gleichzeitig als Abfertigungs- und Warteraum zu benützen. Auf dem Lande wurden vorwiegend Restaurants zu Sammelplätzen der Omnibus-Reisenden.

Die Omnibus-Unternehmer kamen mit den Geschäftsleuten meist rasch zu einer Vereinbarung. Die Räume wurden häufig kostenlos oder gegen geringe Entschädigung überlassen, da Warteräume more business bringen. Reisende, die in Hotels ankommen oder abfahren, werden oft auch dort über Nacht bleiben oder in den Restaurants etwas verzehren. Der alte Gasthof, der Einstellort der Postkutsche und die damit verbundene Romantik, ist aber seit der Devise „Lunch in a minute“ (Mittagessen in einer Minute) verschwunden.

[1] Bus Transportation Juni 1927. S. 311.

Die Unterkunft in Räumen anderer Geschäftsbetriebe kann aber nur vorübergehend sein. So sahen sich die großen Gesellschaften schon veranlaßt, Stationen und Bahnhöfe zu errichten. Je nach dem Geschäftsumfang, der Finanzkraft und dem Unternehmungsgeist der Gesellschaft wurde ein Wohn- oder Geschäftshaus in ein Stationsgebäude umgebaut oder ein neues Bahnhofsgebäude erstellt. So erbaute die California Transit Company in Oakland einen architektonisch eigenartigen Omnibusbahnhof im Werte von 300000 Dollar (siehe Abb. 42).

In einigen Omnibusbahnhöfen dienen die unteren Stockwerke dem Omnibusbetrieb, die oberen einem Hotelbetrieb, was die Finanzierung der Bahnhöfe erleichtert. Von den Reisenden, insbesondere den spät eintreffenden, wird die Vereinigung von Bahnhof und Hotel meist angenehm empfunden, weil sie dann nicht lange nach einem Hotel zu suchen brauchen. Die Pickwick Omnibusgesellschaft hat im Jahre 1926 in San Diego 500000 Dollar für den Bau eines neuen Bahnhofes mit Hotelbetrieb, in dem täglich bis zu 5000 Reisende abgefertigt werden können, aufgewendet[1]. In den oberen 6 Stockwerken des Bahnhofes sind 126 neuzeitliche Schlafzimmer eingerichtet.

Die meisten Bahnhofsgebäude haben außer Warteräumen und Fahrkartenschaltern, Abfertigungsräume für Gepäck- und Expreßgüter, ferner Räume zur Aufbewahrung von Handgepäck und Verkaufsstände für Nahrungs- und Genußmittel aller Art, für Zigarren, Zigaretten, Zeitungen u. a. Herren- und Damenfriseure (beauty parlor), Schuhputzer und Fernsprechzellen fehlen natürlich nicht. Außerdem besitzen die neuen Omnibusbahnhöfe einen genügend großen Hofraum zur Ein- und Ausfahrt der Fahrzeuge (s. Abb. 43). Die Garagen sind meist vom Bahnhofsgebäude räumlich getrennt, an Plätzen mit billigerem Grund und Boden.

Die Bauart und Ausstattung der Bahnhöfe ist für die Benutzung der Omnibuslinien von nicht zu unterschätzender Bedeutung. Der Amerikaner und noch mehr die Amerikanerin lieben prunkvolle Aufmachung und wünschen auch die Omnibusbahnhöfe nach ihrem Geschmack. Die zum Teil noch einfach ausgestatteten Räume und Gebäude werden daher immer mehr dem Geschmack der Reisenden angepaßt. Für die Lage der Bahnhöfe sind Geschäfts- und Vergnügungszentren am vorteilhaftesten, weil sich nach und von ihnen der Hauptverkehr bewegt.

Bahnhöfe werden von einer, aber auch gemeinsam von mehreren Omnibusgesellschaften erstellt. Große, kapitalkräftige Gesellschaften erbauen meist eigene Bahnhöfe, kleine weniger kapitalkräftige schließen sich zum Bau, zur Unterhaltung und zum Betrieb von Bahnhöfen zusammen. Für Reisende wie Omnibusgesellschaften ist es gleich vorteil-

[1] The Motor Carrier Dezember 1926. S. 7.

haft, wenn nur ein Bahnhof vorhanden ist oder, wenn mehrere vorhanden, diese unter sich verbunden sind, so daß die Reise von allen Bahnhöfen aus nach jeder Zielstation angetreten werden kann. Sobald Verkehrslinien eine Stadt an verschiedenen Stellen verlassen, ist es immer schwierig, die richtige Abfahrtsstelle aufzufinden und für Reisende, die auf dem Bahnhof einer Omnibus-Gesellschaft eintreffen und ihre Reise mit der Linie einer anderen Gesellschaft fortsetzen müssen, ist es unangenehm, von einer Linie auf eine andere überzugehen, insbesondere, wenn ihre Bahnhöfe weit voneinander entfernt sind.

Von mehreren Gesellschaften gemeinsam erbaute Bahnhöfe[1] werden in einer dem Genossenschaftssystem ähnlichen Form betrieben. Die Kosten der Unterhaltung und des Betriebes werden entweder nach dem Wert der verkauften Fahrkarten einer Unternehmung oder der Zahl und dem Fassungsvermögen der Fahrzeuge, die von einer Gesellschaft in dem Bahnhof abfahren oder ankommen, verteilt. Bei Gesellschaften, die vorwiegend Orte des Nahverkehrs oder des Fernverkehrs bedienen, werden die Kosten nach dem Wert der verkauften Fahrkarten und der Zahl der ankommenden und abgehenden Fahrzeuge zugleich umgelegt, damit jede Gesellschaft möglichst nach dem ihr durch den Bahnhof zukommenden Nutzen belastet wird.

Für den Bau und die Unterhaltung von Bahnhöfen finden die Omnibus-Gesellschaften auch Unterstützung von dritter Seite. So erstellten Handelskammern Bahnhöfe auf ihre Kosten und unterhalten sie auch mitunter, oder sie teilen sich mit den Gesellschaften in den Kostenaufwand. Auch Warenhäuser sind bereit, den Bau von Bahnhöfen in ihrer Nähe finanziell zu unterstützen, da ihnen der Verkehr des Bahnhofes Käufer zuführt. In St. Louis hat ein großes Warenhaus den Omnibus-Gesellschaften, deren Verkehrslinien St. Louis berühren, einen Bahnhof im Werte von 120000 Dollar gebaut und dessen Betriebskosten von mehr als 400 Dollar monatlich übernommen. Selbst einen Teil der Reklame der Omnibus-Gesellschaften bezahlt das Warenhaus. Jeden Monat verteilt es, vornehmlich an die Landbevölkerung, 10000 auf seine Kosten hergestellte Fahrpläne, die Abfahrts- und Ankunftszeiten aller Omnibusse der in dem gemeinsamen Bahnhof vereinigten Gesellschaften anzeigen. Der Umschlag der Fahrpläne hat als einzige Reklame des Warenhauses den Hinweis auf die unentgeltliche Beförderung zwischen Bahnhof und Warenhaus. Durch die kostenlose Beförderung zwischen Bahnhof und Warenhaus verspricht sich dieses, insbesondere durch Käufe der von den Landbezirken eintreffenden Reisenden, eine so be-

[1] Bei gemeinsamem Betrieb eines Bahnhofs verpflichten sich die Gesellschaften, nicht in gegenseitigen Wettbewerb zu treten. Über die Verteilung neuer Linien bestimmt meist eine für den Betrieb des Bahnhofs besonders gegründete Gesellschaft.

deutende Steigerung seines Umsatzes, daß der Aufwand für den Omnibusbahnhof dadurch gedeckt wird[1].

B. Lastkraftwagenbahnhöfe.

Die Entwicklung von Bahnhöfen und Güterabfertigungsstellen für den Lastkraftwagenverkehr ist im allgemeinen noch weit hinter der des Omnibusverkehrs zurück. Dies ist hauptsächlich mit dem im Verhältnis zum Omnibusverkehr noch geringeren Umfang des öffentlichen Lastkraftwagenverkehrs zu erklären, ferner mit der Größe und der Eigenart der Lastkraftwagen-Gesellschaften, die meist kleinen Unternehmungen mit geringerem Kapital und weniger willens sind sich zum gemeinsamen Bau und Betrieb von Bahnhöfen zusammenzuschließen.

Die Lastkraftwagenunternehmer bedienen sich meist irgendwelcher Lagerräume, in denen Güter zur Beförderung angenommen, gesammelt, nötigenfalls umgeladen und von denen aus ankommende, nicht direkt zugeführte Sendungen verteilt werden. Die Lastkraftwagenbahnhöfe[2] sind also vorwiegend Sammel- und Verteilungsstellen kleiner Gütermengen. Die Sendungen werden mit kleinen Fahrzeugen bei den Versendern abgeholt, am Bahnhof in größere Fahrzeuge umgeladen, zum Bestimmungsort gefahren und dort wieder mit kleinen Fahrzeugen den Empfängern zugeführt. Werden Bahnhöfe, von einem oder mehreren Unternehmern, an verschiedenen Orten unterhalten, so wächst ihre Bedeutung als Sammelstellen für die ökonomisch so wünschenswerten Rückladungen, sowie für die Einrichtung fahrplanmäßiger Linien. Die Lastkraftwagenbahnhöfe und die mit der Einrichtung von Bahnhöfen verbundene Regelmäßigkeit des Betriebes waren eine Brücke zur Geschäftswelt, die nun der Zuverlässigkeit der Kraftverkehrsbetriebe eher Vertrauen entgegenbringt. Auf diese Weise haben die Bahnhöfe viel zur Entwicklung des Lastkraftwagenverkehrs beigetragen.

---

[1] Bus Transportation" Mai 1927, S. 254ff.

[2] Das Wort „Lastkraftwagenbahnhof" wird hier verwendet, obwohl die damit zu bezeichnenden Einrichtungen häufig die Bezeichnung Bahnhof noch nicht verdienen.

Sachverzeichnis.

Abkürzung: Kfz. = Kraftfahrzeuge.

Abb. 20.
Parlor Car Omnibus
in Kalifornien.

Abb. 21.
Lastkraftwagen beim
Holztransport.

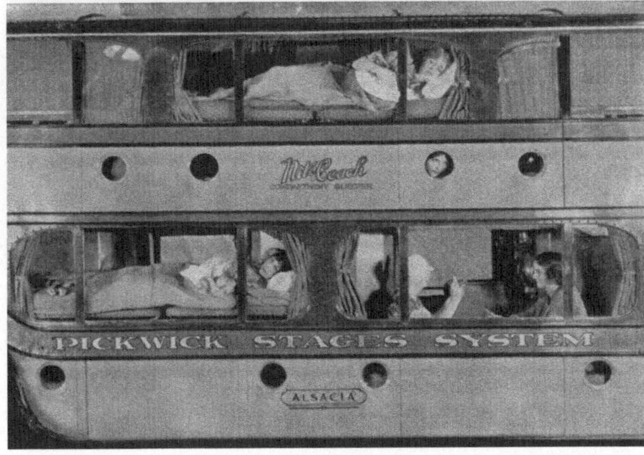

Abb. 22 und 23.
Transkontinentale
Schlafwagen-
omnibusse.

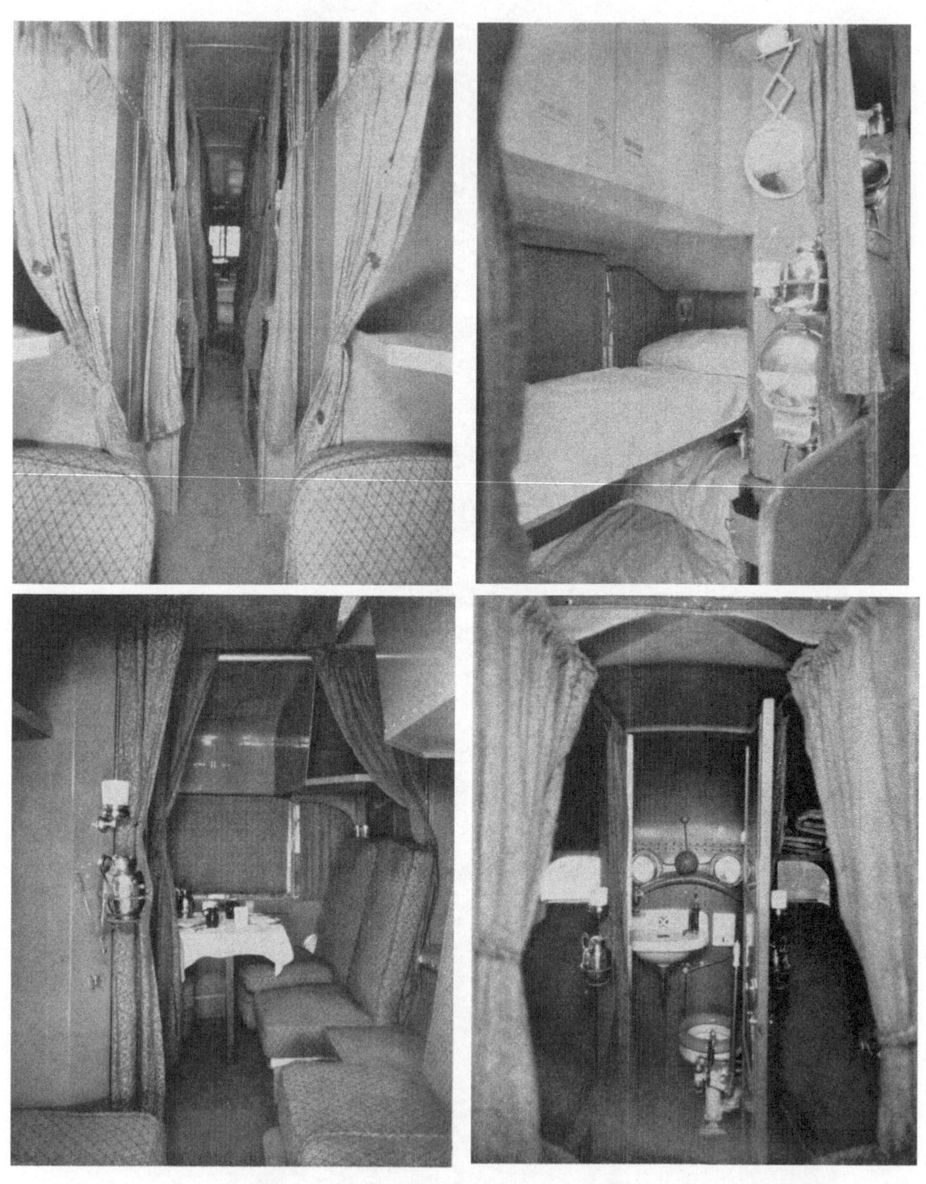

Abb. 24—27. Transkontinentale Schlafwagenomnibusse. Innenausstattung.

Tafel III.

Abb. 28--31.
Omnibusse mit rückliegenden Sitzen.

Tafel IV.

Abb. 32 und 33. Lastkraftwagen bei dem Transport schwerer und voluminöser Güter.

Abb. 34 und 35. Beförderung von Behältern.

Tafel V.

Abb. 36—38.
Pallos Verdes bei
Los Angeles.

Abb. 39.
Omnibusbahnhof.

Abb. 40—43.
Omnibusbahnhöfe.

Abb. 44.
Landstraße in Dumphries vor der Verbesserung.

Abb. 45.
Landstraße in Dumphries nach der Verbesserung (Betonstraße).

Abb. 46.
Fordstraße, 30 Zoll breit, in der Mitte alte Fahrbahn, bitumengebundener Makadamstreifen, an den Außenseiten 2 Betonstreifen angebaut.

Abb. 47.
Prüfungsbahn Pittsburg Kalifornien.

Abb. 48.
Einzimmer-Schule.

Abb. 49.
Neue Schule an Stelle verschiedener Einzimmer-Schulen in Marianna Arkansas.

Abb. 50 und 51.
Schulomnibusse.

(Die Abbildungen dieser Tafel wurden von Dodge Brothers Corporation Detroit freundlichst überlassen.)